管理类综合能力

华明讲数学

教程篇

主编 孙华明

经济日报 出版社

图书在版编目（CIP）数据

管理类综合能力华明讲数学 . 教程篇 / 孙华明主编
. -- 北京：经济日报出版社，2022.4
ISBN 978-7-5196-1071-5

Ⅰ . ①管… Ⅱ . ①孙… Ⅲ . ①高等数学－研究生－入
学考试－自学参考资料 Ⅳ . ① O13

中国版本图书馆 CIP 数据核字 (2022) 第 056782 号

管理类综合能力华明讲数学 教程篇

作 者	孙华明
责任编辑	李晓红
助理编辑	张乃健
责任校对	吕 倩
出版发行	经济日报出版社
地 址	北京市西城区白纸坊东街 2 号 A 座综合楼 710（邮政编码 :100054）
电 话	010-63567684（总编室）
	010-63584556（财经编辑部）
	010-63567687（企业与企业家史编辑部）
	010-63567683（经济与管理学术编辑部）
	010-63538621 63567692（发行部）
网 址	www.edpbook.com.cn
E - mail	edpbook@126.com
经 销	全国新华书店
印 刷	三河市文阁印刷有限公司
开 本	787mm×1092mm　1/16
印 张	20
字 数	385 千字
版 次	2022 年 5 月第 1 版
印 次	2022 年 5 月第 1 次印刷
书 号	ISBN 978-7-5196-1071-5
定 价	69.80 元

前 言

随着 MBA，MPA，MPAcc 等多种专业硕士考试的合并，考查高等数学的时代已经过去，为了体现考试对于各类考生的公平性，目前管理类综合能力考试（科目代码：199）只涉及初等数学的知识点，要求考生掌握数学的基本运算能力、逻辑思维能力、空间想象能力、数据分析能力等．管理类综合能力考试的目的是选拔具有高素质、洞察能力强、思维判断能力强的管理型人才，命题方式更灵活多变．那么管理类综合能力考试考查初等数学题是必然的趋势，题目的难度与计算量也会不断增加．2021 年 12 月的数学真题就体现了这一点．

面对上述考试变化，我们应该如何复习备考呢？首先，编者认为夯实基础知识是必需的，本书对知识点的剖析是非常到位的，先列出知识点，然后有典型例题加以巩固，最后归纳题型，并配套分层训练．其次，解题技巧也不容忽视，虽然初等数学题的难度不大，但运算量比较大，而且文字信息量大，题目线索比较隐蔽，考生上手慢，这就要求考生不仅要掌握数学的一些基本思想方法，而且要掌握必要的解题技巧，所以本书的很多题目都附加了一些解题技巧．当然，编者建议考生将本书与其姊妹篇《管理类综合能力华明讲数学　真题篇》结合使用，效果更佳．

编者从事专业硕士联考数学辅导 15 年，潜心研究真题的命题规律，将各个数学模块分类汇编，并提炼出各种解题技巧和方法．本书以知识点归纳与例题讲解、本章题型精解、本章分层训练、本章小结的方式展现，与目前市面上的辅导班授课相呼应，是各个层次考生的良师益友．本书共分为十一章，其中第一章到第十章主要是对管理类综合能力的数学知识点、考点的阐述及对题型的介绍，第十一章是应用题专题，是管理类综合能力的重难点命题方向，是"主心骨"，是决定考生能否得高分的关键．最后，本书的附录中还新增了核心公式及 2022 年真题样卷，供读者查阅．本书由浅入深，分析透彻，解答详细，通俗易懂，部分题目给出多种解题方法，以拓展阅读者的思路．

本书由笔者担任主编，由汪文钦、赵鼎诚、沈洁、卢荣桂等老师负责部分编辑与校对工作．另外，本书出版过程中得到了云图教育领导的大力支持，特此感谢！由于编者的水

1

平有限，并且时间仓促，难免有错误和疏漏之处，恳请读者批评指正.

　　读者也可以通过作者新浪微博（@专硕数学孙华明）、微信订阅号（搜索实名：专硕数学孙华明）、个人微信号（huamingmba）及时了解本书的第一动态. 人生需要磨砺，青春不畏挑战，我们已经扬帆起航，用我们的坚毅、勇敢、智慧和努力，达到理想的彼岸，书写人生的华美乐章！

孙华明

本书特色

　　*本书严格按照最新《管理类综合能力考试大纲》要求编写. 根据管理类综合能力考试的命题思路、方法及原则，正确把握 MBA，MPA，MPAcc，MEM，MLIS，MAud，MTA，EMBA 考试最新动向.

　　*本书不仅可以帮助初学者快速入门，还是提高数学成绩的有利工具.

　　*本书展现方式为模块、章、节、知识块，层次清晰，例题经典，短期强化见效快，可以起到事半功倍的效果.

管理类综合能力数学应试指导

一、管理类综合能力数学考试大纲

（一）算术

1. 整数

（1）整数及其运算

（2）整除、公倍数、公约数

（3）奇数、偶数

（4）质数、合数

2. 分数、小数、百分数

3. 比与比例

4. 数轴与绝对值

（二）代数

1. 整式

（1）整式及其运算

（2）整式的因式与因式分解

2. 分式及其运算

3. 函数

（1）集合

（2）一元二次函数及其图像

（3）指数函数、对数函数

4. 代数方程

（1）一元一次方程

（2）一元二次方程

（3）二元一次方程组

5. 不等式

（1）不等式的性质

（2）均值不等式

（3）不等式求解

一元一次不等式（组）、一元二次不等式、简单绝对值不等式、简单分式不等式.

6．数列、等差数列、等比数列

（三）几何

1．平面图形

（1）三角形

（2）四边形

矩形、平行四边形、梯形.

（3）圆与扇形

2．空间几何体

（1）长方体

（2）柱体

（3）球体

3．平面解析几何

（1）平面直角坐标系

（2）直线方程与圆的方程

（3）两点间距离公式与点到直线的距离公式

（四）数据分析

1．计数原理

（1）加法原理、乘法原理

（2）排列与排列数

（3）组合与组合数

2．数据描述

（1）平均值

（2）方差与标准差

（3）数据的图表表示

直方图、饼图、数表.

3．概率

（1）事件及其简单运算

（2）加法公式

（3）乘法公式

（4）古典概型

（5）伯努利概型

二、管理类综合能力试卷结构与比例

管理类综合能力测试数学、逻辑与写作三部分内容，试卷满分 200 分，考试时间 180 分钟．题量与时间分配如下表：

内容	题型	题量	分值	考试时间分配	国家线达标分数
数学	问题求解	15	$15 \times 3 = 45$	40 分钟	36
数学	条件充分性判断	10	$10 \times 3 = 30$	20 分钟	18
逻辑	逻辑推理	30	$30 \times 2 = 60$	60 分钟	40
写作	论证有效性分析	1（600 字左右）	30	30 分钟	17
写作	论说文	1（700 字左右）	35	30 分钟	18

三、管理类综合能力数学命题的特点

2008 年 MBA 考试改革，考试大纲明确删除了微积分、线性代数、概率论这三块大家比较头疼的内容．从 2010 年开始，多种专业硕士考试合并成管理类联考，改革意图和考试趋势已经呈现在我们面前．数学部分考试难度适中，趋于稳定，主要表现出以下三个特点：

（1）基础性：任何一种考试，知识点都是基础和核心，是不可或缺的部分．目前，数学只考实数、整式、分式、方程和不等式、排列组合与概率初步、数据描述、平面几何、解析几何和立体几何初步，考点已经大量压缩，保留的知识点大部分考生在初中时期都学习过，在这种情况下，每年纯粹知识点的考题一般为 5～8 个，并且对这些知识点的考查都有相对的质量和深度，知识点交叉、联合比较多，甚至会考查考生容易忽视的地方或者容易出错的地方，这就要求考生对基本知识点有精深的把握．

（2）灵活性：经历数次改革以后，虽然考查的知识点变少了、变简单了，但考题却向着灵活和多样化的方向发展，考点不固定，形式多样，最不容易把握，所以复习的难度并不低．这就要求考生要有很强的学习和做题的灵活性，然而这种灵活性的形成不是靠题海战术，更不是靠死记硬背，而是要通过培养数学思维方式，从而以不变应万变．

（3）技巧性：一方面，对于目前的数学考试，考生基本要在 60 分钟之内解决 25 道题，这对考生的做题速度提出了很高的要求．另一方面，在现在的管理类综合能力数学考试中，初等数学奥赛题目等竞赛类考题时有出现，这些都要求在复习中既要注重基本的知识点，又要掌握一些方便、快捷的方法．每年基本上有 6～8 个题目是有技巧可循的，对于这些题目，使用技巧来得直接、便捷．但这方面的学习又不能进入误区，所以我建议不管考生基础如何，首先还是要夯实基础．同时也要注意，能用技巧的题目，一般用基础方法都会费时、费力，影响考试发挥，适当的学习技巧是必需的．

因此，考生要牢固掌握基本知识点，要熟练运用技巧，最重要的是要有灵活的思维方式，三者是数学考高分的关键，缺一不可．

四、管理类综合能力数学考试的内容

内容如下：

（1）实数部分：实数及运算、绝对值的定义与性质、比和比例．

（2）整式与分式：整式运算、多项式因式分解、分式运算．

（3）函数及应用：集合、一元二次函数及其图像、指数函数、对数函数．

（4）方程和不等式：一元一次方程（不等式），一元二次方程（不等式）、二元一次方程组、一元一次不等式组．

（5）数列：通项公式、求和公式、等差数列、等比数列．

（6）排列组合及概率初步：加法原理、乘法原理、排列及排列数、组合及组合数、古典概型、事件关系及运算、伯努利概型．

（7）数据描述：平均值、方差与标准差、数据的图表表示（直方图、饼图、数表）．

（8）平面几何：三角形、平行四边形、矩形、菱形、正方形、梯形、圆与扇形、三角形的相似及全等．

（9）解析几何：基本概念及公式、直线的方程式、圆的方程式、直线与直线的位置关系、直线与圆的位置关系、圆与圆的位置关系．

（10）立体几何：长方体、圆柱体、球体．

（11）应用题：比例、增长率、工程、行程、不定方程等．

对于考题数量来说，实数一般考查 3 个题目，其中运算 1 个题目，绝对值 1 个题目，实数的性质 1 个题目；整式与分式一般考查 2 个题目，以因式分解和乘法运算公式为主；函数一般考查 1 个题目，以二次函数为主；方程和不等式一般考查 2 个题目，以一元二次方程和不等式为主；数列一般考查 2 个题目，以等差数列和等比数列的通项公式与求和公式为主；应用题一般考查 6～8 道题目，以比例、浓度、工程和行程问题为主；几何部分一般考查 5 个题目，其中平面几何 2 个题目，以多边形和圆的面积为主，解析几何 2 个题目，以直线与圆的方程为主，立体几何 1 个题目，以表面积和体积为主；概率部分一般考

查 5 个题目，其中数据描述 1 题，排列组合 2 个题目，概率 2 个题目，以古典概型和伯努利概型为主.

建议考生在基础阶段把重点放在代数运算、平面几何和应用题上，在系统强化阶段把重点放在解析几何、数列和概率模块上，在模考阶段则要整体把握，积累解题技巧.

五、管理类综合能力数学考试备考建议

针对数学考试的特点、考试内容和考试结构，特提出以下复习建议：

（1）学习方法. 首先，学习数学要系统，要形成一个有机体系，所以建议每周集中 1~2 次学习，每次学习的时间为 2 个小时左右，最好每次学一个专题. 其次，不要搞题海战术，但要做一定量的题（基础阶段不少于 250 个题目，系统强化阶段不少于 350 个题目），一定要清楚做题的目的是为了进一步理解和熟练掌握考查的知识点，积累做题的思路和方法. 最后，做完一部分题目后，都要多思考、多总结，培养和建立数学思维，归纳和总结考试题型和考法，对知识点、题型、方法和技巧进行系统完整的归纳，把知识点理成一条条线，再用线织成一张合理、清晰、有效的知识网.

（2）学习思路. 学习数学时，最好跟着老师的步骤学，不要偏离学习的轨道. 老师做了长时间研究，对于考试的形式和内容基本都能把握得很准. 对教学内容的安排相当于把每一位学生领上正确的学习道路，对考试题型、做题思路和方法的讲解相当于为学生打开了一扇门. 有了这条路和这扇门，每个学生都可以快速、高效地提高成绩. 这里尤其要点出的是数学学习程度好和程度差的两类学生，学习程度好的不要考虑找什么奥赛题、偏题、怪题来做，至少在基础阶段没必要. 学习程度差的也不要考虑拿初中的课本来补，只需要跟着老师的进度走，或者对老师讲的内容提前作一下简单的预习即可. 对于基础不好的考生，用的辅导书越少越好，只有手中的资料少，才能在有效的时间内学好、学透、学专. 我们讲课的时候既会放一些难题照顾基础好的，也会尽可能地保证每个学生都能听懂，以照顾基础差的.

（3）学习内容. 首先是老师讲过的部分，这是第一位的，也是最重要的，最好在听完课一周之内不看老师的讲解，自己重新做一遍题，做完再和老师的讲解对照，查找存在哪些问题、哪些和老师的讲解不一致、题目考查的是什么. 例如，2021 年 12 月数学考试虽然比较难，但是像配方、解方程、相似三角形、不定方程应用题、枚举法求解概率等都是课堂上反复强调的，就连染色问题这样类型的题目，本书其实也有类似的例题. 甚至在 2014 年和 2020 年真题中都有原题押中，间接命中率达 90% 以上. 但尽管命中率如此高，还是有个别同学听完课后没好好复习，考试的时候仍然不会做. 所以，大家在复习时要尤

为注重我讲过的内容．其次要做完相关的配套练习，高质量地完成习题和作业．

（4）学习策略．数学这一门课的学习策略很多，每一部分有每一部分的特点和考试方式，要分别对待，在这里简要介绍一下每一模块的学习策略．应用题是考试中灵活性最大的一块，解应用题要尤其注重思维，学会翻译题目，理出题目的主线，变文字描述为一条条主线，解题思路自然就出来了；实数、整式、分式部分的知识点比较杂，要归好类，注重小的概念和知识点的运用；函数、方程、不等式、数列部分的知识点和考试题目设置相对固定，把每种题型弄透即可；对于排列组合和概率大家相对比较陌生，首先要准确理解概念，再掌握典型的题目，在脑海里建立起相应的模型（如在什么情况下用加法原理，在什么情况下用乘法原理，什么时候该打包，什么时候该插空，古典概型的几种模型等）；平面几何主要考查面积的转化，相似三角形运用要有一定的几何构思能力；解析几何全是模板化的解题方法，对应掌握即可；立体几何不会考得太复杂，主要是把相应图形的特点弄透．

六、管理类综合能力数学备考时间规划表

阶段	时间点	资料	进度	定位
基础阶段	3～5 月	《管理类综合能力华明讲数学　教程篇》	每章知识点及例题	第一轮复习，夯实基础
强化阶段	6～8 月	《管理类综合能力华明讲数学　教程篇》	每章题型精解	第二轮复习，强化拔高
真题阶段	9～10 月	《管理类综合能力华明讲数学　真题篇》	分类汇总，举一反三	第三轮复习，洞察真题
技巧阶段	11～12 月	《管理类综合能力华明讲数学　真题篇》	核心技巧演绎	第四轮复习，提高速度
押题阶段	12 月	内部押题卷	套卷展现，把控方向	第五轮复习，押题预测

七、本书使用指南

本书由经济日报出版社出版，由官方指定名师名家亲自编撰，是一本权威性、实用性、高效性并存的资料，为了让读者更好地使用本书，请仔细阅读以下说明．

（1）各章编排体系：

考试难度分布情况：简单题占 20%，约 5 个题目；中等题占 60%，约 15 个题目；难题占 20%，约 5 个题目．附录中的公式可以在平时多训练、多记忆．另外，本书在附录中放入了去年的真题样卷供大家参考使用．

（2）各章分值分布：

考试分值分布情况：数学共 25 题，其中前 15 题为问题求解，每题 3 分，后 10 题为条件充分性判断，每题也为 3 分，合计共 75 分.

模块	总分值	章节分布	核心章节	难题个数
第一模块	3 个题目，9 分	第一章：3 个题目	绝对值	0
第二模块	6 个题目，18 分	第二章：2 个题目 第三章：2 个题目 第四章：2 个题目	方程与不等式	2
第三模块	5 个题目，15 分	第五章：2 个题目 第六章：1 个题目 第七章：2 个题目	平面解析几何	1
第四模块	5 个题目，15 分	第八章：1 个题目 第九章：2 个题目 第十章：2 个题目	排列组合	1
附加模块	6 个题目，18 分	第十一章 第一节：3 个题目 第二节：2 个题目 第三节：1 个题目	比例与百分比	1

目录

第三模块　几何

第四模块　数据分析

附加模块　应用题

第一模块　算术

【考试地位】本模块内容考试难度相对不高,题量较少,一般有 2～3 道题目,考生在复习过程中不宜做太难、太偏的试题,只需掌握最基本的概念和定义即可.

第一章　实数及其运算

【大纲要求】
实数的概念、性质、运算及应用,比和比例,绝对值.
【备考要点】
本部分主要考查实数的概念、性质和运算,数与式的合理变形,通过分析已知条件寻求与设计合理、简捷的运算途径,比例式的运算技巧,绝对值的性质等.

章节学习框架

知识点	考点	难度	已学	已会
整数的基本运算	(基本功,不直接设立考点)	★		
实数的概念与性质	实数的分类与概念	★		
	质数、互质数、公约数与公倍数	★		
	奇数与偶数	★		
	整除与带余除法	★★		
比与比例	比例的性质、定理与增减性	★		
	简单的裂项公式(裂项相消法)	★★		
	比例式的计算	★★		
数轴与绝对值	绝对值的非负性与自反性	★		
	绝对值三角不等式	★★		
	绝对值几何意义(数轴距离)	★		
	绝对值方程与不等式常规解法	★★		
	绝对值方程与不等式数形结合解法	★★		

注:请读者在学完本章后在此表的"已学"和"已会"栏中进行标注.

第一节　充分条件和充分性判断

知识点归纳与例题讲解

一、充分条件和必要条件

如果命题 A 成立,则命题 B 也必成立,那么称 A 为 B 的充分条件,可记为 $A \Rightarrow B$,这时也称 B 为 A 的必要条件,也可以说如果 B 不成立,则 A 也必不成立.

例如:命题 A 为 $x > 1$,命题 B 为 $x > 0$.

因为当 $x > 1$ 的时候,所有的取值都必然满足 $x > 0$,所以当命题 A 成立的时候,命题 B 也必成立,那么 A 就是 B 的充分条件,表示为 $A \Rightarrow B$.

二、条件充分性的判断

此类题是管理类综合能力考试特有的题型,其一般形式如下:

题干:条件部分(可能没有)、结论部分.

条件(1):＿＿＿＿＿内容＿＿＿＿＿;

条件(2):＿＿＿＿＿内容＿＿＿＿＿.

题干部分中,可能有已知的条件,解题时可用,也可能没有这一部分,结论部分则必须具备,它是本题需要求解得到的结果. 如一题的题干中有条件部分,则条件部分在前,结论部分在后,两部分的区分以用词、语气来判断.

条件(1)和条件(2)是两项分别的已知条件.

解答此类题型时从 A,B,C,D,E 五个选项中单选一项作答,各选项的意义规定如下:

条件(1)单独可以推出结论	条件(2)单独可以推出结论	条件(1)＋(2)联合可以推出结论	选项为
√	×	(不需要考虑)	A
×	√	(不需要考虑)	B
×	×	√	C
√	√	(不需要考虑)	D
×	×	×	E

如仅已知条件(1),不知条件(2)可以推出结论,而仅已知条件(2),不知条件(1)不可以推出结论,则选择 A;

如仅已知条件(2),不知条件(1)可以推出结论,而仅已知条件(1),不知条件(2)不可以推出结论,则选择 B;

如仅已知条件(1)或仅已知条件(2)均不可以推出结论,而条件(1)和条件(2)联合时,可

以推出结论,则选择 C;

如仅已知条件(1),不知条件(2),或仅已知条件(2),不知条件(1)均可以推出结论,则选择 D;

如仅已知条件(1),不知条件(2),或仅已知条件(2),不知条件(1)均不可以推出结论,且条件(1)和条件(2)联合时仍不能推出结论,则选择 E.

以上五种情况必然有且仅有一种情况成立.当然,不论在任何情况下,题干中如有条件部分,均可将其作为已知使用.

三、条件充分性判断题的解题思路与方法

1. 条件充分性判断题的解题思路

从集合角度,若条件的范围落在题干成立的范围之内,则条件充分,即条件的范围为题干范围的子集(条件⊆题干).

2. 条件充分性判断题的解题方法

【应试对策】　方法一(自下而上):将条件中的参数分别代入题干中验证.特点是至少运算两次.

方法二(自上而下):先不看条件,假设题干中的命题正确,求出参数.然后将条件中的参数范围与题干成立的参数范围进行比较,若条件范围落入题干的成立范围之内,则充分.特点是只需一次运算.

方法三(特殊反例法):在两个条件的交集中取一个特殊值,若代入题干不充分,则选 E.

【例 1.1.1】　$x^2=1$.(　　)

(1)$x=1$;(2)$x=-1$.

【答案】　D

【解题思路】　自下而上:条件(1)代入,$1^2=1$ 成立,条件充分;条件(2)代入,$(-1)^2=1$ 也成立,条件也充分.

【例 1.1.2】　不等式 $x^2<2^x$ 成立.(　　)

(1)$x=0$;(2)$x=3$.

【答案】　A

【解题思路】　自下而上:条件(1)代入,$0^2=0$,$2^0=1$,不等式成立,条件充分;条件(2)代入,$3^2=9$,$2^3=8$,不等式不成立,条件不充分.

【例 1.1.3】　能使 $x^2\neq4$ 成立.(　　)

(1)$x\neq2$;(2)$x\neq-2$.

【答案】　C

【解题思路】　自上而下:根据题干 $x^2\neq4\Leftrightarrow x\neq2$ 且 $x\neq-2$.

条件(1)只有 $x\neq2$,也就是有可能 $x=-2$,那么 x^2 可能为 4,题干就不成立,条件不充分;条件(2)同理也不充分;

联合条件(1)和条件(2),就是 $x\neq2$ 且 $x\neq-2$,恰好与题干求解结果完全相同,条件充分.

【例 1.1.4】 不等式 $x^2-4x+3<0$ 成立.（　　）

(1)$x>-1$；(2)$x<3$.

【答案】 E

【解题思路】 方法一（自上而下）：根据题干 $x^2-4x+3<0\Leftrightarrow(x-1)(x-3)<0\Leftrightarrow 1<x<3$.条件(1)，$x>-1$ 不是题干解集的子集，不充分；

条件(2)同理也不充分；

联合条件(1)和条件(2)，仍然不是题干解集的子集，也不充分. 选 E.

方法二（特殊反例法）：设 $x=0$，既满足了条件(1)，又满足了条件(2)，但是代入题干却不成立，说明两条件都不充分，联合也不充分. 选 E.

【例 1.1.5】 $x^{101}+y^{101}$ 有两个不同的取值.（　　）

(1)$(x+y)^{99}=-1$；(2)$(x-y)^{100}=1$.

【答案】 E

【解题思路】 条件(1)和条件(2)单独都不充分，将条件(1)和条件(2)联合，解下列方程组：

$$\begin{cases}x+y=-1,\\x-y=1\end{cases}\text{和}\begin{cases}x+y=-1,\\x-y=-1,\end{cases}$$

它们的解分别为 $\begin{cases}x=0,\\y=-1\end{cases}$ 和 $\begin{cases}x=-1,\\y=0.\end{cases}$ 无论将哪组解代入 $x^{101}+y^{101}$ 中，它的值均为 -1，结论不成立. 选 E.

本节分层训练

1. $\dfrac{1}{a}<\dfrac{1}{b}$.（　　）

(1)$a>b$；(2)$ab>0$.

2. $x+y=0$.（　　）

(1)$x^2+y^2=0$；(2)$x^3+y^3=0$.

3. $ac<0$.（　　）

(1)$a<b<c$；(2)$a+b+c=0$.

4. $x=-2$.（　　）

(1)$|x|=2$；(2)$|x|>x$.

5. $x^2>4$.（　　）

(1)$x>3$；(2)$x>1$.

6. $\dfrac{a}{b+c}<\dfrac{b}{c+a}<\dfrac{c}{a+b}$.（　　）

(1)$0<a<b<c$；(2)$0<c<b<a$.

7. 若 x 为整数，则可确定 $x=2$.（　　）

(1)$\dfrac{1}{5}<\dfrac{1}{x+1}<\dfrac{1}{2}$；(2)$(x-2)(x-5)<0$.

8. $x^2-4x+3<0$ 成立.（　　）

(1)$x<3$；(2)$(x-2)^{100}\leqslant 0$.

9. $x>2$ 且 $y>2$. (　　)

(1)$x+y>4$；(2)$xy>4$.

10. $x=y$. (　　)

(1)$x^2+y^2=2$；(2)$xy=1$.

11. $ab>0$. (　　)

(1)$\dfrac{|a|}{a}+\dfrac{|b|}{b}=0$；(2)$\dfrac{|a|}{a}-\dfrac{|b|}{b}=0$.

12. $x^2+px+q=(x-9)(x+11)$. (　　)

(1)$p=-2,q=-99$；(2)$p=2,q=-99$.

13. 实数 m,n 满足等式 $(a^{m+1}\cdot b^{n+2})(a^{2n-1}\cdot b^{2m})=a^5b^3$. (　　)

(1)$m=-1,n=3$；(2)$m=1,n=2$.

14. 分式 $\dfrac{x}{x-y}$ 的值不变. (　　)

(1)x,y 都扩大到原来的 3 倍；(2)x,y 都缩小到原来的 $\dfrac{1}{3}$ 倍.

15. $a^2<b^2$. (　　)

(1)$|a|<|b|$；(2)$a<b$.

16. 方程 $f(x)=1$ 有唯一解. (　　)

(1)$f(x)=|x-1|$；(2)$f(x)=|x-1|+1$.

17. $|x+1|\leqslant 3$. (　　)

(1)$|x|\leqslant 2$；(2)$|x-1|\leqslant 2$.

18. $|x-2|+|y+2|=0$. (　　)

(1)x,y 使得 $(x-2)^2+(y+2)^2=0$；

(2)x,y 使得 $\dfrac{|x^2-2x|+(y+2)^2}{x^2-4}=0$.

19. $x=10$. (　　)

(1)$\dfrac{x}{4}=\dfrac{y}{5}=\dfrac{z}{6}$；(2)$3x+2y+z=56$.

20. $x:y=5:4$. (　　)

(1)$(2x-y):(x+y)=2:3$；

(2)$2x-y-3z=0$ 且 $2x-4y+3z=0(z\neq 0)$.

21. $a>0>b$. (　　)

(1)$a<b,\dfrac{1}{a}>\dfrac{1}{b}$；(2)$a>b,\dfrac{1}{a}>\dfrac{1}{b}$.

22. $\sqrt{a^2b}=-a\sqrt{b}$. (　　)

(1)$a>0,b<0$；(2)$a<0,b>0$.

23. 可唯一地确定 x 和 y 的值. (　　)

(1)$x^2+y^2=2x+6y-10$；(2)$\dfrac{2}{x}+\dfrac{1}{y}=\dfrac{7}{3}$ 且 $\dfrac{3}{x}-\dfrac{2}{y}=\dfrac{7}{3}$.

24. 方程 $x^2 + ax + 2 = 0$ 与 $x^2 - 2x - a = 0$ 有一个公共实数解. (　　)

(1)$a = 3$;(2)$a = -2$.

25. $\left(\dfrac{1}{2}\right)^{|2x-1|} < 2^{-|x+2|}$. (　　)

(1)$x \leqslant -\dfrac{1}{4}$;(2)$4 \leqslant x < 10$.

🎯 分层训练答案

1～5　CDCCA　　　　6～10　AEBEC　　　11～15　BBADA

16～20　BAAED　　21～25　BBDAB

🎯 分层训练详细解析

1.【解析】　自上而下:由题干 $\dfrac{1}{a} < \dfrac{1}{b} \Leftrightarrow \dfrac{1}{a} - \dfrac{1}{b} < 0 \Leftrightarrow \dfrac{a-b}{ab} > 0$.

条件(1),只能确认分子大于零,无法确认分母正负号,所以条件不充分;

条件(2),只能确认分母大于零,无法确认分子正负号,所以条件也不充分;

联合条件(1)和条件(2),满足分子和分母都分别大于零,题干结论成立,联合充分. 选 C.

2.【解析】　自下而上:条件(1),根据平方的非负性,$x^2 \geqslant 0$ 且 $y^2 \geqslant 0$,那么由两者之和为零,就能推出两者都为零,所以 $x = y = 0$,代入题干 $x + y = 0$ 成立,条件(1)充分;

条件(2),$x^3 + y^3 = 0 \Leftrightarrow x^3 = -y^3 \Leftrightarrow x = -y \Rightarrow x + y = 0$,题干成立,条件(2)充分. 选 D.

3.【解析】　自下而上:条件(1),取反例,$a = 1, b = 2, c = 3$,代入题干不成立,不充分;

条件(2),取反例,$a = b = c = 0$,代入题干不成立,不充分;

联合条件(1)和条件(2),由于 $a + b + c = 0$,并且 a, b, c 有大小顺序,可以推出 $a < 0, c > 0$,代入题干成立,充分. 选 C.

4.【解析】　自下而上:条件(1),$|x| = 2 \Rightarrow x = \pm 2$,代入题干,不充分;

条件(2),$|x| > x \Rightarrow x < 0$,代入题干,也不充分;

联合条件(1)和条件(2),可求得 $x = -2$,充分. 选 C.

5.【解析】　自下而上:条件(1),$x > 3 \Rightarrow x^2 > 9$,是题干的子集,充分;条件(2),取反例,$x = 2$,则 $x^2 = 4$,题干不成立,不充分. 选 A.

6.【解析】　因 a, b, c 都大于 0,故 $\dfrac{a}{b+c} < \dfrac{b}{c+a} < \dfrac{c}{a+b} \Leftrightarrow \dfrac{b+c}{a} > \dfrac{a+c}{b} > \dfrac{a+b}{c} \Leftrightarrow \dfrac{b+c}{a} +$

$1 > \dfrac{a+c}{b} + 1 > \dfrac{a+b}{c} + 1 \Leftrightarrow \dfrac{a+b+c}{a} > \dfrac{a+b+c}{b} > \dfrac{a+b+c}{c} \Leftrightarrow \dfrac{1}{a} > \dfrac{1}{b} > \dfrac{1}{c} \Leftrightarrow a < b < c$. 选 A.

7.【解析】　条件(1),$\dfrac{1}{5} < \dfrac{1}{x+1} < \dfrac{1}{2} \Leftrightarrow 2 < x+1 < 5 \Leftrightarrow 1 < x < 4$,$x = 2$ 或 3,不充分;

条件(2),$(x-2)(x-5) < 0 \Leftrightarrow 2 < x < 5 \Leftrightarrow x = 3$ 或 4,不充分;

联合条件(1)和条件(2),有 $x = 3$,不充分. 选 E.

8.【解析】　题干为 $x^2 - 4x + 3 < 0 \Leftrightarrow 1 < x < 3$,条件(1)不充分;条件(2),$(x-2)^{100} \leqslant$

$0 \Rightarrow x=2$,充分.选 B.

9.【解析】 取反例,$x=1,y=5$ 符合条件(1)也符合条件(2),不充分,选 E.

10.【解析】 显然两个条件单独都不充分,联合起来:$\begin{cases} x^2+y^2=2, \\ xy=1 \end{cases} \Rightarrow \begin{cases} x=1, \\ y=1 \end{cases}$ 或 $\begin{cases} x=-1, \\ y=-1, \end{cases}$ 所以 $x=y$,充分.选 C.

11.【解析】 条件(1),$\dfrac{|a|}{a}+\dfrac{|b|}{b}=0 \Rightarrow ab<0$,不充分;

条件(2),$\dfrac{|a|}{a}-\dfrac{|b|}{b}=0 \Rightarrow ab>0$,充分.

选 B.

12.【解析】 $x^2+px+q=(x-9)(x+11)=x^2+2x-99$,得 $p=2,q=-99$,条件(1)不充分,条件(2)充分.选 B.

13.【解析】 $(a^{m+1} \cdot b^{n+2})(a^{2n-1} \cdot b^{2m})=a^5b^3 \Leftrightarrow a^{m+2n}b^{2m+n+2}=a^5b^3 \Leftrightarrow \begin{cases} m+2n=5, \\ 2m+n+2=3 \end{cases} \Leftrightarrow$ $\begin{cases} m=-1, \\ n=3, \end{cases}$ 条件(1)充分,条件(2)不充分.选 A.

14.【解析】 显然两条件单独都充分.选 D.

15.【解析】 条件(1),$|a|<|b| \Leftrightarrow a^2<b^2$,充分;条件(2)不充分.选 A.

16.【解析】 条件(1),$f(x)=|x-1|=1 \Leftrightarrow x=0$ 或 2,不充分;条件(2),$f(x)=|x-1|+1=1 \Leftrightarrow x=1$,充分.选 B.

17.【解析】 题干:$|x+1| \leqslant 3 \Leftrightarrow -4 \leqslant x \leqslant 2$.条件(1),$|x| \leqslant 2 \Leftrightarrow -2 \leqslant x \leqslant 2$;条件(2),$|x-1| \leqslant 2 \Leftrightarrow -1 \leqslant x \leqslant 3$.条件(1)充分,条件(2)不充分.选 A.

18.【解析】 由条件(1)得 $x=2,y=-2$,充分;由条件(2)得 $x=0,y=-2$,不充分.选 A.

19.【解析】 显然需要联合两条件分析,$\begin{cases} \dfrac{x}{4}=\dfrac{y}{5}=\dfrac{z}{6}, \\ 3x+2y+z=56 \end{cases} \Leftrightarrow \begin{cases} x=8, \\ y=10, \\ z=12, \end{cases}$ 不充分.选 E.

20.【解析】 条件(1),$\dfrac{2x-y}{x+y}=\dfrac{2}{3} \Leftrightarrow 2x+2y=6x-3y \Leftrightarrow 4x=5y \Leftrightarrow \dfrac{x}{y}=\dfrac{5}{4}$,充分;由条件(2)可得 $4x-5y=0$,也充分.选 D.

21.【解析】 条件(1),取 $a=1,b=2$,不充分;

条件(2),因为 $a>b$,则 $\dfrac{1}{a}>\dfrac{1}{b} \Rightarrow \dfrac{1}{a}-\dfrac{1}{b}>0 \Rightarrow \dfrac{b-a}{ab}>0 \Rightarrow ab<0$,充分.

选 B.

22.【解析】 $\sqrt{a^2b}=-a\sqrt{b} \Leftrightarrow |a|\sqrt{b}=-a\sqrt{b} \Leftrightarrow \begin{cases} a \leqslant 0, \\ b \geqslant 0, \end{cases}$ 条件(1)不充分,条件(2)充分.选 B.

23.【解析】 条件(1),$x^2-2x+y^2-6y+10=0 \Rightarrow (x-1)^2+(y-3)^2=0 \Rightarrow x=1,y=3$,充分;由条件(2)解出 $\begin{cases} x=1, \\ y=3, \end{cases}$ 也充分.选 D.

24.【解析】 条件(1)，$x^2+3x+2=0 \Rightarrow x=-1$ 或 $x=-2$，$x^2-2x-a=0 \Rightarrow x^2-2x-3=0 \Rightarrow x=3$ 或 $x=-1$，有唯一公共解 $x=-1$，充分；条件(2)，$x^2-2x+2=0$ 无解，不充分. 选 A.

25.【解析】 $\left(\dfrac{1}{2}\right)^{|2x-1|} < 2^{-|x+2|} \Leftrightarrow |2x-1| > |x+2| \Leftrightarrow (x-3)(3x+1) > 0 \Leftrightarrow x > 3$ 或 $x < -\dfrac{1}{3}$，条件(1)不充分，条件(2)充分. 选 B.

第二节 整数、分数、小数、百分数

⊙ 知识点归纳与例题讲解

一、实数的概念、性质

1. 数的概念与性质

整数：指 $0, \pm 1, \pm 2, \cdots, n$ 为整数可记为 $n \in \mathbf{Z}$.

正整数：指 $1, 2, 3, \cdots, n$ 为正整数可记为 $n \in \mathbf{Z}^+$.

负整数：指 $-1, -2, -3, \cdots, n$ 为负整数可记为 $n \in \mathbf{Z}^-$.

自然数：包括 0 及正整数.

整数分为偶数$(0, 2, 4, \cdots, 2n, n \in \mathbf{Z})$和奇数$(1, 3, 5, \cdots, 2n \pm 1, n \in \mathbf{Z})$两类.

有理数：指 $\dfrac{n}{m}$ $(n \in \mathbf{Z}, m \in \mathbf{Z}^+)$，当 n 能被 m 除尽时，$\dfrac{n}{m}$ 是整数，否则便是分数.

有理数可分为整数、有限小数、无限循环小数$\left(\text{如 } 2, \dfrac{4}{5}=0.8, \dfrac{1}{3}=0.\dot{3}\right)$.

无理数：指无限不循环小数，如 $\pi=3.141\,59\cdots, \sqrt{2}=1.414\cdots$.

实数：有理数和无理数统称为实数.

两种分类：

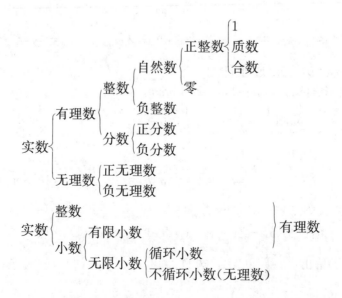

【例 1.2.1】 有下列说法:

(1)无理数就是开方开不尽的数;

(2)无理数是无限不循环小数;

(3)无理数包括正无理数、零、负无理数;

(4)无理数都可以用数轴上的点来表示.

其中说法正确的有(　　)个.

A. 0　　　　　　B. 1　　　　　　C. 2　　　　　　D. 3　　　　　　E. 4

【答案】　C

【命题知识点】　无理数的概念.

【解题思路】　(1)不正确,开方开不尽的数是无理数,但不能反过来说,例如 $\pi=$ 3.141 592 6…就是无理数,但是却不是开方开不尽的数,逻辑错误;(3)不正确,零不是无理数;(2),(4)均正确.

【例 1.2.2】　在 $-\dfrac{5}{2},\dfrac{\pi}{3},\sqrt{2},-\sqrt{\dfrac{1}{16}},3.14,0,\sqrt{2}-1,\dfrac{\sqrt{5}}{2},|\sqrt{4}-1|$ 中:

整数有_____;

无理数有_____;

有理数有_____.

【答案】　$0,|\sqrt{4}-1|;\dfrac{\pi}{3},\sqrt{2},\sqrt{2}-1,\dfrac{\sqrt{5}}{2};-\dfrac{5}{2},-\sqrt{\dfrac{1}{16}},3.14,0,|\sqrt{4}-1|$

【命题知识点】　数的分类.

【解题思路】　一般遇到根式能开方的就是有理数,不能开方的就是无理数.

2. 正整数的分类

约数:设 a 为一个正整数($a\in\mathbf{Z}^{+}$),m 为 a 的一个约数是指:a 能被正整数 m 除尽,如 $a=15$,则 $a=3\times5$,所以 a 有 $1,3,5,15$ 共 4 个约数.

$$正整数\begin{cases}1,\\质数(也称素数,只有1和自身两个约数),\\合数(有除1和自身以外的约数).\end{cases}$$

100 以内的质数共 25 个:

2	3	5	7	11
13	17	19	23	29
31	37	41	43	47
53	59	61	67	71
73	79	83	89	97

注意:(1)最小的质数是 2,为偶数. 其余的质数均为奇数.

(2)两个相邻的整数,必然一奇一偶.

(3)任何一个合数,都能被分解为若干个质因数之积.

(4)1 既不是质数,也不是合数.

【例 1.2.3】　设 m,n 都是自然数,则 $m=2$.(　　　)

(1)$n\neq2$, $m+n$ 为奇数;(2)m 与 n 都是质数.

【答案】 C

【命题知识点】 质数.

【解题思路】 条件(1),m 与 n 必有一个是偶数,另一个为奇数,n 不是偶质数,推不出结论.而条件(2)单独也不充分,两条件联合起来,则 m 必为偶质数,所以 $m=2$.选 C.

3. 公约数、公倍数、互质

(1)公约数.

若正整数 m 同时是几个正整数 $a_1,a_2,\cdots,a_r$ 的约数,就称 m 是 $a_1,a_2,\cdots,a_r$ 的公约数,并把 $a_1,a_2,\cdots,a_r$ 的公约数中的最大的称为最大公约数.

(2)公倍数.

若正整数 n 同时是几个正整数 $a_1,a_2,\cdots,a_r$ 的倍数,就称 n 是 $a_1,a_2,\cdots,a_r$ 的公倍数,并把 $a_1,a_2,\cdots,a_r$ 的公倍数中最小的称为最小公倍数.

两个正整数的最小公倍数的求法:

$\dfrac{n}{m}=\dfrac{n_1}{m_1}$(化成最简分数),则 m,n 的最小公倍数就为 m_1n 或者 n_1m,或者使用短除法,

$k\begin{array}{|cc} m & n \\ \hline m_1 & n_1 \end{array}\to$互质,所以最小公倍数为 km_1n_1.例:60 与 72 的最大公约数是 12,最小公倍数是 360.

(3)互质.

若正整数 m 与正整数 n 的公约数只有 1,就称这两个正整数 m 与 n 互质,并称 $\dfrac{n}{m}$ 为既约分数(最简分数).例:2 与 3 互质,5 与 6 也互质.

【例 1.2.4】 两个正整数的最大公约数是 6,最小公倍数是 90,满足条件的两个正整数组成的大数在前的数对共有( ).

A. 0 对　　　B. 1 对　　　C. 2 对　　　D. 3 对　　　E. 以上都不对

【答案】 C

【命题知识点】 公约数和公倍数.

【解题思路】 设这两个数分别为 a,b,且 $a>b$,由题意得 $a=6m,b=6n\xrightarrow{\text{最大公约数是 6}}$ m,n 互质且 $m>n$(为正整数).

最小公倍数 $90=6\times m\times n\Rightarrow mn=15\xrightarrow{m,n\text{ 互质且 }m>n}\begin{cases}m=15,\\n=1,\end{cases}$ 或 $\begin{cases}m=5,\\n=3,\end{cases}$ 则 $a=90$, $b=6$ 或 $a=30,b=18$,共有两对.

本题可以记住一个结论:两个数的最大公约数与最小公倍数的乘积就是这两个数的乘积.

4. 带余除法(商数和余数的表示)

设正整数 n 被正整数 m 除,得商为 s,余数为 r,则可以表示为

$$n=ms+r(s,r \text{ 均为自然数},0\leqslant r<m).$$

特别地,当余数 $r=0$ 时,称 n 能被 m 整除.

数字整除的特征：

①能被 2 整除的数：个位为 0,2,4,6,8.

②能被 3 整除的数：各个数位的数字之和能被 3 整除.

③能被 4 整除的数：末两位(个位和十位)数能被 4 整除.

④能被 5 整除的数：个位为 0 或 5.

⑤能被 6 整除的数：同时满足能被 2 和 3 整除的条件.

⑥能被 8 整除的数：末三位(个位、十位和百位)数能被 8 整除.

⑦能被 9 整除的数：各个数位的数字之和能被 9 整除.

⑧能被 10 整除的数：个位为 0.

【例 1.2.5】　正整数 N 的 8 倍与 5 倍之和，除以 10 的余数为 9，则 N 的最后一位数字为(　　).

A. 2　　　　　B. 3　　　　　C. 5　　　　　D. 9　　　　　E. 7

【答案】　B

【命题知识点】　带余除法.

【解题思路】　表示成 $13N=10k+9$，经检验 N 的末位必须是 3.

5. 奇数与偶数

能被 2 整除的数称为偶数($2k$)，被 2 除余 1 的整数称为奇数($2k\pm1$).

常见偶数：$\cdots-6,-4,-2,0,2,4,6,\cdots$；常见奇数：$\cdots-5,-3,-1,1,3,5,\cdots$.

性质：

①奇数与奇数的差为偶数，奇数与奇数的和为偶数.

②偶数与偶数的差为偶数，偶数与偶数的和为偶数.

③偶数与奇数的差为奇数，偶数与奇数的和为奇数.

④两个奇数的乘积为奇数，奇数(偶数)的正整数次乘方仍为奇数(偶数)，一个偶数和一个奇数的乘积为偶数.

【例 1.2.6】　$(-1)^a=1$. (　　)

(1) x,y,a 均为整数，且 $|x+y|+\sqrt{x-y}=a$；

(2) x,y 均为整数，且 $xy+x^2y^2=a$.

【答案】　D

【命题知识点】　奇数，偶数.

【解题思路】　条件(1)，$x+y$，$x-y$ 必有相同的奇偶性，而 $|x+y|$ 和 $x+y$，$\sqrt{x-y}$ 和 $x-y$ 也均有相同的奇偶性(从已知可见 $\sqrt{x-y}$ 为整数)，因此 $|x+y|$ 和 $\sqrt{x-y}$ 有相同的奇偶性，a 必为偶数，题干成立.

条件(2)，xy 和 x^2y^2 有相同的奇偶性，a 也必为偶数，题干也成立.

6. 有理数与无理数

(1) 有理数和无理数的定义.

如 m,n 均为整数，$n\neq0$，$p=\dfrac{m}{n}$，则称 p 为有理数，如实数 q 不能写成两个整数之商，则称 q 为无理数.

11

例如:圆周率 π 是无理数. 又如 n 为正整数,且非完全平方数,则 $\sqrt{n}$ 为无理数.

(2)性质.

任何两个有理数的和、差、积仍为有理数. 一个有理数和一个无理数的和、差必为无理数. 一个非零有理数和一个无理数的积、商必为无理数. 两个无理数的和、差、积、商有可能为有理数,也可能为无理数.

【例 1.2.7】 下列说法中正确的是(　　).

A. 任意两个无理数的和仍是无理数

B. 任意两个无理数的积仍是无理数

C. 两个无理数的和与差不可能都是有理数

D. 两个无理数的积与商不可能都是有理数

E. 以上结论均不正确

【答案】 C

【命题知识点】 有理数与无理数的运算性质.

【解题思路】 对于 C,如 a,b 均为无理数,$\begin{cases} a+b=x, \\ a-b=y, \end{cases}$ 其中 x,y 均为有理数,则 $a=\frac{1}{2}(x+y)$ 也是有理数,矛盾,可知 x,y 不能均为有理数. A,B,D 选项均易举例否定.

$$\text{A:}\sqrt{2}+(-\sqrt{2})=0, \text{B:}\sqrt{2}\times\sqrt{2}=2, \text{D:}\begin{cases} \sqrt{2}\times\sqrt{2}=2, \\ \sqrt{2}/\sqrt{2}=1. \end{cases}$$

【例 1.2.8】 若 a 是无理数,b 是实数,且 $ab-a-b+1=0$,则 b 是(　　).

A. 负有理数　　　B. 正有理数　　　C. 负无理数

D. 正无理数　　　E. 有理数、无理数均有可能

【答案】 B

【命题知识点】 有理数与无理数的运算.

【解题思路】 由题化简得,$(a-1)(b-1)=0$,又 $a-1$ 为无理数,即 $a-1\neq0$,则 $b-1=0,b=1.b$ 为正有理数.

二、实数的运算

实数的四则运算满足加法和乘法运算的交换律、结合律和分配律,还可以定义实数的乘方和开方运算.

1. 乘方运算

负实数的奇次幂为负数,负实数的偶次幂为正数.

$$a^n=\overbrace{a\cdot a\cdots\cdots a}^{n\text{个}a},$$

$a^m\cdot a^n=a^{m+n}$,例如:$3^2\times3^4=3^6$;$\dfrac{a^m}{a^n}=a^{m-n}$,例如:$\dfrac{3^6}{3^2}=3^4$;

$(ab)^n=a^n\cdot b^n$,例如:$6^3=2^3\times3^3$;$\left(\dfrac{a}{b}\right)^n=\dfrac{a^n}{b^n}$,例如:$\left(\dfrac{2}{3}\right)^3=\dfrac{2^3}{3^3}$;

$$(a^m)^n = a^{mn}, \text{例如} : (3^2)^3 = 3^6.$$

当 $a \neq 0$ 时, $a^0 = 1, a^{-n} = \dfrac{1}{a^n}$, 例如 : $3^0 = 1, 3^{-2} = \dfrac{1}{3^2}$.

2. 开方运算

在实数范围内, 负实数无偶次方根 ; 0 的偶次方根是 0 ; 正实数的偶次方根有两个, 且互为相反数, 其中正的偶次方根称为算术平方根. 例如 : 当 $a > 0$ 时, a 的平方根是 $\pm\sqrt{a}$, 其中 $\sqrt{a}$ 是正实数 a 的算术平方根.

$$b = a^{\frac{1}{n}} = \sqrt[n]{a} \Leftrightarrow a = \overbrace{b \cdot b \cdot \cdots \cdot b}^{n \uparrow b}.$$

在运算有意义的前提下,

$a^{\frac{n}{m}} = \sqrt[m]{a^n}$, 例如 $3^{\frac{3}{2}} = \sqrt[2]{3^3}$; $\sqrt[n]{ab} = \sqrt[n]{a} \cdot \sqrt[n]{b}$, 例如 $\sqrt[2]{6} = \sqrt[2]{3} \times \sqrt[2]{2}$;

$\sqrt[n]{\dfrac{a}{b}} = \dfrac{\sqrt[n]{a}}{\sqrt[n]{b}}$, 例如 $\sqrt[2]{\dfrac{2}{3}} = \dfrac{\sqrt[2]{2}}{\sqrt[2]{3}}$; $(\sqrt[n]{a})^m = \sqrt[n]{a^m}$, 例如 $(\sqrt[2]{3})^3 = \sqrt[2]{3^3}$;

$\sqrt[np]{a^{mp}} = \sqrt[n]{a^m}$, 例如 $(\sqrt[4]{3^6}) = \sqrt[2]{3^3}$.

3. 分母有理化

(1)有理化因式 : 两个含有二次根式的代数式相乘, 如果它们的积不含二次根式, 那么这两个代数式互为有理化因式 (一个二次根式的有理化因式不唯一). 如 $\sqrt{2}$ 的有理化因式为 $\sqrt{2}$, 也可为 $2\sqrt{2}$ 等, $\sqrt{2} + \sqrt{3}$ 的有理化因式为 $\sqrt{2} - \sqrt{3}$, 也可为 $3(2 - \sqrt{3})$ 等.

(2)分母有理化 : 去掉分母中的根号, 将分子分母同时乘以分母的有理化因式. 如 :

$$\frac{1}{\sqrt{3} - \sqrt{2}} = \frac{\sqrt{3} + \sqrt{2}}{(\sqrt{3} + \sqrt{2})(\sqrt{3} - \sqrt{2})} = \frac{\sqrt{3} + \sqrt{2}}{3 - 2} = \sqrt{3} + \sqrt{2}.$$

【例 1. 2. 9】 化简 $\dfrac{\sqrt{10} + \sqrt{14} - \sqrt{15} - \sqrt{21}}{\sqrt{10} + \sqrt{14} + \sqrt{15} + \sqrt{21}}$.

【答案】 $2\sqrt{6} - 5$

【命题知识点】 根式运算.

【解题思路】 $\dfrac{\sqrt{10} + \sqrt{14} - \sqrt{15} - \sqrt{21}}{\sqrt{10} + \sqrt{14} + \sqrt{15} + \sqrt{21}} = \dfrac{\sqrt{5}(\sqrt{2} - \sqrt{3}) + \sqrt{7}(\sqrt{2} - \sqrt{3})}{\sqrt{5}(\sqrt{2} + \sqrt{3}) + \sqrt{7}(\sqrt{2} + \sqrt{3})} = \dfrac{\sqrt{2} - \sqrt{3}}{\sqrt{2} + \sqrt{3}}$

$= 2\sqrt{6} - 5.$

【例 1. 2. 10】 已知 $9 + \sqrt{13}$ 与 $9 - \sqrt{13}$ 的小数部分分别为 a 和 b, 则 $ab - 3a + 4b + 8 =$ ( ).

A. 4   B. 6   C. 8   D. 10   E. 12

【答案】 C

【命题知识点】 根式运算.

【解题思路】 $9 < 13 < 16$, 所以 $3 < \sqrt{13} < 4$, 估计 $12 < 9 + \sqrt{13} < 13, 5 < 9 - \sqrt{13} < 6$, 所以

$$\begin{cases} a = 9 + \sqrt{13} - 12 = \sqrt{13} - 3, \\ b = 9 - \sqrt{13} - 5 = 4 - \sqrt{13}. \end{cases}$$

$$原式＝ab－3a＋4b＋8＝a(b－3)＋4(b－3)＋20＝(b－3)(a＋4)＋20$$
$$＝(a＋4)(b－3)＋20＝(\sqrt{13}＋1)(1－\sqrt{13})＋20＝1－13＋20＝8.$$

第三节　比和比例

◎ 知识点归纳与例题讲解

一、基本定义

1. 比

两个数相除,称为这两个数的比,即 $a:b＝\dfrac{a}{b}$. 在实际应用中,常将比值用百分数表示,称为百分比.

增长率 $p\%$ $\xrightarrow{\text{原值}a}$ 现值 $a(1＋p\%)$,下降率 $p\%$ $\xrightarrow{\text{原值}a}$ 现值 $a(1－p\%)$;

甲比乙大 $p\%$ $\Leftrightarrow$ $\dfrac{\text{甲}－\text{乙}}{\text{乙}}＝p\%$,甲是乙的 $p\%$ $\Leftrightarrow$ 甲＝乙 $\cdot$ $p\%$.

2. 比例

相等的比称为比例,记作 $a:b＝c:d$ 或 $\dfrac{a}{b}＝\dfrac{c}{d}$. 其中 a 和 d 称为比例外项,b 和 c 称为比例内项.

当 $a:b＝b:c$ 时,称 b 为 a 和 c 的比例中项,显然当 a,b,c 均为正数时,b 是 a 和 c 的几何平均值.

3. 正比

若 $y＝kx(k\neq0)$,则称 y 与 x 成正比,k 称为比例系数.

4. 反比

若 $y＝\dfrac{k}{x}(k\neq0)$,则称 y 与 x 成反比,k 称为比例系数.

二、性质

1. 比的基本性质

(1)$a:b＝k\Leftrightarrow a＝kb$;(2)$a:b＝ma:mb(m\neq0)$.

2. 比例的基本性质

(1)$a:b＝c:d\Leftrightarrow ad＝bc$(交叉积定理);

(2)$a:b＝c:d\Leftrightarrow b:a＝d:c\Leftrightarrow b:d＝a:c\Leftrightarrow d:b＝c:a$.

三、基本定理

1. 合比定理

$$\frac{a}{b}＝\frac{c}{d}\Rightarrow\frac{a＋b}{b}＝\frac{c＋d}{d}.$$

2. 分比定理

$$\frac{a}{b}=\frac{c}{d}\Rightarrow\frac{a-b}{b}=\frac{c-d}{d}.$$

3. 等比定理

$$\frac{a}{b}=\frac{c}{d}=\frac{e}{f}\Rightarrow\frac{a+c+e}{b+d+f}=\frac{a}{b}(b+d+f\neq0).$$

4. 更比定理

$$\frac{a}{b}=\frac{c}{d}\Rightarrow\frac{a}{c}=\frac{b}{d}.$$

四、增减性($a>0,b>0,m>0$)

(1) 若$\frac{a}{b}>1$,则$\frac{a+m}{b+m}<\frac{a}{b}$;

(2) 若$0<\frac{a}{b}<1$,则$\frac{a+m}{b+m}>\frac{a}{b}$.

【例 1.3.1】 已知正数 a,b,c,d 满足 $\frac{b}{a}=\frac{4d-7}{2c}$,$\frac{b+1}{a}=\frac{2d-1}{c}$,则 $c:a=($　　$)$.

A. $\frac{1}{2}$　　　　B. $\frac{3}{2}$　　　　C. $\frac{5}{2}$　　　　D. $\frac{7}{2}$　　　　E. $\frac{9}{2}$

【答案】 C

【命题知识点】 比例定理的运用.

【解题思路】 由更比定理:$\frac{c}{a}=\frac{4d-7}{2b}$,$\frac{c}{a}=\frac{2d-1}{b+1}=\frac{2(2d-1)}{2(b+1)}=\frac{-(4d-7)}{-2b}$,再由等比定理,可得$\frac{c}{a}=\frac{2(2d-1)-(4d-7)}{2(b+1)-2b}=\frac{4d-2-4d+7}{2b+2-2b}=\frac{5}{2}$.

【例 1.3.2】 $a>b>0,k>0$,则下列表达式中正确的有($\quad$).

A. $-\frac{b}{a}<-\frac{b+k}{a+k}$　　　B. $\frac{a}{b}>\frac{a-k}{b-k}$　　　C. $-\frac{b}{a}>-\frac{b+k}{a+k}$

D. $\frac{a}{b}<-\frac{a-k}{b-k}$　　　E. $-\frac{a}{b}<-\frac{a-k}{b-k}$

【答案】 C

【命题知识点】 比例的单调性(增减性).

【解题思路】 因为$a>b>0,k>0\Rightarrow\frac{a}{b}>1,k>0\Rightarrow\frac{a}{b}<\frac{b+k}{a+k}\Rightarrow-\frac{b}{a}>-\frac{b+k}{a+k}$. 也可取特殊值$a=3,b=2,k=1$代入选项,即可判断选 C.

【例 1.3.3】 已知 $y=y_1-y_2$,且 y_1 与 $\frac{1}{2x^2}$ 成反比,y_2 与 $\frac{3}{x+2}$ 成正比,当 $x=0$ 时,$y=-3$.又当 $x=1$ 时,$y=1$,那么 y 的表达式是($\quad$).

A. $y=\frac{3x^2}{2}-\frac{3}{x+2}$　　　　　　　B. $y=3x^2-\frac{6}{x+2}$

C. $y=3x^2+\frac{6}{x+2}$　　　　　　　　D. $y=-\frac{3x^2}{2}+\frac{3}{x+2}$

E. $y=-3x^2-\dfrac{3}{x+2}$

【答案】　B

【命题知识点】　正比与反比的概念.

【解题思路】　根据题目得到 $y_1=\dfrac{k_1}{\frac{1}{2x^2}}=2k_1x^2$，$y_2=\dfrac{3k_2}{x+2}$，于是 $y=2k_1x^2-\dfrac{3k_2}{x+2}$，根据

其过 $(0,-3),(1,1)$ 点，列出方程组 $\begin{cases} -3=-\dfrac{3}{2}k_2, \\ 1=2k_1-\dfrac{3\cdot 2}{3}=2k_1-2, \end{cases}$ 解出 $k_1=\dfrac{3}{2}$，$k_2=2$，从而 $y=$

$3x^2-\dfrac{6}{x+2}$.

第四节　数轴和绝对值

🎯 知识点归纳与例题讲解

一、实数的绝对值定义

实数 a 的绝对值定义为 $|a|=\begin{cases} a, & a>0, \\ 0, & a=0, \\ -a, & a<0. \end{cases}$

二、绝对值的几何意义

实数 a 在数轴上对应一点 A，这个点到原点的距离就是 a 的绝对值（见图 1.4.1）.

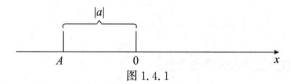

图 1.4.1

三、绝对值的性质

1. 对称性

互为相反数的两个数的绝对值相等，即 $|-a|=|a|$.

2. 自反性

$$\frac{|x|}{x}=\frac{x}{|x|}=\begin{cases} 1, & x>0, \\ -1, & x<0. \end{cases}$$

【例 1.4.1】　a 与 b 互为相反数，且 $|a-b|=\dfrac{4}{5}$，那么 $\dfrac{a-ab+b}{a^2+ab+1}=$ _____.

【答案】 $\dfrac{4}{25}$

【命题知识点】 绝对值运算.

【解题思路】 由于 a 与 b 互为相反数,所以 $a+b=0$,原式 $=\dfrac{(a+b)-ab}{a(a+b)+1}=-ab=a^2$.

又 $|a-b|=|a-(-a)|=|2a|=\dfrac{4}{5}$,知 $|a|=\dfrac{2}{5}$.所以原式 $=a^2=|a|^2=\dfrac{4}{25}$.

【例 1.4.2】 已知 $\dfrac{|x+y|}{x-y}=2$,则 $\dfrac{x}{y}$ 等于( ).

A. $\dfrac{1}{2}$ B. 3   C. $\dfrac{1}{3}$ 或 3   D. $\dfrac{1}{2}$ 或 $\dfrac{1}{3}$ E. 3 或 $\dfrac{1}{2}$

【答案】 C

【命题知识点】 绝对值的定义.

【解题思路】 首先由 $\dfrac{|x+y|}{x-y}=2>0$,得 $x>y$.

(1)当 $x>y>0$ 时,$x+y=2x-2y\Rightarrow\dfrac{x}{y}=3$;

(2)当 $0>x>y$ 时,$x+y=2y-2x\Rightarrow\dfrac{x}{y}=\dfrac{1}{3}$.

【例 1.4.3】 若 $x\in\left(\dfrac{1}{8},\dfrac{1}{7}\right)$,则 $|1-2x|+|1-3x|+\cdots+|1-10x|=($).

A. 2   B. 3   C. 4   D. 5   E. 6

【答案】 B

【命题知识点】 绝对值的定义.

【解题思路】 显然,当 $x\in\left(\dfrac{1}{8},\dfrac{1}{7}\right)$ 时,前 6 个绝对值里面的表达式均是正数,而后 3 个绝对值里面的表达式均为负数,去括号得,原式 $=1-2x+1-3x+\cdots+1-7x+8x-1+9x-1+10x-1=6-3=3$.选 B.

【例 1.4.4】 设 $y=|x-2|+|x+2|$,则下列结论正确的是
( ).

A. y 没有最小值

B. 只有一个 x 使 y 取得最小值

C. 有无穷多个 x 使 y 取得最大值

D. 有无穷多个 x 使 y 取得最小值

E. 以上结论均不正确

【答案】 D

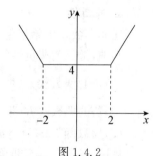

图 1.4.2

【命题知识点】 绝对值的几何意义.

【解题思路】 画数轴观察,表成数轴上的动点到 2 的距离和到 -2 的距离之和,显然当 $x\in[-2,2]$ 时,y 可取最小值 4(见图 1.4.2).常见结论为 $y=|x-a|+|x-b|$,可取得最小值为 $|a-b|$.

【例 1.4.5】 $f(x)$ 有最小值 2. (　　)

(1) $f(x)=|2x-3|+|2x-1|$；(2) $f(x)=|x-2|+|4-x|$.

【答案】 D

【命题知识点】 绝对值的几何意义.

【解题思路】 画数轴分析. 对于条件(1)，$f(x)=2\left(\left|x-\dfrac{3}{2}\right|+\left|x-\dfrac{1}{2}\right|\right)$，最小值为 2，充分. 对于条件(2)，也充分. 选 D.

【应试对策】 $y=|x-a|+|x-b|$ 的最小值为两个零点 a 与 b 之间的距离差，即 $|a-b|$.

【例 1.4.6】 a,b,c 是非零实数，则代数式 $\dfrac{a}{|a|}+\dfrac{b}{|b|}+\dfrac{c}{|c|}+\dfrac{abc}{|abc|}$ 的所有值的集合是 (　　).

A. $\{-4,-2,2,4\}$ 　　B. $\{-4,0,4\}$ 　　　　C. $\{-4,-2,0,4\}$

D. $\{-3,0,2\}$ 　　　　E. 无法确定

【答案】 B

【命题知识点】 绝对值的自反性.

【解题思路】 利用 $\dfrac{x}{|x|}=\begin{cases}1, & x>0,\\ -1, & x<0,\end{cases}$ 对所给代数式的值分以下几种情况讨论：

①三个正：$a>0,b>0,c>0,x=1+1+1+1=4$；

②两正一负：不妨设 $a>0,b>0,c<0,x=1+1-1-1=0$；

③两负一正：不妨设 $a<0,b<0,c>0,x=-1-1+1+1=0$；

④全为负：$x=-1-1-1-1=-4$.

3. 等价性

(1) $|a|=\sqrt{a^2}$.

用法：$|x_1-x_2|=\sqrt{(x_1-x_2)^2}=\sqrt{(x_1+x_2)^2-4x_1x_2}$.

(2) $|a|^2=a^2$.

用法：去掉"$|\quad|$".

如：$|3x-2|<|4x-10|$，平方得 $(3x-2)^2<(4x-10)^2$.

4. 非负性

任何实数 a 的绝对值非负，即 $|a|\geqslant 0$.

归纳：常见的非负性的变量：

(1) 正的偶数次方(根式)：$a^2,a^4,\cdots,a^{\frac{1}{2}},a^{\frac{1}{4}}\geqslant 0$；

(2) 负的偶数次方(根式)：$a^{-2},a^{-4},\cdots,a^{-\frac{1}{2}},a^{-\frac{1}{4}}>0$；

(3) 指数函数 $a^x>0(a>0$ 且 $a\neq 1)$.

规则：若干个具有非负性质的数之和等于零时，则每个非负数必然为零.

【例 1.4.7】 $|x-y+1|+(2x-y)^2=0$，则 $\log_y x=(\quad\quad)$.

A. 0 　　　　B. 1 　　　　C. -1 　　　　D. 2 　　　　E. -2

【答案】 A

【命题知识点】 绝对值的非负性.

【解题思路】 $\begin{cases} x-y+1=0, \\ 2x-y=0 \end{cases} \Rightarrow \begin{cases} x=1, \\ y=2 \end{cases} \Rightarrow \log_y x = \log_2 1 = 0.$

5．三角不等式

(1) $|a+b| \leqslant |a|+|b|$（$ab \geqslant 0$ 时等号成立）；

(2) $|a+b| \geqslant |a|-|b|$（$ab \leqslant 0$，且 $|a| \geqslant |b|$ 时等号成立）；

(3) $|a-b| \leqslant |a|+|b|$（$ab \leqslant 0$ 时等号成立）；

(4) $|a-b| \geqslant |a|-|b|$（$ab \geqslant 0$，且 $|a| \geqslant |b|$ 时等号成立）．

注意：考试要求掌握等号成立条件的判断．

【例 1.4.8】 $|x-y| \leqslant 5.$（　　）

(1) $|x+3| \leqslant 4$，$|y+3| \leqslant 1$；(2) $|x-3| \leqslant 1$，$|y-3| \leqslant 4$.

【答案】 D

【命题知识点】 三角不等式．

【解题思路】 (1) $|x-y|=|(x+3)-(y+3)| \leqslant |x+3|+|y+3| \leqslant 4+1=5$；

(2) $|x-y|=|(x-3)-(y-3)| \leqslant |x-3|+|y-3| \leqslant 1+4=5$.

条件(1)和条件(2)均充分．

【例 1.4.9】 $\dfrac{|a-b|}{|a|+|b|}=1.$（　　）

(1) $\dfrac{a}{|a|}-\dfrac{b}{|b|}=0$；(2) $\dfrac{a}{|a|}+\dfrac{b}{|b|}=0$.

【答案】 B

【命题知识点】 三角不等式．

【解题思路】 对条件(1)，分析得 $ab>0$，不充分；对条件(2)，可得 $ab<0$，由题干可知 $ab \leqslant 0$，显然条件(2)充分．

四、绝对值不等式的性质与运算法则

(1) $|a| \leqslant b(b>0) \Leftrightarrow -b \leqslant a \leqslant b$；

(2) $|a| \geqslant b(b>0) \Leftrightarrow a \leqslant -b$ 或 $a \geqslant b$；

(3) $|a \cdot b|=|a| \cdot |b|$；

(4) $\left|\dfrac{a}{b}\right|=\dfrac{|a|}{|b|}(b \neq 0)$.

五、绝对值不等式的解法

(1) $|f(x)|>g(x) \Leftrightarrow f(x)>g(x)$ 或者 $f(x)<-g(x)$；

(2) $|f(x)|<g(x) \Leftrightarrow -g(x)<f(x)<g(x)$；

(3) $|f(x)|>|g(x)| \Leftrightarrow f^2(x)>g^2(x)$；

(4) $|f(x)|<|g(x)| \Leftrightarrow f^2(x)<g^2(x)$.

【例 1.4.10】 不等式 $|x-1|+x \leqslant 2$ 的解集为（　　）．

A. $(-\infty, 1]$　　B. $\left(-\infty, \dfrac{3}{2}\right]$　　C. $\left[1, \dfrac{3}{2}\right]$　　D. $[1, +\infty)$　　E. $\left[\dfrac{3}{2}, +\infty\right)$

【答案】 B

【命题知识点】 绝对值不等式的解法．

【解题思路】 变形为 $|x-1| \leqslant 2-x \Rightarrow x-2 \leqslant x-1 \leqslant 2-x \Rightarrow 2x \leqslant 3 \Rightarrow x \leqslant \dfrac{3}{2}$.

六、绝对值方程、不等式的巧解(难点)(数形结合)

1. 类型一: $|x-a|+|x-b|<c$

方法:通过函数图像的交点情况进行直观比较,快速简捷.

解题步骤:①找零点,$x=a$,$x=b$,定坐标;②判趋势,作图像;③画直线 $y=c$;④据题解答.

设 $f(x)=|x-a|+|x-b|$,函数的图像特点如下:

①如图 1.4.3 所示,中间平,两头翘,像个平底锅;

②当 x 在区间 $[a,b]$ 上取值时,$f(x)$ 有最小值 $|a-b|$.

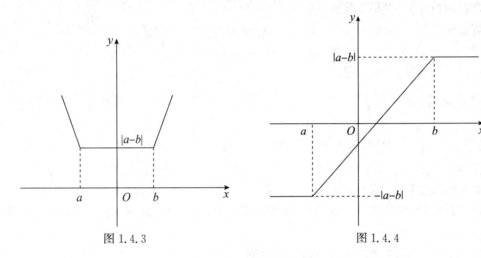

图 1.4.3　　　　　　　　　　图 1.4.4

2. 类型二: $|x-a|-|x-b|<c$

设 $f(x)=|x-a|-|x-b|$,函数的图像特点如下:

①$f(x)$ 有最大值 $|a-b|$,最小值 $-|a-b|$,且最大值与最小值互为相反数;

②$f(x)$ 的图像如图 1.4.4 所示(两头平,中间斜).

【例 1.4.11】 方程 $|x-1|+|x+2|=4$ 的解的个数为(　　).

A. 0

B. 1

C. 2

D. 3

E. 以上均不对

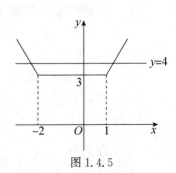

图 1.4.5

【答案】 C

【命题知识点】 绝对值函数的图像.

【解题思路】 如图 1.4.5 所示,显然有 2 个交点. 所以选 C.

【例 1.4.12】　方程 $|x-3|-|x+1|=4$ 的解的个数为（　　）.

A. 0　　　　　　　　B. 1　　　　　　　　C. 2

D. 3　　　　　　　　E. 以上均不对

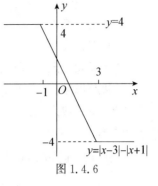

图 1.4.6

【答案】　E

【命题知识点】　绝对值函数的图像.

【解题思路】　如图 1.4.6 所示，$|a-b|=|3-(-1)|=4$，当 $x\leqslant-1$ 时，$|x-3|-|x+1|$ 恒等于 4.

所以有无数多个解.

本章题型精解

【题型一】　考查质数、合数、偶数、奇数、有理数、无理数、整数、公约数和公倍数等的性质

【解题提示】　对于质数、合数问题，要特别注意偶质数 2 的运用，奇偶数性质的运用也尤为重要.

【例1】　设 m,n 是互质的正整数，且 $\dfrac{m}{n}=\dfrac{m+24}{n+54}$，则 $mn=$（　　）.

A. 18　　　B. 27　　　C. 36　　　D. 45　　　E. 54

【答案】　C

【命题知识点】　质数与互质.

【解题思路】　方法一：由 $\dfrac{m}{n}=\dfrac{m+24}{n+54}$，可得 $9m=4n$，且 m,n 是互质的正整数，只有 $m=4,n=9$，所以 $mn=36$.

方法二：利用等比定理得，$\dfrac{m}{n}=\dfrac{m+24}{n+54}=\dfrac{m-(m+24)}{n-(n+54)}=\dfrac{24}{54}=\dfrac{4}{9}$，又因 m,n 是互质的正整数，故 $m=4,n=9,mn=36$.

【例2】　已知 3 个质数的倒数和为 $\dfrac{1\,661}{1\,986}$，则这三个质数的和为（　　）.

A. 334　　　B. 335　　　C. 336　　　D. 338　　　E. 不存在

【答案】　C

【命题知识点】　分解质因数.

【解题思路】　$1\,986=2\times3\times331$，猜测这三个质数可能为 $2,3,331$. 检验 $\dfrac{1}{2}+\dfrac{1}{3}+\dfrac{1}{331}=\dfrac{5}{6}+\dfrac{1}{331}=\dfrac{1\,661}{1\,986}$.

【例3】　已知 n 是偶数，m 是奇数，方程组 $\begin{cases}x-1\,988y=n,\\11x+27y=m\end{cases}$ 的解为 $\begin{cases}x=p,\\y=q\end{cases}$（$p,q$ 为整数），那么（　　）.

A. p,q 都是偶数　　　　　B. p,q 都是奇数

C. p 是偶数, q 是奇数　　　D. p 是奇数, q 是偶数

E. 以上都不对

【答案】　C

【命题知识点】　奇偶数的性质.

【解题思路】　由于 1 988y 是偶数, n 是偶数,由第一个方程知 $p＝x＝n+1\,988y$,得 p 是偶数,将其代入第二个方程中,于是 11x 也是偶数,从而 27$y＝m-11x$ 为奇数,所以 $y＝q$ 是奇数.

【例4】　已知 x,y 为有理数,且 $(2+3\sqrt{3})x+(3-\sqrt{3})y-4-5\sqrt{3}=0$,则 $x+y=($　　$)$.

A. $\dfrac{20}{11}$　　　　B. $\dfrac{21}{11}$　　　　C. 2　　　　D. $\dfrac{23}{11}$　　　　E. $\dfrac{24}{11}$

【答案】　B

【命题知识点】　无理数与有理数的运算性质.

【解题思路】　所给条件即 $(2x+3y-4)+\sqrt{3}(3x-y-5)=0$,由于 $2x+3y-4,3x-y-5$ 均为有理数,如它们任何一个不为零,此等式不能成立,故 $\begin{cases}2x+3y-4=0,\\3x-y-5=0,\end{cases}$解得 $\begin{cases}x=\dfrac{19}{11},\\y=\dfrac{2}{11},\end{cases}$则 $x+y=\dfrac{21}{11}$.

【例5】　设 m,n 的最大公约数和最小公倍数分别为 a,b,则 $a+b=1\,266.$（　　）

(1)$m=84$;(2)$n=90$.

【答案】　C

【命题知识点】　公约数和公倍数.

【解题思路】　条件(1),条件(2)单独明显均不充分,联合分析. $m=2^2\times3\times7,n=2\times3^2\times5$,故 $a=2\times3=6,b=2^2\times3^2\times5\times7=1\,260,a+b=1\,266.$ 充分.

【例6】　若干人列队,如 3 人一排多 1 人,5 人一排也多 1 人,7 人一排还是多 1 人,已知总人数在 100 到 200 之间,则总人数是(　　).

A. 106　　　　B. 121　　　　C. 141　　　　D. 166　　　　E. 181

【答案】　A

【命题知识点】　最小公倍数.

【解题思路】　总人数减 1 应为 3,5,7 的公倍数. 3,5,7 的最小公倍数为 105,则总人数为 $105+1=106$.

下一个符合要求的数为 $106+105=211$,已超出允许范围.

【题型二】　考查数的整除与带余除法问题

【解题提示】　考查数的除法,一般要涉及余数问题,当余数为 0 时,就称为整除.熟练掌握除法公式如下:

设正整数 n 被正整数 m 除,得商为 s,余数为 r,则可以表示为

$$n=ms+r(s,r \text{ 均为自然数},0 \leqslant r < m).$$

特别当余数 $r=0$ 时,称 n 能被 m 整除.

【例7】 设正整数 $n(n>10)$ 被5除余3,被2除余1,则最小的 n 等于(　　).

A. 13　　　　　B. 14　　　　　C. 15　　　　　D. 16　　　　　E. 17

【答案】 A

【命题知识点】 数的整除.

【解题思路】 方法一:设 $n=5x+3=2y+1(x,y \in \mathbf{Z}^+)$,即 $5x-2y=-2$,代入数值检验后发现当 $x=2,y=6$ 时,取得最小值 $n=13$.

方法二:对于 $5x+3=2y+1$,也可采用以下做法:由于 $x<y$,令 $y=x+1$,则 $5x+3=2(x+1)+1 \Rightarrow x=0,n=3$,不符合.

令 $y=x+2$,则 $5x+3=2(x+2)+1,x=\dfrac{2}{3}$,不符合.

令 $y=x+3$,则 $5x+3=2(x+3)+1,x=\dfrac{4}{3}$,不符合.

令 $y=x+4$,则 $5x+3=2(x+4)+1,x=2$,符合.

则 $n=13$.

【例8】 9 121除以某质数,余数得13,则这个质数是(　　).

A. 7　　　　　B. 11　　　　　C. 17　　　　　D. 23　　　　　E. 以上都不对

【答案】 D

【命题知识点】 分解质因数.

【解题思路】 $9\,121-13=9\,108$,分解 $9\,108=23 \times 396=23 \times 2 \times 2 \times 3 \times 3 \times 11$,由于除数要大于余数,只能是23.

注意:在分解质因数时,要分解出比13大的质数,因为余数要比除数小.

【例9】 自然数 n 的各位数字之积是6.(　　)

(1)n 是除以5余3且除以7余2的最小自然数;

(2)n 是形如 $2^{4^m}(m \in \mathbf{Z}^+)$ 的最小正整数.

【答案】 D

【命题知识点】 数的除法.

【解题思路】 对于条件(1),可设 $n=5x+3$ 且 $n=7y+2$,其中 $x,y \in \mathbf{Z}^+$,有 $5x+3=7y+2$,即 $7y-5x=1$,观察发现满足等式的一组最小的值为 $x=4,y=3$,则最小的 $n=23$,$2 \times 3=6$,充分.当然也可采用【例7】的方法二解决.

对于条件(2),$m \in \mathbf{Z}^+,m$ 的最小值为 $1.n=2^4=16,1 \times 6=6$,充分.

【题型三】 考查实数的运算,包括有限个数求和、求积等运算

【解题提示】 熟练整式运算法则及分组求和、裂项相消等求和方法.

【例10】 $S=(1+3+5+7+\cdots+99)-(2+4+6+8+\cdots+100)=(　　).$

A. 5 050　　　　B. 100　　　　C. -100　　　　D. 50　　　　E. -50

【答案】　E

【命题知识点】　实数的运算.

【解题思路】　显然进行分组求和，$S=(1-2)+(3-4)+\cdots+(99-100)=-50$.

【应试对策】　此题如果用等差数列求和，会浪费很多时间，陷入命题陷阱.

【例11】　已知实数 x 和 y 满足条件$(x+y)^{39}=-1,(x-y)^{50}=1$，则 $x^{101}+y^{101}$ 的值是（　　）.

A. -1　　　　B. 0　　　　C. 1　　　　D. 2　　　　E. -2

【答案】　A

【命题知识点】　实数的运算.

【解题思路】　$\begin{cases}x+y=-1,\\x-y=1\end{cases}$ 或 $\begin{cases}x+y=-1,\\x-y=-1\end{cases}\Rightarrow\begin{cases}x=0,\\y=-1\end{cases}$ 或 $\begin{cases}x=-1,\\y=0.\end{cases}$ 所以 $x^{101}+y^{101}=-1$.

【例12】　已知$|ab-2|$ 与 $|b-1|$ 互为相反数，则代数式 $\dfrac{1}{ab}+\dfrac{1}{(a+1)(b+1)}+\dfrac{1}{(a+2)(b+2)}+\cdots+\dfrac{1}{(a+2\,002)(b+2\,002)}=(\quad)$.

A. $\dfrac{2\,001}{2\,002}$　　B. $\dfrac{2\,003}{2\,002}$　　C. $\dfrac{2\,002}{2\,003}$　　D. $\dfrac{2\,003}{2\,004}$　　E. 以上均不对

【答案】　D

【命题知识点】　裂项相消法.

【解题思路】　显然得 $ab=2,b=1$，计算出 $a=2,b=1$，则原式$=\dfrac{1}{1}-\dfrac{1}{2}+\dfrac{1}{2}-\dfrac{1}{3}+\cdots+\dfrac{1}{2\,003}-\dfrac{1}{2\,004}=\dfrac{2\,003}{2\,004}$.

【例13】　若$\dfrac{1}{\sqrt{x}(\sqrt{x}+2)}+\dfrac{1}{(\sqrt{x}+2)(\sqrt{x}+4)}+\cdots+\dfrac{1}{(\sqrt{x}+8)(\sqrt{x}+10)}=\dfrac{5}{24}$，则 $x=(\quad)$.

A. 1　　　　B. 2　　　　C. 3　　　　D. 4　　　　E. 5

【答案】　D

【命题知识点】　裂项相消法.

【解题思路】　原方程可化为

$$\dfrac{1}{2}\left(\dfrac{1}{\sqrt{x}}-\dfrac{1}{\sqrt{x}+2}+\dfrac{1}{\sqrt{x}+2}-\dfrac{1}{\sqrt{x}+4}+\cdots+\dfrac{1}{\sqrt{x}+8}-\dfrac{1}{\sqrt{x}+10}\right)=\dfrac{5}{24},$$

所以$\dfrac{1}{2}\left(\dfrac{1}{\sqrt{x}}-\dfrac{1}{\sqrt{x}+10}\right)=\dfrac{5}{24}\Rightarrow x=4$.

【例14】　$\dfrac{3}{1^2\times2^2}+\dfrac{5}{2^2\times3^2}+\cdots+\dfrac{2n+1}{n^2\times(n+1)^2}=(\quad)$.

A. $\dfrac{n}{n+1}$　　B. $\dfrac{n}{(n+1)^2}$　　C. $\dfrac{n+2}{(n+1)^2}$　　D. $\dfrac{n(n+2)}{(n+1)^2}$　　E. $\dfrac{n(n+2)}{n+1}$

【答案】　D

【命题知识点】　裂项相消法.

【解题思路】　由 $\dfrac{2n+1}{n^2 \times (n+1)^2} = \dfrac{1}{n^2} - \dfrac{1}{(n+1)^2}$，$n=1,2,\cdots$，则原式可化为

$$\left(\dfrac{1}{1^2} - \dfrac{1}{2^2}\right) + \left(\dfrac{1}{2^2} - \dfrac{1}{3^2}\right) + \cdots + \left[\dfrac{1}{n^2} - \dfrac{1}{(n+1)^2}\right] = \dfrac{1}{1^2} - \dfrac{1}{(n+1)^2} = \dfrac{n(n+2)}{(n+1)^2}.$$

【应试对策】　特殊值法:取 $n=1$，题干为 $\dfrac{3}{4}$，检验后排除 A,B,E. 再取 $n=2$，检验后可知只能选 D.

【题型四】　考查比例式的计算

【解题提示】　应能熟练运用比例的相关性质解决比例式计算问题,尤其是统一比例法、合比定理、分比定理、等比定理等.

【例 15】　$\dfrac{3x - y + 2z}{x + 2y - z} = \dfrac{24}{7}.$　（　　　）

(1)$x:y:z=1:2:3$；(2)$x:y=2:3$，$y:z=2:3$.

【答案】　B

【命题知识点】　比例式的计算.

【解题思路】　方法一:经典方法. 对条件(1)，设 $\dfrac{x}{1} = \dfrac{y}{2} = \dfrac{z}{3} = k$，则 $x=k$，$y=2k$，$z=3k$，代入题干得 $\dfrac{3k - 2k + 6k}{k + 4k - 3k} = \dfrac{7k}{2k} = \dfrac{7}{2}$，不充分；

对条件(2)，有 $x:y=4:6$，$y:z=6:9$，所以 $x:y:z=4:6:9$. 设 $\dfrac{x}{4} = \dfrac{y}{6} = \dfrac{z}{9} = k$，则 $x=4k$，$y=6k$，$z=9k$，代入题干得 $\dfrac{12k - 6k + 18k}{4k + 12k - 9k} = \dfrac{24k}{7k} = \dfrac{24}{7}$，充分.

方法二:利用性质. 对条件(1)，由 $\dfrac{x}{1} = \dfrac{y}{2} = \dfrac{z}{3}$，即 $\dfrac{3x}{3} = \dfrac{-y}{-2} = \dfrac{2z}{6} = \dfrac{3x - y + 2z}{7}$，或 $\dfrac{x}{1} = \dfrac{2y}{4} = \dfrac{-z}{-3} = \dfrac{x + 2y - z}{2}$，可见 $\dfrac{3x - y + 2z}{7} = \dfrac{x + 2y - z}{2}$ 或 $\dfrac{3x - y + 2z}{x + 2y - z} = \dfrac{7}{2}$. 不充分.

对条件(2)，同上，由 $\dfrac{x}{4} = \dfrac{y}{6} = \dfrac{z}{9}$，得 $\dfrac{3x}{12} = \dfrac{-y}{-6} = \dfrac{2z}{18} = \dfrac{3x - y + 2z}{24}$，及 $\dfrac{x}{4} = \dfrac{2y}{12} = \dfrac{-z}{-9} = \dfrac{x + 2y - z}{7}$，可见 $\dfrac{3x - y + 2z}{24} = \dfrac{x + 2y - z}{7}$ 或 $\dfrac{3x - y + 2z}{x + 2y - z} = \dfrac{24}{7}$. 充分.

方法三:取样代入法. 对条件(1)，取 $x=1$，$y=2$，$z=3$ 代入题干，得 $\dfrac{3 - 2 + 6}{1 + 4 - 3} = \dfrac{7}{2}$，不充分;对条件(2)，同上，知 $x:y:z=4:6:9$，取 $x=4$，$y=6$，$z=9$ 代入题干，得 $\dfrac{12 - 6 + 18}{4 + 12 - 9} = \dfrac{24}{7}$，充分.

【应试对策】　管理类综合能力考试中一般还是采取方法三比较简捷,另外要学会统一比例的技巧.

【例 16】 已知 $c+d\neq0$，则 $\dfrac{a+b}{c+d}=\dfrac{\sqrt{a^2+b^2}}{\sqrt{c^2+d^2}}$ 成立．（　　　）

(1) $\dfrac{a}{b}=\dfrac{c}{d}$，且 b,d 均为正数；(2) $\dfrac{a}{b}=\dfrac{c}{d}$，且 b,d 均为负数．

【答案】 D

【命题知识点】 比例式的运算．

【解题思路】 条件（1）：$\dfrac{a}{b}=\dfrac{c}{d}\Rightarrow\dfrac{a^2}{b^2}=\dfrac{c^2}{d^2}\Rightarrow\dfrac{a^2+b^2}{b^2}=\dfrac{c^2+d^2}{d^2}\Rightarrow\dfrac{a^2+b^2}{c^2+d^2}=\dfrac{b^2}{d^2}\Rightarrow$

$\dfrac{\sqrt{a^2+b^2}}{\sqrt{c^2+d^2}}=\left|\dfrac{b}{d}\right|$．而 $\dfrac{a}{b}=\dfrac{c}{d}\Rightarrow\dfrac{a}{c}=\dfrac{b}{d}=\dfrac{a+b}{c+d}$，若 b,d 均为正数，则可得 $\dfrac{\sqrt{a^2+b^2}}{\sqrt{c^2+d^2}}=\dfrac{b}{d}=$

$\dfrac{a+b}{c+d}$，充分．同理，条件（2）也充分．选 D．

【例 17】 已知 $\dfrac{b+c}{a}=\dfrac{c+a}{b}=\dfrac{a+b}{c}$，则 $\dfrac{(a+b)(b+c)(c+a)}{abc}=$（　　　）.

A. 8　　　　　　B. -1　　　　　　C. 2　　　　　　D. 2 或 -1　　　　　　E. 8 或 -1

【答案】 E

【命题知识点】 比例式的运算性质．

【解题思路】 若 $a+b+c\neq0$，则 $\dfrac{b+c}{a}=\dfrac{c+a}{b}=\dfrac{a+b}{c}=\dfrac{2(a+b+c)}{a+b+c}=2$，

$\dfrac{(a+b)(b+c)(c+a)}{abc}=2^3=8$；若 $a+b+c=0$，则 $\dfrac{b+c}{a}=\dfrac{c+a}{b}=\dfrac{a+b}{c}=-1$，所求为

$(-1)^3=-1$．

【应试对策】 根据测试学原理，由于 D 和 E 选项都含有两个答案，且在 A，B，C 中存在，选 D 或 E 的可能性会相对高些．

【题型五】 考查绝对值的性质，计算带绝对值的代数式的值

【解题提示】 掌握绝对值的定义，灵活运用去掉绝对值的方法：(1)确定绝对值符号内式子的符号，去掉绝对值符号；(2)利用平方法去掉绝对值符号．

【例 18】 等式 $\left|\dfrac{2x-1}{3}\right|=\dfrac{1-2x}{3}$ 成立．（　　　）

(1) $x\leqslant\dfrac{1}{2}$；(2) $x>-1$．

【答案】 A

【命题知识点】 绝对值的代数定义．

【解题思路】 由实数绝对值的定义可知，$|a|=-a\Leftrightarrow a\leqslant0$，因此 $\left|\dfrac{2x-1}{3}\right|=\dfrac{1-2x}{3}=$

$-\dfrac{2x-1}{3}\Rightarrow\dfrac{2x-1}{3}\leqslant0$，即 $2x-1\leqslant0$，$x\leqslant\dfrac{1}{2}$．故条件(1)充分，条件(2)不充分．

【例 19】 等式 $\left|\dfrac{3}{2x-1}\right|=\dfrac{3}{1-2x}$ 成立．（　　　）

$(1)x\in\left(0,\dfrac{1}{2}\right);(2)x\in\left(-\infty,\dfrac{1}{2}\right]$.

【答案】 A

【命题知识点】 绝对值的代数定义.

【解题思路】 从题干分析,可知$\dfrac{3}{2x-1}<0\Rightarrow2x-1<0\Rightarrow x<\dfrac{1}{2}$.故条件(1)充分,条件(2)不充分.选 A.

【例 20】 $|a+b|>|a-b|$.(　　　)

$(1)a>0,b>0;(2)a<0,b<0$.

【答案】 D

【命题知识点】 绝对值的计算.

【解题思路】 方法一:两边平方,$a^2+b^2+2ab>a^2+b^2-2ab\Rightarrow4ab>0$,得 $ab>0$.两条件均充分.

方法二:直接观察.无论哪个条件,$|a+b|$总在增大,$|a-b|$总在抵消.选 D.

【题型六】 考查非负数的性质

【解题提示】 若干个非负数的和等于 0,则每项必为 0.常见的非负数为绝对值、偶次方、偶次方根式等,有时需进行配方运算凑出偶次方.

【例 21】 若$\sqrt{(x-2)^2}+|y-3|=0$,则$\left|\dfrac{1}{x^2}-\dfrac{1}{y}-x^y\right|$的值是(　　　).

A. 14　　　　　B. $\dfrac{97}{12}$　　　　　C. $\dfrac{95}{12}$　　　　　D. 9　　　　　E. 12

【答案】 B

【命题知识点】 非负数的性质.

【解题思路】 $\sqrt{(x-2)^2}+|y-3|=0\Rightarrow\begin{cases}\sqrt{(x-2)^2}=0,\\|y-3|=0\end{cases}\Rightarrow\begin{cases}x=2,\\y=3,\end{cases}$代入即可得到答案$\dfrac{97}{12}$.

【例 22】 若x,y,z满足$|x^2+4xy+5y^2|+\sqrt{z+\dfrac{1}{2}}=-2y-1$,则$(4x-10y)^z=(\quad)$.

A. 1　　　　　B. $\sqrt{2}$　　　　　C. $\dfrac{\sqrt{2}}{6}$　　　　　D. 2　　　　　E. $\dfrac{\sqrt{2}}{2}$

【答案】 C

【命题知识点】 非负数的性质.

【解题思路】 移项配方,得

$$(x+2y)^2+y^2+\sqrt{z+\dfrac{1}{2}}+2y+1=0\Rightarrow(x+2y)^2+(y+1)^2+\sqrt{z+\dfrac{1}{2}}=0$$

$$\Rightarrow x=2,y=-1,z=-\dfrac{1}{2}.$$

所以 $(4x-10y)^z=\dfrac{\sqrt{2}}{6}$.

【例 23】 $|x^2+4xy-5y^2|+\sqrt{y+\dfrac{1}{2}}=-2y-1$，则 $(4x-10y)^2=$ _____.

【答案】 9 或 225

【命题知识点】 非负数的性质.

【解题思路】 由 $y+\dfrac{1}{2}\geqslant 0$ 且 $-2y-1\geqslant 0$,知 $y\geqslant -\dfrac{1}{2}$ 且 $y\leqslant -\dfrac{1}{2}\Rightarrow y=-\dfrac{1}{2}$. 又 $x^2+4xy-5y^2=x^2-2x-\dfrac{5}{4}=\left(x-\dfrac{5}{2}\right)\left(x+\dfrac{1}{2}\right)=0$,故 $x=\dfrac{5}{2}$ 或 $-\dfrac{1}{2}$. 所以,当 $x=\dfrac{5}{2}$, $y=-\dfrac{1}{2}$ 时, $(4x-10y)^2=(10+5)^2=225$;当 $x=-\dfrac{1}{2}$, $y=-\dfrac{1}{2}$ 时, $(4x-10y)^2=(-2+5)^2=9$.

【题型七】 考查对形如 $\dfrac{|x|}{x}$, $\dfrac{x}{|x|}$ 的表达式的分析

【解题提示】 根据公式 $\dfrac{|x|}{x}=\dfrac{x}{|x|}=\begin{cases}1, & x>0,\\ -1, & x<0\end{cases}$ 进行求解分析.

【例 24】 $\dfrac{|a|}{a}-\dfrac{|b|}{b}=-2$ 成立. (　　)

(1) $a<0$;(2) $b>0$.

【答案】 C

【命题知识点】 自反性的运用.

【解题思路】 由条件(1) $a<0$,可得 $\dfrac{|a|}{a}=-1$,但当 $b\neq 0$ 时, $\dfrac{|b|}{b}=\pm 1$,故原式不一定成立,所以条件(1)单独不充分. 同样可得出条件(2)单独也不充分. 但当条件(1)和(2)联合起来时,即 $a<0$ 且 $b>0$ 时,原式成立. 故此题应选 C.

【例 25】 如果 a,b,c 是非零实数且 $a+b+c=0$,那么 $\dfrac{a}{|a|}+\dfrac{b}{|b|}+\dfrac{c}{|c|}+\dfrac{abc}{|abc|}$ 的所有可能值为(　　).

A. 0　　　　　　B. 1 或 -1　　　C. 2 或 -2　　　D. 0 或 -2　　　E. 3

【答案】 A

【命题知识点】 自反性的运用.

【解题思路】 a,b,c 只能为两正一负或两负一正,假设 $a>0,b>0,c<0$,那么原式 $=1+1-1-1=0$;假设 $a>0,b<0,c<0$,那么原式 $=1-1-1+1=0$,此时值均为 0.

【例 26】 $abc>0$. (　　)

(1)实数 a,b,c 满足 $a+b+c=0$;(2) $\dfrac{b+c}{|a|}+\dfrac{c+a}{|b|}+\dfrac{a+b}{|c|}=1$.

【答案】 C

【命题知识点】 自反性的运用.

【解题思路】 对条件(1),反例 $a=b=c=0$,不充分;条件(2)显然也不充分.联合条件(1)和条件(2),得 $\dfrac{-a}{|a|}+\dfrac{-b}{|b|}+\dfrac{-c}{|c|}=1 \Rightarrow \dfrac{a}{|a|}+\dfrac{b}{|b|}+\dfrac{c}{|c|}=-1 \Rightarrow a,b,c$ 中一正两负,所以 $abc>0$,充分.

【题型八】 考查三角不等式的运用

【解题提示】 三角不等式的考查是每年管理类综合能力考试的重点、难点和热点.要熟练掌握三角不等式的形式及等号成立的条件.

【例27】 设 $|a-b|\leqslant 9,|c-d|\leqslant 16$ 且 $|a-b-c+d|=25$,则 $|b-a|-|d-c|=($).

A. 7   B. -7 C. 25   D. -25 E. 以上均不对

【答案】 B

【命题知识点】 三角不等式.

【解题思路】 由 $25=|a-b+d-c|\leqslant |a-b|+|c-d|\leqslant 25$,得 $|a-b|=9,|c-d|=16$.因此 $|b-a|-|d-c|=-7$.

【例28】 等式 $|2x-11|=|x-3|+|x-8|$ 成立的条件是( ).

A. $3\leqslant x\leqslant 8$ B. $x\leqslant 8$

C. $(x-3)(x-8)\geqslant 0$ D. $x\geqslant 3$

E. $-8\leqslant x\leqslant -3$

【答案】 C

【命题知识点】 三角不等式.

【解题思路】 $|2x-11|=|(x-3)+(x-8)|=|x-3|+|x-8|$ 成立的条件为 $(x-3)(x-8)\geqslant 0$,即 $(x-3)$ 和 $(x-8)$ 同号.

【题型九】 绝对值方程、不等式的常规解法

【解题提示】 利用绝对值的定义,讨论绝对值内代数式的符号,去掉绝对值符号.

【例29】 分别求适合下列条件的 x 的值.

(1) $|x-3|\leqslant 4$;(2) $|x-4|\geqslant 1$.

【答案】 (1) $-1\leqslant x\leqslant 7$;(2) $x\leqslant 3$ 或 $x\geqslant 5$

【命题知识点】 绝对值不等式的解法.

【解题思路】 (1) $-4\leqslant x-3\leqslant 4 \Rightarrow -1\leqslant x\leqslant 7$;

(2) $x-4\leqslant -1$ 或 $x-4\geqslant 1 \Rightarrow x\leqslant 3$ 或 $x\geqslant 5$.

【例30】 x 为何值时,等式 $|x-2|+|4-x|=2$ 成立.

【答案】 $2\leqslant x\leqslant 4$

【命题知识点】 绝对值方程的解法.

【解题思路】 方法一:用 $|a+b|\leqslant |a|+|b|$.

因为 $|x-2|+|4-x|\geqslant |(x-2)+(4-x)|=2$,当且仅当 $(x-2)(4-x)\geqslant 0$ 时等号成立,即有 $(x-2)(x-4)\leqslant 0$,解得 $2\leqslant x\leqslant 4$.

方法二:分类讨论.

(1)当 $x<2$ 时,原等式化为 $2-x+4-x=2$,解得 $x=2$,与 $x<2$ 不相符. 说明在 $x<2$ 的范围内没有使原等式成立的值;

(2)当 $2\leqslant x\leqslant 4$ 时,原等式化为 $x-2+4-x=2$,得 $2=2$,所以当 $2\leqslant x\leqslant 4$ 时,原等式恒成立;

(3)当 $x>4$ 时,原等式化为 $x-2+x-4=2$,解得 $x=4$,与 $x>4$ 不相符. 说明在 $x>4$ 的范围内没有使原等式成立的值.

综上,使原等式成立的 x 的取值范围为 $2\leqslant x\leqslant 4$.

【例 31】 $|x+1|<|2x-3|$ 成立. (   )

(1)$x>4$;(2)$x<\dfrac{1}{3}$.

【答案】 D

【命题知识点】 绝对值不等式的解法.

【解题思路】 根据不等式的性质,不等号两边同时平方,得 $x^2+2x+1<4x^2-12x+9$,即 $3x^2-14x+8>0\Rightarrow(x-4)(3x-2)>0$,则 $x>4$ 或 $x<\dfrac{2}{3}$.

可以看出两个条件都是充分的.

【例 32】 解不等式 $|x-1|-|2x+4|>1$.

【答案】 $-4<x<-\dfrac{4}{3}$

【命题知识点】 绝对值不等式的解法.

【解题思路】 $x=1$ 和 $x=-2$ 为两个零点. 当 $x<-2$ 时,有 $1-x+2x+4>1$,即 $x>-4$,所以 $-4<x<-2$;当 $-2\leqslant x\leqslant 1$ 时,有 $1-x-2x-4>1$,即 $x<-\dfrac{4}{3}$,所以 $-2\leqslant x<-\dfrac{4}{3}$;当 $x>1$ 时,有 $x-1-2x-4>1$,即 $x<-6$,所以不等式无解.

综上,原不等式的解为 $-4<x<-\dfrac{4}{3}$.

【题型十】 绝对值方程、不等式的巧解(图解法)

【解题提示】 方程的解与函数的交点相对应,把不等式的问题转化为函数图像位置的问题.

【例 33】 方程 $|x+2|+|x-8|=a$ 的解集为空集. (   )

(1)$a=10$;

(2)$a\leqslant 1$.

【答案】 B

【命题知识点】 绝对值方程.

【解题思路】 $f(x)=|x+2|+|x-8|$ 的图像如图 1 所示,$f(x)_{\min}=|8-(-2)|=10$. 条件(1)$a=10$ 时,解集为 $-2\leqslant x\leqslant 8$,不充分;条件(2)$a\leqslant 1$ 时,充分.

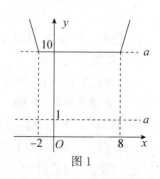

图 1

【例 34】 关于 x 的不等式 $|3-x|+|x-2|<a$ 的解集为空集,则实数 a 的取值范围是( ).

A. $a<1$

B. $a\leqslant1$

C. $a>1$

D. $a\geqslant1$

E. $a\neq1$

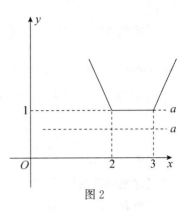

图 2

【答案】 B

【命题知识点】 绝对值不等式.

【解题思路】 如图 2 所示,因为 $|3-x|+|x-2|\geqslant|3-2|=1$,只需 $a\leqslant1$ 即可满足解集为空集. 选 B.

【例 35】 方程 $|x+1|-|x-4|=a$ 有无穷多解.( )

(1) $a=5$;

(2) $a=-5$.

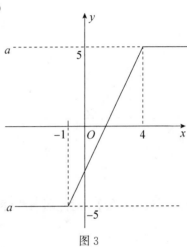

图 3

【答案】 D

【命题知识点】 绝对值方程.

【解题思路】 如图 3 所示,将本题看作两个函数 $y_1=|x+1|-|x-4|$ 与 $y_2=a$ 的交点问题,显然两条件都满足.

【例 36】 方程 $\left|\dfrac{x}{2}-5\right|-\left|\dfrac{x}{2}-4\right|=1$ 无解.( )

(1) $x>10$;

(2) $9\leqslant x\leqslant10$.

【答案】 D

【命题知识点】 绝对值方程.

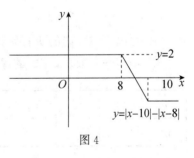

图 4

【解题思路】 由题意,得 $|x-10|-|x-8|=2$,从 $y=|x-10|-|x-8|$ 的图像(见图 4)可知,方程无解应有 $x\in(8,+\infty)$. 故条件(1)和条件(2)均充分.

【例 37】 已知 $f(x)=|x-1|-2|x|+|x+2|$ 且 $-2\leqslant x\leqslant1$,则 $f(x)$ 的最大值和最小值之和为( ).

A. 0   B. 1   C. 2   D. 3   E. -2

【答案】 C

【命题知识点】 绝对值函数.

【解题思路】 对函数分段讨论后,将之化简为 $f(x)=\begin{cases} 2x+3, & -2\leqslant x\leqslant 0, \\ -2x+3, & 0\leqslant x\leqslant 1, \end{cases}$ 最大值 $f(0)=3$,最小值 $f(-2)=-1$,和为 2.

【例38】 已知关于 x 的方程 $||x-2|-1|=a$ 有三个解,则 a 的值为(　　).

A. 0   B. 1   C. 2

D. 0 或 1   E. 以上均不正确

【答案】 B

【命题知识点】 绝对值方程的解讨论.

【解题思路】 方法一:$|x-2|-1=\pm a \Rightarrow |x-2|=1\pm a \Rightarrow |x-2|=1+a$ 或 $|x-2|=1-a$,可见 $a=1$ 或 -1(舍).

方法二:数形结合(见图5),显然取 $a=1$ 时,方程有三个解.

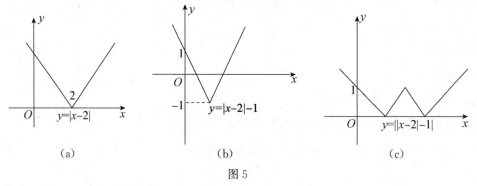

图 5

【应试对策】 对此题当然可以使用选项代入验证的方法,可以很快得出 $a=1$.

本章分层训练

1. 写出 1~20 内的所有质数_____.

2. 填写平方数表,并尽量背诵.

n	11	12	13	14	15	16	17	18	19	20	21
n^2											

3. a 是整数,以"奇数""偶数"填空:

(1)若 $a\pm$ 偶数=奇数,则 a 是_____;

(2)若 $a\pm$ 奇数=偶数,则 a 是_____;

(3)若奇数$\pm a$=奇数,则 a 是_____;

(4)若偶数$\pm a$=偶数,则 a 是_____;

(5)若 $a\times$ 奇数+偶数=奇数,则 a 是_____;

(6)若 $a \times$ 偶数＋奇数＝奇数,则 a 是＿＿＿＿＿＿＿＿;

(7) $a \cdot (a+1) =$ ＿＿＿＿＿＿＿＿＿＿＿＿;

(8) $a+(a+1) =$ ＿＿＿＿＿＿＿＿＿＿＿＿;

(9) $a^n+(a+1)^2 =$ ＿＿＿＿＿＿＿＿＿＿(n 为正整数).

4.(1)能被 2 整除的数的特征:＿＿＿＿＿＿＿＿＿;

能被 5 整除的数的特征:＿＿＿＿＿＿＿＿＿.

(2)能被 3 整除的数的特征:＿＿＿＿＿＿＿＿＿;

能被 9 整除的数的特征:＿＿＿＿＿＿＿＿＿.

(3)能被 4 整除的数的特征:＿＿＿＿＿＿＿＿＿;

能被 8 整除的数的特征:＿＿＿＿＿＿＿＿＿.

(4)能被 11 整除的数的特征:＿＿＿＿＿＿＿＿＿.

5.乘法公式记忆:

(1) $(a \pm b)^2 =$ ＿＿＿＿＿＿＿＿＿＿＿＿＿;

(2) $(a+b+c)^2 =$ ＿＿＿＿＿＿＿＿＿＿＿＿;

(3) $(a+b-c)^2 =$ ＿＿＿＿＿＿＿＿＿＿＿＿;

(4) $(a+b)^3 =$ ＿＿＿＿＿＿＿＿＿＿＿＿＿;

(5) $(a-b)^3 =$ ＿＿＿＿＿＿＿＿＿＿＿＿＿;

(6) $a^3+b^3 =$ ＿＿＿＿＿＿＿＿＿＿＿＿＿;

(7) $a^3-b^3 =$ ＿＿＿＿＿＿＿＿＿＿＿＿＿;

(8) $a^2+b^2+c^2-ab-bc-ca =$ ＿＿＿＿＿＿＿＿.

6.大于 $-\sqrt{17}$ 而小于 $\sqrt{11}$ 的所有整数的和为＿＿＿＿.

7.设 a 是最小的自然数,b 是最大负整数,c 是绝对值最小的实数,则 $a+b+c =$ ＿＿＿＿.

8.既是质数,又是偶数的数是＿＿＿＿＿,最小的正偶数是＿＿＿＿＿,最大的两位质数是＿＿＿＿＿,最小的三位质数是＿＿＿＿＿.

9.把下列各数分别填在相应的集合中:

$-\dfrac{11}{12}, \sqrt[3]{2}, -\sqrt{4}, 0, -\sqrt{0.4}, \sqrt[3]{8}, \dfrac{\pi}{4}, 0.23, 3.14.$

有理数集合　　　　　　　　无理数集合

10. $\sqrt{16}$ 的平方根是＿＿＿＿＿; $\sqrt{27}$ 的立方根是＿＿＿＿＿.

11.若 a,b,c,d 的算术平均数是 16,则 $a+3,b+4,c+5,d+6,18$ 的平均数是＿＿＿＿,$a-3,b-2,c+3,d+2$ 的平均数是＿＿＿＿.

12.下列实数中是无理数的是(　　　).

A. 2.5　　　　B. $\dfrac{10}{3}$　　　　C. π　　　　D. 1.414　　　　E. $\sqrt{4}$

13. 有下列说法：①带根号的数是无理数；②不带根号的数一定是有理数；③负数没有立方根；④$-\sqrt{17}$ 是 17 的平方根. 其中正确的有(　　).

   A. 0 个　　　　B. 1 个　　　　C. 2 个　　　　D. 3 个　　　　E. 4 个

14. 在实数范围内，$\left|\sqrt{-|x|-1}\right|-2$ 的值为(　　).

   A. $x-3$　　　B. $1-x$　　　C. -2　　　D. -1　　　E. 以上都不正确

15. 有四个连续的整数，已知它们的和等于其中最大的与最小的两个整数的积，那么这四个数中最大的数是(　　).

   A. 4　　　　　B. 10　　　　　C. 5　　　　　D. 1 或 6　　　E. 15

16. 今年王先生的年龄是他父亲的一半，他父亲的年龄又是王先生儿子的 15 倍，两年后他们三人的年龄之和恰好是 100，那么王先生今年的年龄是(　　).

   A. 40　　　　　B. 50　　　　　C. 20　　　　　D. 30　　　　　E. 45

17. 五位数 $4H97H$ 能被 3 整除，它的最末两位数字组成的数 $7H$ 能被 6 整除. (　　)
   (1)该五位数为 42 972；(2)该五位数为 48 978.

18. $n<m$ 成立. (　　)

   (1)$0<\dfrac{n}{m}<1$；(2)$n,m\in\mathbf{R}^{+}$.

19. a 为奇数. (　　)

   (1)$a\geqslant3$ 且 a 为质数；(2)$a=2k+1(k\in\mathbf{Z})$.

20. 在 1～20 的数中：
   (1)有一个约数的数是_____ ；
   (2)有两个约数的数是_____ ；
   (3)两个以上约数的数是_____ .

21. 有理数 ± 无理数 =_____. 有理数 a × 无理数 r = 有理数 $\Rightarrow a=$_____.

22. 若 a,b,c,d 均为非负整数，$(a^{2}+b^{2})(c^{2}+d^{2})=293$，则 $a^{2}+b^{2}+c^{2}+d^{2}=$_____，a,b,c,d 分别为_____.

23. 三个质数之积恰好等于此三数之和的 7 倍，这三个数为_____.

24. 除以 5 余 3，除以 7 余 2 的最小自然数是_____.

25. 除以 19 余 9，除以 23 余 7 的最小自然数是_____.

26. 一条公路长 3 600 米，每隔 20 米有一个坑，两端也各有一个坑，欲改为每隔 30 米一个坑，则要填补_____个坑，要再挖_____个坑.

27. 整数 N 可分解为 k 个不同质数相乘，则 N 一共有_____个约数.

28. 三个 2 002 位数的运算 $\dfrac{(99\cdots99)\times(88\cdots88)}{(66\cdots6)}$ 的结果中有(　　).

   A. 相邻的 2 001 个 3 　　　　　　　B. 相邻的 2 002 个 3

   C. 相邻的 2 001 个 2 　　　　　　　D. 相邻的 2 002 个 2

   E. 以上均不对

29. 有一个四位数，它被 131 除余 13，被 132 除余 130，则此数字的各位数字和为(　　).

   A. 23　　　　B. 24　　　　C. 25　　　　D. 26　　　　E. 27

30. $a>b$.（　　）

(1) a，b 为实数，且 $a^2>b^2$；(2) a，b 为实数，且 $\left(\dfrac{1}{2}\right)^a<\left(\dfrac{1}{2}\right)^b$.

31. 三个连续整数之和为 42.（　　）

(1) 三个连续正整数中任意两个数乘积后的和为 587；

(2) 三个连续正整数的平方和为 590.

32. 已知甲与乙的比是 $3:2$，丙与乙的比是 $2:3$，则甲与丙的比是（　　）.

    A. $1:1$　　　　B. $3:2$　　　　C. $2:3$　　　　D. $9:4$　　　　E. $8:5$

33. 班级中 $\dfrac{2}{5}$ 的女生和 $\dfrac{1}{2}$ 的男生都参加了保险，且班级中男生是女生的 $\dfrac{7}{5}$ 倍，那么班级中参加保险的人占全班总人数的（　　）.

    A. 40%　　　　B. 42%　　　　C. 44%　　　　D. 46%　　　　E. 48%

34. 原价 a 元可购 5 件衬衫，现价 a 元可购 8 件，则该衬衫的降价百分比是（　　）.

    A. 25%　　　　B. 37.5%　　　　C. 40%　　　　D. 60%　　　　E. 45%

35. 某厂生产的产品 $\dfrac{1}{3}$ 是一级品，$\dfrac{1}{5}$ 是二级品，不合格产品是二级品的 $\dfrac{1}{4}$，则该产品中不合格产品是一级品的（　　）.

    A. $\dfrac{1}{10}$　　　　B. $\dfrac{3}{20}$　　　　C. $\dfrac{1}{5}$　　　　D. $\dfrac{11}{20}$　　　　E. $\dfrac{3}{10}$

36. 已知 A 股票上涨的 0.16 元相当于该股票原价的 16%，B 股票上涨的 1.68 元相当于该股票原价的 16%，则这两种股票的原价相差（　　）元.

    A. 8　　　　B. 9.5　　　　C. 10　　　　D. 10.5　　　　E. 9

37. 一个分数的分子减少 25%，而分母增加 25%，则新分数比原来的分数减少的百分率为（　　）.

    A. 40%　　　　B. 45%　　　　C. 50%　　　　D. 60%　　　　E. 55%

38. 某班学生中，$\dfrac{3}{4}$ 的女生和 $\dfrac{3}{5}$ 的男生是共青团员，若女生团员人数是男生团员人数的 $\dfrac{5}{6}$，则该班女生人数和男生人数的比是（　　）.

    A. $5:6$　　　　B. $2:3$　　　　C. $3:2$　　　　D. $4:5$　　　　E. $5:4$

39. 某商品在第一次降价 10% 的基础上，第二次又降价 5%，若第二次降价后恢复到原来的价格，则价格上涨的百分率约为（　　）.

    A. 15%　　　　B. 16%　　　　C. 17%　　　　D. 14%　　　　E. 13%

40. 设 $k>0$，$b>a>0$，则（　　）.

    A. $\dfrac{k+a}{2k+a}>\dfrac{k+b}{2k+b}$　　　　　　B. $\dfrac{k+a}{2k+a}=\dfrac{k+b}{2k+b}$

    C. $\dfrac{k+a}{2k+a}<\dfrac{k+b}{2k+b}$　　　　　　D. $\dfrac{k+b}{2k+a}=\dfrac{k+a}{2k+b}$

    E. $\dfrac{k+a}{2k+a}\geqslant\dfrac{k+b}{2k+b}$

41. $\dfrac{4+3x}{6+3y}=\dfrac{0.3}{0.45}$ 成立. (　　)

(1) $\dfrac{x}{y}=\dfrac{2}{3}$; (2) $\dfrac{x}{y}=\dfrac{3}{2}$.

42. 若 $c+d\neq 0$, 则 $\dfrac{a+b}{c+d}=\dfrac{\sqrt{a^2+b^2}}{\sqrt{c^2+d^2}}$. (　　)

(1) $\dfrac{a}{b}=\dfrac{c}{d}$, b, d 均为正数; (2) $\dfrac{a}{b}=\dfrac{c}{d}$, b, d 均为负数.

43. $\left(\dfrac{1}{x}+\dfrac{1}{y}\right):\left(\dfrac{1}{y}+\dfrac{1}{z}\right):\left(\dfrac{1}{x}+\dfrac{1}{z}\right)=4:10:9$. (　　)

(1) $(x+y):(y+z):(x+z)=4:2:3$; (2) $x:y:z=5:3:1$.

44. 若 $|x-3|=3-x$, 则 x 的取值范围是(　　).

A. $x>0$　　　B. $x=3$　　　C. $x<3$　　　D. $x\leqslant 3$　　　E. 以上均不对

45. 满足关系式 $\dfrac{|x-1|-1}{x-2}=0$ 的 x 的值是(　　).

A. 0　　　B. 2　　　C. 0 或 2　　　D. 0 或 -2　　　E. 2 或 -2

46. 使得 $\dfrac{2}{|x-2|-2}$ 不存在的 x 是(　　).

A. 4　　　B. 0　　　C. 4 或 0　　　D. 1　　　E. 以上均不对

47. 已知 $(x-2)^2+|y-1|=0$, 那么 $\dfrac{1}{x^2}-\dfrac{1}{y^2}$ 的值是(　　).

A. 0.25　　　B. -0.75　　　C. 4　　　D. 3　　　E. 以上均不对

48. $\left|\dfrac{5x-3}{2x+5}\right|=\dfrac{3-5x}{2x+5}$, 则 x 的取值范围为(　　).

A. $x<-\dfrac{5}{2}$, $x\geqslant\dfrac{3}{5}$　　　　　B. $-\dfrac{5}{2}\leqslant x\leqslant\dfrac{3}{5}$　　　　　C. $-\dfrac{5}{2}<x\leqslant\dfrac{3}{5}$

D. $-\dfrac{3}{5}\leqslant x\leqslant\dfrac{5}{2}$　　　　　E. 以上答案都不正确

49. 已知 $\dfrac{|x+y|}{x-y}=2$, 则 $\dfrac{x}{y}$ 的值是(　　).

A. $\dfrac{1}{2}$　　　B. 3　　　C. $\dfrac{1}{3}$ 或 3　　　D. $\dfrac{1}{3}$ 或 $\dfrac{1}{2}$　　　E. 3 或 $\dfrac{1}{2}$

50. 对任意实数 $x\in\left(\dfrac{1}{8},\dfrac{1}{7}\right)$, 则 $|1-2x|+|1-3x|+|1-4x|+|1-5x|+\cdots+|1-10x|$ 的值是(　　).

A. 10　　　B. 1　　　C. 3　　　D. 4　　　E. 5

51. 若 $|a|=\dfrac{1}{2}$, $|b|=1$, 则 $|a+b|$ 等于(　　).

A. $\dfrac{3}{2}$ 或 0　　　B. $\dfrac{1}{2}$ 或 0　　　C. $-\dfrac{1}{2}$　　　D. $\dfrac{1}{2}$ 或 $\dfrac{3}{2}$　　　E. $\dfrac{1}{2}$ 或 -1

52. 若 $ab<0$,那么 $\dfrac{a}{|a|}+\dfrac{|b|}{b}+\dfrac{ab}{|ab|}$ 的值是(　　).

A. -3　　　　B. -2　　　　C. -1　　　　D. ±1　　　　E. 0

53. $f(x)=\dfrac{x^2-4}{|x+2|}$ 的最小值是(　　).

A. -2　　　　B. -4　　　　C. 0　　　　D. 2

E. 以上均不对

54. 已知 $\dfrac{a}{|a|}+\dfrac{b}{|b|}+\dfrac{c}{|c|}=1$,则 $\left(\dfrac{|abc|}{abc}\right)^{2\,007}\div\left(\dfrac{bc}{|bc|}\times\dfrac{ac}{|ac|}\times\dfrac{ab}{|ab|}\right)$ 的值是(　　).

A. 1　　　　B. -1　　　　C. ±1　　　　D. $\dfrac{1}{3}$

E. 以上答案均不正确

55. 若 $x\in\mathbf{R}$,则 $(1-|x|)(1+x)$ 为正数的充要条件是(　　).

A. $|x|<1$　　　B. $|x|>1$　　　C. $x<1$　　　D. $x<-1$ 或 $-1<x<1$

E. 以上均不对

56. $\sqrt{a^2b^2}=|ab|$. (　　)

(1)a,b 同号;(2)a,b 异号.

57. $a^2<b^2$ 成立. (　　)

(1)$|a|<|b|$;(2)$a<b$.

58. $|a|-|b|=|a-b|$. (　　)

(1)$ab\geqslant0$;(2)$ab\leqslant0$.

59. 实数 x,y 满足 $|x|(x+y)>x|x+y|$. (　　)

(1)$x<0$;(2)$y>-x$.

60. $a<-1<1<-a$. (　　)

(1)a 为实数,$a+1<0$;(2)a 为实数,$|a|<1$.

61. 有理数 a 和 b 满足 $|a+b|<|a-b|$. (　　)

(1)$ab<0$;(2)$ab\leqslant0$.

62. $|x-2|+|y+2|=0$ 成立. (　　)

(1)x,y 使得 $(x-2)^2+(y+2)^2=0$;(2)x,y 使得 $\dfrac{|x^2-2x|+(y+2)^2}{x^2-4}=0$.

63. $\dfrac{|a-b|}{|a|+|b|}<1$ 成立. (　　)

(1)$ab>0$;(2)$ab<0$.

64. $|1-|x||+\sqrt{|x|-2}=x$ 的根的个数是(　　).

A. 0　　　　B. 1　　　　C. 2　　　　D. 3　　　　E. 4

65. 设 $|a|<1,|b|<1$,则 $|a+b|+|a-b|$ 与 2 的大小关系是(　　).

A. $|a+b|+|a-b|>2$　　　　B. $|a+b|+|a-b|<2$

C. $|a+b|+|a-b|\leqslant2$　　　　D. $|a+b|+|a-b|=2$

E. 不可能比较大小

66. 已知 $|x-a| \leqslant 1, |y-x| \leqslant 1$ 则有( ).

A. $|y-a| \leqslant 2$ B. $|y-a| \leqslant 1$ C. $|y+a| \leqslant 2$

D. $|y+a| \leqslant 1$ E. 以上结论都不对

67. 设 $|a+2| \leqslant 1, |b+2| \leqslant 2$,则正确的不等式是( ).

A. $|a-b| \leqslant 3$ B. $|a-b| \leqslant 2$ C. $|a-b| \leqslant 1$

D. $|a+b| \leqslant 7$ E. $|a+b| \leqslant 1$

68. 已知方程 $|x-2|+|x+3|=7$ 成立,则方程解的个数为( ).

A. 1个   B. 2个   C. 3个   D. 无解

E. 以上答案均不正确

69. 不等式 $|x+3|-|7-x|>s$ 对任意 x 均不成立,则( ).

A. $s<10$ B. $s \leqslant -10$ C. $s \geqslant 10$ D. $|s| \geqslant 10$

E. 以上均不对

70. 如果对于 $x \in \mathbf{R}$,不等式 $|x+1| \geqslant kx$ 恒成立,则 k 的取值范围是( ).

A. $(-\infty, 0]$ B. $[-1, 0]$ C. $[0, 1]$ D. $[0, +\infty)$

E. 以上均不对

71. 函数 $f(x)$ 的最小值是 6.( )

(1)$f(x)=|x-2|+|x+4|$;(2)$f(x)=|x-3|-|x+3|$.

72. 不等式 $|x+3|+|7-x|>s$,对于任意 x 均成立.( )

(1)$s>10$;(2)$s \leqslant 10$.

73. 不等式 $\||x+6|-|4-x\|| < s$ 对任意 x 均成立.( )

(1)$s>10$;(2)$s \leqslant 10$.

74. 不等式 $|x+3|+|7-x| < s$ 对任意 x 均不成立.( )

(1)$s>10$;(2)$s \leqslant 10$.

75. 不等式 $|x-2|+|8+x| \leqslant s$ 对任意 x 均不成立.( )

(1)$s<10$;(2)$s \leqslant 9$.

76. 不等式 $|x-2|+|x-4| < y$ 无解.( )

(1)$y \leqslant 2$;(2)$y>2$.

77. 不等式 $|1-x|+|1+x|>a$ 的解集为 $\mathbf{R}$.( )

(1)$a>3$;(2)$2 \leqslant a<3$.

🎯 分层训练答案

1.【答案】 2,3,5,7,11,13,17,19

2.【答案】 121;144;169;196;225;256;289;324;361;400;441

3.【答案】 (1)奇数;(2)奇数;(3)偶数;(4)偶数;(5)奇数;(6)奇数或者偶数;(7)偶数;(8)奇数;(9)奇数

4.【答案】 (1)能被 2 整除的数,个位上的数能被 2 整除(偶数都能被 2 整除),那么这个数就能被 2 整除;能被 5 整除的数,个位上的数都能被 5 整除(即个位为 0 或 5),那么这个数就能被 5 整除.

(2)能被 3 整除的数,各个数位上的数字之和能被 3 整除,那么这个数就能被 3 整除;能被 9 整除的数,各个数位上的数字之和能被 9 整除,那么这个数就能被 9 整除.

(3)能被 4 整除的数,个位和十位所组成的两位数能被 4 整除,那么这个数就能被 4 整除;能被 8 整除的数,百位、十位和个位所组成的三位数能被 8 整除,那么这个数就能被 8 整除.

(4)能被 11 整除的数,奇数位(从左往右数)上的数字和与偶数位上的数字和之差(大数减小数)能被 11 整除,则该数就能被 11 整除

5.【答案】 (1)$a^2 \pm 2ab + b^2$;

(2)$a^2 + b^2 + c^2 + 2ab + 2bc + 2ca$;

(3)$a^2 + b^2 + c^2 + 2ab - 2bc - 2ca$;

(4)$a^3 + 3a^2b + 3ab^2 + b^3$;

(5)$a^3 - 3a^2b + 3ab^2 - b^3$;

(6)$(a+b)(a^2 - ab + b^2)$;

(7)$(a-b)(a^2 + ab + b^2)$;

(8)$\dfrac{(a-b)^2 + (b-c)^2 + (c-a)^2}{2}$

6.【答案】 -4

【解析】 大于 $-\sqrt{17}$ 而小于 $\sqrt{11}$ 的所有整数为 $-4, -3, -2, -1, 0, 1, 2, 3$,因此其和为 -4.

7.【答案】 -1

【解析】 $a=0, b=-1, c=0, a+b+c=-1$.

8.【答案】 2;2;97;101

9.【答案】 有理数集合:$-\dfrac{11}{12}, -\sqrt{4}, 0, \sqrt[3]{8}, 0.23, 3.14$;无理数集合:$\sqrt[3]{2}, -\sqrt{0.4}, \dfrac{\pi}{4}$

10.【答案】 2 或 -2;$\sqrt{3}$

11.【答案】 20;16

【解析】 平均数 $= \dfrac{a+3+b+4+c+5+d+6+18}{5} = \dfrac{a+b+c+d+3+4+5+6+18}{5} = \dfrac{4 \times 16 + 36}{5} = 20$;同理,平均数 $= \dfrac{a+b+c+d-3-2+3+2}{4} = 16$.

12.【答案】 C

13.【答案】 B

【解析】 ④是正确的,其他均错误.

14.【答案】 D

【解析】 由 $-|x| \geqslant 0 \Rightarrow |x| \leqslant 0 \Rightarrow x=0$,代入原式得 -1.

15.【答案】 D

【解析】 $x+(x+1)+(x+2)+(x+3)=x(x+3)$,可以计算出 $x=-2$ 或 3,那么最大的为 1 或 6.选 D.

16. 【答案】　D

【解析】　假设今年儿子的年龄为 x，则爷爷的年龄为 $15x$，王先生的年龄为 $7.5x$，$x+15x+7.5x+6=100$，可以算出 $x=4$. 选 D.

17. 【答案】　D

【解析】　$4+H+9+7+H=20+2H$ 是 3 的倍数，可得 $H=2,H=5,H=8$，又 $7H$ 能被 6 整除，可得 $H=2$ 或 $H=8$. 故条件(1)和条件(2)均充分.

18. 【答案】　C

【解析】　当 m,n 为负数时，显然条件(1)可成立，但题干不成立，条件(2)单独显然也不成立，联合条件(1)和条件(2)，题干可成立. 因此选 C.

19. 【答案】　D

20. 【答案】　(1)1; (2)2,3,5,7,11,13,17,19; (3)4,6,8,9,10,12,14,15,16,18,20

21. 【答案】　无理数; 0

22. 【答案】　294; 0,1,2,17

【解析】　由于 293 是质数，所以只能分解为 293×1，不妨令 $a^2+b^2=1,c^2+d^2=293$，可以得到 $a^2=0,b^2=1,c^2=4,d^2=289$，所以 $a^2+b^2+c^2+d^2=294$. a,b,c,d 分别是 0,1,2,17.

23. 【答案】　3,5,7

【解析】　设三个质数为 $a,b,c,abc=7(a+b+c)$，显然其中有一个数是 7，不妨令 $c=7$，即 $ab=a+b+7$，可得 $(a-1)(b-1)=8$，可以计算出 $a=3,b=5$.

24. 【答案】　23

【解析】　$N=5m+3=7n+2$，其中 m,n 都为正整数(且 $m>n$)，不妨设 $m=n+1$，代入验证，可得 $n=3$，所以最小的自然数 $N=23$.

25. 【答案】　237

【解析】　依题意，$N=19m+9=23n+7$，其中 m,n 都为正整数(且 $m>n$)，不妨设 $m=n+1$，代入后不成立，再设 $m=n+2$，代入可得 $n=10$，因此，所得最小自然数 $N=237$.

26. 【答案】　120; 60

【解析】　此题主要计算 20 与 30 的最小公倍数，其为 60，原来有坑 $3\ 600\div20+1=181$(个)，重复的坑 $3\ 600\div60+1=61$(个)，那么需要新挖 $3\ 600\div30+1-61=60$(个)，还需填补 $181-61=120$(个).

27. 【答案】　2^k

【解析】　从 k 个不同质数构成的集合中选取元素，可以取 $0,1,2,\cdots,k$ 个元素. 可以这么理解: 每个质数要么被选到，要么没被选到，有两种可能，根据乘法原理可得，一共有 2^k 个约数.

28. 【答案】　A

【解析】　原式 $=(99\cdots99)\times(88\cdots88)\div(66\cdots66)$

$=(33\cdots33)\times(44\cdots44)\div(11\cdots11)$

$=(33\cdots33)\times4.$

一共有 2 003 位数字，去掉头尾应该有 2 001 个 3.

29.【答案】 C

【解析】 $N=131m+13=132n+130$,令 $m=n+1$,计算出 $n=14$,所以 $N=1\,978$,所有位数字之和为 25.

30.【答案】 B

【解析】 本题是真题.条件(1),只需取 $a=-1,b=0$,即可说明条件(1)不充分,条件(2),由于 $y=\left(\dfrac{1}{2}\right)^x$ 是单调递减函数,显然充分.

31.【答案】 D

【解析】 由条件(1)得,$a(a+1)+a(a+2)+(a+1)(a+2)=587$,解得 $a=13$ 或者 $a=-15$(舍),$13+14+15=42$,充分;

由条件(2)得,$a^2+(a+1)^2+(a+2)^2=590$,解得 $a=13$ 或者 $a=-15$(舍),$13+14+15=42$,充分,选 D.

32.【答案】 D

【解析】 甲:乙 $=3:2=9:6$,乙:丙 $=3:2=6:4$,因此,甲:丙 $=9:4$.

33.【答案】 D

【解析】 不妨设男生人数为 70,女生人数为 50,则参加保险的人数是 $20+35=55$,则比例为 $55\div120=46\%$.选 D.

34.【答案】 B

【解析】 可以设 $a=40$,那么原来衬衫价格为 8 元,现在为 5 元,则降价百分比为 $\dfrac{3}{8}=37.5\%$.

35.【答案】 B

【解析】 假设一共有 15 件,则一级品为 5 件,二级品为 3 件,不合格品为 $\dfrac{3}{4}$ 件,则不合格产品是一级品的 $\dfrac{3}{4}\div5=\dfrac{3}{20}$,选 B.

36.【答案】 B

【解析】 可以计算出 A 股票原价为 1 元,B 股票原价为 $1.68\div16\%=10.5$(元),故相差 9.5 元.

37.【答案】 A

【解析】 设原来为 1,则新分数为 $0.75\div1.25=0.6$,减少的百分率为 $\dfrac{1-0.6}{1}=40\%$.

38.【答案】 B

【解析】 设女生团员人数为 5,男生团员人数为 6,则女生人数为 $5\div\dfrac{3}{4}=\dfrac{20}{3}$,男生人数为 $6\div\dfrac{3}{5}=10$,则女生人数:男生人数 $=\dfrac{20}{3}:10=2:3$.

39.【答案】 C

【解析】 假设原来为 100 元,第一次降价变为 90 元,第二次降价变为 85.5 元,上涨

41

的百分率为$\frac{14.5}{85.5}=17\%$.

40.【答案】　C

　　【解析】　考查比例性质,取特殊值即可. 取 $b=2,a=1,k=1$,验证选 C.

41.【答案】　A

　　【解析】　$\frac{4+3x}{6+3y}=\frac{2}{3}\Rightarrow12+9x=12+6y\Rightarrow\frac{x}{y}=\frac{2}{3}$. 故条件（1）充分,条件（2）不充分.

42.【答案】　D

　　【解析】　设 $\frac{a}{b}=\frac{c}{d}=k,a=bk,c=dk$ 代入题干后当 b 和 d 同号时等式成立,所以选 D.

43.【答案】　D

　　【解析】　由条件(1)得 $\begin{cases}x+y=4,\\y+z=2,\\x+z=3\end{cases}\Rightarrow\begin{cases}x=\frac{5}{2},\\y=\frac{3}{2},\\z=\frac{1}{2},\end{cases}$ 代入题干充分;将条件(2)代入题干也

充分,故选 D.

44.【答案】　D

　　【解析】　因为 $|x-3|=3-x$,所以 $x-3\leqslant0\Rightarrow x\leqslant3$.

45.【答案】　A

　　【解析】　由原式可知:$|x-1|-1=0$ 且 $x\neq2,|x-1|=1\Rightarrow x-1=\pm1\Rightarrow x=0$ 或 $x=2(舍)$.

46.【答案】　C

　　【解析】　当 $|x-2|-2=0$ 时,原式不存在. 所以 $|x-2|=2\Rightarrow x-2=\pm2\Rightarrow x=4$ 或 $x=0$.

47.【答案】　B

　　【解析】　由已知得:$\begin{cases}x-2=0,\\y-1=0\end{cases}\Rightarrow\begin{cases}x=2,\\y=1,\end{cases}$ 则 $\frac{1}{x^2}-\frac{1}{y^2}=\frac{1}{4}-1=-0.75$.

48.【答案】　C

　　【解析】　由 $\frac{3-5x}{2x+5}\geqslant0$,解得 $-\frac{5}{2}<x\leqslant\frac{3}{5}$. 选 C.

49.【答案】　C

　　【解析】　$x+y=2(x-y)$ 或 $x+y=-2(x-y),x=3y$ 或 $y=3x$,则 $\frac{x}{y}=\frac{1}{3}$ 或 3.

50.【答案】　C

　　【解析】　原式 $=(1-2x)+(1-3x)+\cdots+(1-6x)+(1-7x)+(8x-1)+$

$(9x-1)+(10x-1)=3.$

51.【答案】 D

【解析】 对于第 1 种情况,a,b 同号,$a=\dfrac{1}{2},b=1$ 或者 $a=-\dfrac{1}{2},b=-1$,得结果 $\dfrac{3}{2}$.对于第 2 种情况,a,b 异号,得结果 $\dfrac{1}{2}$.

52.【答案】 C

【解析】 方法一:a,b 异号,前两项相加必为 $0,\dfrac{ab}{|ab|}=-1$;

方法二:取特殊值代入计算.

53.【答案】 E

【解析】 分段讨论:

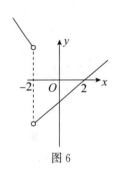

图 6

当 $x>-2$ 时,$f(x)=\dfrac{x^2-4}{x+2}=x-2$,当 $x<-2$ 时,$f(x)=2-x$,

画出图像(见图 6)观察显然无最小值.

54.【答案】 B

【解析】 方法一:a,b,c 中有两个必为正数,一个为负数;

方法二:取特殊值代入计算.

55.【答案】 D

【解析】 方法一:在选项中验证.

方法二:分段性质,当 $x<0$ 时,原式 $=(1+x)^2>0\Rightarrow x<0$ 且 $x\neq-1$;

当 $x>0$ 时,原式 $=(1-x)(1+x)>0\Rightarrow 0<x<1$,结合可得 $x<-1$ 或 $-1<x<1$.

56.【答案】 D

【解析】 分析题干,$\sqrt{a^2b^2}=|ab|$,完全等价,所以两条件都充分.

57.【答案】 A

【解析】 条件(1)完全与题干等价,条件(2)只需取 $a=-1,b=0$ 即可.

58.【答案】 E

【解析】 对条件(1)取 $a=1,b=2$,不充分;对条件(2)取 $a=-1,b=1$,显然也不充分.联合条件(1)和条件(2)得 $ab=0$,只需要取 $a=0,b=1$,即不充分.选 E.

59.【答案】 C

【解析】 显然条件(1)和条件(2)单独不充分,联合充分.选 C.

60.【答案】 A

【解析】 条件(1),$a+1<0\Rightarrow a<-1\Rightarrow -a>1$,充分;条件(2),只需要取 $a=0$ 即可说明不充分.选 A.

61.【答案】 A

【解析】 将题干两边平方计算得:$ab<0$.选 A.

62.【答案】 A

【解析】 此题考查绝对值的非负性,由条件(1)得 $x=2,y=-2$,代入题干充分.由条件(2)得 $x=0,y=-2$,不充分. 选 A.

63.【答案】 A

【解析】 由 $\dfrac{|a-b|}{|a|+|b|}<1$,推出 $|a-b|<|a|+|b|$,显然 $ab>0$. 选 A.

64.【答案】 D

【解析】 此题要求学生能熟练掌握绝对值的性质,因为 x 必然非负,所以 $|1-x|+\sqrt{x-2}=x$,又 $x\geqslant2,x-1+\sqrt{x-2}=x$,即 $\sqrt{x-2}=1$,即 $x=3$. 选 D.

65.【答案】 B

【解析】 方法一:取特殊值,$a=0,b=0$ 代入验证,显然选 B.

方法二:分 4 种情况讨论:

(1)当 $a+b\geqslant0,a-b\geqslant0$ 时,
$$|a+b|+|a-b|=a+b+a-b=2a\leqslant2|a|<2;$$

(2)当 $a+b\geqslant0,a-b<0$,时,
$$|a+b|+|a-b|=a+b-a+b=2b\leqslant2|b|<2;$$

(3)当 $a+b<0,a-b\geqslant0$ 时,
$$|a+b|+|a-b|=-a-b+a-b=-2b\leqslant2|b|<2;$$

(4)当 $a+b<0,a-b<0$ 时,
$$|a+b|+|a-b|=-a-b-a+b=-2a\leqslant2|a|<2.$$

综上所述,$|a+b|+|a-b|<2$.

66.【答案】 A

【解析】 考查三角不等式:$|y-a|\leqslant|x-a|+|y-x|\leqslant2$.

67.【答案】 A

【解析】 考查三角不等式:$|a-b|\leqslant|a+2|+|b+2|\leqslant3$.

68.【答案】 B

【解析】 用几何意义或者"平底锅"都可以说明方程有两个解.

69.【答案】 C

【解析】 用几何意义可知函数 $y=|x+3|-|7-x|$ 有最大值 10,最小值 -10,s 只需要比 y 的最大值大即可,即 $s\geqslant10$.

70.【答案】 C

【解析】 方法一:特殊值法. 取 $k=1$ 和 $k=2$ 代入验证可以选出 C.

方法二:数形结合法. 设 $y_1=|x+1|,y_2=kx$,画出图像(见图 7)分析,显然 k 只需要在 0 和 1 之间取值就能保证 $y_1\geqslant y_2$.

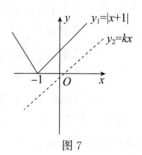

图 7

71.【答案】 A

【解析】 由(1)可知最小值为 6,无最大值;由(2)可知最大值为 6,最小值为 -6. 选 A.

72.【答案】 E

【解析】 可知函数 $y=|x+3|+|7-x|$ 的最小值为 10,因此 $s<10$ 即可,则条件

(1)和条件(2)不充分,联合亦不充分.选 E.本题也可简单画出图像(见图8).

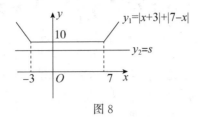

图 8

73. 【答案】　A

　　【解析】　可知函数 $y=||x+6|-|4-x||$ 的最大值为 10,因此 $s>10$ 即可.选 A.

74. 【答案】　B

　　【解析】　可知函数 $y=|x+3|+|7-x|$ 的最小值为 10,因此 $s\leqslant10$ 即可.选 B.

75. 【答案】　D

　　【解析】　可知函数 $y=|x-2|+|8+x|$ 的最小值为 10,因此 $s<10$ 即可.选 D.

76. 【答案】　A

　　【解析】　可知函数 $y=|x-2|+|x-4|$ 的最小值为 2,因此 $y\leqslant2$ 即可.选 A.

77. 【答案】　E

　　【解析】　可知函数 $y=|1-x|+|1+x|$ 的最小值为 2,因此 $a<2$ 即可.选 E.

本章小结

【知识体系】

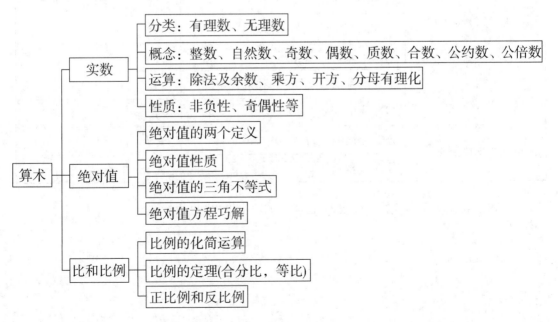

第二模块 代数

【考试地位】本模块是管理类综合能力考试的重中之重,也是复习的"主心骨",代数的成败决定整个考试的发挥. 代数,也是几何学,概率论的基础,第三章函数、代数方程和不等式尤为重要,当然数列也是重点内容. 本模块理论上一共考 6 道题目,但实际上将应用题一起算上,要有 10 道题目. 一般会有 1~2 道难题.

第二章 整式、分式及其运算

【大纲要求】
整式、分式及其运算
【备考要点】
本部分主要考查整式、分式的运算与恒等变形,通过已知条件分析,寻求与设计合理、简捷的运算途径.

章节学习框架

知识点	考点	难度	已学	已会
整式及其运算	整式的加减法	★		
	整式的乘法公式与乘法运算	★		
	乘法公式的恒等变形	★★		
	整式的除法,因式定理和余式定理	★		
	多项式的因式分解	★		
分式及其运算	分式化简与运算	★★		
	分式方程求解	★★		

注:请读者在学完本章后在此表的"已学"和"已会"栏中进行标注.

第一节　整式

知识点归纳与例题讲解

一、代数式的分类

$$代数式的分类\begin{cases}有理式\begin{cases}整式\begin{cases}单项式:代数式仅仅是数和字母的非负整数幂的乘积,如:\dfrac{1}{2}xy^2\\多项式:有限个单项式的代数和,如:\dfrac{1}{2}xy^2+3xz\end{cases}\\分式:设A,B为两个整式,B中含有字母,且B\neq0,则代数式\dfrac{A}{B}称为分式\end{cases}\\无理式:根号内含有字母的代数式,如:\sqrt{x},\sqrt{x^2+1}\end{cases}$$

二、整式的运算

1. 加减法

整式加减法的运算步骤:①去括号;②合并同类项.

如:$(a^2+ab)-(4ab+a^2-b^2)=a^2+ab-4ab-a^2+b^2=b^2-3ab$.

2. 乘法(重点)

整式乘法的运算步骤:①一个因式的每一项乘另一个因式的每一项;②合并同类项.

如:$(a^2+b)(a^2-2b)=a^4-2a^2b+a^2b-2b^2=a^4-a^2b-2b^2$.

常用的乘法公式如下:

$(a\pm b)^2=a^2\pm2ab+b^2$;

$(a\pm b)^3=a^3\pm3a^2b+3ab^2\pm b^3$;

$a^2-b^2=(a+b)(a-b)$;

$a^3-b^3=(a-b)(a^2+ab+b^2)$;

$a^3+b^3=(a+b)(a^2-ab+b^2)$;

$(a+b+c)^2=a^2+b^2+c^2+2ab+2bc+2ac$;

$(a+b)^2+(b+c)^2+(c+a)^2=2(a^2+b^2+c^2+ab+bc+ac)$.

注意:在代数式的运算中,往往利用这几个公式对代数式进行变形,所以建议同学们对这几个公式要熟记,对从左向右的变形和从右向左的变形要一样熟悉,2008年1月真题的第2题就是上述最后一个公式从右向左的一个应用的变式.

【例2.1.1】 计算 $1^2-2^2+3^2-4^2+\cdots+99^2-100^2$.

【答案】 $-5\,050$

【命题知识点】 平方差公式.

【解题思路】 原式$=(1+2)(1-2)+(3+4)(3-4)+\cdots+(99+100)(99-100)$

$=-(1+2+3+\cdots+100)=-5\,050$.

【例 2. 1. 2】　计算 $(2+1)(2^2+1)(2^4+1)\cdots(2^{128}+1)$ 的值.

【答案】　$2^{256}-1$

【命题知识点】　平方差公式.

【解题思路】　反复利用逆向平方差公式,将原式乘以 $(2-1)$ 即可运算出结果.

$$原式=(2-1)(2+1)(2^2+1)(2^4+1)\cdots(2^{128}+1)$$
$$=(2^2-1)(2^2+1)(2^4+1)\cdots(2^{128}+1)=2^{256}-1.$$

【例 2. 1. 3】　无论 x,y 取何值,$x^2+y^2-2x+12y+40$ 的值都是(　　).

A. 正数　　　　　B. 负数　　　　　C. 零　　　　　D. 非负数　　　　　E. 非正数

【答案】　A

【命题知识点】　配方法(完全平方公式).

【解题思路】　原式 $=x^2-2x+1+y^2+12y+36+3=(x-1)^2+(y+6)^2+3>0.$

3. 除法

(1)带余除法:被除式 $F(x)$ 除以 $f(x)$,商为 $g(x)$,余式为 $r(x)$,则有 $F(x)=f(x)g(x)+r(x)$. 当 $F(x)$ 能被 $f(x)$ 整除时,$F(x)=f(x)g(x)$,$r(x)$ 为零多项式,否则,$r(x)$ 至少比 $f(x)$ 低一次.

(2)竖式除法:

$$4x^3+5x^2-3x-8=(4x-3)(x^2+2x+1)+(-x-5).$$

(3)余数定理:$F(x)=a_0x^n+a_1x^{n-1}+\cdots+a_n$ 除以一次因式 $(x-a)$ 所得的余数一定是 $F(a)$.

分析:因为 $F(x)=(x-a)g(x)+r$. 令 $x=a$,必有 $F(a)=r$.

推论:多项式 $F(x)=a_0x^n+a_1x^{n-1}+\cdots+a_n$ 除以一次因式 $ax-b$ 所得的余数一定是 $F\left(\dfrac{b}{a}\right)$.

运用:多项式除以某一次因式的余数可以通过直接代入某特殊值(令该一次因式值为0)得出.

(4)因式定理:若 $f(x)$ 含有因式 $(x-a)$(即整除),则 $F(a)=0$.

推论:若 $f(x)$ 含有一次因式 $(ax-b)$,则 $F\left(\dfrac{b}{a}\right)=0$.

运用:此为余数定理的特例(余数为0的情形).

【例 2. 1. 4】　如果 $x+1$ 整除 $x^3+a^2x^2+ax-1$,则实数 $a=$(　　).

A. 0　　　　　B. -1　　　　　C. 2　　　　　D. 2 或-1　　　　　E. 0 或-1

【答案】　D

【命题知识点】　多项式除法运算.

【解题思路】　因为 $f(x)=x^3+a^2x^2+ax-1$ 有因式 $x+1$,所以 $f(-1)=0$,得$-1+a^2-a-1=0$,即 $a^2-a-2=0$,解得 $a=2$ 或 $a=-1$.

【例 2.1.5】　已知多项式 $3x^3+ax^2+bx+42$ 能被 x^2-5x+6 整除,则 $a-b=$(　　　).

A. -25　　　　　B. -9　　　　　C. 9　　　　　D. -31　　　　　E. 136

【答案】　C

【命题知识点】　多项式除法运算.

【解题思路】　方法一:利用因式定理.

$x^2-5x+6=(x-2)(x-3)$,即 $f(x)=3x^3+ax^2+bx+42$ 可被$(x-2)$及$(x-3)$都整除,应有 $\begin{cases} f(2)=4a+2b+66=0, \\ f(3)=9a+3b+123=0, \end{cases}$ 解得 $\begin{cases} a=-8, \\ b=-17, \end{cases}$ $a-b=9$.

方法二:利用待定系数法.

应有 $3x^3+ax^2+bx+42=(x^2-5x+6)(cx+d)=cx^3+(d-5c)x^2+(6c-5d)x+6d$. 即

$$\begin{cases} c=3, \\ d-5c=a, \\ 6c-5d=b, \\ 6d=42 \end{cases} \Rightarrow \begin{cases} a=-8, \\ b=-17, \\ c=3, \\ d=7. \end{cases}$$

所以 $a-b=9$.

方法三:利用竖式除法.

列出算式:

$$
\begin{array}{r}
3x \quad\ \ +7 \\
x^2-5x+6\,\overline{)\,3x^3+\ \ ax^2\ \ +\ \ bx\ \ +42\,} \\
\underline{3x^3-\ 15x^2\ +\ 18x\quad\quad\ \ } \\
(a+15)x^2+(b-18)x+42 \\
\underline{7x^2-\ 35x\ \ +42} \\
0
\end{array}
$$

可知 $\begin{cases} a+15=7, \\ b-18=-35, \end{cases}$ 即 $\begin{cases} a=-8, \\ b=-17. \end{cases}$ $a-b=9$. 选 C.

三、多项式的因式分解

(1)定义:把一个多项式表示成几个整式之积的形式,叫作多项式的因式分解. 在指定数集内进行因式分解时,通常要求最后结果中的每一个因式均不能在该数集内继续分解.

(2)方法:多项式因式分解的常用方法如下:

方法一:提取公因式法.

方法二:公式法(通过对乘法公式逆向运算即可).

【例 2.1.6】 将多项式 $2x^3-12x^2y^2+18xy^4$ 因式分解.

【答案】 $2x(x-3y^2)^2$

【命题知识点】 因式分解.

【解题思路】 $2x^3-12x^2y^2+18xy^4=2x(x^2-6xy^2+9y^4)=2x(x-3y^2)^2$(此法综合应用了方法一和方法二).

方法三:求根法.

若方程 $a_0x^n+a_1x^{n-1}+a_2x^{n-2}+\cdots+a_n=0$ 有 n 个根 $x_1,x_2,\cdots,x_n$,则

$$a_0x^n+a_1x^{n-1}+a_2x^{n-2}+\cdots+a_n=a_0(x-x_1)(x-x_2)(x-x_3)\cdots(x-x_n).$$

【例 2.1.7】 将多项式 $4x^2-3x-1$ 因式分解.

【答案】 $(4x+1)(x-1)$

【命题知识点】 因式分解.

【解题思路】 解方程 $4x^2-3x-1=0$,得两个根为 $x_1=-\dfrac{1}{4}$,$x_2=1$,所以

$$4x^2-3x-1=4\left(x+\frac{1}{4}\right)(x-1)=(4x+1)(x-1).$$

方法四:二次三项式的十字相乘法.

【例 2.1.8】 将 $3x^2-2x-8$ 因式分解.

【答案】 $(x-2)(3x+4)$

【命题知识点】 因式分解.

【解题思路】 二次项的系数分解为 $3=1\times3$,常数项 $-8=(-2)\times4$,

所以 $3x^2-2x-8=(x-2)(3x+4)$.

【例 2.1.9】 $8x^2+10xy-3y^2$ 是 49 的倍数.(　　　)

(1)x,y 都是整数;(2)$4x-y$ 是 7 的倍数.

【答案】 C

【命题知识点】 因式分解.

【解题思路】 首先将题干的多项式因式分解,$8x^2+10xy-3y^2=(2x+3y)(4x-y)$,再自下而上进行验证.

条件(1)单独显然不成立,因为 x,y 可以是任意整数;

条件(2)单独也不成立,只能保证($4x-y$)是 7 的倍数,但是无法保证($2x+3y$)也是 7 的倍数;

联合条件(1)和条件(2),令 $4x-y=7k(k\in\mathbf{Z})$,则 $y=4x-7k$,所以

$$2x+3y=2x+3(4x-7k)=(14x-21k)=7(2x-3k)$$

是 7 的倍数,那么整个多项式就是 49 的倍数.选 C.

【例 2.1.10】 将下列多项式因式分解.

(1)$6y^2-11xy-10x^2$;(2)$(x-y)(2x-2y-3)-2$.

【答案】 (1)$(3y+2x)(2y-5x)$;(2)$[2(x-y)+1][(x-y)-2]$

【命题知识点】 因式分解.

【解题思路】　(1)用十字相乘法.
$$6y^2-11xy-10x^2=(3y+2x)(2y-5x).$$
(2)$(x-y)(2x-2y-3)-2=2(x-y)^2-3(x-y)-2=[2(x-y)+1][(x-y)-2]$.

【例 2.1.11】　若 $x^2-3x+2xy+y^2-3y-40=(x+y+m)(x+y+n)$，$m\leqslant n$，则 m，n 的值分别为(　　).

A. $m=8,n=5$
B. $m=8,n=-5$
C. $m=-8,n=5$
D. $m=-8,n=-5$
E. 均不对

【答案】　C

【命题知识点】　因式分解.

【解题思路】　从左到右因式分解.
$$\begin{aligned}左边&=(x^2+2xy+y^2)-3(x+y)-40\\&=(x+y)^2-3(x+y)-40\\&=(x+y+5)(x+y-8).\end{aligned}$$

故 $m=-8,n=5$.

方法五:分组分解法.

【例 2.1.12】　将 $a^2-2ab+b^2-c^2$ 因式分解.

【答案】　$(a-b+c)(a-b-c)$

【命题知识点】　因式分解.

【解题思路】　$a^2-2ab+b^2-c^2=(a-b)^2-c^2=(a-b+c)(a-b-c)$(此题综合运用了方法五和方法二).

方法六:待定系数法.

两个多项式恒等$\Leftrightarrow$同类项系数相等,然后比较等号两边多项式的系数.

【例 2.1.13】　将多项式 x^3-x^2-x-2 因式分解.

【答案】　$(x-2)(x^2+x+1)$

【命题知识点】　因式分解.

【解题思路】　可先通过观察法检验到 $x=2$ 为方程 $x^3-x^2-x-2=0$ 的根,所以可设
$$x^3-x^2-x-2=(x-2)(x^2+ax+b)=x^3+(a-2)x^2+(b-2a)x-2b,$$
然后根据多项式乘法规则,常数项相等,得 $b=1$,再根据 x 前面的系数相等,得 $a=1$,所以
$$x^3-x^2-x-2=(x-2)(x^2+x+1).$$

【应试对策】
(1)因式分解的实质是一种恒等变形,是一种化和为积的变形.
(2)因式分解与整式乘法是互逆的.
(3)因式分解时要分解到原式在所求的数域内不能再被分解为止.

第二节　分式及其运算

🎯 知识点归纳与例题讲解

1. 定义

若 A,B 表示两个整式,且 $B\neq0$,B 中含有字母,则称 $\dfrac{A}{B}$ 是分式.分子和分母没有正次数

的公因式的分式,称为最简分式(或既约分式).

2. 运算

进行通分运算时,注意分母不能为零.

【例 2.2.1】 化简并计算下列各式:

$(1)\dfrac{x^2+5x-6}{x^2-x-20}\cdot\dfrac{x^2+x-12}{x^2+3x-18}$;

$(2)\left(\dfrac{1}{a}+\dfrac{1}{b}\right)\left(\dfrac{1}{a}-\dfrac{1}{b}\right)\left(\dfrac{1}{a^2}-\dfrac{1}{ab}+\dfrac{1}{b^2}\right)\left(\dfrac{1}{a^2}+\dfrac{1}{ab}+\dfrac{1}{b^2}\right)\div\dfrac{1}{a^6b^6}$.

【答案】 $(1)\dfrac{x-1}{x-5}$;$(2)b^6-a^6$(提示:采用立方和、差公式将第 1 项与第 3 项相乘,第 2 项与第 4 项相乘)

【命题知识点】 分式计算.

【解题思路】 $(1)\dfrac{x^2+5x-6}{x^2-x-20}\cdot\dfrac{x^2+x-12}{x^2+3x-18}=\dfrac{(x-1)(x+6)}{(x-5)(x+4)}\cdot\dfrac{(x-3)(x+4)}{(x-3)(x+6)}=\dfrac{x-1}{x-5}$.

(2)

$$\left(\dfrac{1}{a}+\dfrac{1}{b}\right)\left(\dfrac{1}{a^2}-\dfrac{1}{ab}+\dfrac{1}{b^2}\right)\left(\dfrac{1}{a}-\dfrac{1}{b}\right)\left(\dfrac{1}{a^2}+\dfrac{1}{ab}+\dfrac{1}{b^2}\right)\cdot a^6b^6$$

$$=\left(\dfrac{1}{a^3}+\dfrac{1}{b^3}\right)\left(\dfrac{1}{a^3}-\dfrac{1}{b^3}\right)\cdot a^6b^6=\left(\dfrac{1}{a^6}-\dfrac{1}{b^6}\right)\cdot a^6b^6=b^6-a^6.$$

【例 2.2.2】 已知 $x+\dfrac{1}{x}=3$,则 $x^4+\dfrac{1}{x^4}$ 等于(   ).

A. 50　　　　　B. 49　　　　　C. 48　　　　　D. 47　　　　　E. 46

【答案】 D

【命题知识点】 分式计算.

【解题思路】 $x^2+\dfrac{1}{x^2}=\left(x+\dfrac{1}{x}\right)^2-2=7$,$x^4+\dfrac{1}{x^4}=\left(x^2+\dfrac{1}{x^2}\right)^2-2=47$.

【例 2.2.3】 若 $x+\dfrac{1}{x}=-3$,那么 $x^5+\dfrac{1}{x^5}$ 等于(   ).

A. 322　　　　B. -123　　　　C. 123　　　　D. 47　　　　E. -233

【答案】 B

【命题知识点】 分式计算.

【解题思路】 由 $x+\dfrac{1}{x}=-3$,知 $\left(x+\dfrac{1}{x}\right)^2=9$,即 $x^2+\dfrac{1}{x^2}=7$,

$$x^3+\dfrac{1}{x^3}=\left(x+\dfrac{1}{x}\right)\left(x^2+\dfrac{1}{x^2}-1\right)=-3\times(7-1)=-18,$$

利用 $x^2+\dfrac{1}{x^2}$ 和 $x^3+\dfrac{1}{x^3}$ 可得 $\left(x^2+\dfrac{1}{x^2}\right)\left(x^3+\dfrac{1}{x^3}\right)=x^5+\dfrac{1}{x^5}+x+\dfrac{1}{x}$,所以

$$x^5+\dfrac{1}{x^5}=\left(x^2+\dfrac{1}{x^2}\right)\left(x^3+\dfrac{1}{x^3}\right)-\left(x+\dfrac{1}{x}\right)=7\times(-18)+3=-123.$$

【应试对策】 根据以上的表达式计算,可以得出以下一般结论

$$x^{2n+1}+\frac{1}{x^{2n+1}}=\left(x^n+\frac{1}{x^n}\right)\left(x^{n+1}+\frac{1}{x^{n+1}}\right)-\left(x+\frac{1}{x}\right).$$

本章题型精解

【题型一】 乘法公式的恒等变形及应用

【解题提示】 熟记常用的乘法公式,注意多项式的恒等变形及整体处理的方法.

【例1】 $\dfrac{(1+m)(1+m^2)(1+m^4)(1+m^8)\cdots(1+m^{32})+\dfrac{1}{m-1}}{m\cdot m^2\cdots\cdot m^{10}}=(\quad).$

A. $\dfrac{1}{m-1}m^{10}+m^{19}$ 　　　　　B. $\dfrac{1}{m-1}+m^{19}$

C. $\dfrac{m^{19}}{m-1}$ 　　　　　　　　　D. $\dfrac{m^9}{m-1}$

E. 以上均不对

【答案】 D

【命题知识点】 乘法公式.

【解题思路】 分子$=\dfrac{1-m}{1-m}(1+m)(1+m^2)(1+m^4)(1+m^8)\cdots(1+m^{32})+\dfrac{1}{m-1}$

$$=\frac{1-m^{64}}{1-m}+\frac{1}{m-1}=\frac{-m^{64}}{1-m}=\frac{m^{64}}{m-1},$$

分母$=m^{\frac{(1+10)}{2}\times10}=m^{55}$,故原式$=\dfrac{m^9}{m-1}.$

【例2】 设a,b,c是互不相等的实数,且$x=a^2-bc,y=b^2-ac,z=c^2-ab$,则$x,y,z$满足(　　).

A. 都大于0 　　　　　　　　B. 至少有一个大于0

C. 都不小于0 　　　　　　　D. 至少有一个小于0

E. 以上都不对

【答案】 B

【命题知识点】 乘法公式.

【解题思路】 由题设,有$x+y+z=\dfrac{(a-b)^2+(b-c)^2+(c-a)^2}{2}$,根据平方的非负性,并且$a\neq b\neq c$,可以得出$x+y+z$的值必大于0,因此$x,y,z$至少有一个大于0.

【例3】 有$a=b=c=d$成立.(　　)

(1)$a^2+b^2+c^2+d^2-ab-bc-cd-da=0$;(2)$a^4+b^4+c^4+d^4-4abcd=0.$

【答案】 A

【命题知识点】 乘法公式.

【解题思路】　条件(1),两边乘 2,配方得 $(a-b)^2+(b-c)^2+(c-d)^2+(d-a)^2=0$,得 $a=b=c=d$.

条件(2),取 $a=b=1,c=d=-1$ 即可说明不充分.

【例4】　若 $x-y=5$,且 $z-y=10$,则 $x^2+y^2+z^2-xy-yz-zx=($　　$)$.

A. 50　　　　　B. 75　　　　　C. 100　　　　　D. 105　　　　　E. 120

【答案】　B

【命题知识点】　乘法公式.

【解题思路】　　　$(z-y)-(x-y)=z-x=10-5=5$,

$$原式=\frac{(x-y)^2+(y-z)^2+(z-x)^2}{2}=\frac{5^2+10^2+5^2}{2}=75.$$

【应试对策】　本题在考试时可以直接用特殊值法:令 $y=0,x=5,z=10$,代入后直接得原式 $=75$.

【例5】　设 $a<b<0,a^2+b^2=4ab$,则 $\dfrac{a+b}{a-b}=($　　$)$.

A. $\sqrt{3}$　　　　　B. $\sqrt{6}$　　　　　C. 2　　　　　D. 3　　　　　E. 5

【答案】　A

【命题知识点】　乘法公式.

【解题思路】　$a+b=-\sqrt{(a+b)^2}=-\sqrt{a^2+b^2+2ab}=-\sqrt{4ab+2ab}=-\sqrt{6ab}$,

$a-b=-\sqrt{(a-b)^2}=-\sqrt{a^2+b^2-2ab}=-\sqrt{4ab-2ab}=-\sqrt{2ab}$,得 $\dfrac{a+b}{a-b}=\sqrt{3}$.

【例6】　实数 A,B,C 中至少有一个大于零.(　　　)

$(1)x,y,z\in\mathbf{R},A=x^2-2y+\dfrac{\pi}{2},B=y^2-2z+\dfrac{\pi}{3},C=z^2-2x+\dfrac{\pi}{6}$;

$(2)x\in\mathbf{R}$ 且 $|x|\neq1,A=x-1,B=x+1,C=x^2-1$.

【答案】　D

【命题知识点】　乘法公式.

【解题思路】　条件(1),$A+B+C=(x-1)^2+(y-1)^2+(z-1)^2+\pi-3>0$,充分;条件(2),$ABC=(x^2-1)^2>0(|x|\neq1)$,只有 A,B,C 中,全部是正数,或者两负一正的情况,才能满足 $ABC>0$,充分.

【题型二】　考查代数式的运算

【解题提示】　对所求代数式进行恒等变形,利用所给条件求出代数式的值.

【例7】　已知 $a^2-4a+b^2-\dfrac{b}{2}+\dfrac{65}{16}=0$,求 $a^2-4\sqrt{b}$ 的值.

【答案】　2

【命题知识点】　配方法与完全平方公式.

【解题思路】　原式 $=a^2-4a+4+\left(b^2-\dfrac{b}{2}+\dfrac{1}{16}\right)=(a-2)^2+\left(b-\dfrac{1}{4}\right)^2=0\Rightarrow a=2,b=\dfrac{1}{4}.$

所以 $a^2-4\sqrt{b}=2^2-4\sqrt{\dfrac{1}{4}}=2$.

【例8】 已知 $3a^2+ab-2b^2=0$,求代数式 $\dfrac{a}{b}-\dfrac{b}{a}-\dfrac{a^2+b^2}{ab}$ 的值.

【答案】 -3 或 2

【命题知识点】 因式分解.

【解题思路】 因式分解,得 $(3a-2b)(a+b)=0 \Rightarrow a=\dfrac{2}{3}b$ 或 $a=-b$.

当 $a=\dfrac{2}{3}b$ 时,$\dfrac{a}{b}-\dfrac{b}{a}-\dfrac{a^2+b^2}{ab}=\dfrac{2}{3}-\dfrac{3}{2}-\dfrac{2}{3}-\dfrac{3}{2}=-3$.

当 $a=-b$ 时,原式 $=-1+1+2=2$.

【例9】 若 $a^2+a=-1$,则 $a^4+2a^3-3a^2-4a+3$ 的值为（　　）.

A. 7　　　　B. 8　　　　C. 9　　　　D. 10　　　　E. 12

【答案】 B

【命题知识点】 代数式求值计算.

【解题思路】 方法一:降次法.

$a^2+a=-1,(a^2+a)^2=a^4+2a^3+a^2=1$,利用上述关系式对所求代数式降次.

原式 $=a^4+2a^3+a^2-4a^2-4a+3=-4a^2-4a+4=-4(a^2+a)+4=8$.

方法二:综合除法. 用 a^2+a+1 去除 $a^4+2a^3-3a^2-4a+3$,求出余数即可.

$$
\begin{array}{r}
a^2+a-5 \\
a^2+a+1\,)\overline{\,a^4+2a^3-3a^2-4a+3\,} \\
\underline{a^4+a^3+a^2} \\
a^3-4a^2-4a \\
\underline{a^3+a^2+a} \\
-5a^2-5a+3 \\
\underline{-5a^2-5a-5} \\
8
\end{array}
$$

【题型三】 考查整式的因式分解和乘法

【解题提示】 综合利用因式分解的各种方法(十字相乘法是因式分解的常用方法),因式分解对方程的求解、排列组合计算题的求解都起着至关重要的作用.

【例10】 如果多项式 $f(x)=x^3+px^2+qx+6$ 含有一次因式 $x+1$ 和 $x-\dfrac{3}{2}$,则 $f(x)$ 的另外一个一次因式是（　　）.

A. $x-2$　　　B. $x+2$　　　C. $x-4$　　　D. $x+4$　　　E. $x+5$

【答案】 C

【命题知识点】 整式的乘法.

【解题思路】　已知 $f(x)$ 的两个因式 $x+1$ 和 $x-\dfrac{3}{2}$，因 $f(x)$ 是三次多项式，且多项式中 x^3 的系数是 1，故可设它的另一个一次因式是 $x-a$，则有

$$x^3+px^2+qx+6=(x+1)\left(x-\frac{3}{2}\right)(x-a),$$

所以常数项 $6=1\times\left(-\dfrac{3}{2}\right)\times(-a)$，得 $a=4$，即另一个因式为 $x-4$.

【例 11】　若多项式 $2x^4-x^3-6x^2-x+2$ 可因式分解为 $(2x-1)q(x)$，则 $q(x)=$（　　　）.

A. $(x+2)(2x-1)^2$ 　　　　　　B. $(x-2)(x+1)^2$

C. $(2x+1)(x^2-2)$ 　　　　　　D. $(2x-1)^2(x+2)$

E. $(2x+1)^2(x-2)$

【答案】　B

【命题知识点】　整式的除法运算.

【解题思路】　利用竖式除法先求出 $q(x)$：

$$
\begin{array}{r}
x^3-0x^2-3x-2 \\[2pt]
2x-1\overline{\smash{\big)}\,2x^4-x^3-6x^2-x+2} \\[2pt]
\underline{2x^4-x^3} \\[2pt]
-6x^2-x \\[2pt]
\underline{-6x^2+3x} \\[2pt]
-4x+2 \\[2pt]
\underline{-4x+2} \\[2pt]
0
\end{array}
$$

从而 $q(x)=x^3-3x-2$，选项依次展开后只有 B 正确.

【应试对策】　用特殊值方法代入检验也是一种不错的选择，只需根据选项中的因式的零点进行验证.

【例 12】　在实数范围内，将多项式 $(x+1)(x+2)(x+3)(x+4)-120$ 因式分解为（　　　）.

A. $(x+1)(x-6)(x^2-5x+16)$ 　　　　B. $(x-1)(x+6)(x^2+5x+16)$

C. $(x+1)(x+6)(x^2-5x+16)$ 　　　　D. $(x-1)(x+6)(x^2+5x-16)$

E. 以上结论均不对

【答案】　B

【命题知识点】　整式的因式分解.

【解题思路】　方法一：因式分解法.

$$
\begin{aligned}
原式&=(x+1)(x+4)(x+2)(x+3)-120 \\
&=(x^2+5x+4)(x^2+5x+6)-120 \\
&=(x^2+5x)^2+10(x^2+5x)-96 \\
&=(x^2+5x-6)(x^2+5x+16) \\
&=(x-1)(x+6)(x^2+5x+16).
\end{aligned}
$$

方法二：特殊值法. 取 $x=0$，原式 $=-96$，排除 C，D，再取 $x=-1$，原式 $=-120$，排除 A，只能选 B.

【题型四】　考查整式的除法、因式定理和余式定理的运用

【解题提示】　掌握多项式的除法规则、因式定理和余式定理的结论.

因式定理:$F(x)$被$(x-a)$整除的充要条件是$F(a)=0$.

余式定理:$F(x)$除以一次因式$(x-a)$所得的余数一定是$F(a)$.

【例 13】　已知a,b,c为实数,且多项式x^3+ax^2+bx+c能被x^2+3x-4整除,则$2a-2b-c=$_____.

【答案】　14

【命题知识点】　整式的除法运算.

【解题思路】　令$f(x)=x^3+ax^2+bx+c$.由题意,$f(x)$能被$x^2+3x-4=(x+4)\cdot(x-1)$整除,则

$$\begin{cases}f(1)=1+a+b+c=0,\\f(-4)=(-4)^3+16a-4b+c=0\end{cases}\Rightarrow\begin{cases}b=3a-13,\\c=12-4a.\end{cases}$$

$$2a-2b-c=2a-2(3a-13)-(12-4a)=14.$$

【例 14】　设ax^3+bx^2+cx+d能被$x^2+h^2(h\neq0)$整除,则a,b,c,d间的关系为(　　).

A. $ab=cd$　　　B. $ac=bd$　　　C. $ad=bc$　　　D. $a+b=cd$　　　E. 均不对

【答案】　C

【命题知识点】　整式的除法运算.

【解题思路】　方法一:观察原多项式的三次项和二次项系数,多项式一定可分解为$ax^3+bx^2+cx+d=(x^2+h^2)(ax+b)$,所以

$$ax^3+bx^2+cx+d=ax^3+bx^2+ah^2x+bh^2,$$

由对应项相等,有$c=ah^2,d=bh^2,\dfrac{c}{a}=\dfrac{d}{b}$,即$ad=bc$.

方法二:利用竖式除法:

整除意味着余式为零多项式,即$c-ah^2=0,d-bh^2=0$,同样可以得到$ad=bc$.

【例 15】　Ax^4+Bx^3+1能被$(x-1)^2$整除.(　　)

(1)$A=3,B=4$;(2)$A=3,B=-4$.

【答案】　B

【命题知识点】　整式的除法运算.

【解题思路】　令$f(x)=Ax^4+Bx^3+1$,由题意,$f(x)$有因式$(x-1)^2$,由因式定理,$f(1)=0$,即$A+B+1=0$,显然条件(1)不充分;条件(2),利用竖式除法:

$$\begin{array}{r}
3x^2+2x+1 \\
x^2-2x+1{\overline{\smash{\big)}\,3x^4-4x^3+0x^2+0x+1}} \\
\underline{3x^4-6x^3+3x^2} \\
2x^3-3x^3+0x \\
\underline{2x^3-4x^3+2x} \\
x^2-2x+1 \\
\underline{x^2-2x+1} \\
0
\end{array}$$

整除,条件(2)充分.

【应试对策】 由于 $A+B+1=0$.显然应该是条件(2)有可能正确,考试时可以猜测选 B.

【例 16】 已知 $f(x)=x^3-2x^2+ax+b$ 除以 x^2-x-2 的余式为 $2x+1$,则 a,b 的值是( ).

A. $a=1,b=-3$ B. $a=-3,b=1$

C. $a=-2,b=3$ D. $a=1,b=3$

E. $a=-3,b=-1$

【答案】 D

【命题知识点】 整式的除法运算.

【解题思路】 用余式定理求解,由于 $x^2-x-2=(x-2)(x+1)$,则将 $x=2,x=-1$ 代入表达式:$f(x)=x^3-2x^2+ax+b=(x^2-x-2)g(x)+2x+1$ 中,得

$$\begin{cases} f(2)=5, \\ f(-1)=-1 \end{cases} \Rightarrow \begin{cases} a=1, \\ b=3. \end{cases}$$

【例 17】 已知多项式 ax^3+bx^2+cx+d 除以 $x-1$ 时,所得余数为 1,除以 $x-2$ 时所得余数为 3,则该多项式除以 $(x-1)(x-2)$ 所得余式为( ).

A. $2x-1$ B. $2x+1$ C. $x+1$ D. $x-1$ E. $3x-1$

【答案】 A

【命题知识点】 整式的除法.

【解题思路】 设所求余式为 $\alpha x+\beta$,写出恒等式,

$$F(x)=ax^3+bx^2+cx+d=(x-1)(x-2)g(x)+\alpha x+\beta,$$

应由题意,将 $\begin{cases} F(1)=1, \\ F(2)=3 \end{cases}$ 代入上式后得 $\begin{cases} \alpha+\beta=1, \\ 2\alpha+\beta=3, \end{cases}$ 解得 $\alpha=2,\beta=-1$.

【题型五】 考查分式化简

【解题提示】 分式化简的关键在于因式分解和乘法公式,所以因式分解和乘法公式是整式和分式的运算基础,要掌握常用的因式分解方法和乘法公式.分式运算的关键是约分,当分子、分母是多项式时,一般先因式分解,再约分,使运算简化,注意计算结果应为最简分式(或整式).

【例 18】 当 $x=2\,005,y=1\,949$ 时,代数式 $\dfrac{x^4-y^4}{x^2-2xy+y^2} \cdot \dfrac{y-x}{x^2+y^2}$ 的值为( ).

A. $-3\,954$　　　B. $3\,954$　　　C. -56　　　D. 56　　　E. 128

【答案】　A

【命题知识点】　分式的计算.

【解题思路】　原式 $=\dfrac{(x^2+y^2)(x+y)(x-y)(y-x)}{(x-y)^2(x^2+y^2)}=-(x+y)=-3\,954.$

【例 19】　已知 $\dfrac{a}{2}=\dfrac{b}{3}=\dfrac{c}{4}$, 则 $\dfrac{2a^2-3bc+b^2}{a^2-2ab-c^2}=($　　　).

A. $\dfrac{1}{2}$　　　B. $\dfrac{2}{3}$　　　C. $\dfrac{3}{5}$　　　D. $\dfrac{19}{24}$　　　E. $\dfrac{7}{22}$

【答案】　D

【命题知识点】　分式的计算.

【解题思路】　设 $\dfrac{a}{2}=\dfrac{b}{3}=\dfrac{c}{4}=k$, 则 $a=2k$, $b=3k$, $c=4k$, 所以

$$\text{原式}=\frac{2\times 4k^2-3\times 3k\times 4k+9k^2}{4k^2-2\times 2k\times 3k-16k^2}=\frac{-19k^2}{-24k^2}=\frac{19}{24}.$$

【例 20】　设 $4x-3y-6z=0$, $x+2y-7z=0$, 则 $\dfrac{2x^2+3y^2+6z^2}{x^2+5y^2+7z^2}$ 的值为(　　　).

A. 1　　　B. 2　　　C. $\dfrac{1}{2}$　　　D. $\dfrac{2}{3}$　　　E. 不确定

【答案】　A

【命题知识点】　分式的计算.

【解题思路】　$\begin{cases}4x-3y-6z=0,\\ x+2y-7z=0\end{cases}\Rightarrow\begin{cases}4x-3y=6z,\\ x+2y=7z\end{cases}\Rightarrow\begin{cases}x=3z,\\ y=2z,\end{cases}$ 则

$$\frac{2x^2+3y^2+6z^2}{x^2+5y^2+7z^2}=\frac{2(3z)^2+3(2z)^2+6z^2}{(3z)^2+5(2z)^2+7z^2}=1.$$

【例 21】　设 $x=\dfrac{2}{\sqrt{2}+\sqrt{3}-1}$, $y=\dfrac{2}{\sqrt{2}+\sqrt{3}+1}$, 则 $\dfrac{xy}{x+y}$ 的值为(　　　).

A. $\sqrt{3}-\sqrt{2}$　　　B. $\sqrt{3}+\sqrt{2}$　　　C. $\dfrac{1}{\sqrt{3}-\sqrt{2}}$　　　D. $\dfrac{1}{\sqrt{3}}$　　　E. $\dfrac{1}{\sqrt{2}}$

【答案】　A

【命题知识点】　分式的计算.

【解题思路】　$\dfrac{x+y}{xy}=\dfrac{1}{x}+\dfrac{1}{y}=\sqrt{2}+\sqrt{3}$, $\dfrac{xy}{x+y}=\sqrt{3}-\sqrt{2}.$

【例 22】　$\dfrac{x^4-33x^2-40x+244}{x^2-8x+15}=5$ 成立. (　　　)

$(1)\,x=\sqrt{19-8\sqrt{3}}$; $(2)\,x=\sqrt{19+8\sqrt{3}}$.

【答案】　D

【命题知识点】　分式的计算.

【解题思路】　条件(1)，$x^2=19-8\sqrt{3}$，$x^2-19=-8\sqrt{3}$. 两边平方得 $x^4-38x^2+169=0$，

即 $x^4=38x^2-169$. 所以，原式$=\dfrac{38x^2-169-33x^2-40x+244}{x^2-8x+15}=5$ 成立，充分.

类似地，条件(2)也充分.

【例23】　已知 $a+b+c=0$，$abc\neq0$，则 $a\left(\dfrac{1}{b}+\dfrac{1}{c}\right)+b\left(\dfrac{1}{a}+\dfrac{1}{c}\right)+c\left(\dfrac{1}{a}+\dfrac{1}{b}\right)$ 的值等于

(　　).

A. 0　　　　　　B. 1　　　　　　C. 2　　　　　　D. -2　　　　　　E. -3

【答案】　E

【命题知识点】　分式的计算.

【解题思路】　因为 $a+b+c=0$，所以 $a+b=-c$，$a+c=-b$，$b+c=-a$，所以

$$原式=\frac{a+c}{b}+\frac{a+b}{c}+\frac{b+c}{a}=\frac{-b}{b}+\frac{-c}{c}+\frac{-a}{a}=-3.$$

【例24】　已知 $abc\neq0$，则 $\dfrac{ab+1}{b}=1$.(　　)

$(1)b+\dfrac{1}{c}=1$；$(2)c+\dfrac{1}{a}=1$.

【答案】　C

【命题知识点】　分式的计算.

【解题思路】　条件(1)和条件(2)单独显然不充分. 联合条件(1)和条件(2)，$b=1-\dfrac{1}{c}=$

$\dfrac{c-1}{c}$，$a=\dfrac{1}{1-c}$，所以 $\dfrac{ab+1}{b}=a+\dfrac{1}{b}=\dfrac{1}{1-c}+\dfrac{c}{c-1}=1$，充分.

【例25】　$\dfrac{a^2+2a+1}{a^3-a}-\dfrac{2}{a-1}=-\sqrt{2}-\sqrt{3}$.(　　)

$(1)a=\sqrt{2}-\sqrt{3}$；$(2)a=\sqrt{3}-\sqrt{2}$.

【答案】　B

【命题知识点】　分式的计算.

【解题思路】　$\dfrac{a^2+2a+1}{a^3-a}-\dfrac{2}{a-1}=\dfrac{a^2+2a+1-2a^2-2a}{a(a^2-1)}=\dfrac{1-a^2}{a(a^2-1)}=-\dfrac{1}{a}$.

条件(1)，原式$=-\dfrac{1}{a}=-\dfrac{1}{\sqrt{2}-\sqrt{3}}=\sqrt{2}+\sqrt{3}$，不充分.

条件(2)，原式$=-\dfrac{1}{a}=-\dfrac{1}{\sqrt{3}-\sqrt{2}}=-\sqrt{2}-\sqrt{3}$，充分.

【例26】　$a+b+c=0$，则 $\dfrac{1}{b^2+c^2-a^2}+\dfrac{1}{c^2+a^2-b^2}+\dfrac{1}{a^2+b^2-c^2}=$(　　).

A. 0　　　　　　B. 1　　　　　　C. -1　　　　　　D. 3　　　　　　E. -3

【答案】　A

【命题知识点】　分式的计算.

【解题思路】 由 $a+b+c=0$,知 $b+c=-a$,$(b+c)^2=a^2$,从而 $b^2+c^2-a^2=-2bc$,同理,$a^2+c^2-b^2=-2ac$,$a^2+b^2-c^2=-2ab$,所以 $\dfrac{1}{-2bc}+\dfrac{1}{-2ac}+\dfrac{1}{-2ab}=-\dfrac{a+b+c}{2abc}=0$.

【例 27】 已知 $a+b+c=0$,$abc=8$,则 $\dfrac{1}{a}+\dfrac{1}{b}+\dfrac{1}{c}$ 的值( ).

A. >0 B. $=0$ C. $\geqslant0$ D. <0 E. $\leqslant0$

【答案】 D

【命题知识点】 分式的计算.

【解题思路】 $a+b+c=0$,$(a+b+c)^2=0$,所以 $a^2+b^2+c^2+2ab+2ac+2bc=0$,即

$$ab+bc+ac=-\frac{1}{2}(a^2+b^2+c^2),$$

从而有 $\dfrac{1}{a}+\dfrac{1}{b}+\dfrac{1}{c}=\dfrac{bc+ac+ab}{abc}=-\dfrac{1}{16}(a^2+b^2+c^2)<0$.

注意: $abc\neq0$ 意味着 a,b,c 都 $\neq0$.

【题型六】 考查解分式方程和列分式方程解应用题

【解题提示】

(1)分式方程的解法:解分式方程的关键是去分母,将分式方程转化为整式方程.

(2)分式方程的增根问题:

①增根的产生:分式方程本身隐含着分母不为0的条件,在把分式方程转化为整式方程后,方程中未知数的允许取值范围扩大了.如果转化后的整式方程的根恰好使原方程中分母的值为0,那么就会出现不适合方程的根(增根),要舍掉.

②验根:因为解分式方程可能出现增根,所以解分式方程必须验根.

【例 28】 解分式方程 $\dfrac{x+4}{x^2+2x}-\dfrac{1}{x+2}=1+\dfrac{2}{x}$.

【答案】 -4

【命题知识点】 分式方程.

【解题思路】 解分式方程时,要将每一项都乘以最简公分母,并且不能忘了验根,即在方程的两边同时乘以公分母 x^2+2x,那么原方程就化简为 $x+4-x=x^2+2x+2(x+2)\Rightarrow$ $x^2+4x=0\Rightarrow x=0$ 或 -4,而 0 使得分式方程的分母为 0,属于增根,要舍去,所以原方程的解为 $x=-4$.

【例 29】 已知关于 x 的方程 $\dfrac{1}{x^2-x}+\dfrac{k-5}{x^2+x}=\dfrac{k-1}{x^2-1}$ 无解,那么 $k=($).

A. 3 或 6   B. 6 或 9   C. 3 或 9   D. 3,6 或 9   E. 1 或 3

【答案】 D

【命题知识点】 分式方程.

【解题思路】 两边同乘公分母 $x(x+1)(x-1)$,得 $(x+1)+(k-5)(x-1)=x(k-1)$.

解得 $x=\dfrac{6-k}{3}$,方程无解,则 $x=\dfrac{6-k}{3}$ 为增根,而原方程增根有可能为 $0,1,-1$.

当 $x=0$ 时,$\dfrac{6-k}{3}=0 \Rightarrow k=6$;当 $x=1$ 时,得 $k=3$;当 $x=-1$ 时,得 $k=9$. 所以选 D.

【应试对策】 此题的关键在于理解增根的意义,无论是分式方程的根,还是增根,均是去分母后所得到的整式方程的根,而这个整式方程的根如果是分式方程的增根,则将之代入原方程的分母后,其值一定为零.

本章分层训练

1. 若 $x^2-3x+1=0$,那么 $x^3+\dfrac{1}{x^3}$ 等于( ).

A. 30   B. 24   C. 18   D. 16   E. 以上均不对

2. 已知多项式 $x^3+a^2x^2+ax-1$ 能被 $x+1$ 整除,则实数 a 的值是( ).

A. 2 或 -1 B. 2   C. -1 D. 2 或 -2 E. 1 或 -1

3. 若 $a=2003,b=2004,c=2005$,则 $a^2+b^2+c^2-ab-bc-ac$ 的值是( ).

A. 0   B. 1   C. 2   D. 3   E. 2004

4. 已知 $4x-3y-6z=0,x+2y-7z=0$,则 $\dfrac{2x^2+3y^2+6z^2}{x^2+5y^2+7z^2}$ 的值为( ).

A. 1   B. 2   C. $\dfrac{1}{2}$ D. $\dfrac{2}{3}$ E. 不确定

5. 若 $4x^4-ax^3+bx^2-40x+16$ 是完全平方式,则 a,b 的值分别是( ).

A. 20,41   B. $-20,9$ C. 20,41 或 $-20,9$

D. 20,40   E. 以上均不对

6. 多项式 $2x^4-x^3-6x^2-x+2$ 因式分解为 $(2x-1)q(x)$,则 $q(x)=$( ).

A. $(x+2)(2x-1)^2$ B. $(x-2)(x+1)^2$

C. $(x^2-2)(2x+1)$ D. $(x+2)^2(2x-1)$

E. $(x-2)(2x+1)^2$

7. 若 x,y,z 是实数,且 $A=x^2-2y+\dfrac{\pi}{2}$,$B=y^2-2z+\dfrac{\pi}{2}$,$C=z^2-2x+\dfrac{\pi}{2}$,则在 A,B,C 中( ).

A. 至少有一个大于零   B. 至少有一个小于零

C. 都大于零   D. 都小于零

E. 以上均不对

8. 因式分解 $(ax+by)^2+(ay-bx)^2+c^2x^2+c^2y^2$,得( ).

A. $(x^2+y^2)(a+b+c)$ B. $(x^2+y^2)(a^2+b^2+c^2)$

C. $(x^2+y^2)(a^2+b^2-c^2)$ D. $(x^2-y^2)(a^2+b^2+c^2)$

E. 以上均不对

9. 化简式子 $\dfrac{\dfrac{\sqrt{1-a}}{\sqrt{1+a}+\sqrt{1-a}}+\dfrac{1-a}{\sqrt{1-a^2}-1+a}}{\sqrt{\dfrac{1}{a^2}-1}}\ (0<a<1)$ 得( ).

A. $1-a$ B. $1+a$ C. 1   D. 2   E. 0

10. 设 ax^3+bx^2+cx+d 能被 $x^2+h^2(h\neq0)$ 整除,则以下正确的是( ).

A. $ab=cd$ B. $ac=bd$ C. $ad=bc$ D. $a+b=cd$ E. 以上均不对

11. 已知 x,y,z 为不相等的实数,且 $x+\dfrac{1}{y}=y+\dfrac{1}{z}=z+\dfrac{1}{x}$,则 $x^2y^2z^2=($).

A. 1   B. 2   C. $\dfrac{1}{2}$ D. $\dfrac{1}{3}$ E. $\dfrac{1}{4}$

12. 已知 $x^2-1=3x$,则 $3x^3-11x^2+3x+2$ 的值为( ).

A. 1   B. 2   C. -1 D. 0   E. 1 或 -1

13. 已知多项式 $f(x)$ 除以 $x+2$ 的余数是 1,除以 $x+3$ 的余数是 -1,则 $f(x)$ 除以 $(x+2)(x+3)$ 的余式是( ).

A. $2x-5$ B. $2x+5$ C. $x-1$ D. $x+1$ E. $2x-1$

14. $\dfrac{a^5+a^4-2a^3-a^2-a+2}{a^3-a}=-2.$ ( )

$(1)a=\dfrac{\sqrt{5}-1}{2}$;$(2)a=\dfrac{\sqrt{5}+1}{2}.$

15. $4x^2+7xy-2y^2$ 是 9 的倍数. ( )

$(1)x,y$ 是整数;$(2)4x-y$ 是 3 的倍数.

16. $\dfrac{x^2}{a^2}+\dfrac{y^2}{b^2}+\dfrac{z^2}{c^2}=1$ 成立. ( )

$(1)\dfrac{x}{a}+\dfrac{y}{b}+\dfrac{z}{c}=1$;$(2)\dfrac{a}{x}+\dfrac{b}{y}+\dfrac{c}{z}=0.$

17. 当 n 为自然数时 x 为复数,则 $x^{6n}+\dfrac{1}{x^{6n}}=2.$ ( )

$(1)x+\dfrac{1}{x}=-1$;$(2)x+\dfrac{1}{x}=1.$

18. 有 $a=b=c=d$ 成立. ( )
$(1)a^2+b^2+c^2+d^2-ab-bc-cd-da=0$;$(2)a^4+b^4+c^4+d^4-4abcd=0.$

19. 式子 $a\left(\dfrac{1}{b}+\dfrac{1}{c}\right)+b\left(\dfrac{1}{a}+\dfrac{1}{c}\right)+c\left(\dfrac{1}{a}+\dfrac{1}{b}\right)$ 有意义,且值为 -3. ( )

$(1)abc\neq0,a^2+b^2+c^2-ab-bc-ca=0$;$(2)a+b+c=0.$

20. $x^6+y^6=400.$ ( )
$(1)x=\sqrt{5+\sqrt{5}},y=\sqrt{5-\sqrt{5}}$;$(2)(x+1)^2+\sqrt{y-2\sqrt{2}}=0.$

分层训练答案

1.【答案】 C

【解析】 将方程除以 x,可得 $x+\dfrac{1}{x}=3$,然后利用乘法公式计算即可.

63

$$x^2+\frac{1}{x^2}=\left(x+\frac{1}{x}\right)^2-2x\cdot\frac{1}{x}=7.$$

$$x^3+\frac{1}{x^3}=\left(x+\frac{1}{x}\right)\left(x^2-x\cdot\frac{1}{x}+\frac{1}{x^2}\right)=3\times6=18.$$

2.【答案】 A

【解析】 令 $x=-1$，$(-1)^3+a^2(-1)^2+a(-1)-1=0$，解得 $a=2$ 或 -1。

3.【答案】 D

【解析】 $a^2+b^2+c^2-ab-bc-ac=\frac{1}{2}\left[(a-b)^2+(b-c)^2+(c-a)^2\right]=3.$

4.【答案】 A

【解析】 可以设 $z=1$，代入方程得 $\begin{cases}4x-3y=6,\\x+2y=7,\end{cases}$ 解得 $\begin{cases}x=3,\\y=2,\end{cases}$ 代入得原式 $=1.$

5.【答案】 C

【解析】 用待定系数法，得

$$4x^4-ax^3+bx^2-40x+16=(2x^2+mx\pm4)^2$$
$$=4x^4+4mx^3+(m^2\pm16)x^2\pm8mx+16,$$

当 $8m=-40$，即 $m=-5$ 时，$a=20$，$b=m^2+16=41$；

当 $-8m=-40$，即 $m=5$ 时，$a=-20$，$b=m^2-16=9$。

6.【答案】 B

【解析】 方法一：只需将 $x=2$，$x=-2$，$x=\frac{1}{2}$，$x=-\frac{1}{2}$ 等值代入验证即可。

方法二：$2x^4-x^3-6x^2-x+2=x^3(2x-1)-(2x-1)(3x+2)=(2x-1)(x^3-3x-2)$
$$=(2x-1)(x^3-2x^2+2x^2-3x-2)=(2x-1)(x-2)(x+1)^2.$$

7.【答案】 A

【解析】 $A+B+C=(x-1)^2+(y-1)^2+(z-1)^2+\frac{3\pi}{2}-3>0.$

8.【答案】 B

【解析】 $(ax+by)^2+(ay-bx)^2+c^2x^2+c^2y^2$
$$=a^2x^2+2abxy+b^2y^2+a^2y^2-2abxy+b^2x^2+c^2x^2+c^2y^2$$
$$=x^2(a^2+b^2+c^2)+y^2(a^2+b^2+c^2)=(x^2+y^2)(a^2+b^2+c^2).$$

9.【答案】 C

【解析】 方法一：

$$原式分子=\frac{\sqrt{1-a}}{\sqrt{1+a}+\sqrt{1-a}}+\frac{\sqrt{1-a}}{\sqrt{1+a}-\sqrt{1-a}}$$

$$=\frac{\sqrt{1-a}\,(\sqrt{1+a}-\sqrt{1-a})+\sqrt{1-a}\,(\sqrt{1-a}+\sqrt{1+a})}{1+a-(1-a)}$$

$$=\frac{\sqrt{1-a^2}}{a}.$$

原式分母$=\dfrac{\sqrt{1-a^2}}{a}$,所以原式$=1$.

方法二:取$a=\dfrac{1}{2}$代入原式,得$\dfrac{\dfrac{\sqrt{\dfrac{1}{2}}}{\sqrt{\dfrac{3}{2}}+\sqrt{\dfrac{1}{2}}}+\dfrac{\dfrac{1}{2}}{\sqrt{\dfrac{3}{4}}-\dfrac{1}{2}}}{\sqrt{3}}=\dfrac{\dfrac{1}{\sqrt{3}+1}+\dfrac{1}{\sqrt{3}-1}}{\sqrt{3}}=1$.

10.【答案】　C

【解析】　令$x^2+h^2=0$,则$x^2=-h^2$,代入后得$ax(-h^2)+b(-h^2)+cx+d=0$,

得$\begin{cases}-ah^2+c=0,\\-bh^2+d=0,\end{cases}\begin{cases}h^2=\dfrac{c}{a},\\h^2=\dfrac{d}{b}\end{cases}\Rightarrow ad=bc$.

11.【答案】　A

【解析】　取$y=1$,得$x=\dfrac{1}{z}$,得$xyz=1$,得$x^2y^2z^2=1$.

12.【答案】　D

【解析】　由已知得$x^2=3x+1$,因此$3x^3-11x^2+3x+2=3x(3x+1)-11(3x+1)+3x+2=9(3x+1)-27x-11+2=0$.

13.【答案】　B

【解析】　方法一:设余式为$g(x)=ax+b$,得$\begin{cases}g(-2)=-2a+b=1,\\g(-3)=-3a+b=-1\end{cases}\Rightarrow\begin{cases}a=2,\\b=5.\end{cases}$余式为$2x+5$.

方法二:只需分别验证选项是否满足$f(-2)=1,f(-3)=-1$,可得选 B.

14.【答案】　A

【解析】　条件(1):$2a=\sqrt{5}-1\Rightarrow(2a+1)=\sqrt{5}\Rightarrow(2a+1)^2=5\Rightarrow4a^2+4a+1=5\Rightarrow a^2+a-1=0$;代入得

$$原式=\dfrac{a^3(a^2+a)-2a^3-a^2-a+2}{a^3-a}=\dfrac{a^3-2a^3-a^2-a+2}{a^3-a}$$

$$=\dfrac{-a^3-a^2-a+2}{a^3-a}=\dfrac{-a(a^2+a)-a+2}{a(a+1)(a-1)}$$

$$=\dfrac{-2a+2}{a(a+1)(a-1)}=\dfrac{-2(a-1)}{(a-1)}=-2,$$

条件(1)充分.同理条件(2)不充分.

15.【答案】　C

【解析】　条件(1),(2)单独显然不成立,联合条件(1),(2),设$4x-y=3k$,则$4x^2+7xy-2y^2=(4x-y)(x+2y)=3k(x+8x-6k)=9k(3x-2k)$,显然是 9 的倍数.

16.【答案】　C

【解析】　条件(1),(2)单独显然不充分.考虑联合,令$\dfrac{x}{a}=A$,$\dfrac{y}{b}=B$,$\dfrac{z}{c}=C$,利用三

个数的完全平方公式可以推出题干成立,选 C.

17.【答案】 D

【解析】 由条件(1),$x^2+1=-x\Rightarrow x^3=x(-x-1)\Rightarrow x^3=-x^2-x\Rightarrow x^3=1$,所以题干为 2,充分;由条件(2)同样可以推出题干,充分,选 D.

18.【答案】 A

【解析】 由条件(1)得 $2a^2+2b^2+2c^2+2d^2-2ab-2bc-2cd-2da=0\Rightarrow(a-b)^2+(b-c)^2+(c-d)^2+(d-a)^2=0$,即 $a=b=c=d$,充分;条件(2),只需要取 $a=b=1$,$c=d=-1$ 即可以说明不充分.

19.【答案】 E

【解析】 题干可以化为 $\dfrac{a+c}{b}+\dfrac{a+b}{c}+\dfrac{b+c}{a}$.

由条件(1)可得 $a=b=c$,$\dfrac{a+c}{b}+\dfrac{a+b}{c}+\dfrac{b+c}{a}=6$,不充分;

由条件(2)只需要取 $a=b=c=0$,不满足有意义,不充分. 不可联合,选 E.

20.【答案】 A

【解析】 条件(1):$x^6+y^6=(x^2)^3+(y^2)^3=(x^2+y^2)(x^4-x^2y^2+y^4)=(5+\sqrt{5}+5-\sqrt{5})[(5+\sqrt{5})^2-(5+\sqrt{5})(5-\sqrt{5})+(5-\sqrt{5})^2]=400$,充分.

条件(2):$x=-1,y=2\sqrt{2}$,代入验证,不充分.

本章小结

【知识体系】

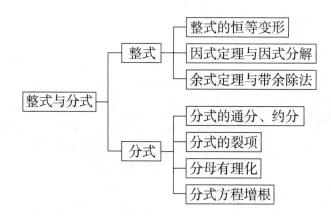

第三章　函数、代数方程和不等式

【大纲要求】

　　集合、一元二次函数、指数函数、对数函数、一元一次方程、一元二次方程、二元一次方程组的解法和应用；一元一次不等式组、一元二次不等式的解法和应用；绝对值不等式、分式不等式、均值不等式及其运用.

【备考要点】

　　代数方程和简单的超越方程主要考查方程的求解，根与系数的关系，方程根的分布以及列方程解应用题；不等式主要考查几种常见不等式：一元二次不等式，分式不等式，指数、对数不等式，绝对值不等式，无理不等式等的解法和方程的综合应用.

章节学习框架

知识点	考点	难度	已学	已会
函数	一次函数的斜率、截距与象限分布	★		
	反比例函数的图像与单调性	★		
	指数函数的图像、单调性与恒过定点	★		
	对数函数的图像、单调性与恒过定点	★		
	指数与对数函数的基本运算	★★		
	一元二次函数的图像与最值	★★		
代数方程	二元一次方程组求解	★		
	一元二次方程判别式与求根公式	★★		
	因式分解法与公式法求解	★★		
	韦达定理（根与系数的关系）	★★		
	一元二次方程根的分布讨论	★★★		
不等式	不等式的基本性质	★		
	一元二次不等式组求解（数轴法）	★		
	一元二次不等式求解	★★		
	一元二次不等式图像关系	★★		
	一元二次不等式恒成立条件	★★		
	一元高次不等式求解（穿针引线法）	★		
	分式不等式求解（穿针引线法）	★		
	均值不等式（一正二定三相等）	★★		

　　注：请读者在学完本章后在此表的"已学"和"已会"栏中进行标注.

第一节 函数

🎯 知识点归纳与例题讲解

一、集合知识点

1. 集合的概念

集合:将能够确切指定的一些对象看成一个整体,这个整体就叫作集合.

元素:集合中的各个对象叫作集合的元素.

常见数集:$\mathbf{R}$－实数,$\mathbf{Z}$－整数,$\mathbf{N}$－自然数.

2. 元素与集合的关系

属于:如果 a 是集合 A 的元素,就称 a 属于 A,记作 $a \in A$.

不属于:如果 a 不是集合 A 的元素,就称 a 不属于 A,记作 $a \notin A$.

3. 集合中元素的特性

无序性、互异性、确定性.

4. 集合的表示方法

列举法$\{1,2,3,4,5\}$,描述法 $\{x \mid x \leqslant 5, x \in \mathbf{N}^+\}$.

5. 集合的关系

包含关系 ;互斥关系 ;对立关系 .

6. 集合的运算

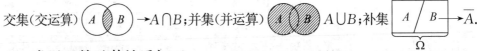

交集(交运算) $\to A \cap B$;并集(并运算) $A \cup B$;补集 $\to \overline{A}$.

二、常用函数及其性质如下

1. 一次函数 $y = kx + b$,如图 3.1.1 所示

其图像为一条直线,其中 k 为直线的斜率. 当 $k > 0$ 时,图像必经过一、三象限;当 $k < 0$ 时,图像必经过二、四象限.b 为直线在 y 轴上的截距,当 $b = 0$ 时,图像过原点.

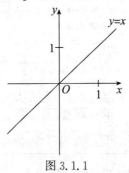

图 3.1.1

2. 反比例函数 $y = \dfrac{k}{x}$，如图 3.1.2 所示

当 $k > 0$ 时，函数在定义范围内单调递减，过一、三象限；当 $k < 0$ 时，函数在定义范围内单调递增，过二、四象限.

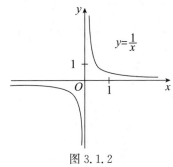

图 3.1.2

3. 一元二次函数，如图 3.1.3 所示

① 表达式：

a. 一般式 $y = ax^2 + bx + c$.

b. 顶点式 $y = a\left(x + \dfrac{b}{2a}\right)^2 + \dfrac{4ac - b^2}{4a}$.

c. 交点式 $y = a(x - x_1)(x - x_2)$.

② 系数 a, b, c 和 $y = ax^2 + bx + c$ 的关系：

a. a 决定开口方向，当 $a > 0$ 时，抛物线开口向上；当 $a < 0$ 时，抛物线开口向下.

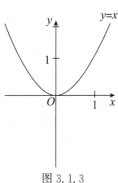

图 3.1.3

b. 对称轴为 $x = -\dfrac{b}{2a}$，a 和 b 决定对称轴在 y 轴的左侧还是右侧. 当 a, b 同号时，对称轴在 y 轴左侧；当 a, b 异号时，对称轴在 y 轴右侧；当 $b = 0$ 时，对称轴即为 y 轴.

c. c 表示抛物线在 y 轴的截距. 当 $c > 0$ 时，抛物线交于 y 轴正半轴；当 $c < 0$ 时，抛物线交于 y 轴负半轴；当 $c = 0$ 时，抛物线过原点.

d. $\Delta = b^2 - 4ac$ 决定抛物线与 x 轴的交点个数. 当 $\Delta > 0$ 时，有两个交点；当 $\Delta = 0$ 时，有一个交点，即顶点在 x 轴；当 $\Delta < 0$ 时，无交点.

e. $\left(-\dfrac{b}{2a}, \dfrac{4ac - b^2}{4a}\right)$ 为抛物线的顶点坐标，决定函数的最值.

若 $a > 0$，函数有最小值 $\dfrac{4ac - b^2}{4a}$；若 $a < 0$，函数有最大值 $\dfrac{4ac - b^2}{4a}$.

f. 若 $a + b + c = 0$，抛物线过点 $(1, 0)$；若 $a - b + c = 0$，抛物线过点 $(-1, 0)$.

4. 指数函数 $y = a^x (a > 0, a \neq 1)$

其定义域是 **R**，恒过点 $(0, 1)$，当 $a > 1$ 时，$y = a^x$ 单调递增，当 $0 < a < 1$ 时，$y = a^x$ 单调递减，如图 3.1.4 所示.

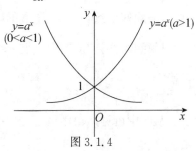

图 3.1.4

5.　对数函数 $y=\log_a x\,(a>0,a\neq 1)$

其定义域为 $(0,+\infty)$，恒过点 $(1,0)$，当 $a>1$ 时，$y=\log_a x$ 是增函数；当 $0<a<1$ 时，$y=\log_a x$ 是减函数，如图 3.1.5 所示.

常用的对数运算律（假设下列各式有意义）如下：

①$\log_a M+\log_a N=\log_a MN,\log_a M-\log_a N=\log_a\dfrac{M}{N}$；

②$\log_a M^n=n\log_a M,\log_{a^m}M^n=\dfrac{n}{m}\log_a M$.

若 $m=n$，即 $\log_a M=\log_{a^n}M^n$.

③对数恒等式 $a^{\log_a M}=M$；

④换底公式 $\log_a M=\dfrac{\log_c M}{\log_c a}$；

⑤$\log_a a=1,\log_a 1=0$.

注意：$\lg x=\log_{10}x,\ln x=\log_e x$.

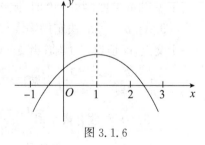

图 3.1.5

【例 3.1.1】　一元二次函数 $x(1-x)$ 的最大值为（　　）.

A.　0.05　　　　B.　0.10　　　　C.　0.15　　　　D.　0.20　　　　E.　0.25

【答案】　E

【命题知识点】　二次函数的最值.

【解题思路】　方法一：利用二次函数配方法，得

$$x(1-x)=-x^2+x=-\left(x-\dfrac{1}{2}\right)^2+\dfrac{1}{4}\leqslant\dfrac{1}{4}.$$

方法二：令 $y=x(1-x)=-x^2+x$，顶点纵坐标为 $y_{\max}=\dfrac{4ac-b^2}{4a}=\dfrac{-1}{4\times(-1)}=\dfrac{1}{4}$.

方法三：利用均值不等式：$ab\leqslant\left(\dfrac{a+b}{2}\right)^2$ 得 $x(1-x)\leqslant\left(\dfrac{x+1-x}{2}\right)^2=\dfrac{1}{4}$.

【例 3.1.2】　已知 $y=ax^2+bx+c\,(a\neq 0)$ 的图像如图 3.1.6 所示，则下列 4 个结论

①$abc>0$，②$b<a+c$，③$4a+2b+c>0$，④$c<2b$.

正确的有（　　）.

A.　0 个　　　　B.　1 个　　　　C.　2 个

D.　3 个　　　　E.　4 个

【答案】　C

图 3.1.6

【命题知识点】　二次函数的图像.

【解题思路】　从图中可见 $a<0,-\dfrac{b}{2a}=1$，即 $b>0$，又 $f(0)=c>0$，因此 $abc<0$，①不正确.

从图中可见 $f(-1)=a-b+c<0$，因此 $b>a+c$，②不正确.

从图中可见 $f(2)=4a+2b+c>0$，③正确.

将 $a=-\dfrac{b}{2}$ 代入 $a-b+c<0$，得 $c<\dfrac{3}{2}b<2b$，④正确.

【例 3.1.3】 设 $f(x)=(3-a)x^2+2(a-2)x-4$ 的最大值小于 $\dfrac{1}{2}$，则实数 a 的取值范围是（　　）.

A. $\dfrac{7}{2}<a<5$　　　　B. $-\dfrac{7}{2}<a<5$　　　　C. $\dfrac{7}{2}<a\leqslant 5$

D. $-\dfrac{7}{2}\leqslant a<5$　　　　E. $\dfrac{7}{2}\leqslant a\leqslant 5$

【答案】　A

【命题知识点】　二次函数的最值.

【解题思路】　由于 x 可取任意实数，$f(x)$ 有最大值，因此 $3-a<0$，且 $f(x)$ 的最大值为

$$-\dfrac{\Delta}{4(3-a)}=\dfrac{2^2(a-2)^2-4(3-a)\times(-4)}{4(a-3)}=\dfrac{(a-2)^2+4(3-a)}{a-3}<\dfrac{1}{2},$$

$$(a-2)^2+4(3-a)<\dfrac{1}{2}(a-3)$$

$$\Rightarrow 2(a-2)^2+8(3-a)<a-3$$

$$\Rightarrow 2a^2-8a+8+24-8a-a+3<0$$

$$\Rightarrow 2a^2-17a+35<0,$$

联立 $\begin{cases}3-a<0,\\2a^2-17a+35<0,\end{cases}$ 解得 $\dfrac{7}{2}<a<5$.

【例 3.1.4】 已知二次函数 $y=ax^2+bx+c(a\neq 0)$ 经过点 $(-1,0)$ 和 $(3,0)$，最大值为 4，则 $a+b+c=$（　　）

A. 3　　　　B. 4　　　　C. 5　　　　D. 6　　　　E. 7

【答案】　B

【命题知识点】　抛物线解析式.

【解题思路】　设抛物线解析式为 $y=a(x+1)(x-3)$，显然对称轴为 $x=1$，将其代入得 $y=-4a$ 即为最大值 4，则 $a=-1$. 将 $a=-1$ 代入上式，得 $y=-x^2+2x+3$，所以 $b=2$，$c=3$，$a+b+c=4$.

【例 3.1.5】 计算 $(\lg 2)^2\cdot\lg 250+(\lg 5)^2\cdot\lg 40$.

【答案】　1

【命题知识点】　对数计算.

【解题思路】　原式 $=(\lg 2)^2(1+\lg 25)+(\lg 5)^2(1+\lg 4)$
$$=(\lg 2)^2+2\lg 5(\lg 2)^2+(\lg 5)^2+2\lg 2(\lg 5)^2$$
$$=(\lg 2)^2+2\lg 5(\lg 2)(\lg 5+\lg 2)+(\lg 5)^2$$
$$=(\lg 2)^2+2\lg 5(\lg 2)+(\lg 5)^2$$
$$=(\lg 2+\lg 5)^2=1.$$

【例 3.1.6】 比较 $a=\log_9\dfrac{3}{2}$，$b=\log_8\sqrt{3}$，$c=\dfrac{1}{4}$ 的大小关系（　　）.

A. $a>b>c$　　　　　　　B. $b>a>c$　　　　　　　C. $a>c>b$

D. $b>c>a$　　　　　　　E. 均不对

【答案】　D

【命题知识点】　对数函数的单调性.

【解题思路】　$c=\dfrac{1}{4}=\log_9 9^{\frac{1}{4}}=\log_9\sqrt{3}>\log_9\dfrac{3}{2}=a$，$c=\dfrac{1}{4}=\log_8 8^{\frac{1}{4}}=\log_8\sqrt{2\sqrt{2}}<\log_3\sqrt{3}=b$，所以 $b>c>a$.

【例 3.1.7】　已知 x,y,z 都是正数，且 $2^x=3^y=6^z$，那 $\dfrac{z}{x}+\dfrac{z}{y}=($　　　$)$.

A. -1　　　　　　　　B. 0　　　　　　　　　C. 1

D. $\log_2 3$　　　　　　　E. $\log_3 2$

【答案】　C

【命题知识点】　对数计算.

【解题思路】　由于 $2^x=3^y=6^z$，取常用对数，$x\lg 2=y\lg 3=z\lg 6\Rightarrow\dfrac{z}{x}=\dfrac{\lg 2}{\lg 6}$，$\dfrac{z}{y}=\dfrac{\lg 3}{\lg 6}$，从而 $\dfrac{z}{x}+\dfrac{z}{y}=\dfrac{\lg 2+\lg 3}{\lg 6}=\dfrac{\lg 6}{\lg 6}=1$.

【例 3.1.8】　若 $2^{3-2x}<0.5^{3x-4}$，求 x 的取值范围.

【答案】　$x<1$.

【命题知识点】　指数函数的单调性.

【解题思路】　原式可化为 $2^{3-2x}<2^{4-3x}$，即 $3-2x<4-3x$，解得 $x<1$；或 $0.5^{2x-3}<0.5^{3x-4}$，得 $2x-3>3x-4$，解得 $x<1$.

【例 3.1.9】　已知 $0<x<y<a<1$，则有($\quad$).

A. $\log_a(xy)<0$　　　　B. $0<\log_a(xy)<1$　　　　C. $1<\log_a(xy)<2$

D. $\log_a(xy)>2$　　　　E. 均不对

【答案】　D

【命题知识点】　对数值与对数函数单调性.

【解题思路】　$0<x<a$，$0<y<a\Rightarrow 0<xy<a^2$，又 $0<a<1\Rightarrow\log_a xy>\log_a a^2=2$.

或由 $0<x<a$ 和 $0<a<1\Rightarrow\log_a x>\log_a a=1$，由 $0<a<1$ 和 $0<y<a\Rightarrow\log_a y>\log_a a=1$. 因此 $\log_a xy=\log_a x+\log_a y>2$.

第二节　代数方程

🎯 知识点归纳与例题讲解

一、一元一次方程

其形式为 $ax+b=0(a\neq 0)$，它的根为 $x=-\dfrac{b}{a}$.

二、二元一次方程组

其形式为 $\begin{cases} a_1 x + b_1 y = c_1, \\ a_2 x + b_2 y = c_2 \end{cases}$（其中 a_1 与 b_1，a_2 与 b_2 分别不同时为零），如果 $a_1 b_2 - a_2 b_1 \neq 0$，则方程组有唯一的解.

三、一元二次方程

其形式为 $ax^2 + bx + c = 0$，$a, b, c \in \mathbf{R}(a \neq 0)$.

1. 根的判别式（$a, b, c \in \mathbf{R}$）

$$\Delta = b^2 - 4ac \Rightarrow \begin{cases} \Delta > 0, & \text{有两个不相等的实根或者说有两个解,} \\ \Delta = 0, & \text{有两个相等的实根或者说有一个解,} \\ \Delta < 0, & \text{无实根或者说无解.} \end{cases}$$

2. 解法

（1）因式分解法.

把方程化为形如 $a(x - x_1)(x - x_2) = 0$ 的形式，则解为 $x = x_1$ 或 $x = x_2$.

例如：$6x^2 + x - 2 = 0 \Rightarrow (2x - 1)(3x + 2) = 0$，解得 $x_1 = \dfrac{1}{2}$ 或 $x_2 = -\dfrac{2}{3}$.

（2）公式法.

$ax^2 + bx + c = 0 (a \neq 0)$，当 $\Delta = b^2 - 4ac \geqslant 0$ 时可用求根公式求解，解为 $x_{1,2} = \dfrac{-b \pm \sqrt{\Delta}}{2a}$.

（3）配方法.

例如：$x^2 - x - 3 = 0$. 配方得

$$x^2 - x + \frac{1}{4} = 3 + \frac{1}{4} \Rightarrow \left(x - \frac{1}{2}\right)^2 = \frac{13}{4}$$

$$\Rightarrow x - \frac{1}{2} = \pm \frac{\sqrt{13}}{2} \Rightarrow x_{1,2} = \frac{1 \pm \sqrt{13}}{2}.$$

【例 3.2.1】　用适当的方法解下列方程：

(1) $(2x - 3)^2 = 9(2x + 3)^2$；　　　(2) $x^2 - 8x + 6 = 0$；

(3) $(x + 2)(x - 1) = 10$；　　　(4) $2x^2 - 5x - 2 = 0$.

【答案】　(1) $x_1 = -3, x_2 = -\dfrac{3}{4}$；(2) $x_1 = 4 + \sqrt{10}, x_2 = 4 - \sqrt{10}$；(3) $x_1 = 3, x_2 = -4$；

(4) $x_1 = \dfrac{5 + \sqrt{41}}{4}, x_2 = \dfrac{5 - \sqrt{41}}{4}$.

【命题知识点】　一元二次方程的解法.

【解题思路】　(1)　$(2x - 3)^2 - 9(2x + 3)^2 = 0$

$\Rightarrow [2x - 3 + 3(2x + 3)][2x - 3 - 3(2x + 3)] = 0$

$\Rightarrow (4x + 3)(x + 3) = 0$，

所以 $x_1 = -3, x_2 = -\dfrac{3}{4}$；

(2)使用求根公式：$x_{1,2}=\dfrac{-b\pm\sqrt{\Delta}}{2a}$. $x_1=4+\sqrt{10}$，$x_2=4-\sqrt{10}$. 或利用配方法，得

$$x^2-8x+16=16-6\Rightarrow(x-4)^2=10\Rightarrow x-4=\pm\sqrt{10}\Rightarrow x_{1,2}=4\pm\sqrt{10}.$$

(3)$x^2+x-2=10\Rightarrow x^2+x-12=0\Rightarrow(x-3)(x+4)=0$. $x_1=3$，$x_2=-4$.

(4)使用求根公式，得 $x_1=\dfrac{5+\sqrt{41}}{4}$，$x_2=\dfrac{5-\sqrt{41}}{4}$.

【例 3.2.2】 已知 c 为实数，并且方程 $x^2-3x+c=0$ 的一个根的相反数是方程 $x^2+3x-c=0$ 的一个根，求方程 $x^2+3x-c=0$ 的根及 c 的值.

【答案】 $c=0$，$x_1=0$，$x_2=-3$

【命题知识点】 一元二次方程的解.

【解题思路】 设方程 $x^2-3x+c=0$ 的这个根为 x_0，代入两个方程后运算得

$$\begin{cases}x_0^2-3x_0+c=0,\\x_0^2-3x_0-c=0\end{cases}\Rightarrow c=0,$$

解方程 $x^2+3x=0$，得 $x_1=0$，$x_2=-3$.

3. 根与系数的关系(韦达定理)

(1)韦达定理.

设 x_1，x_2 是方程 $ax^2+bx+c=0(a\neq0,\Delta\geqslant0)$ 的两个根，则

$$\boxed{\begin{array}{l}x_1,x_2\ 是方程\\ax^2+bx+c=0\ 的两根\\(a\neq0,\Delta\geqslant0)\end{array}}\Longleftrightarrow\boxed{\begin{array}{l}x_1+x_2=-\dfrac{b}{a},\\[2mm]x_1\cdot x_2=\dfrac{c}{a}\end{array}}$$

(2)韦达定理的扩展及其应用.

利用韦达定理可以求出关于两个根的对称轮换式的数值.

①$\dfrac{1}{x_1}+\dfrac{1}{x_2}=\dfrac{x_1+x_2}{x_1x_2}=\dfrac{-\dfrac{b}{a}}{\dfrac{c}{a}}=-\dfrac{b}{c}$；

②$\dfrac{1}{x_1^2}+\dfrac{1}{x_2^2}=\dfrac{(x_1+x_2)^2-2x_1x_2}{(x_1x_2)^2}$；

③$|x_1-x_2|=\sqrt{(x_1-x_2)^2}=\sqrt{(x_1+x_2)^2-4x_1x_2}=\sqrt{\left(-\dfrac{b}{a}\right)^2-\dfrac{4c}{a}}=\sqrt{\dfrac{b^2-4ac}{a^2}}=$

$\dfrac{\sqrt{b^2-4ac}}{|a|}=\dfrac{\sqrt{\Delta}}{|a|}$；

④$x_1^2+x_2^2=(x_1+x_2)^2-2x_1x_2$；

⑤$x_1^3+x_2^3=(x_1+x_2)(x_1^2-x_1x_2+x_2^2)=(x_1+x_2)[(x_1+x_2)^2-3x_1x_2]$；

⑥$x_1^4+x_2^4=(x_1^2+x_2^2)^2-2(x_1x_2)^2$；

⑦ $\sqrt{\dfrac{x_1}{x_2}}+\sqrt{\dfrac{x_2}{x_1}}=\sqrt{\left(\sqrt{\dfrac{x_1}{x_2}}+\sqrt{\dfrac{x_2}{x_1}}\right)^2}=\sqrt{\dfrac{x_1}{x_2}+\dfrac{x_2}{x_1}+2}=\sqrt{\dfrac{x_1^2+x_2^2}{x_1x_2}+2}=\sqrt{\dfrac{(x_1+x_2)^2}{x_1x_2}}.$

【例 3.2.3】 已知 x_1,x_2 是 $x^2-3x+1=0$ 的两根,求上面七个代数式的结果.

【答案】 ①3;②7;③$\sqrt{5}$;④7;⑤18;⑥47;⑦3

【命题知识点】 韦达定理.

【解题思路】 显然 $x_1+x_2=3,x_1x_2=1$,将之分别代入以上各式,依次得出答案.

4. 一元二次函数的图像和一元二次方程的根(见表 3.2.1)

表 3.2.1

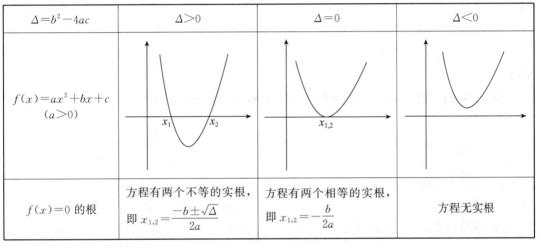

$\Delta=b^2-4ac$	$\Delta>0$	$\Delta=0$	$\Delta<0$
$f(x)=ax^2+bx+c$ $(a>0)$	(图像,根 x_1, x_2)	(图像,根 $x_{1,2}$)	(图像)
$f(x)=0$ 的根	方程有两个不等的实根, 即 $x_{1,2}=\dfrac{-b\pm\sqrt{\Delta}}{2a}$	方程有两个相等的实根, 即 $x_{1,2}=-\dfrac{b}{2a}$	方程无实根

第三节　不等式

🎯 **知识点归纳与例题讲解**

一、不等式的概念

若 $a,b\in\mathbf{R}$,则有

$$a-b>0\Leftrightarrow a>b,a-b<0\Leftrightarrow a<b,a-b=0\Leftrightarrow a=b.$$

二、不等式的基本性质

1. 传递性:$a>b,b>c\Rightarrow a>c.$

2. 可加性:$a>b\Rightarrow a+c>b+c;a>b,c>d\Rightarrow a+c>b+d.$

3. 可乘性:$a>b,c>0\Rightarrow ac>bc;a>b,d<0\Rightarrow ad<bd.$

4. 同向皆正相乘性:$\left.\begin{array}{c}a>b>0\\c>d>0\end{array}\right\}\Rightarrow ac>bd.$

5. 皆正倒数性:$a>b>0\Rightarrow\dfrac{1}{b}>\dfrac{1}{a}>0.$

6. 皆正乘方性:$a>b>0\Rightarrow a^n>b^n>0(n\ 为正整数).$

7. 皆正开方性：$a>b>0\Rightarrow\sqrt[n]{a}>\sqrt[n]{b}>0$（$n$ 为正整数）.

【例 3.3.1】 设 a,b,c 均为正数，$\dfrac{c}{a+b}<\dfrac{a}{b+c}<\dfrac{b}{c+a}$，则（　　）.

A. $c<a<b$　　　　B. $b<c<a$　　　　C. $a<b<c$

D. $c<b<a$　　　　E. 以上都不对

【答案】 A

【命题知识点】 不等式性质.

【解题思路】 方法一：选项代入法. 将 A 选项代入，则题干分数的分子逐渐变大，分母逐渐变小，所以分数值依次增大.

方法二：特值法. 以 A 为例，取 $c=1,a=2,b=3$，显然 $\dfrac{1}{5}<\dfrac{2}{4}<\dfrac{3}{3}$，即 $\dfrac{c}{a+b}<\dfrac{a}{b+c}<\dfrac{b}{c+a}$.

【例 3.3.2】 设 $a<b<0$，则下列不等式中不成立的是（　　）.

A. $\dfrac{1}{a}>\dfrac{1}{b}$　　　　　　　　　　B. $\dfrac{1}{a-b}>\dfrac{1}{a}$

C. $|a|>-b$　　　　　　　　　　D. $\sqrt{-a}>\sqrt{-b}$

E. 以上都不对

【答案】 B

【命题知识点】 不等式性质.

【解题思路】 $a-b>0\Rightarrow a-b>a$，而 $a-b<0,a<0$，所以 $\dfrac{1}{a-b}<\dfrac{1}{a}$，显然 B 不正确，其他选项都正确.

【应试对策】 本题其实只需要取 $a=-2,b=-1$ 即可验证真伪.

三、一元一次不等式及其解法

1. 一元一次不等式的解法

$$ax>b(a\neq0)\begin{cases}a>0\text{ 时},x>\dfrac{b}{a},\\[2mm]a<0\text{ 时},x<\dfrac{b}{a}.\end{cases}$$

2. 一元一次不等式组的解法

分别求出组成不等式组的每个一元一次不等式的解集后，求这些解集的交集（可以运用数轴，直观地求出交集）.

四、一元二次不等式及其解法

1. 一元二次不等式的标准形式

$ax^2+bx+c>0(a>0),ax^2+bx+c<0(a>0)$.

注意：一元二次不等式的标准形式中，二次项的系数为正.

2. 一元二次不等式的解与一元二次方程的根的关系

(1)设方程 $ax^2+bx+c=0(a>0)$ 有两个不等实根 x_1,x_2,且 $x_1<x_2$,则 $ax^2+bx+c>0$ 的解集为 $\{x|x<x_1$ 或 $x>x_2\}$;$ax^2+bx+c<0$ 的解集为 $\{x|x_1<x<x_2\}$.

注意:若不等式二项式系数 $a<0$,可将其化为正值再求解集.若不等式带等号(即"$\leqslant$"或"$\geqslant$"),则只需在解集中相应地加上等号即可.

(2)若方程 $ax^2+bx+c=0(a>0)$ 有两个相等实根 $x_1=x_2$,则 $ax^2+bx+c>0$ 的解集为 $\{x|x\neq x_1\}$,而 $ax^2+bx+c<0$ 的解集为空集.

(3)若方程无实根,即 $ax^2+bx+c=0(a>0)$ 的解集为空集,则 $ax^2+bx+c>0$ 的解集为全体实数 **R**,而 $ax^2+bx+c<0$ 的解集仍为空集.

3. 一元二次不等式的图像解法

一元二次不等式和一元二次方程类似,除用因式分解法和配方法求解外,还可将所给一元二次不等式化为标准形式后,依表中开口向上的抛物线 $ax^2+bx+c(a>0)$ 的不同位置求解(表 3.3.1).

表 3.3.1

$\Delta=b^2-4ac$	$\Delta>0$	$\Delta=0$	$\Delta<0$
$f(x)=ax^2+bx+c(a>0)$	$x_1\quad x_2$	$x_{1,2}$	
$f(x)=0$ 的根	$x_{1,2}=\dfrac{-b\pm\sqrt{\Delta}}{2a}$	$x_{1,2}=-\dfrac{b}{2a}$	无实根
$f(x)>0$ 的解集	$\{x|x<x_1$ 或 $x>x_2\}$	$\left\{x\Big|x\neq-\dfrac{b}{2a}\right\}$	$x\in\mathbf{R}$
$f(x)<0$ 的解集	$\{x|x_1<x<x_2\}$	$\varnothing$	$\varnothing$

注意:若 $ax^2+bx+c>(<)0$ 的解集为 **R**,则 $\begin{cases}a>(<)0,\\\Delta<0.\end{cases}$

【例 3.3.3】　解下列不等式或不等式组:

(1)$12x^2-31x+20>0$;(2)$3-2x^2>x$;(3)$\begin{cases}\dfrac{x-1}{3}-2>\dfrac{x}{4},\\x(x+2)>(x+1)(x+3).\end{cases}$

【答案】　(1)$\{x|x>\dfrac{3}{4}$ 或 $x<\dfrac{5}{4}\}$;(2)$\{x|-\dfrac{3}{2}<x<1\}$;(3)无解

【命题知识点】　不等式的解法.

【解题思路】　(1)用十字相乘法将不等式左边进行因式分解 $(3x-4)(4x-5)>0$,所以

$x>\dfrac{4}{3}$ 或 $x<\dfrac{5}{4}$.

(2) $3-2x^2>x \Rightarrow 2x^2+x-3<0 \Rightarrow (2x+3)(x-1)<0 \Rightarrow -\dfrac{3}{2}<x<1$.

(3) $\begin{cases}\dfrac{x-1}{3}-2>\dfrac{x}{4},\\ x(x+2)>(x+1)(x+3)\end{cases} \Rightarrow \begin{cases}(4x-4)-24>3x,\\ x^2+2x>x^2+4x+3\end{cases} \Rightarrow \begin{cases}x>28,\\ -3>2x\end{cases} \Rightarrow \begin{cases}x>28,\\ x<-\dfrac{3}{2}\end{cases} \Rightarrow$ 无解.

五、特殊不等式

1. 简单的分式不等式的解法

$\dfrac{f(x)}{F(x)}>0 \Leftrightarrow f(x)F(x)>0,\ \dfrac{f(x)}{F(x)}\geqslant 0 \Leftrightarrow \begin{cases}f(x)F(x)\geqslant 0,\\ F(x)\neq 0,\end{cases}$ 口诀：移项通分，化为整式不等式求解.

【例 3.3.4】　分式不等式 $\dfrac{3x+1}{x-3}<1$ 解集为（　　）.

A.（3,3）　　　B.（-2,3）　　　C.（-13,3）　　　D.（-3,14）　　　E.（-2,14）

【答案】　B

【命题知识点】　分式不等式.

【解题思路】　$\dfrac{3x+1}{x-3}-1<0 \Rightarrow \dfrac{3x+1-x+3}{x-3}<0 \Rightarrow \dfrac{2x+4}{x-3}<0 \Rightarrow (x+2)(x-3)<0 \Rightarrow -2<x<3$.

2. 简单的无理不等式

求解原则：将其化为同解的整式不等式组再求解.

(1) $\sqrt{f(x)}<g(x) \Leftrightarrow \begin{cases}f(x)\geqslant 0,\\ g(x)>0,\\ f(x)<g^2(x).\end{cases}$

(2) $\sqrt{f(x)}>g(x) \Leftrightarrow \begin{cases}g(x)<0,\\ f(x)\geqslant 0\end{cases}$ 或 $\begin{cases}f(x)>0(可舍),\\ g(x)\geqslant 0,\\ f(x)>g^2(x).\end{cases}$

(3) $\sqrt{f(x)}<\sqrt{g(x)} \Leftrightarrow \begin{cases}f(x)\geqslant 0,\\ g(x)>0(可舍),\\ f(x)<g(x).\end{cases}$

【例 3.3.5】　$\sqrt{\log_{\frac{1}{2}}x+1}<\log_{\frac{1}{2}}x-1$ 的解集为（　　）.

A.$\left(0,\dfrac{1}{8}\right)$　　B.$\left(0,\dfrac{1}{4}\right)$　　C.（1,4）　　D.（2,4）　　E.（1,3）

【答案】　A

【命题知识点】　根式不等式.

【解题思路】　换元：令 $\log_{\frac{1}{2}}x=t$.

$$\begin{cases} t+1 \geqslant 0, \\ t-1 > 0, \\ t+1 < (t-1)^2 \end{cases} \Rightarrow \begin{cases} t > 1, \\ t \geqslant -1, \\ t > 3 \text{ 或 } t < 0 \end{cases} \Rightarrow t > 3 \Rightarrow \log_{\frac{1}{2}} x > 3 \Rightarrow \log_{\frac{1}{2}} x > \log_{\frac{1}{2}} \frac{1}{8} \Rightarrow 0 < x < \frac{1}{8}.$$

六、基本不等式(均值定理)

1. 定义

(1)算术平均值.

n 个实数 $x_1, x_2, \cdots, x_n$ 的算术平均值 $\bar{x} = \dfrac{x_1 + x_2 + \cdots + x_n}{n}$,简记为 $\bar{x} = \dfrac{\sum\limits_{i=1}^{n} x_i}{n}$.

(2)几何平均值.

n 个正实数 $x_1, x_2, \cdots, x_n$ 的几何平均值为 $x_g = \sqrt[n]{x_1 x_2 \cdots x_n}$,简记为 $x_g = \sqrt[n]{\prod\limits_{i=1}^{n} x_i}$.

注意:几何平均值只对正实数有定义,而算术平均值对任何实数都有定义.

2. 定理及性质

(1)均值定理.

当 $x_1, x_2, \cdots, x_n$ 为 n 个正实数时,它们的算术平均值不小于它们的几何平均值,即

$$\frac{x_1 + x_2 + \cdots + x_n}{n} \geqslant \sqrt[n]{x_1 \cdot x_2 \cdot \cdots \cdot x_n} \ (x_i > 0, i = 1, \cdots, n),$$

当且仅当 $x_1 = x_2 = \cdots = x_n$ 时,等号成立.

(2)常用的基本不等式.

① $a^2 + b^2 \geqslant 2ab \ (a, b \in \mathbf{R})$,当 $a = b$ 时等号成立;

② $\dfrac{a+b}{2} \geqslant \sqrt{ab} \ (a, b \in \mathbf{R}^+)$,当 $a = b$ 时等号成立;

③ $\dfrac{a+b+c}{3} \geqslant \sqrt[3]{abc} \ (a, b, c \in \mathbf{R}^+)$,当 $a = b = c$ 时等号成立;

④ $\dfrac{a}{b} + \dfrac{b}{a} \geqslant 2 \ (ab > 0)$,当 $a = b$ 时等号成立;

⑤ $a + \dfrac{1}{a} \geqslant 2 \ (a \in \mathbf{R}^+)$,当 $a = \dfrac{1}{a}$ 时等号成立;

⑥ $a + \dfrac{1}{a} \leqslant -2 \ (a \in \mathbf{R}^-)$,当 $a = \dfrac{1}{a}$ 时等号成立.

(3)基本不等式的应用.

用基本不等式求函数最值时,先验证给定函数是否满足最值三条件:

①"一正"——各项为正;

②"二定"——和或积为定值(有时需要通过"凑配法"凑出定值来);

③"三相等"——等号能否取到.

若其满足"一正二定三相等",利用上述不等式公式才可以求出最值.

【例 3.3.6】 若 $x_1, x_2, \cdots, x_n$ 的几何平均值为 3,而前 $n-1$ 个数的几何平均值为 2,则

x_n 为( ).

A. $\dfrac{3}{2}$ 　　B. $\left(\dfrac{3}{2}\right)^{n-1}$ 　　C. $3\left(\dfrac{3}{2}\right)^{n-1}$ 　　D. $2\left(\dfrac{3}{2}\right)^{n-1}$ 　　E. 以上都不对

【答案】 C

【命题知识点】 几何平均值.

【解题思路】 $\begin{cases}\sqrt[n]{x_1 x_2 \cdots x_n}=3,\\\sqrt[n-1]{x_1 x_2 \cdots x_{n-1}}=2\end{cases}\Rightarrow\begin{cases}x_1 x_2 \cdots x_n=3^n,\\x_1 x_2 \cdots x_{n-1}=2^{n-1}\end{cases}\Rightarrow x_n=3\left(\dfrac{3}{2}\right)^{n-1}.$

【例3.3.7】 x,y 的算术平均值是2,几何平均值也是2,则 $\dfrac{1}{\sqrt{x}}$ 与 $\dfrac{1}{\sqrt{y}}$ 的几何平均值是( ).

A. 2 　　B. $\sqrt{2}$ 　　C. $\dfrac{\sqrt{2}}{3}$ 　　D. $\dfrac{\sqrt{2}}{2}$ 　　E. 以上都不对

【答案】 D

【命题知识点】 平均值.

【解题思路】 $\begin{cases}\dfrac{x+y}{2}=2,\\\sqrt{xy}=2\end{cases}\Rightarrow\begin{cases}x=2,\\y=2\end{cases}\Rightarrow\sqrt{\dfrac{1}{\sqrt{x}}\cdot\dfrac{1}{\sqrt{y}}}=\dfrac{\sqrt{2}}{2}.$

【例3.3.8】 若 $x,y\in\mathbf{R}$, $x+y=4$,则 3^x+3^y 的最小值为( ).

A. 17 　　B. 18 　　C. 19 　　D. 20 　　E. 21

【答案】 B

【命题知识点】 均值定理.

【解题思路】 $3^x+3^y\geqslant 2\sqrt{3^{x+y}}=2\sqrt{3^4}=18$,当且仅当 $x=y=2$ 时等号成立.

【例3.3.9】 设 m,n 均为正整数,则 m 与 n 的算术平均值为18.( )

(1) $\dfrac{1}{m}$ 与 $\dfrac{1}{n}$ 的算术平均值为 $\dfrac{1}{10}$;(2) $m\neq n$, $\dfrac{1}{m}$ 与 $\dfrac{1}{n}$ 的算术平均值为 $\dfrac{1}{10}$.

【答案】 B

【命题知识点】 平均值.

【解题思路】 $\dfrac{\dfrac{1}{m}+\dfrac{1}{n}}{2}=\dfrac{1}{10}\Rightarrow\dfrac{m+n}{mn}=\dfrac{1}{5}\Rightarrow mn-5m-5n=0\Rightarrow(m-5)(n-5)=25$,若

$m=n$, $\dfrac{m+n}{2}=10\neq 18$,故 $m\neq n$,则

$$\begin{cases}m-5=25,\\n-5=1\end{cases}\text{或}\begin{cases}m-5=1,\\n-5=25\end{cases}\Rightarrow\begin{cases}m=30\\n=6\end{cases}\text{或}\begin{cases}m=6\\n=30\end{cases}\Rightarrow\dfrac{m+n}{2}=18,$$

条件(1)不充分,条件(2)充分.

【应试对策】 一般遇到两个条件是包含关系时,即一个条件的范围是另一个条件的子集,应该倾向于选择范围较小的条件充分.

本章题型精解

【题型一】 考查根的判别式,韦达定理

【解题提示】 (1)已知一个一元二次方程,不解这个方程,求某些代数式的值(重点应用第二节中"韦达定理的扩展及其应用"的 7 个公式);

(2)已知一个一元二次方程,不解这个方程,求作另一个一元二次方程,使它的根与原方程有些特殊关系.

【例1】 x_1 和 x_2 是方程 $6x^2-7x+a=0$ 的两个实根,若 $\dfrac{1}{x_1},\dfrac{1}{x_2}$ 的几何平均值为 $\sqrt{3}$,则 a 的值是(   ).

A. 2   B. 3   C. 4   D. -2 E. -3

【答案】 A

【命题知识点】 韦达定理.

【解题思路】 $\dfrac{1}{x_1},\dfrac{1}{x_2}$ 的几何平均值为 $\sqrt{3}$,由于 $x_1x_2=\dfrac{a}{6}$,得 $\sqrt{\dfrac{6}{a}}=\sqrt{3}$,所以 $a=2$.

【例2】 已知方程 $3x^2+5x+1=0$ 的两根为 α,β,则 $\sqrt{\dfrac{\beta}{\alpha}}+\sqrt{\dfrac{\alpha}{\beta}}=($ $)$.

A. $-\dfrac{5\sqrt{3}}{3}$ B. $\dfrac{5\sqrt{3}}{3}$ C. $\dfrac{\sqrt{3}}{5}$ D. $-\dfrac{\sqrt{3}}{5}$

E. 以上都不正确

【答案】 B

【命题知识点】 韦达定理.

【解题思路】 $\sqrt{\left(\sqrt{\dfrac{\beta}{\alpha}}+\sqrt{\dfrac{\alpha}{\beta}}\right)^2}=\sqrt{\dfrac{\beta}{\alpha}+\dfrac{\alpha}{\beta}+2}=\sqrt{\dfrac{(\alpha+\beta)^2}{\alpha\beta}}=\dfrac{5}{3}\sqrt{3}$.

【例3】 已知一元二次方程 $x^2+px+q=0$,p,q 为已知常数,则方程的两个整数根 x_1,x_2 是可以求得的.(   )

(1)甲看错了常数项,解得两根为 -7 和 3;

(2)乙看错了一次项系数,解得两根为 -3 和 4.

【答案】 C

【命题知识点】 韦达定理的运用.

【解题思路】 甲把常数项看错了,不影响两根之和.由(1)得 $x_1+x_2=-p\Rightarrow-7+3=-p\Rightarrow p=4$.

乙把一次项系数看错了,不影响两根之积.由(2)得 $x_1x_2=q\Rightarrow-3\times4=q\Rightarrow q=-12$.所以联合得 $x^2+4x-12=0\Rightarrow x_1=-6,x_2=2$.

【例4】 方程 $x^2-2x+c=0$ 的两根之差的平方等于 16.(   )

(1)$c=3$;(2)$c=-3$.

【答案】 B

【命题知识点】 韦达定理.

【解题思路】 记 x_1 和 x_2 为 $x^2-2x+c=0$ 的两个根,则题干$\Leftrightarrow(x_1-x_2)^2=16\Leftrightarrow(x_1+x_2)^2-4x_1x_2=16\Leftrightarrow4-4c=16\Leftrightarrow-4c=12\Leftrightarrow c=-3$.

所以条件(1)不充分,条件(2)充分.

【例5】 已知 x_1,x_2 是方程 $x^2-(k-2)x+(k^2+3k+5)=0$ 的两个根,则 $x_1^2+x_2^2$ 的最大值是(　　).

A. 16　　　　B. 19　　　　C. $\dfrac{4}{3}$　　　　D. 18　　　　E. 2

【答案】 D

【命题知识点】 韦达定理与二次函数

【解题思路】 $x_1^2+x_2^2=(x_1+x_2)^2-2x_1x_2=(k-2)^2-2(k^2+3k+5)=-k^2-10k-6=-(k+5)^2+19$,又 $\Delta\geqslant0\Rightarrow(k-2)^2-4(k^2+3k+5)\geqslant0$,得 $-4\leqslant k\leqslant-\dfrac{4}{3}$,当 $k=-4$ 时,$x_1^2+x_2^2$ 取最大值,最大值为 18.

【应试对策】 此题应注意判别式隐含 k 的取值范围,如果没有求出 k 的范围,容易选成 B.

【例6】 若方程 $x^2+px+q=0$ 的两根是方程 $x^2+mx+n=0$ 的两根的立方,则 p 等于(　　).

A. m^3+3mn　　B. m^3-3mn　　C. n^3-3mn　　D. n^3+3mn

E. 以上均不正确

【答案】 B

【命题知识点】 韦达定理.

【解题思路】 设 $x^2+mx+n=0$ 的两个根为 x_1,x_2,则有 $x_1+x_2=-m,x_1x_2=n$,又 x_1^3,x_2^3 是 $x^2+px+q=0$ 的两根,所以有 $-p=x_1^3+x_2^3=(x_1+x_2)(x_1^2-x_1x_2+x_2^2)=(x_1+x_2)[(x_1+x_2)^2-3x_1x_2]=-m(m^2-3n)$,则 $p=m^3-3mn$.

【题型二】 已知方程根的分布,求待定系数的取值范围(数形结合)

【解题提示】

(1)可利用韦达定理

方程 $ax^2+bx+c=0(a\neq0)$ 有根的情况有以下几种:

①方程有两个正根 $\begin{cases}x_1+x_2>0,\\x_1x_2>0,\\\Delta\geqslant0;\end{cases}$

②有两个负根 $\begin{cases}x_1+x_2<0,\\x_1x_2>0,\\\Delta\geqslant0;\end{cases}$

③一正一负 $\begin{cases}x_1x_2<0,\\\Delta>0,\end{cases}$ 简化为 a,c 异号即可.

若正根$>$|负根|,有$\begin{cases} x_1+x_2>0, \\ x_1x_2<0, \\ \Delta>0. \end{cases}$

(2)数形结合(常用)

数形结合求方程中待定参数的方法如下:

①两根属于同一区间,由三个条件确定:$\begin{cases} \Delta\geqslant 0, \\ 对称轴在区间内, \\ 端点函数值的正负. \end{cases}$

②两根分属于不相交的两个区间,只需判断区间端点函数值的正负.

解题提示:先画出题干条件中的图像,然后根据区间,讨论端点函数值与零的关系,再列不等式求解.

注意:抛物线 $f(x)=ax^2+bx+c(a\neq 0)$ 图像的几个要点:对称轴,顶点,开口方向,以及在对称轴的两侧,x 离对称轴越远,相应的函数值越大或越小(由开口方向决定).

【例7】　当 $m<-1$ 时,方程 $(m^3+1)x^2+(m^2+1)x=m+1$ 的根的情况是(　　).

A. 两负号　　　　　　　　　　B. 两根异号且负根绝对值大

C. 无实根　　　　　　　　　　D. 两根异号且正根绝对值大

E. A,B,C,D 都不正确

【答案】　D

【命题知识点】　方程根的分布.

【解题思路】　$m<-1$ 时,

$$\Delta=(m^2+1)^2-4(m^3+1)\cdot[-(m+1)]=(m^2+1)^2+4(m^3+1)(m+1)>0,$$

$x_1x_2=-\dfrac{m+1}{m^3+1}<0 \Rightarrow 两根异号,x_1+x_2=-\dfrac{m^2+1}{m^3+1}>0 \Rightarrow 正根绝对值大.$

【例8】　m 取何值时,方程 $x^2+(m-2)x+m=0$ 的两个实根均在开区间$(-1,1)$内?

【答案】　$\dfrac{1}{2}<m\leqslant 4-2\sqrt{3}$

【命题知识点】　方程根的分布.

【解题思路】　画出图像(见图1)得:

$$\begin{cases} \Delta\geqslant 0, \\ -1<-\dfrac{(m-2)}{2}<1, \\ f(-1)>0, \\ f(1)>0 \end{cases} \Rightarrow \begin{cases} (m-2)^2-4m\geqslant 0, \\ -2<m-2<2, \\ 1-m+2+m>0, \\ 1+m-2+m>0 \end{cases} \Rightarrow \begin{cases} m^2-8m+4\geqslant 0, \\ 0<m<4, \\ m>\dfrac{1}{2} \end{cases}$$

$$\Rightarrow \begin{cases} m\geqslant 4+2\sqrt{3}\ 或\ m\leqslant 4-2\sqrt{3}, \\ \dfrac{1}{2}<m<4 \end{cases}$$

$$\Rightarrow \dfrac{1}{2}<m\leqslant 4-2\sqrt{3}.$$

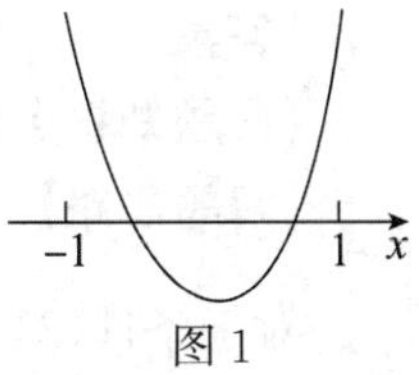

图1

【题型三】　考查简单的超越方程(指数方程、对数方程)和较复杂的分式方程

【解题提示】　一般遇到超越方程和较复杂的分式方程的问题时,都要先换元,将其转化成常见的一元二次方程进行讨论分析. 在换元的过程中,一定要注意换元前后变量的取值范围的变化.

【例9】　解下列方程和方程组:

(1) $\begin{cases} 2^{x+3}+9^{x+1}=35, \\ 8^{\frac{x}{3}}+3^{2x+1}=5; \end{cases}$ (2)$2\log_2 x-3\log_x 2-5=0$;(3)$\dfrac{2(x^2+1)}{x+1}+\dfrac{6(x+1)}{x^2+1}=7.$

【答案】　(1) $\begin{cases} x=2, \\ y=-\dfrac{1}{2}; \end{cases}$ (2)$x=8$ 或 $\dfrac{\sqrt{2}}{2}$;(3)$x_1=1+\sqrt{2}$,$x_2=1-\sqrt{2}$,$x_3=\dfrac{3+\sqrt{17}}{4}$,

$x_4=\dfrac{3-\sqrt{17}}{4}.$

【命题知识点】　超越方程.

【解题思路】　(1) $\begin{cases} 2^{x+3}+9^{y+1}=35 \\ 8^{\frac{x}{3}}+3^{2y+1}=5 \end{cases} \Rightarrow \begin{cases} 8\times 2^x+9\times 9^y=35, \\ 2^x+3\times 9^y=5 \end{cases} \Rightarrow \begin{cases} 2^x=4, \\ 9^y=\dfrac{1}{3} \end{cases} \Rightarrow \begin{cases} x=2, \\ y=-\dfrac{1}{2}. \end{cases}$

(2)$2\log_2 x-3\log_x 2-5=0 \Rightarrow 2\log_2 x-\dfrac{3}{\log_2 x}-5=0$

$\Rightarrow \begin{cases} 2\log_2^2 x-5\log_2 x-3=0, \\ \log_2 x\neq 0 \end{cases} \Rightarrow \begin{cases} \log_2 x=3\ \text{或}\ -\dfrac{1}{2}, \\ x>0\ \text{且}\ x\neq 1 \end{cases}$

$\Rightarrow \begin{cases} x=8\ \text{或}\ \dfrac{\sqrt{2}}{2}, \\ x>0\ \text{且}\ x\neq 1 \end{cases} \Rightarrow x=8\ \text{或}\ \dfrac{\sqrt{2}}{2}.$

(3)解题提示:$\dfrac{x^2+1}{x+1}$与$\dfrac{x+1}{x^2+1}$互为倒数,可以用换元法求解. 令$\dfrac{x^2+1}{x+1}=y$,原方程变形为

$2y+\dfrac{6}{y}=7$,将其转化为一元二次方程求解,得$2y^2-7y+6=0\Rightarrow y_1=2$或 $y_2=\dfrac{3}{2}$,那么

$\dfrac{x^2+1}{x+1}=2\Rightarrow x^2-2x-1=0\Rightarrow x_{1,2}=1\pm\sqrt{2}$,或$\dfrac{x^2+1}{x+1}=\dfrac{3}{2}\Rightarrow 2x^2-3x-1=0\Rightarrow x_{3,4}=\dfrac{3\pm\sqrt{17}}{4}.$

【例10】　$\alpha\beta=2.$(　　　)

(1)$(\alpha-1)(\beta-2)=0$;(2)α,β 是方程 $x^2+\dfrac{4}{x^2}=3\left(x+\dfrac{2}{x}\right)$ 的两个实根.

【答案】　B

【命题知识点】　分式方程.

【解题思路】　由条件(1)得 $\alpha=1$ 或 $\beta=2$,无法确定 $\alpha\beta$ 的值,所以条件(1)不充分.

对于条件(2),令 $t=x+\dfrac{2}{x}$,则 $t^2=x^2+\dfrac{4}{x^2}+4.$ 原方程化为

$$t^2-4=3t, 即\ t^2-3t-4=0,$$

所以 $t=4$ 或 $t=-1$.

当 $t=4$ 时,即 $x+\dfrac{2}{x}=4, x^2-4x+2=0$,由根与系数的关系 $\alpha\beta=2$.

当 $t=-1$ 时,即 $x+\dfrac{2}{x}=-1, x^2+x+2=0$,由于 $\Delta<0$,此方程无实根.

所以条件(2)充分.

【应试对策】　本题与 2012 年真题相似,很多考生会误认为 $(\alpha-1)(\beta-2)=0$,从而得出 $\alpha=1, \beta=2$,这便犯了逻辑错误.

【题型四】　一元一次不等式、一元二次不等式的解法及一元二次不等式的解集与一元二次方程和一元二次函数之间的关系

【解题提示】　会利用一元二次函数的图像进行一元二次不等式的求解,掌握一元二次不等式解集的端点值与一元二次方程根的关系.

【例 11】　已知 $P=\{x\,|\,x^2-2x-8<0\}, Q=\{x\,|\,x-b>0\}$,若 $P\cap Q=\varnothing$,则 b 的取值范围是(　　).

A. $[4,+\infty)$　　　　　　　　　　　B. $(4,+\infty)$

C. $(-\infty,-2]$　　　　　　　　　　 D. $(-\infty,-1)$

E. 实数集

【答案】　A

【命题知识点】　一元二次不等式的解法.

【解题思路】　$P=\{x\,|\,-2<x<4\}, Q=\{x\,|\,x>b\}$,只要 $b\geqslant 4$ 两集合就没交集了.

【例 12】　已知对于任意实数 x,不等式 $(a+2)x^2+4x+(a-1)>0$ 都成立,则 a 的取值范围是(　　).

A. $(-\infty,2)\cup(2,+\infty)$　　　　　　 B. $(-\infty,-2)\cup[2,+\infty)$

C. $(-2,2)$　　　　　　　　　　　　 D. $(2,+\infty)$

E. 以上均不对

【答案】　D

【命题知识点】　一元二次不等式的解法.

【解题思路】　若 $a+2=0$,则 $a=-2$,不等式为 $4x-3>0$,解得 $x>\dfrac{3}{4}$,不满足要求,故只需抛物线 $y=(a+2)x^2+4x+(a-1)$ 开口向上,且与 x 轴无交点,因此 $\begin{cases}a+2>0,\\ \Delta=4^2-4(a+2)(a-1)<0, 即\ a^2+a-6>0,\end{cases}$ 解得 $\begin{cases}a>-2,\\ a>2\ 或\ a<-3\end{cases}\Rightarrow a>2.$

【例 13】　已知一元二次不等式 $ax^2+bx+10<0$ 的解为 $x<-2$ 或 $x>5$,则 $b^{-1}=($ 　　$)$.

A. 3　　　　　　 B. -3　　　　　　 C. -1　　　　　　 D. $\dfrac{1}{3}$　　　　　　 E. $-\dfrac{1}{3}$

【答案】 D

【命题知识点】 一元二次不等式.

【解题思路】 显然 -2 和 5 是不等式对应方程 $ax^2+bx+10=0$ 的两根,则

$$\begin{cases} -2+5=-\dfrac{b}{a}, \\ -2\times 5=\dfrac{10}{a} \end{cases} \Rightarrow \begin{cases} a=-1, \\ b=3, \end{cases}$$

所以 $b^{-1}=3^{-1}=\dfrac{1}{3}$.

【例 14】 实数 k 的取值范围是 $(-\infty,2)\cup(5,+\infty)$. ( )

(1)关于 x 的方程 $kx+2=5x+k$ 的根是非负实数;

(2)抛物线 $y=x^2-2kx+(7k-10)$ 位于 x 轴的上方.

【答案】 E

【命题知识点】 一元二次不等式的解法.

【解题思路】 由条件(1)得 $(k-5)x=k-2$,$x=\dfrac{k-2}{k-5}\geqslant 0$,可化为 $(k-5)(k-2)\geqslant 0$ 且 $k\neq 5$,所以 $k>5$ 或 $k\leqslant 2$,不充分.

由条件(2),需 $\Delta=(-2k)^2-4(7k-10)<0$,整理得 $k^2-7k+10<0$,解得 $2<k<5$,不充分. 而(1),(2)联立为空集,仍不充分.

【例 15】 要使两个相邻正整数的值可以确定. ( )

(1)它们的平方和大于 61;(2)若将它们都减去 1,则所得两数之比小于 $\dfrac{6}{7}$.

【答案】 C

【命题知识点】 一元二次不等式的解法.

【解题思路】 显然条件(1),(2)单独均不充分. 联合条件(1),(2). 设两个相邻正整数分别为 $n,n+1$,则 $\begin{cases} n^2+(n+1)^2>61, \\ \dfrac{n-1}{n}<\dfrac{6}{7}, \end{cases}$ 整理得 $\begin{cases} n^2+n-30>0, \\ n-7<0, \end{cases}$ 解得 $\begin{cases} n>5 \text{ 或 } n<-6, \\ n<7, \end{cases}$ 考虑到 $n>0$,有 $5<n<7$,满足条件的正整数只有 $n=6$,因此可以确定两数为 6 和 7,故充分.

【题型五】 一元高次不等式

【解题提示】 (1)数轴穿根法,遵循"奇穿偶不穿"原则,这里的"奇偶"指的是重根的个数,即重根个数为奇数时,要穿入,为偶数时,则弹回. (2)使用数轴穿根法前应将高次不等式化为标准型. 在数轴上找出对应的根,从数轴右上方往下穿入.

【例 16】 不等式 $x^3+2x^2-3x\leqslant 0$ 的解集是( ).

A. $(-\infty,-3]\cup[0,1]$ B. $[-3,0]\cup[1,+\infty)$

C. $(-\infty,1]$ D. $[-3,+\infty)$

E. 以上结论均不正确

【答案】　A

【命题知识点】　一元高次不等式的解法.

【解题思路】　不等式可化成$(x+3)x(x-1)\leqslant0$,用数轴穿根法可知答案,如图 2 所示.

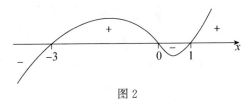

图 2

【例 17】　解不等式$(x-1)(x^2-5x+6)(x^2-x-2)^2\geqslant0$.

【答案】　$x=-1$ 或 $1\leqslant x\leqslant2$ 或 $x\geqslant3$

【命题知识点】　一元高次不等式的解法.

【解题思路】

$$(x-1)(x-2)(x-3)(x+1)^2(x-2)^2\geqslant0,$$
$$(x-1)(x-3)(x+1)^2(x-2)^3\geqslant0,$$

所以 $x=-1$ 或 $1\leqslant x\leqslant2$ 或 $x\geqslant3$,如图 3 所示.

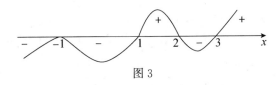

图 3

【题型六】　一元二次分式不等式

【解题提示】　解分式不等式时,常常在不等式两边同乘以分母,将其化为整式不等式.

注意:留心分母的符号,不等式两边同时乘负数时,不等式要变号.

【例 18】　不等式$\dfrac{x^2-x-6}{x^2-8x+15}\leqslant0$ 的解集为(　　).

A. $[-2,5]$　　　　　　　　B. $[-2,3)\cup(3,5)$

C. $(-\infty,-2]\cup[5,+\infty)$　　　D. $[-2,5)$

E. $[-2,3]\cup(3,5)$

【答案】　B

【命题知识点】　分式不等式.

【解题思路】　$\dfrac{x^2-x-6}{x^2-8x+15}\leqslant0\Rightarrow\begin{cases}(x^2-x-6)(x^2-8x+15)\leqslant0,\\x^2-8x+15\neq0\end{cases}\Rightarrow\begin{cases}(x-3)^2(x+2)(x-5)\leqslant0,\\(x-3)(x-5)\neq0\end{cases}\Rightarrow$

$x\in[-2,3)\cup(3,5)$.

【例 19】　若对一切实数 x,恒有$\dfrac{3x^2+2x+2}{x^2+x+1}>k(k$ 为正整数),则 $k=$(　　).

A. 5　　　　　B. 4　　　　　C. 3　　　　　D. 2　　　　　E. 1

【答案】　E

【命题知识点】　一元二次分式不等式的解法.

【解题思路】　因为 $x^2+x+1>0$，所以

$$3x^2+2x+2>k(x^2+x+1) \Rightarrow (3-k)x^2+(2-k)x+2-k>0,$$

而该不等式对一切实数 x 恒成立，即解集为全体实数，所以有

$$\begin{cases} 3-k>0, \\ \Delta=(2-k)^2-4(3-k)(2-k)<0 \end{cases} \Rightarrow \begin{cases} k<3, \\ (2-k)(2-k-12+4k)<0 \end{cases}$$

$$\Rightarrow \begin{cases} k<3, \\ (k-2)(3k-10)>0 \end{cases} \Rightarrow \begin{cases} k<3, \\ k>\dfrac{10}{3} \text{或} k<2. \end{cases}$$

取交集得 $k<2$，又 k 为正整数，故 $k=1$.

【题型七】　简单的无理不等式的求解

【解题提示】　求解无理不等式时，常常将两边同时平方，化为整式不等式，注意平方时要保证等价变形.

1. $\sqrt{f(x)}<g(x)$ 型不等式.

等价于求解不等式组 $\begin{cases} f(x)<g^2(x), \\ f(x)\geqslant 0, \\ g(x)>0. \end{cases}$ $\left(\sqrt{f(x)}\leqslant g(x) \text{型等价于求解} \begin{cases} f(x)\leqslant g^2(x), \\ f(x)\geqslant 0, \\ g(x)\geqslant 0 \end{cases} \right)$

【例 20】　$\sqrt{1-x^2}<x+1$ 的解集为（　　）.

A. $[0,1]$　　　B. $(0,1]$　　　C. $(0,1)$　　　D. $(-1,1)$　　　E. 以上均不对

【答案】　B

【命题知识点】　无理不等式的求解.

【解题思路】　求解 $\begin{cases} 1-x^2<(x+1)^2, \\ 1-x^2\geqslant 0, \\ x+1>0, \end{cases}$ 得 $0<x\leqslant 1$. 选 B.

2. $\sqrt{f(x)}>g(x)$ 型不等式.

等价于求解 $\begin{cases} f(x)>g^2(x), \\ g(x)\geqslant 0, \\ f(x)>0(\text{可舍}). \end{cases}$ 并补上不等式组 $\begin{cases} g(x)<0, \\ f(x)\geqslant 0 \end{cases}$ 的解.

（对于 $\sqrt{f(x)}\geqslant g(x)$ 型，则求解 $f(x)\geqslant g^2(x)$，并补上不等式组 $\begin{cases} g(x)\leqslant 0, \\ f(x)\geqslant 0 \end{cases}$ 的解）

【例 21】　不等式 $\sqrt{3x+1}>x-1$ 的解集是（　　）.

A. $(0,5)$　　　B. $(0,+\infty)$　　　C. $[1,5)$　　　D. $\left(-\dfrac{1}{3},5\right)$　　　E. $\left[-\dfrac{1}{3},5\right)$

【答案】　E

【命题知识点】　无理不等式的求解.

【解题思路】　求解 $\begin{cases}3x+1>(x-1)^2,\\x-1\geqslant0,\end{cases}$ 即 $\begin{cases}x^2-5x<0,\\x\geqslant1,\end{cases}$ 得 $1\leqslant x<5$，又 $\begin{cases}x-1<0,\\3x+1\geqslant0\end{cases}$ 的解

为 $-\dfrac{1}{3}\leqslant x<1$，两者合并为 $-\dfrac{1}{3}\leqslant x<5$.

3. $\sqrt{f(x)}<\sqrt{g(x)}$ 型不等式

等价于求解不等式组 $\begin{cases}f(x)<g(x),\\f(x)\geqslant0.\end{cases}$

$\left(\text{对于 }\sqrt{f(x)}\leqslant\sqrt{g(x)}\text{ 型，等价于求解 }\begin{cases}f(x)\leqslant g(x),\\f(x)\geqslant0.\end{cases}\right)$

【例 22】　$\sqrt{2x-3}<\sqrt{x+1}$ 成立.（　　）

(1)$x\in\left(\dfrac{3}{2},3\right]$；(2)$x\in\left(2,\dfrac{9}{2}\right)$.

【答案】　A

【命题知识点】　无理不等式的求解.

【解题思路】　题干等价于 $\begin{cases}2x-3<x+1,\\2x-3\geqslant0,\end{cases}$ 即 $\dfrac{3}{2}\leqslant x<4$，可见(1)充分，(2)不充分.

【题型八】　基本不等式(均值定理)在求最值时的应用

【解题提示】　注意使用基本不等式取得最值的条件："一正，二定，三相等". 只有这三个条件都得到保证，才能取到最值.

【例 23】　已知 $x<\dfrac{5}{4}$，求函数 $y=4x-2+\dfrac{1}{4x-5}$ 的最大值.

【答案】　1

【命题知识点】　基本不等式.

【解题思路】　$y=4x-2+\dfrac{1}{4x-5}=-\left(5-4x+\dfrac{1}{5-4x}\right)+3\left(x<\dfrac{5}{4}\right)$

$$\leqslant-2\sqrt{(5-4x)\cdot\dfrac{1}{5-4x}}+3=1.$$

由 $5-4x=\dfrac{1}{5-4x}$ 知 $x=1$，当 $x=1$ 时，$y_{\max}=1$.

【例 24】　当 $x>0$ 时，求 $y=4x+\dfrac{9}{x^2}$ 的最小值.

【答案】　$3\sqrt[3]{36}$

【命题知识点】　基本不等式.

【解题思路】　因为 $x>0$，$y=4x+\dfrac{9}{x^2}=2x+2x+\dfrac{9}{x^2}\geqslant3\sqrt[3]{2x\cdot2x\cdot\dfrac{9}{x^2}}=3\sqrt[3]{36}$，当且

仅当 $2x=\dfrac{9}{x^2}$，即 $x=\dfrac{\sqrt[3]{36}}{2}$ 时等号成立，所以当 $x=\dfrac{\sqrt[3]{36}}{2}$ 时，$y_{\min}=3\sqrt[3]{36}$.

【例 25】　已知 $x>0, y>0$, 且 $\frac{1}{x}+\frac{9}{y}=1$, 求 $x+y$ 的最小值.

【答案】　16

【命题知识点】　基本不等式.

【解题思路】　$x+y=(x+y)\left(\frac{1}{x}+\frac{9}{y}\right)=\frac{y}{x}+\frac{9x}{y}+10(x>0, y>0)$

$$\geqslant 2 \cdot \sqrt{\frac{y}{x} \cdot \frac{9x}{y}}+10=16.$$

【例 26】　若正数 a, b 满足 $ab=a+b+3$, 则 ab 的取值范围是 _____.

【答案】　$[9,+\infty)$

【命题知识点】　基本不等式.

【解题思路】　方法一:由 $ab=a+b+3$ 得 $b=\frac{a+3}{a-1}=1+\frac{4}{a-1}$,

$$ab=a+\frac{4a}{a-1}=a+\frac{4(a-1)+4}{a-1}=a+4+\frac{4}{a-1}=a-1+\frac{4}{a-1}+5.$$

又 $ab=a+b+3, b(a-1)=a+3>0$, 知 $a-1>0$, 所以

$$ab=a-1+\frac{4}{a-1}+5 \geqslant 2\sqrt{(a-1) \cdot \frac{4}{a-1}}+5=9.$$

当 $a-1=\frac{4}{a-1}$, 即 $a=3$ 时, 等号成立. 故 ab 的取值范围 $[9,+\infty)$.

方法二:$ab=a+b+3 \geqslant 2\sqrt{ab}+3.$

所以 $ab-2\sqrt{ab}-3 \geqslant 0$, 即 $(\sqrt{ab}-3)(\sqrt{ab}+1) \geqslant 0$.

所以 $\sqrt{ab} \geqslant 3$, 得 $ab \geqslant 9$, 其范围为 $[9,+\infty)$.

本章分层训练

1. 二次函数 $y=4x^2-mx+5$ 的对称轴为 $x=-2$, 则当 $x=1$ 时, y 的值为(　　).

A. -7　　　　B. 1　　　　C. 17　　　　D. 25　　　　E. 以上均不正确

2. 如果函数 $f(x)=x^2+2(a-1)x+2$ 在区间 $(-\infty, 4]$ 上是递减的, 那么实数 a 的取值范围是(　　).

A. $a \leqslant -3$　　B. $a \geqslant -3$　　C. $a \leqslant 5$　　D. $a \geqslant 5$　　E. 以上均不正确

3. 下列所给 4 个图像中, 与所给 3 件事吻合最好的顺序为(　　).

(1)我离开家不久, 发现自己把作业本忘在家里了, 于是立刻返回家里取了作业本再上学;

(2)我骑着车一路匀速行驶, 只是在途中遇到一次交通堵塞, 耽搁了一些时间;

(3)我出发后,心情轻松,缓缓行进,后来为了赶时间开始加速.

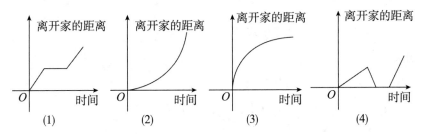

(1)　　　　(2)　　　　(3)　　　　(4)

A. （1）（2）（4）　　　　B. （4）（2）（3）

C. （4）（1）（3）　　　　D. （4）（1）（2）

E. 以上均不正确

4. 将二次函数 $y=-2x^2$ 的顶点移到 $(-3,2)$ 后,得到的函数的解析式为_____.

5. 方程 $x^2-2ax+4=0$ 的两根均大于 1,则实数 a 的取值范围是_____.

6. 对于二次函数 $y=-4x^2+8x-3$:

(1)指出图像的开口方向、对称轴、顶点坐标;

(2)画出它的图像,并说明其图像是由 $y=-4x^2$ 的图像经过怎样平移得来的;

(3)求函数的最大值或最小值;

(4)分析函数的单调性.

7. 已知函数 $f(x)=x^2-bx+c$ 满足 $f(1+x)=f(1-x)$,且 $f(0)=3$,则 $f(b^x)$ 与 $f(c^x)$ 的大小关系是_____.

8. 已知 $(a^2+2a+5)^{3x}>(a^2+2a+5)^{1-x}$,则 x 的取值范围是_____.

9. 求函数 $y=\sqrt{1-6^{x-2}}$ 的定义域.

10. 函数 $y=a^{2x}+2a^x-1(a>0$ 且 $a\neq1)$ 在区间 $[-1,1]$ 上有最大值 14,则 a 的值是_____.

11. 解方程 $3^{x+2}-3^{2-x}=80$.

12. 已知 $-1\leqslant x\leqslant2$,求函数 $f(x)=3+2\cdot3^{x+1}-9^x$ 的最大值和最小值.

13. 已知函数 $y=a^{2x}+2a^x-1(a>1)$ 在区间 $[-1,1]$ 上的最大值是 14,求 a 的值.

14. 若 $3^a=2$,则 $\log_3 8-2\log_3 6$ 用 a 的代数式可表示为(　　).

A. $a-2$　　　　B. $3a-(1+a)^2$

C. $5a-2$　　　　D. $3a-a^2$

E. 以上均不正确

15. $2\log_a(M-2N)=\log_a M+\log_a N$,则 $\dfrac{M}{N}$ 的值为(　　).

A. $\dfrac{1}{4}$　　　B. 4　　　C. 1　　　D. 4 或 1　　　E. 以上均不正确

16. 如果方程 $\lg^2 x+(\lg 5+\lg 7)\lg x+\lg 5\cdot 7=0$ 的两根是 α,β,则 $\alpha\cdot\beta$ 的值是(　　).

A. $\lg 5\cdot\lg 7$　　B. $\lg 35$　　　C. 35　　　D. $\dfrac{1}{35}$

E. 以上均不正确

17. 已知 $\log_7[\log_3(\log_2 x)]=0$，那么 $x^{-\frac{1}{2}}$ 等于（ ）.

A. $\dfrac{1}{3}$　　　　 B. $\dfrac{1}{2\sqrt{3}}$　　　　 C. $\dfrac{1}{2\sqrt{2}}$　　　　 D. $\dfrac{1}{3\sqrt{3}}$

E. 以上均不正确

18. 函数 $y=\log_{(2x-1)}\sqrt{3x-2}$ 的定义域是（ ）.

A. $\left(\dfrac{2}{3},1\right)\cup(1,+\infty)$　　　　 B. $\left(\dfrac{1}{2},1\right)\cup(1,+\infty)$

C. $\left(\dfrac{2}{3},+\infty\right)$　　　　 D. $\left(\dfrac{1}{2},+\infty\right)$

E. 以上均不正确

19. 若 $\log_m 9<\log_n 9<0$，那么 m,n 满足的条件是（ ）.

A. $m>n>1$　　　　 B. $n>m>1$

C. $0<n<m<1$　　　　 D. $0<m<n<1$

E. 以上均不正确

20. $\log_a \dfrac{2}{3}<1$，则实数 a 的取值范围是（ ）.

A. $\left(0,\dfrac{2}{3}\right)\cup(1,+\infty)$　　　　 B. $\left(\dfrac{2}{3},+\infty\right)$

C. $\left(\dfrac{2}{3},1\right)$　　　　 D. $\left(0,\dfrac{2}{3}\right)\cup\left(\dfrac{2}{3},+\infty\right)$

E. 以上均不正确

21. 若 $0<a<1,b>1$，则 $M=a^b,N=\log_b a,P=b^a$ 的大小是（ ）.

A. $M<N<P$　　　　 B. $N<M<P$

C. $P<M<N$　　　　 D. $P<N<M$

E. 以上均不正确

22. 若 $\log_a 2=m,\log_a 3=n,a^{2m+n}=$ _____.

23. 函数 $y=\log_{(x-1)}(3-x)$ 的定义域是 _____.

24. $\lg 25+\lg 2\cdot\lg 50+(\lg 2)^2=$ _____.

25. 已知函数 $f(x)=\log_{0.5}(-x^2+4x+5)$，则 $f(3)$ 与 $f(4)$ 的大小关系为 _____.

26. 若函数 $y=\lg\left[x^2+(k+2)x+\dfrac{5}{4}\right]$ 的定义域为 **R**，则 k 的取值范围是 _____.

27. 已知 x 满足不等式 $2(\log_2 x)^2-7\log_2 x+3\leqslant0$，求函数 $f(x)=\log_2\dfrac{x}{2}\cdot\log_2\dfrac{x}{4}$ 的最大值和最小值.

28. 与不等式 $|x+1|<1$ 的解集相同的是（ ）.

A. $x+1<1$ 且 $x+1>-1$　　　　 B. $x+1<-1$ 或 $x+1>1$

C. $x+1<1$ 或 $x+1>-1$　　　　 D. $x+1<-1$ 且 $x+1>1$

E. 以上均不正确

29. 不等式 $|x-1|>|x-2|$ 的解集是（ ）.

A. $\left\{x \mid x < \dfrac{3}{2}\right\}$　　　　　　B. $\left\{x \mid \dfrac{3}{2} < x < 2\right\}$

C. $\left\{x \mid x > \dfrac{3}{2}\right\}$　　　　　　D. $\{x \mid x > 2\}$

E. 以上均不正确

30. 不等式 $\dfrac{x^2 - 3x + 2}{x^2 - 2x - 3} < 0$ 的解集是(　　　).

A. $(-\infty, -1) \cup (1, 2) \cup (3, +\infty)$

B. $(-1, 1) \cup (2, 3)$

C. $(-1, 1) \cup (1, 2)$

D. $(1, 2) \cup (2, 3)$

E. 以上均不正确

31. $y = \dfrac{\sqrt{x^2 - 4}}{\lg(3 + 2x - x^2)}$ 的定义域是(　　　).

A. $(-1, 3)$　　　　　　B. $(1 + \sqrt{3}, 3)$

C. $(2, 3)$　　　　　　D. $[2, 1 + \sqrt{3}) \cup (1 + \sqrt{3}, 3)$

E. 以上都不正确

32. 不等式 $|x| < \sqrt{2 - x}$ 的解是(　　　).

A. $-2 < x < 1$　　　　　　B. $x \leqslant 2$

C. 无解　　　　　　D. $\mathbf{R}$

E. 以上答案都不对

33. 设 m 和 n 是方程 $x^2 - 3x + 1 = 0$ 的两个根，则 $\left|\dfrac{1}{m} - \dfrac{1}{n}\right|$ 的值为(　　　).

A. $\sqrt{2}$　　　　B. $\sqrt{3}$　　　　C. 2　　　　D. $\sqrt{5}$　　　　E. $\sqrt{6}$

34. 若方程 $2x^2 - (a+1)x + a + 3 = 0$ 的两根之差为 1，则 a 的值是(　　　).

A. 9 和 -3　　　　　　B. 9 和 3

C. -9 和 -3　　　　　　D. 9 和 -2

E. -9 和 3

35. 若方程 $2x^2 + 3x + 5m = 0$ 的一个根大于 1，另一个根小于 1，则 m 的取值范围是(　　　).

A. $m < -1$　　　　　　B. $-1 < m < 1$

C. $0 < m < 1$　　　　　　D. $m \leqslant -1$

E. 以上均不对

36. 方程 $2(m+1)x + 1 = (|m| - 1)x^2$ 只有一个实根 x，则(　　　).

A. $m = 1$　　　　　　B. $m = \pm 1$

C. $m = 0$　　　　　　D. $m = \dfrac{1}{2}$

E. 以上都不正确

37. 若 α 是 $x^2 - 5x + 1 = 0$ 的一个根，求 $\alpha^2 + \alpha^{-2} = (\quad\quad)$.

A. 22   B. 23   C. 24   D. 25

E. 以上都不正确

38. 若等式 $|3-\sqrt{(x-3)^2}|=x$ 成立,则实数 x 的取值范围为(   ).

A. $x \leqslant 3$ B. $x \geqslant 3$

C. $0 \leqslant x \leqslant 3$ D. $x \geqslant 0$

E. 以上都不正确

39. 如果 $\dfrac{4+3x}{6+3y}=\dfrac{0.3}{0.45}$,则 $\dfrac{x}{y}$ 的值为(   ).

A. 1   B. $\dfrac{3}{2}$ C. $\dfrac{2}{3}$ D. $\dfrac{1}{2}$

E. 以上都不正确

40. 等式 $\log_2 x=0$ 成立. (   )

(1) $\log_2 x^2=0$;(2) $\log_2 \sqrt{x}=0$.

41. 关于 x 的方程 $ax^2+(2a-1)x+a-3=0$ 有两个不相等的实数根. (   )

(1) $a<3$;(2) $a>1$.

42. $\dfrac{x^3-3x^2-4x+12}{x^3-6x^2+11x-6}=2$ 成立. (   )

(1) $x^2+x=20$;(2) $\dfrac{x^2+x-2}{x^2-x}=\dfrac{3}{2}$.

43. $\dfrac{c}{a+b}<\dfrac{a}{b+c}<\dfrac{b}{a+c}$ 成立. (   )

(1) $0<c<a<b$;(2) $0<a<b<c$.

44. 解方程:$\dfrac{3x-1}{2}-\dfrac{x+2}{4}=1$.

45. 解方程:$\dfrac{x}{x+1}=2x-1$.

46. 解方程:$2x^2+(2a-1)x-a=0$.

47. 解方程:$\begin{cases} 2x-3y=2, \\ 3x+2y=-1. \end{cases}$

48. 解不等式:$2x(2x-5)-27<(2x+1)^2$.

49. 解不等式:$9-\dfrac{11}{4}x>x+\dfrac{2}{3}$.

50. 解不等式:$4(x-1)-2(x-5)>2x+3$.

51. 解不等式:$\dfrac{x-2}{3}+\dfrac{x+3}{2}<\dfrac{5x}{6}$.

52. 解不等式:$\dfrac{3x+1}{6}-\dfrac{5}{4}>\dfrac{3x}{8}-\dfrac{2x-1}{12}$.

53. 解不等式组:$\begin{cases} x-2(x-3)>4, \\ \dfrac{x}{3}-(x-2)>\dfrac{1}{6}. \end{cases}$

54. 解不等式组:$\begin{cases} \dfrac{x-1}{3}-2>\dfrac{x}{4}, \\ x(x+2)>(x+1)(x+3). \end{cases}$

55. 解不等式组：$\begin{cases}\dfrac{x+2}{4}+\dfrac{x}{3}<\dfrac{x+1}{2}+\dfrac{1}{3},\\[2mm]\dfrac{x+1}{2}+\dfrac{2x+3}{3}\geqslant\dfrac{3x+5}{4}.\end{cases}$

56. 解不等式：$(x+2)(x-2)>1$.

57. 解不等式：$3-2x^2>x$.

58. 解不等式：$3+5x^2>2x$.

59. 解不等式：$2x^2+3x-4\leqslant0$.

60. 解不等式：$x^2-2\sqrt{5}x+5>0$.

61. 方程 $x^2+y^2=60$ 的正整数解的组数为（　　）.

A. 6 组　　　　　　　　　　B. 4 组

C. 2 组　　　　　　　　　　D. 无正整数解

E. 以上答案都不正确

62. 求方程 $85x-324y=101$ 的整数解，下面错误的是（　　）.

A. $\begin{cases}x=5,\\y=1\end{cases}$　　　　B. $\begin{cases}x=329,\\y=86\end{cases}$

C. $\begin{cases}x=653,\\y=171\end{cases}$　　　　D. $\begin{cases}x=978,\\y=256\end{cases}$

E. 以上均不正确

63. 方程 $19x+78y=8\,637$ 的解是（　　）

A. $\begin{cases}x=78,\\y=91\end{cases}$　　　　B. $\begin{cases}x=84,\\y=92\end{cases}$

C. $\begin{cases}x=88,\\y=93\end{cases}$　　　　D. $\begin{cases}x=81,\\y=91\end{cases}$

E. 以上均不正确

64. 如果将方程 $(x-1)(x^2-2x+m)=0$ 的三个根作为三角形的三边之长，那么实数 m 的取值范围是（　　）.

A. $0\leqslant m\leqslant1$　　　　B. $m>\dfrac{3}{4}$

C. $\dfrac{3}{4}<m\leqslant1$　　　　D. $0<m<1$

E. 以上均不正确

65. 不等式 $ax^2+bx+2>0$ 的解集是 $\left\{x\,\middle|\,-\dfrac{1}{2}<x<\dfrac{1}{3}\right\}$，则 $a+b$ 的值是（　　）.

A. 10　　　　　　　　　　B. -10

C. 14　　　　　　　　　　D. -14

E. 以上均不正确

66. 已知不等式 $ax^2+bx+2>0$ 的解集是 $\left\{x\,\middle|\,-\dfrac{1}{4}<x<\dfrac{1}{3}\right\}$，则 b 的值为（　　）

A. -4　　　　　　　　　　B. -2

C. 2　　　　　　　　　　D. 4

E. 以上都不正确

67. 已知关于 x 的一元二次方程 $x^2+2(m+1)x+(3m^2+4mn+4n^2+2)=0$ 有实根，则 m,n 的值是(　　).

A. $m=-1,n=\dfrac{1}{2}$　　　　　　　　B. $m=\dfrac{1}{2},n=-1$

C. $m=-\dfrac{1}{2},n=1$　　　　　　　　D. $m=1,n=-\dfrac{1}{2}$

E. 以上均不对

68. 当 $m<-1$ 时,方程 $(m^3+1)x^2+(m^2+1)x=m+1$ 的根的情况是(　　).

A. 两个负根　　　　　　　　B. 两个异号根且负根绝对值大

C. 无实根　　　　　　　　　D. 两个异号根且正根绝对值大

E. 以上均不对

69. 方程 $2\sqrt{x-3}+6=x$ 的根的个数是(　　).

A. 0　　　　　　　　　　　B. 1

C. 2　　　　　　　　　　　D. 3

E. 以上都不正确

70. 方程 $2(x+y)=xy+7$ 的整数解的个数是(　　).

A. 1　　　　　　　　　　　B. 2

C. 3　　　　　　　　　　　D. 4

E. 以上都不正确

71. 不等式 $\sqrt{x^2-5x+6}>x-1$ 的解集是(　　).

A. $(-\infty,1)$　　　　　　B. $(2,+\infty)$

C. $\left[1,\dfrac{5}{3}\right)$　　　　　　　D. $\left(-\infty,\dfrac{5}{3}\right)$

E. 以上均不正确

72. 若实数 a,b,c 满足 $a+b+c=0$,且 $abc=8$,则 $\dfrac{1}{a}+\dfrac{1}{b}+\dfrac{1}{c}$ 的值是一个(　　).

A. 正数　　　　　　　　　　B. 负数

C. 零　　　　　　　　　　　D. 正数或负数

E. 无法确定

73. 解方程: $2\log_2 x-3\log_x 2-5=0$.

74. 解方程: $(\sqrt{2}+1)^x+(\sqrt{2}-1)^x=6$.

75. 解方程组: $\begin{cases} 2^{x+3}+9^{y+1}=35, \\ 8^{\frac{x}{3}}+3^{2y+1}=5. \end{cases}$

76. 解方程: $\log_{0.5}x^2-14\log_{16}x^3+40\log_{4x}\sqrt{x}=0$.

77. 解不等式: $|9x^2-6x|>1$.

78. 解不等式: $|x-2|-|2x+1|>1$.

79. 不等式 $ax^2+4x+a>1-2x^2$ 对一切 $x\in\mathbf{R}$ 恒成立,则实数 a 的取值范围是 _____.

80. 若 $a\cdot b\neq 1$,且有 $5a^2+2\,007a+9=0$ 和 $9b^2+2\,007b+5=0$,则 $\dfrac{a}{b}=$ _____.

81. 三个实数 $x+2,1,x-2$ 的几何平均数为 $4,-8,7$ 的算术平均数,则 $x=$ (   ).

A. $-\sqrt{5}$ B. $\sqrt{5}$

C. $\pm\sqrt{5}$ D. 无解

E. 以上都不正确

82. 已知 a,b,c 是三个正整数,且 $a>b>c$,若 a,b,c 的算术平均值 $\dfrac{14}{3}$,几何平均数是 4,且 b,c 之积恰为 a,则 a,b,c 依次为 (   ).

A. $2,4,8$ B. $6,5,3$

C. $12,6,2$ D. $8,4,2$

E. 不存在这样的三个正整数

83. 某同学的 9 门课的平均成绩为 80 分,后查出其中有两门课的试卷分别少加了 5 分和 4 分,则该同学的实际平均成绩应为 (   ).

A. 90 分   B. 80 分

C. 82 分   D. 81 分

E. 以上都不正确

84. 已知 $x>0$,函数 $y=\dfrac{2}{x}+3x^2$ 的最小值是 (   ).

A. $2\sqrt{6}$ B. $3\sqrt[3]{3}$

C. $4\sqrt{2}$ D. 6

E. 此函数没有最小值

85. a 与 b 的算术平均值为 8. (   )

(1) a 与 b 为不相等的自然数,且 $\dfrac{1}{a},\dfrac{1}{b}$ 的算术平均值为 $\dfrac{1}{6}$;

(2) a 与 b 为自然数,且 $\dfrac{1}{a},\dfrac{1}{b}$ 的算术平均值为 $\dfrac{1}{6}$.

86. 两数 a,b 的几何平均值的 3 倍大于它的算术平均值. (   )

(1) a,b 满足 $a^2+b^2<34ab$;

(2) a,b 均为正数.

🎯 分层训练答案

1. 【答案】 D

【解析】 对称轴方程为 $x=-\dfrac{b}{2a}=\dfrac{m}{8}=-2\Rightarrow m=-16$,代入原方程得当 $x=1$ 时,$y=25$.

2. 【答案】 A

【解析】 因为函数开口向上,所以对称轴一定要在 $x=4$ 处或 $x=4$ 的右侧,才可以满足 4 以下的所有 x 都是在对称轴的左侧,满足函数递减性. 对称轴为 $x=-\dfrac{b}{2a}=-\dfrac{2(a-1)}{2}=1-a$,则 $1-a\geqslant 4\Rightarrow a\leqslant -3$.

3. 【答案】 D

4.【答案】 $y=-2x^2-12x-16$.

　　【解析】 原方程顶点是$(0,0)$,顶点移到$(-3,2)$相当于原方程的$x+3,y-2$,则$y=-2(x+3)^2+2=-2x^2-12x-16$.

5.【答案】 $a\in\left[2,\dfrac{5}{2}\right)$

　　【解析】 $\begin{cases}\Delta\geqslant 0,\\-\dfrac{b}{2a}>1,\\f(1)>0\end{cases}\Rightarrow\begin{cases}4a^2-16\geqslant 0\\a>1,\\1-2a+4>0\end{cases}\Rightarrow a\in\left[2,\dfrac{5}{2}\right)$.

6.【答案】 (1)开口向下;对称轴为$x=1$;顶点坐标为$(1,1)$.

　　(2)图像如图4所示.其图像由$y=-4x^2$的图像向右平移一个单位,再向上平移一个单位得到.

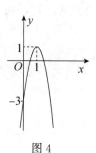

图4

　　(3)函数的最大值为1.

　　(4)函数在$(-\infty,1)$上是单调递增的,在$(1,+\infty)$上是单调递减的.

7.【答案】 $f(c^x)\geqslant f(b^x)$

　　【解题思路】 先求b,c的值再比较大小,要注意b^x,c^x的取值是否在同一单调区间内.

　　【解析】 因为$f(1+x)=f(1-x)$,所以,函数$f(x)$的对称轴是$x=1$,故$b=2$,又$f(0)=3$,所以$c=3$.

　　所以函数$f(x)$在$(-\infty,1]$上递减,在$[1,+\infty)$上递增.

　　若$x\geqslant 0$,则$3^x\geqslant 2^x\geqslant 1$,因此$f(3^x)\geqslant f(2^x)$;

　　若$x<0$,则$3^x<2^x<1$,因此$f(3^x)>f(2^x)$;

　　综上可得$f(3^x)\geqslant f(2^x)$,即$f(c^x)\geqslant f(b^x)$.

8.【答案】 $\left(\dfrac{1}{4},+\infty\right)$

　　【解题思路】 利用指数函数的单调性求解,注意底数的取值范围.

　　【解析】 因为$a^2+2a+5=(a+1)^2+4\geqslant 4>1$,所以函数$y=(a^2+2a+5)^x$在$(-\infty,+\infty)$上是增函数,故$3x>1-x$,解得$x>\dfrac{1}{4}$,所以$x$的取值范围是$\left(\dfrac{1}{4},+\infty\right)$.

9.【答案】 $(-\infty,2]$

　　【解析】 由题意可得$1-6^{x-2}\geqslant 0$,即$6^{x-2}\leqslant 1,x-2\leqslant 0$,故$x\leqslant 2$.因此,函数$f(x)$的定义域是$(-\infty,2]$.

10.【答案】 3 或 $\dfrac{1}{3}$

　　【解题思路】 令$t=a^x$,可将问题转化成二次函数的最值问题,需注意换元后的取值范围.

　　【解析】 令$t=a^x$,则$t>0$,函数$y=a^{2x}+2a^x-1$可化为$y=(t+1)^2-2$,其对称轴为$t=-1$.当$a>1$时,$x\in[-1,1]$,$\dfrac{1}{a}\leqslant a^x\leqslant a$,即$\dfrac{1}{a}\leqslant t\leqslant a$.

　　当$t=a$时,$y_{\max}=(a+1)^2-2=14$,解得$a=3$或$a=-5$(舍去).

　　当$0<a<1$时,$x\in[-1,1]$,$a\leqslant a^x\leqslant\dfrac{1}{a}$,即$a\leqslant t\leqslant\dfrac{1}{a}$.

当 $t=\dfrac{1}{a}$ 时，$y_{\max}=\left(\dfrac{1}{a}+1\right)^2-2=14$，解得 $a=\dfrac{1}{3}$ 或 $a=-\dfrac{1}{5}$（舍去），因此 a 的值是 3 或 $\dfrac{1}{3}$．

11.【答案】　$x=2$

　　【解析】　原方程可化为 $9\times(3^x)^2-80\times3^x-9=0$，令 $t=3^x\,(t>0)$，上述方程可化

为 $9t^2-80t-9=0$，解得 $t=9$ 或 $t=-\dfrac{1}{9}$（舍去），因此 $3^x=9,x=2$，经检验原方程的解是

$x=2$．

12.【答案】　$f(x)_{\max}=12;f(x)_{\min}=-24$

　　【解析】　设 $t=3^x$，因为 $-1\leqslant x\leqslant2$，所以 $\dfrac{1}{3}\leqslant t\leqslant9$．且 $f(x)=g(t)=-(t-3)^2+$

12，故当 $t=3$ 即 $x=1$ 时，$f(x)$ 取最大值 12，当 $t=9$ 即 $x=2$ 时，$f(x)$ 取最小值 -24．

13.【答案】　$a=3$

　　【解析】　令 $t=a^x$，则 $y=a^{2x}+2a^x-1(a>1)$ 换元为 $y=t^2+2t-1\left(\dfrac{1}{a}<t<a\right)$，对

称轴为 $t=-1$．因为 $a>1$，显然对称轴在区间 $\left(\dfrac{1}{a},a\right)$ 的左侧，那么，当 $t=a$ 时，即 $x=1$ 时

取最大值，解得 $a=3,a=-5$（舍去）．

14.【答案】　A

　　【解析】　$3^a=2\Leftrightarrow a=\log_3 2,\log_3 8-2\log_3 6=3\log_3 2-2(\log_3 2+1)=3a-2a-2=$

$a-2$．

15.【答案】　B

　　【解析】　$(M-2N)^2=MN\Rightarrow M^2-4MN+4N^2=MN\Rightarrow\dfrac{M}{N}=4$ 或 1，代入题目中发

现只有 $\dfrac{M}{N}=4$ 满足题意，选 B．

16.【答案】　D

　　【解析】　$(\lg x+\lg 5)(\lg x+\lg 7)=0\Rightarrow\lg x=-\lg 5$ 或 $\lg x=-\lg 7\Rightarrow x_1=\dfrac{1}{5}$，

$x_2=\dfrac{1}{7}\Rightarrow\alpha\cdot\beta=\dfrac{1}{35}$．

17.【答案】　C

　　【解析】　$\log_7\left[\log_3(\log_2 x)\right]=0\Rightarrow\log_3(\log_2 x)=1\Rightarrow\log_2 x=3\Rightarrow x=8$，所以 $x^{-\frac{1}{2}}=$

$8^{-\frac{1}{2}}=\dfrac{1}{2\sqrt{2}}$．

18.【答案】　A

　　【解析】　$y=\log_{(2x-1)}\sqrt{3x-2}\Rightarrow\begin{cases}2x-1>0,\\2x-1\neq1,\\3x-2>0\end{cases}\Rightarrow x>\dfrac{2}{3}$，且 $x\neq1$．

19.【答案】　C

　　【解析】　由于 $\log_a b\cdot\log_a a=1$，则 $\log_m 9<\log_n 9<0\Rightarrow\log_9 n<\log_9 m<\log_9 1\Rightarrow0<$

$n<m<1$．

20.【答案】　A

【解析】　$\log_a\dfrac{2}{3}<1\Rightarrow\log_a\dfrac{2}{3}<\log_a a$，当 $a>1$ 时满足；当 $0<a<1$ 时，得 $a<\dfrac{2}{3}$，所以选 A.

21.【答案】　B

【解析】　取特殊值 $a=\dfrac{1}{2}$，$b=2$，得 $M=\dfrac{1}{4}$，$N=-1$，$P=\sqrt{2}$，显然满足 $N<M<P$.

22.【答案】　12

【解析】　$\log_a2=m\Rightarrow a^m=2$，$\log_a3=n\Rightarrow a^n=3$，则 $a^{2m+n}=(a^m)^2\cdot a^n=12$.

23.【答案】　$1<x<3$ 且 $x\neq2$

【解析】　由 $\begin{cases}3-x>0,\\x-1>0,\\x-1\neq1,\end{cases}$ 解得 $1<x<3$ 且 $x\neq2$.

24.【答案】　2

【解析】　$\lg25+\lg2\cdot\lg50+(\lg2)^2=2\lg5+\lg2\cdot(2\lg5+\lg2)+(\lg2)^2=$
$2(\lg2)^2+2\lg2\cdot\lg5+2\lg5=2[(\lg2)^2+\lg2\cdot\lg5+\lg5]=2[\lg2\cdot(\lg2+\lg5)+\lg5)]=2$.

25.【答案】　$f(3)<f(4)$

【解析】　设 $y=\log_{0.5}u$，$u=-x^2+4x+5$，由 $-x^2+4x+5>0$，解得 $-1<x<5$. 又 $u=-x^2+4x+5=-(x-2)^2+9$. 当 $x\in[2,5]$ 时，u 单调递减，且 $y=\log_{0.5}(-x^2+4x+5)$ 单调递减，因此 $f(3)<f(4)$.

26.【答案】　$-\sqrt{5}-2<k<\sqrt{5}-2$

【解析】　因为 $y=\lg\left[x^2+(k+2)x+\dfrac{5}{4}\right]$ 的定义域为 $\mathbf{R}$，所以 $x^2+(k+2)x+\dfrac{5}{4}>0$ 恒成立，则 $\Delta=(k+2)^2-5<0$，即 $k^2+4k-1<0$，由此解得 $-\sqrt{5}-2<k<\sqrt{5}-2$.

27.【答案】　$f(x)_{\max}=2$；$f(x)_{\min}=-\dfrac{1}{4}$

【解析】　由 $2(\log_2x)^2-7\log_2x+3\leqslant0$，解得 $\dfrac{1}{2}\leqslant\log_2x\leqslant3$. $f(x)=\log_2\dfrac{x}{2}\cdot\log_2\dfrac{x}{4}=$
$(\log_2x-1)(\log_2x-2)=\left(\log_2x-\dfrac{3}{2}\right)^2-\dfrac{1}{4}$. 当 $\log_2x=3$ 时，$f(x)$ 取得最大值 2；当 $\log_2x=\dfrac{3}{2}$ 时，$f(x)$ 取得最小值 $-\dfrac{1}{4}$.

28.【答案】　A

【解析】　$|x+1|<1\Rightarrow-1<x+1<1\Rightarrow-2<x<0$.

29.【答案】　C

【解析】　两边平方得 $(x-1)^2>(x-2)^2\Rightarrow-2x+1>-4x+4\Rightarrow2x>3\Rightarrow x>\dfrac{3}{2}$.

30.【答案】　B

【解析】　如图 5 所示，$(x^2-3x+2)(x^2-2x-3)<0\Rightarrow$ $(x-1)(x-2)(x-3)(x+1)<0\Rightarrow-1<x<1$ 或 $2<x<3$.

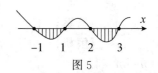

图 5

31. 【答案】　D

【解析】　$\begin{cases} x^2-4\geqslant 0, \\ 3+2x-x^2>0, \\ 3+2x-x^2\neq 1 \end{cases} \Rightarrow \begin{cases} x\leqslant -2,或x\geqslant 2, \\ -1<x<3, \\ x\neq 1\pm\sqrt{3} \end{cases} \Rightarrow [2,1+\sqrt{3})\cup(1+\sqrt{3},3).$

32. 【答案】　A

【解析】　两边平方,注意被开方数大于等于 0,$x^2<2-x\Rightarrow(x+2)(x-1)<0\Rightarrow -2<x<1.$

33. 【答案】　D

【解析】　$\sqrt{\left(\left|\dfrac{1}{m}-\dfrac{1}{n}\right|\right)^2}=\sqrt{\left(\dfrac{1}{m}+\dfrac{1}{n}\right)^2-4\times\dfrac{1}{mn}}=\sqrt{\left[\dfrac{(m+n)}{mn}\right]^2-4\times\dfrac{1}{mn}}=\sqrt{5}.$

34. 【答案】　A

【解析】

$$|x_1-x_2|=\frac{\sqrt{\Delta}}{|a|}=\frac{\sqrt{(a+1)^2-8(a+3)}}{2}=\frac{\sqrt{a^2-6a-23}}{2}=1\Rightarrow a=9\text{ 或}-3.$$

35. 【答案】　A

【解析】　$f(1)=2+3+5m<0\Rightarrow m<-1.$

36. 【答案】　A

【解析】　$|m|-1=0\Rightarrow m=1$或-1(舍)$\Rightarrow m=1.$

37. 【答案】　B

【解析】　$\alpha^2-5\alpha+1=0\Rightarrow\dfrac{\alpha^2-5\alpha+1}{\alpha}=0\Rightarrow\alpha+\dfrac{1}{\alpha}=5$,则 $\alpha^2+\dfrac{1}{\alpha^2}=\left(\alpha+\dfrac{1}{\alpha}\right)^2-2=23.$

38. 【答案】　C

【解析】　要使 $|3-\sqrt{(x-3)^2}|=x$ 成立,首先可知 x 一定大于等于 0,排除 A. 再将 0 和 3 分别代入上式,然后再将特殊值代入,取 $x=2,x=4$,先后代入,其中 $x=2$ 时两边可以成立,而 $x=4$ 时则不行,所以选 C.

39. 【答案】　C

【解析】　因为 $\dfrac{0.3}{0.45}=\dfrac{2}{3}$,而 $\dfrac{4+3x}{6+3y}$ 中 $\dfrac{4}{6}$ 也可化成 $\dfrac{2}{3}$,利用等比定理公式 $\dfrac{a}{b}=\dfrac{c}{d}=\dfrac{a+c}{b+d}$,$\dfrac{4}{6}=\dfrac{3x}{3y}=\dfrac{4+3x}{6+3y}=\dfrac{2}{3}$,所以 $\dfrac{x}{y}=\dfrac{2}{3}.$

40. 【答案】　B

【解析】　条件(1)取 $x=-1$,即不充分.条件(2)求得 $x=1$,充分.

41. 【答案】　B

【解析】　$\Delta>0$,且 a 不等于$0\Rightarrow(2a-1)^2-4a(a-3)>0\Rightarrow a>-\dfrac{1}{8}$且 $a\neq 0.$

42. 【答案】　B

【解析】　条件(1),$x^2+x=20\Rightarrow x=4$或-5,不充分;条件(2),求得 $x=4$ 或 1(舍去),代入充分,选 B.

43. 【答案】　A

【解析】　$\dfrac{c}{a+b}<\dfrac{a}{b+c}<\dfrac{b}{a+c}\Leftrightarrow\dfrac{a+b}{c}>\dfrac{b+c}{a}>\dfrac{a+c}{b}\Leftrightarrow\dfrac{1}{c}>\dfrac{1}{a}>\dfrac{1}{b}\Leftrightarrow 0<c<a<b.$

44.【答案】　$x = \dfrac{8}{5}$

　　【解析】　原式 $\Rightarrow \dfrac{2(3x-1)-x-2}{4} = 1 \Rightarrow \dfrac{5x-4}{4} = 1 \Rightarrow 5x = 8 \Rightarrow x = \dfrac{8}{5}$.

45.【答案】　$x = \dfrac{\sqrt{2}}{2}$ 或 $x = -\dfrac{\sqrt{2}}{2}$

　　【解析】　原式 $\Rightarrow x = (2x-1)(x+1) \Rightarrow x = 2x^2 + x - 1 \Rightarrow 2x^2 - 1 = 0 \Rightarrow x = \dfrac{\sqrt{2}}{2}$ 或

$x = -\dfrac{\sqrt{2}}{2}$.

46.【答案】　$x_1 = \dfrac{1}{2}, x_2 = -a$

　　【解析】　$\Delta = (2a-1)^2 + 4 \times 2 \times a = 4a^2 + 4a + 1 = (2a+1)^2 \geqslant 0$,

$x = \dfrac{-(2a-1) \pm \sqrt{\Delta}}{4} = \dfrac{-(2a-1) \pm (2a+1)}{4} \Rightarrow x_1 = \dfrac{1}{2}, x_2 = -a$.

47.【答案】　$\begin{cases} x = \dfrac{1}{13}, \\ y = -\dfrac{8}{13} \end{cases}$

　　【解析】　上式乘以 3, 得 $6x - 9y = 6$;　　　　　　　　　　　　　　　　　(1)

下式乘以 2, 得 $6x + 4y = -2$.　　　　　　　　　　　　　　　　　　　　　(2)

$(1) - (2) \Rightarrow -13y = 8 \Rightarrow y = -\dfrac{8}{13}, x = \dfrac{1}{13}$.

48.【答案】　$x > -2$

　　【解析】　$4x^2 - 10x - 27 < 4x^2 + 4x + 1 \Rightarrow 14x > -28 \Rightarrow x > -2$.

49.【答案】　$x < \dfrac{20}{9}$

　　【解析】　两边同乘以 12 得: $108 - 33x > 12x + 8 \Rightarrow x < \dfrac{20}{9}$.

50.【答案】　$x \in \mathbf{R}$

　　【解析】　$4x - 2x + 6 > 2x + 3 \Rightarrow 6 > 3 \Rightarrow x \in \mathbf{R}$.

51.【答案】　$\varnothing$

　　【解析】　两边同乘以 6 得: $2x - 4 + 3x + 9 < 5x \Rightarrow 5 < 0 \Rightarrow$ 解集为空集.

52.【答案】　$x > 4$

　　【解析】　两边同乘以 24 得: $12x + 4 - 30 > 9x - 2(2x-1)$, 解得 $x > 4$.

53.【答案】　$x < 2$

　　【解析】　上式得 $x < 2$, 下式得 $x < \dfrac{11}{4}$, 因此交集为 $x < 2$.

54.【答案】　$\varnothing$

　　【解析】　上式两边同乘以 12, 移项合并同类项得 $x > 28$, 下式得 $x < -\dfrac{3}{2}$. 显然

无解.

55.【答案】 $-\dfrac{3}{5} \leqslant x < 4$

【解析】 上式两边同乘以 12 得 $x < 4$;下式两边同乘以 12 得 $x \geqslant -\dfrac{3}{5}$,因此 $-\dfrac{3}{5} \leqslant x < 4$.

56.【答案】 $(-\infty, -\sqrt{5}) \cup (\sqrt{5}, +\infty)$

【解析】 $x^2 - 4 > 1 \Rightarrow x^2 > 5 \Rightarrow x > \sqrt{5}$ 或 $x < -\sqrt{5} \Rightarrow x \in (-\infty, -\sqrt{5}) \cup (\sqrt{5}, +\infty)$.

57.【答案】 $-\dfrac{3}{2} < x < 1$

【解析】 $2x^2 + x - 3 < 0 \Rightarrow (2x+3)(x-1) < 0 \Rightarrow -\dfrac{3}{2} < x < 1$.

58.【答案】 $x \in \mathbf{R}$

【解析】 原式 $\Rightarrow 5x^2 - 2x + 3 > 0$,因为 $\Delta = 4 - 4 \times 5 \times 3 = -56 < 0$,所以原方程无实数根,原不等式的解集为 $\{x \mid x \in \mathbf{R}\}$.

59.【答案】 $\dfrac{-3-\sqrt{41}}{4} \leqslant x \leqslant \dfrac{-3+\sqrt{41}}{4}$

【解析】 因为 $\Delta = 9 + 4 \times 2 \times 4 = 41 > 0$,由 $2x^2 + 3x - 4 = 0$ 得 $x_{1,2} = \dfrac{-3 \pm \sqrt{9+32}}{4} = \dfrac{-3 \pm \sqrt{41}}{4}$. 因此 $\dfrac{-3-\sqrt{41}}{4} \leqslant x \leqslant \dfrac{-3+\sqrt{41}}{4}$.

60.【答案】 $(-\infty, \sqrt{5}) \cup (\sqrt{5}, +\infty)$

【解析】 由原式 $\Rightarrow (x-\sqrt{5})^2 > 0 \Rightarrow x \neq \sqrt{5} \Rightarrow x \in (-\infty, \sqrt{5}) \cup (\sqrt{5}, +\infty)$.

61.【答案】 D

【解析】 取值检验,无法求出任何一组解,因此选 D.

62.【答案】 D

【解析】 $85x$ 为奇数,则 x 是奇数,显然 D 是错误的.

63.【答案】 D

【解析】 因为选项 A 中,$x \times 19 = 78 \times 19$ 的积的末尾数是 2,而 $78 \times y = 78 \times 91$ 的末尾数是 8,前后两项之和的末尾数总是 0,所以排除,

以同样方法,B 中,前后两项末尾数分别为 6 与 6,相加就是 12,也排除;

C 中前后两项末尾数分别为 2 与 4,相加为 6,也排除;

D 中分别为 9 与 8,相加为 17,可以选,因此选 D.

64.【答案】 C

【解析】 $(x-1)(x^2 - 2x + m) = 0$ 的解为三角形三边,则 $x^2 - 2x + m = 0$ 要取得相等或相异的两实数根,即 $\Delta = 4 - 4m \geqslant 0 \Rightarrow m \leqslant 1$.

既然选项里有提到 $\dfrac{3}{4}$,就把它代入上式,得到两解为 $\dfrac{3}{2}$ 和 $\dfrac{1}{2}$,但两边之差应大于第三边 $x = 1$,可这两个解之差为 1,所以不能等于 $\dfrac{3}{4}$,而在 A 选项中,$0 \leqslant m \leqslant 1$ 包含 $\dfrac{3}{4}$,所以选 C.

65.【答案】 D

【解析】 既然解集是 $\left(-\dfrac{1}{2},\dfrac{1}{3}\right)$ 的形式,就知道 a 应该小于 0,所以

$$ax^2+bx+2>0 \Rightarrow x^2+\dfrac{b}{a}x+\dfrac{2}{a}<0.$$

$x\in\left(-\dfrac{1}{2},\dfrac{1}{3}\right)$,则

$$\left(x+\dfrac{1}{2}\right)\left(x-\dfrac{1}{3}\right)=x^2+\dfrac{1}{6}x-\dfrac{1}{6}<0$$

$$\Rightarrow x^2+\dfrac{1}{6}x+\dfrac{2}{-12}<0 \Rightarrow x^2+\dfrac{-2}{-12}x+\dfrac{2}{-12}<0,$$

所以 a 与 b 分别等于 -12 与 -2,$a+b=-14$.

66.【答案】 C

　　【解析】 用第 65 题的方法得到答案为 C,其中 $a=-24$,$b=2$.

67.【答案】 D

　　【解析】 $\Delta\geqslant 0 \Rightarrow 4(m+1)^2-4(3m^2+4mn+4n^2+2)\geqslant 0$

$$\Rightarrow (m+1)^2-(3m^2+4mn+4n^2+2)\geqslant 0$$

$$\Rightarrow 2m^2+4n^2-2m+4mn+1\leqslant 0$$

$$\Rightarrow m^2+4mn+4n^2+m^2-2m+1\leqslant 0$$

$$\Rightarrow (m+2n)^2+(m-1)^2\leqslant 0$$

$$\Rightarrow m=1,n=-\dfrac{1}{2}.$$

68.【答案】 D

　　【解析】 $\Delta=\underbrace{(m^2+1)^2}_{>0}+\underbrace{\underbrace{4(m+1)}_{<0}\underbrace{(m^3+1)}_{<0}}_{>0}\Rightarrow>0$,即有两个不相等的实数根,

$$x_1+x_2=-\dfrac{m^2+1}{\underbrace{m^3+1}_{<0}}>0,\quad x_1x_2=-\dfrac{\overset{<0}{\overline{m+1}}}{m^3+1}<0,$$

所以两根相异但正根的绝对值更大.

69.【答案】 B

　　【解析】 方法一:图像法.

$2\sqrt{x-3}+6=x\Rightarrow 2\sqrt{x-3}=x-6\Rightarrow 4(x-3)=(x-6)^2$,
将等号两边都当作函数,由 $x\geqslant 3$ 得到图像如图 6 所示:等号
左边是在轴上方(包括 $x=3$)的一次函数线段,等号右边是
以 $(6,0)$ 为顶点的抛物线,所以有两个交点. 如果题目要求
求出交点,则一个是 $x=4$,另一个是 $x=12$,而经仔细分析
得 $x\geqslant 6$,那么只能得到 $x=12$.

　　方法二:配方法.

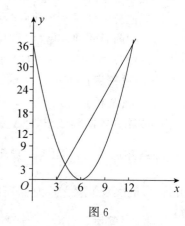

图 6

$$x-2\sqrt{x-3}-6=0,$$
$$(x-3)-2\sqrt{x-3}+1=4,$$
$$(\sqrt{x-3})^2-2\sqrt{x-3}+1=4,$$
$$(\sqrt{x-3}-1)^2=4,$$
$$\sqrt{x-3}-1=2 \text{ 或} -2(\text{舍}),$$

所以 $\sqrt{x-3}=3$, 所以 $x=12$.

70.【答案】 D

【解析】 原方程化为 $xy-2x-2y+7=0$, 即 $x(y-2)-2y+4+3=0$, 也即
$$x(y-2)-2(y-2)+3=0,$$
$$(x-2)(y-2)=-3,$$

显然, 得 $\begin{cases}x-2=1,\\y-2=-3\end{cases}$ 或 $\begin{cases}x-2=-1,\\y-2=3\end{cases}$ 或 $\begin{cases}x-2=3,\\y-2=-1\end{cases}$ 或 $\begin{cases}x-2=-3,\\y-2=1.\end{cases}$

分别解得 $\begin{cases}x=3,\\y=-1\end{cases}$ 或 $\begin{cases}x=1,\\y=5\end{cases}$ 或 $\begin{cases}x=5,\\y=1\end{cases}$ 或 $\begin{cases}x=-1,\\y=3,\end{cases}$ 共 4 组整数解.

71.【答案】 D

【解析】 $\begin{cases}x^2-5x+6\geqslant0,\\x-1<0\end{cases}$ 或 $\begin{cases}x^2-5x+6\geqslant0,\\x-1\geqslant0,\\x^2-5x+6>(x-1)^2\end{cases}$ $\Rightarrow x<\dfrac{5}{3}.$

72.【答案】 B

【解析】 因为 $a+b+c=0$ 且 $abc>0$, 所以 a,b,c 为两负一正且正根等于两负根的绝对值之和, 设 c 为正根, a,b 为负根, 所以

$$\dfrac{1}{a}+\dfrac{1}{b}+\dfrac{1}{c}=\dfrac{1}{a}+\dfrac{1}{b}-\dfrac{1}{a+b}=\dfrac{(a+b)^2-ab}{ab(a+b)}=\dfrac{a^2-2ab+b^2+3ab}{ab(a+b)}=\dfrac{(a-b)^2+3ab}{ab(a+b)}<0.$$

因为 $(a-b)^2\geqslant0,3ab>0$, 所以分子大于零; $ab>0,a+b<0$, 所以分母小于零.

73.【答案】 $x_1=\dfrac{\sqrt{2}}{2},x_2=8$

【解析】 原式转化为 $2\log_2 x-3\dfrac{1}{\log_2 x}-5=0$. 令 $\log_2 x=t$, $2t-\dfrac{3}{t}-5=0\Rightarrow 2t^2-5t-3=0\Rightarrow(2t+1)(t-3)=0\Rightarrow t=-\dfrac{1}{2},t=3\Rightarrow x_1=2^t=\dfrac{\sqrt{2}}{2},x_2=2^3=8.$

74.【答案】 $x=\pm2$

【解析】 因为 $\sqrt{2}-1=\dfrac{1}{\sqrt{2}+1}$, 所以原方程 $\Rightarrow(\sqrt{2}+1)^x+\left(\dfrac{1}{\sqrt{2}+1}\right)^x=6\Rightarrow$ $(\sqrt{2}+1)^x+(\sqrt{2}+1)^{-x}=6\Rightarrow y+\dfrac{1}{y}-6=0\Rightarrow y=(\sqrt{2}+1)^x=3\pm2\sqrt{2}=2\pm2\sqrt{2}+1=$ $(\sqrt{2}\pm1)^2\Rightarrow x=\pm2.$

75.【答案】 $\begin{cases}x=2,\\y=-\dfrac{1}{2}\end{cases}$

【解析】 设 $2^x=a,9^y=b \Rightarrow \begin{cases} 8a+9b=35, \\ a+3b=5, \end{cases}$ 解得 $a=4,b=\dfrac{1}{3}$，因此 $x=2,y=-\dfrac{1}{2}$.

76.【答案】 $x=1$ 或 4 或 $\dfrac{\sqrt{2}}{2}$

【解析】 题干等价于 $\dfrac{2\ln x}{\ln x-\ln 2}-\dfrac{42\ln x}{\ln x+4\ln 2}+\dfrac{20\ln x}{\ln x+2\ln 2}=0$. 令 $\ln x=t$，

$\dfrac{2t}{t-\ln 2}-\dfrac{42t}{t+4\ln 2}+\dfrac{20t}{t+2\ln 2}=0 \Rightarrow (t+4\ln 2)(t+2\ln 2)-21(t-\ln 2)(t+2\ln 2)+$

$10(t-\ln 2)(t+4\ln 2)=0 \Rightarrow t_1=0,t_2=2\ln 2,t_3=-\dfrac{1}{2}\ln 2 \Rightarrow x=1$ 或 4 或 $\dfrac{\sqrt{2}}{2}$.

77.【答案】 $x>\dfrac{1+\sqrt{2}}{3}$ 或 $x<\dfrac{1-\sqrt{2}}{3}$

【解析】 方法一：当 $9x^2-6x \geqslant 0$ 时，

$$3x(3x-2) \geqslant 0 \Rightarrow x \geqslant \dfrac{2}{3} \text{ 或 } x \leqslant 0. \tag{1}$$

原方程为

$$9x^2-6x>1 \Rightarrow x>\dfrac{1+\sqrt{2}}{3} \text{ 或 } x<\dfrac{1-\sqrt{2}}{3}. \tag{2}$$

综合 $(1),(2)$ 得 $x>\dfrac{1+\sqrt{2}}{3}, x<\dfrac{1-\sqrt{2}}{3}$. 当 $9x^2-6x<0$ 时，

$$3x(3x-2)<0 \Rightarrow 0<x<\dfrac{2}{3}. \tag{3}$$

原方程为 $-(9x^2-6x)>1 \Rightarrow 9x^2-6x+1<0 \Rightarrow (3x-1)^2<0 \Rightarrow$ 无实数根.

综上所述：$x>\dfrac{1+\sqrt{2}}{3}$ 或 $x<\dfrac{1-\sqrt{2}}{3}$.

把绝对值打开成大于 1 或小于 -1 的形式也可以.

方法二：$f(x)=9x^2-6x=9\left(x-\dfrac{1}{3}\right)^2-1$ 为与 y

轴截距为 0（过原点）且对称轴是 $x=\dfrac{1}{3}$，顶点为

$\left(\dfrac{1}{3},-1\right)$ 的抛物线. 取绝对值后把轴下方的图像翻上

来，如图 7 所示.

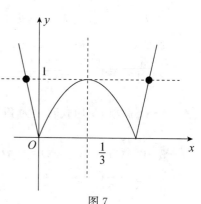

图 7

翻上来后的抛物线的肚子与 $y=1$ 有切线，所以要

绝对值大于 1 就取黑色交点两侧的区间，$x \in \left(-\infty, \dfrac{1-\sqrt{2}}{3}\right) \cup \left(\dfrac{1+\sqrt{2}}{3}, +\infty\right)$

78.【答案】 $x \in (-2,0)$

【解析】 当 $x \geqslant 2$ 时，$x-2-2x-1>1 \Rightarrow x<-4$，矛盾，无解；

当 $-\dfrac{1}{2} \leqslant x<2$ 时，$-(x-2)-2x-1>1 \Rightarrow -\dfrac{1}{2} \leqslant x<0$；

当 $x<-\dfrac{1}{2}$ 时, $-(x-2)+2x+1>1\Rightarrow-2<x<-\dfrac{1}{2}$.

综上所述,方程解为 $x\in(-2,0)$.

79.【答案】 $a>2$

【解析】 $ax^2+4x+a>1-2x^2\Rightarrow(a+2)x^2+4x+a-1>0$

$$\Rightarrow\begin{cases}a+2>0,\\\Delta<0\end{cases}\Rightarrow\begin{cases}a>-2,\\16-4(a+2)(a-1)<0\end{cases}$$

$$\Rightarrow\begin{cases}a>-2,\\16-4(a+2)(a-1)<0\end{cases}\Rightarrow\begin{cases}a>-2,\\a>2\text{ 或 }a<-3\end{cases}\Rightarrow a>2.$$

80.【答案】 $\dfrac{9}{5}$

【解析】 $9b^2+2\,007b+5=0\Rightarrow\dfrac{5}{b^2}+2\,007\dfrac{1}{b}+9=0$,显然 $a,\dfrac{1}{b}$ 是方程 $5x^2+$

$2\,007x+9=0$ 的两个根,则 $\dfrac{a}{b}=a\cdot\dfrac{1}{b}=\dfrac{9}{5}$.

81.【答案】 B

【解析】 $4,-8,7$ 的算术平均数为 1,根据几何平均数的定义, $\sqrt[3]{(x+2)(x-2)\cdot1}=$

$1\Rightarrow x=\pm\sqrt{5}$,而 $x+2,1,x-2$ 需分别大于 0,只能取 $x=\sqrt{5}$.

82.【答案】 D

【解析】 $\begin{cases}a+b+c=14,\\abc=64,\\bc=a\end{cases}\Rightarrow\begin{cases}a=8,\\b=4,\\c=2.\end{cases}$

83.【答案】 D

【解析】 原总分为 720,修正后的总分应为 729,平均成绩多了 1 分,为 81 分.

84.【答案】 B

【解析】 原式 $=\dfrac{1}{x}+\dfrac{1}{x}+3x^2\geqslant3\sqrt[3]{\dfrac{1}{x}\cdot\dfrac{1}{x}\cdot3x^2}=3\sqrt[3]{3}$.

85.【答案】 A

【解析】 $\dfrac{\dfrac{1}{a}+\dfrac{1}{b}}{2}=\dfrac{1}{6}\Rightarrow\dfrac{1}{a}+\dfrac{1}{b}=\dfrac{1}{3}\Rightarrow\begin{cases}a=6,\\b=6\end{cases}$ 或 $\begin{cases}a=12,\\b=4\end{cases}$ 或 $\begin{cases}a=4,\\b=12,\end{cases}$ 而由条件(1), a

与 b 为不相等的自然数,只能是 $\begin{cases}a=12,\\b=4\end{cases}$ 或 $\begin{cases}a=4,\\b=12\end{cases}\Rightarrow\dfrac{a+b}{2}=8$,或者直接由两个条件的关系

可以知道选 A.

86.【答案】 C

【解析】 由条件(1),

$$a^2+b^2<34ab\Rightarrow(a+b)^2<36ab\Rightarrow a+b<6\sqrt{ab}\Rightarrow3\sqrt{ab}>\dfrac{a+b}{2}.$$

而条件(2), a,b 均为正数是为了保证几何平均的存在,所以联合条件(1)和(2)才能
充分.

本章小结

【知识体系】

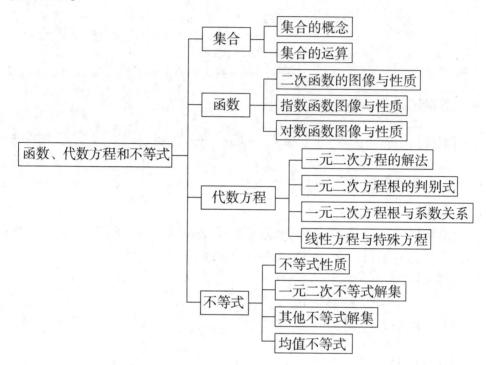

第四章　数列

章节学习框架

知识点	考点	难度	已学	已会
数列的基本概念	数列的通项与递推	★★		
	前 n 项和与通项公式的关系	★★		
等差数列	等差数列的递推与通项	★		
	等差数列前 n 项和公式	★★		
	等差数列的角标性质和等差中项	★★		
	等差数列的判定方法	★★		
	等差数列前 n 项和	★★★		
等比数列	等比数列的递推与通项	★★		
	等比数列的前 n 项和公式	★★		
	等比数列的角标性质和等比中项	★★		

注:请读者在学完本章后在此表的"已学"和"已会"栏中进行标注.

第一节　数列的基本概念

🎯 知识点归纳与例题讲解

一、数列的概念

数列为按照一定次序排列的有规律的一列数.其表示方法为 $a_1,a_2,a_3,\cdots,a_{n-1},a_n,\cdots$ 或数列 $\{a_n\}$.

二、通项、通项公式与前 n 项和

1. 通项 a_n,通项公式 $a_n=f(n)$,a_n 可看成关于 n 的一个函数(n 是大于零的自然数).

【解题提示】

(1)（累加法）$a_n = a_1 + (a_2 - a_1) + \cdots + (a_n - a_{n-1})$；

(2)（累乘法）$a_n = a_1 \times \dfrac{a_2}{a_1} \times \dfrac{a_3}{a_2} \times \cdots \times \dfrac{a_n}{a_{n-1}}$.

2. 前 n 项和：$S_n = a_1 + a_2 + a_3 + \cdots + a_n$.

三、数列前 n 项和与通项公式 a_n 的关系

$$a_n = \begin{cases} S_1, & n=1, \\ S_n - S_{n-1}, & n \geq 2. \end{cases}$$

【应试对策】 $a_n = S_n - S_{n-1}(n \geq 2)$，此公式不包含 a_1，即用完此公式后，要进行验证首项是否符合公式，如果不符合，应该单列出首项.

【例 4.1.1】 根据下列数列的前 n 项，写出数列的一个通项公式.

(1)$\dfrac{1}{2}, \dfrac{4}{5}, \dfrac{9}{10}, \dfrac{16}{17}, \cdots$；

(2)$1, -\dfrac{1}{3}, \dfrac{1}{7}, -\dfrac{1}{15}, \dfrac{1}{31}, \cdots$；

(3)$\dfrac{3}{4}, \dfrac{7}{8}, \dfrac{15}{16}, \dfrac{31}{32}, \cdots$；

(4)$21, 203, 2\,005, 20\,007, \cdots$；

(5)$1, 0, 1, 0, \cdots$；

(6)$0, 1, 0, 1, \cdots$；

(7)$1, \dfrac{3}{2}, \dfrac{1}{3}, \dfrac{5}{4}, \dfrac{1}{5}, \dfrac{7}{6}, \cdots$；

(8)$5, 55, 555, 5\,555, \cdots$.

【答案】

(1)$a_n = \dfrac{n^2}{n^2+1}$；　　　　　　　　　　　(2)$a_n = \dfrac{(-1)^{n+1}}{2^n-1}$；

(3)$a_n = \dfrac{2^{n+1}-1}{2^{n+1}}$；　　　　　　　　　(4)$a_n = 2 \times 10^n + (2n-1)$；

(5)$a_n = \dfrac{1+(-1)^{n+1}}{2}$；　　　　　　　(6)$a_n = \dfrac{(-1)^n+1}{2}$；

(7)$a_n = \dfrac{1}{n} + \dfrac{(-1)^n+1}{2}$；　　　　　(8)$a_n = \dfrac{5(10^n-1)}{9}$

【命题知识点】 数列的通项公式.

【例 4.1.2】 已知数列 $\{a_n\}$ 满足 $a_1 = \dfrac{1}{2}$，$a_{n+1} = a_n + \dfrac{1}{4n^2-1}$，求 a_n.

【答案】 $a_n = \dfrac{4n-3}{4n-2}$

【命题知识点】 数列的通项与递推.

【解题思路】

$$a_{n+1}-a_n=\frac{1}{4n^2-1}=\frac{1}{2}\left(\frac{1}{2n-1}-\frac{1}{2n+1}\right),\quad \begin{cases} a_1=\frac{1}{2}, \\ a_2-a_1=\frac{1}{2}\left(1-\frac{1}{3}\right), \\ a_3-a_2=\frac{1}{2}\left(\frac{1}{3}-\frac{1}{5}\right), \\ \cdots\cdots \\ a_n-a_{n-1}=\frac{1}{2}\left(\frac{1}{2n-3}-\frac{1}{2n-1}\right), \end{cases} \quad 累加即可得$$

$$a_n=\frac{1}{2}\left(1+1-\frac{1}{3}+\frac{1}{3}-\frac{1}{5}+\cdots+\frac{1}{2n-3}-\frac{1}{2n-1}\right)$$

$$=\frac{1}{2}\left(2-\frac{1}{2n-1}\right)=\frac{1}{2}\cdot\frac{4n-3}{2n-1}=\frac{4n-3}{4n-2}.$$

【例 4.1.3】 已知数列 $\{a_n\}$ 中 $a_1=2$, $a_{n+1}=\frac{n+1}{n}a_n$, 求 a_n.

【答案】 $a_n=2n$

【命题知识点】 数列的通项与递推.

【解题思路】 $\frac{a_{n+1}}{a_n}=\frac{n+1}{n}$, $\begin{cases} a_1=2, \\ \frac{a_2}{a_1}=\frac{2}{1}, \\ \frac{a_3}{a_2}=\frac{3}{2}, \\ \cdots\cdots \\ \frac{a_n}{a_{n-1}}=\frac{n}{n-1}, \end{cases}$ 累乘即可得

$$a_n=2\times\frac{2}{1}\times\frac{3}{2}\times\frac{4}{3}\times\cdots\times\frac{n}{n-1}=2n.$$

【例 4.1.4】 已知下列数列 $\{a_n\}$ 的前 n 项和 S_n 的公式, 求 $\{a_n\}$ 的通项公式.
$(1)S_n=n^2+4n$; $(2)S_n=3+2^n$.

【答案】 $(1)a_n=2n+3$; $(2)a_n=\begin{cases} 5, & n=1, \\ 2^{n-1}, & n\geqslant 2 \end{cases}$

【命题知识点】 数列的通项与前 n 项和的关系.

【解题思路】 (1)当 $n=1$ 时, $a_1=S_1=5$; 当 $n\geqslant 2$ 时, $a_n=S_n-S_{n-1}=n^2+4n-(n-1)^2-4(n-1)=2n+3$, 检验后得 $a_n=2n+3$.

(2)当 $n=1$ 时, $a_1=S_1=5$; 当 $n\geqslant 2$ 时, $a_n=S_n-S_{n-1}=3+2^n-3-2^{n-1}=2^{n-1}$, 检验后发现首项不满足, 得 $a_n=\begin{cases} 5, & n=1, \\ 2^{n-1}, & n\geqslant 2. \end{cases}$

【例 4.1.5】　数列 $\{a_n\}$ 的前 n 项和 $S_n=n^2+2n+5$，则 $a_{n+1}+a_{n+2}+a_{n+3}=$＿＿＿＿．

【答案】　$6n+15$

【命题知识点】　数列的通项与前 n 项和的关系．

【解题思路】　$a_{n+1}+a_{n+2}+a_{n+3}=S_{n+3}-S_n=(n+3)^2+2(n+3)+5-(n^2+2n+5)=6n+15$．

【例 4.1.6】　已知数列 $\{a_n\}$ 满足 $a_1=3$，$a_{n+1}=2a_n+1$，写出数列的前 6 项及 $\{a_n\}$ 的通项公式．

【答案】　$a_1=3,a_2=7,a_3=15,a_4=31,a_5=63,a_6=127,a_n=2^{n+1}-1$

【命题知识点】　数列的通项与递推．

【解题思路】　由题干可得 $a_2=7,a_3=15,a_4=31,a_5=63,a_6=127$．$a_{n+1}=2a_n+1\Rightarrow a_{n+1}+1=2a_n+2\Rightarrow a_{n+1}+1=2(a_n+1)$，所以 $\{a_n+1\}$ 构成一个首项为 $a_1+1=4$，公比为 2 的等比数列，由等比数列的通项公式可得 $a_n+1=4\times2^{n-1}\Rightarrow a_n=2^{n+1}-1$．

第二节　等差数列

◎ 知识点归纳与例题讲解

一、等差数列

如果一个数列从第 2 项起，每一项与它前一项的差都等于同一个常数，这个数列就叫作等差数列，这个常数叫作这个等差数列的公差，记作 d．

1. 等差数列的定义：$a_{n+1}-a_n=d$（d 为常数，$n\in\mathbf{N}^*$）．

2. 通项公式：$a_n=a_1+(n-1)d$（d 为常数，$n\in\mathbf{N}^*$）．

可变形为 $a_n=a_1+(n-1)d=dn+(a_1-d)$．当公差 d 不为零时，可将其看成关于 n 的一次函数 $f(n)=dn+(a_1-d)$，其斜率为 d，在 y 轴上的截距为 a_1-d．

例如，数列的通项公式为 $a_n=5n-3$．可得①其是等差数列；②公差为 5；③首项为 2．

推广：$a_n=a_m+(n-m)d$（d 为常数，$n,m\in\mathbf{N}^*$）．可变形为：$d=\dfrac{a_n-a_m}{n-m}$．

3. 等差中项：如果 a,A,b 成等差数列，那么 A 叫作 a 与 b 的等差中项，即 $A=\dfrac{a+b}{2}$．

4. 一般地，三个数成等差数列，通常设为 $a-d,a,a+d$；四个数成等差数列，通常设为 $a-3d,a-d,a+d,a+3d$．注意此时公差为 $2d$．

5. 前 n 项和公式（重点）：

$$S_n=\frac{(a_1+a_n)n}{2}=na_1+\frac{n(n-1)}{2}d=\frac{d}{2}n^2+\left(a_1-\frac{d}{2}\right)n．$$

当公差 d 不为 0 时，可将其抽象成关于 n 的二次函数

$$f(n) = \frac{d}{2}n^2 + \left(a_1 - \frac{d}{2}\right)n.$$

其特点为①常数项为零,过零点;②开口方向由 d 决定;③二次项系数为 $\frac{d}{2}$;④对称轴 $x = \frac{1}{2} - \frac{a_1}{d}$(求最值);⑤若 d 不为零,等差数列的前 n 项和只能为二次函数;若 d 等于零,则其退化成一次函数.

例如,一个数列的前 n 项和 $S_n = 3n^2 - n$,则可看出此数列为等差数列,且公差是 6,首项是 2.

注意: 如果 S_n 是一个含有常数项的二次函数,则常数项被加在首项,其余各项不变,所以从第二项以后的各项仍然构成等差数列,其特点仍符合上述规律.

例如,$S_n = 2n^2 - 3n + 4, a_1 = S_1 = 3$,第二项以后的各项仍为等差数列,公差为 4,即 $S_n = 2n^2 - 3n + 4$ 所形成的数列为 $3, 3, 7, 11, 15, 19, \cdots$.

【例 4.2.1】 在等差数列中,若 $a_3^2 = a_1 a_9$ 且 $d \neq 0$. 求 $\dfrac{a_1 + a_3 + a_9}{a_2 + a_4 + a_{10}}$.

【答案】 $\dfrac{13}{16}$

【命题知识点】 等差数列.

【解题思路】 $a_3^2 = a_1 a_9 \Rightarrow (a_1 + 2d)^2 = a_1(a_1 + 8d) \Rightarrow a_1^2 + 4a_1 d + 4d^2 = a_1^2 + 8a_1 d \Rightarrow 4a_1 d = 4d^2 \Rightarrow a_1 = d$,则 $\dfrac{a_1 + a_3 + a_9}{a_2 + a_4 + a_{10}} = \dfrac{13d}{16d} = \dfrac{13}{16}$.

【例 4.2.2】 在等差数列中,若 $a_n = 2\,008, a_{2\,008} = n(n \neq 2\,008)$,求 $a_{2\,008+n}$ 的值.

【答案】 0

【命题知识点】 等差数列.

【解题思路】 $d = \dfrac{n - 2\,008}{2\,008 - n} = -1, a_{2\,008+n} = a_n + 2\,008d = 2\,008 - 2\,008 = 0$.

【例 4.2.3】 在等差数列 $\{a_n\}$ 中,公差 $d = 1$,且 $a_1 + a_2 + \cdots + a_{98} + a_{99} = 99$,求 $a_3 + a_6 + a_9 + \cdots + a_{99}$ 的值.

【答案】 66

【命题知识点】 等差数列.

【解题思路】 因为

$$a_1 + a_4 + a_7 + \cdots + a_{97} = a_3 + a_6 + a_9 + \cdots + a_{99} - 66d,$$
$$a_2 + a_5 + a_8 + \cdots + a_{98} = a_3 + a_6 + a_9 + \cdots + a_{99} - 33d,$$

所以

$$a_1 + a_2 + \cdots + a_{98} + a_{99} = 3(a_3 + a_6 + a_9 + \cdots + a_{99}) - 99d = 99,$$
$$a_3 + a_6 + a_9 + \cdots + a_{99} = 66.$$

【例 4.2.4】 (1)在等差数列中,前 n 项和为 S_n,若 $a_4 = 9, a_9 = -6$,求满足 $S_n = 54$ 时

113

n 的值;

(2)在等差数列中,前 n 项和为 S_n,若 $S_{12}=84$,$S_{20}=460$,求 S_{28}.

【答案】　(1)$n=4$ 或 $n=9$;(2)$S_{28}=1\,092$

【命题知识点】　等差数列前 n 项和.

【解题思路】　(1)$\begin{cases}a_4=9,\\a_9=-6\end{cases}\Rightarrow a_9=a_4+(9-4)d\Rightarrow-6=9+5d\Rightarrow\begin{cases}d=-3,\\a_1=18,\end{cases}S_n=na_1+$

$\dfrac{n(n-1)}{2}d=54\Rightarrow n=4$ 或 9.

(2)$\begin{cases}S_{12}=12a_1+\dfrac{12\times(12-1)}{2}d=84,\\S_{20}=20a_1+\dfrac{20\times(20-1)}{2}d=460\end{cases}\Rightarrow\begin{cases}a_1=-15,\\d=4\end{cases}\Rightarrow S_{28}=1\,092.$

二、等差数列的性质(重点)

1. 角标性质:$\{a_n\}$ 为等差数列,若 $m+n=p+q$,则 $a_m+a_n=a_p+a_q(m,n,p,q\in\mathbf{N}^*)$.
特殊地,当 $p=q$ 时,$a_m+a_n=2a_p$.

推广:$a_1+a_n=a_2+a_{n-1}=\cdots=a_k+a_{n-k+1}$.

两项下角标之和只要是 $n+1$,则这两项之和必与 a_1+a_n 相等.

注意:可以将此公式推广到多个,但要满足两个成立条件:一是下角标之和要分别相等,二是等号两端的项数要分别相等,如:

$$a_2+a_8+a_{12}=a_4+a_7+a_{11}\neq a_6+a_{16}(因为项数不同).$$

2. 若$\{a_n\}$,$\{b_n\}$ 为等差数列,则 $\{ka_n\}$,$\{ka_n+b\}$,$\{a_n+b_n\}(k,b$ 为常数)也为等差数列.

3. (分段和的性质)若 S_n 为$\{a_n\}$ 的前 n 项和,则 S_n,$S_{2n}-S_n$,$S_{3n}-S_{2n}$,$\cdots$,成等差数列,公差为 n^2d(重要).

4. 在等差数列中,当 $d>0$ 时,等差数列是递增的;当 $d=0$ 时,等差数列为常数列;当 $d<0$ 时,等差数列是递减的.

5. (中项性质)若等差数列$\{a_n\}$ 和$\{b_n\}$ 的前 n 项和分别为 S_n 和 T_n,则有 $\dfrac{a_k}{b_k}=\dfrac{S_{2k-1}}{T_{2k-1}}$(重要).

6. 若$\{a_n\}$ 为等差数列,当 $a_1>0$,$d<0$ 时,S_n 存在最大值,即 $a_m>0$,$a_{m+1}<0$ 时,此时 S_m 就是最大值;而当 $a_1<0$,$d>0$ 时,S_n 存在最小值,即 $a_m<0$,$a_{m+1}>0$ 时,此时 S_m 就是最小值.

【例 4.2.5】　已知等差数列$\{a_n\}$ 中 $a_3+a_{10}=32$,则 $S_{12}=(\quad)$.

A. 64　　　　B. 81　　　　C. 128　　　　D. 192　　　　E. 188

【答案】　D

【命题知识点】　等差数列的性质.

【解题思路】　$a_3+a_{10}=32\Rightarrow a_1+a_{12}=32.$ $S_{12}=\dfrac{(a_1+a_{12})\times12}{2}=192.$

【例 4.2.6】 等差数列 $\{a_n\}$ 的前 m 项和为 30，前 $2m$ 项和为 100，则它的前 $3m$ 项和为_____.

【答案】 210

【命题知识点】 等差数列的分段和的性质.

【解题思路】 $S_m，S_{2m}-S_m，S_{3m}-S_{2m}$ 成等差数列，30，$100-30$，$S_{3m}-100$ 成等差数列，即 $2\times(100-30)=30+(S_{3m}-100)\Rightarrow S_{3m}=210$.

【例 4.2.7】 等差数列 $\{a_n\}$，$\{b_n\}$ 的前 n 项分别为 S_n，T_n，若 $\dfrac{S_n}{T_n}=\dfrac{2n}{3n+1}$，则 $\dfrac{a_7}{b_7}$ 的值为（　　）.

A. $-\dfrac{13}{20}$　　　B. $\dfrac{13}{20}$　　　C. $\dfrac{13}{10}$　　　D. $\dfrac{1}{3}$　　　E. 以上都不对

【答案】 B

【命题知识点】 等差数列的中项性质.

【解题思路】 $\dfrac{a_7}{b_7}=\dfrac{S_{13}}{T_{13}}=\dfrac{26}{40}=\dfrac{13}{20}$.

7. 在等差数列 $\{a_n\}$ 中，若 $a_n=m$，$a_m=n(m\neq n)$，则 $a_{m+n}=0$.

8. 在等差数列 $\{a_n\}$ 中，若 $S_n=S_m(m\neq n)$，则 $S_{m+n}=0$.

三、等差数列的判定方法

数列 $\{a_n\}$ 为等差数列的充要条件如下：

(1)定义法：$a_{n+1}-a_n=d(d$ 为常数，$n\in\mathbf{N}^*)$；

(2)中项公式法：$2a_{n+1}=a_n+a_{n+2}(n\in\mathbf{N}^*)$；

(3)通项公式法：$a_n=kn+b(k，b$ 为常数，$n\in\mathbf{N}^*)$；

(因为 $a_n=a_1+(n-1)d=dn+(a_1-d)(d$ 为常数，$n\in\mathbf{N}^*)$，则 a_n 可表示为 $a_n=kn+b$，其中 k 为等差数列的公差，它可取任意实数.)

(4)前 n 项和公式法：$S_n=an^2+bn(a，b$ 为常数).

$\left(\right.$因为 $S_n=na_1+\dfrac{n(n-1)}{2}d=\dfrac{d}{2}n^2+\left(a_1-\dfrac{d}{2}\right)n$，则 S_n 可表示为 $S_n=an^2+bn$，其中 a，b 可以为任意实数，常数项为 0 是一大特点.$\left.\right)$

第三节　等比数列

知识点归纳与例题讲解

一、等比数列(注意等比数列中任一个元素均不能为零!)

1. 等比数列的定义：$\dfrac{a_{n+1}}{a_n}=q(q$ 为非零常数).

2. 通项公式：$a_n = a_1 q^{n-1}$（q 为常数，$n \in \mathbf{N}^*$）.

推广：$a_n = a_m q^{n-m}$（q 为常数，$n, m \in \mathbf{N}^*$）.

3. 等比中项：如果 a, G, b 成等比数列，那么 G 叫作 a 与 b 的等比中项，$G = \pm\sqrt{ab}$，显然 $ab > 0$.

4. 前 n 项和：$S_n = \begin{cases} na_1, & q = 1, \\ \dfrac{a_1(1-q^n)}{1-q} \text{ 或 } \dfrac{a_1 - a_n q}{1-q}, & q \neq 1. \end{cases}$

5. 一般地，三个数成等比数列，通常设 $\dfrac{a}{q}, a, aq$；四个数成等比数列，通常设 $\dfrac{a}{q^3}, \dfrac{a}{q}, aq, aq^3$，注意此时公比为 q^2，这种设法不包括 q 为负数的情况.

6. 在等比数列中：

当 $a_1 > 0, q > 1$ 或 $a_1 < 0, 0 < q < 1$ 时，等比数列是递增的；当 $a_1 > 0, 0 < q < 1$ 或 $a_1 < 0$，$q > 1$ 时，等比数列是递减的；公比 $q = 1$，数列为常数列；公比 $q < 0$，数列为摆动数列.

【例 4.3.1】　已知等比数列 $\{a_n\}$ 满足 $a_n > 0 (n = 1, 2, \cdots)$ 且 $a_5 \cdot a_{2n-5} = 2^{2n}(n \geqslant 3)$，则当 $n \geqslant 1$ 时，$\log_2 a_1 + \log_2 a_3 + \cdots + \log_2 a_{2n-1} = ($　　$)$.

A. $n(2n-1)$　　　B. $(n+1)^2$　　　C. n^2　　　　　D. $(n-1)^2$　　　E. $(n-2)^2$

【答案】　C

【命题知识点】　等比数列通项.

【解题思路】　由 $a_5 \cdot a_{2n-5} = 2^{2n}(n \geqslant 3)$，得 $a_n^2 = 2^{2n}$，由 $a_n > 0$，则 $a_n = 2^n$. 所以

$$\log_2 a_1 + \log_2 a_3 + \cdots + \log_2 a_{2n-1}$$

$$= \log_2 2^1 + \log_2 2^3 + \log_2 2^5 + \cdots + \log_2 2^{2n-1}$$

$$= 1 + 3 + 5 + \cdots + (2n-1) = [1 + (2n-1)]\frac{n}{2} = n^2.$$

【例 4.3.2】　设首项为正数的等比数列，它的前 n 项之和为 80，前 $2n$ 项之和为 6 560，且前 n 项中数值最大的项为 54，则公比 $q = ($　　$)$.

A. 2　　　　　B. 3　　　　　C. 4　　　　　D. 5　　　　　E. 6

【答案】　B

【命题知识点】　等比数列求和.

【解题思路】　$\begin{cases} \dfrac{a_1(1-q^n)}{1-q} = 80, & ① \\ \dfrac{a_1(1-q^{2n})}{1-q} = 6\ 560, & ② \end{cases}$

②式除以①式得 $1 + q^n = 82 \Rightarrow q^n = 81$，代入①得 $a_1 = q - 1 > 0 \Rightarrow q > 1$. $\{a_n\}$ 递增，最大项为第 n 项，所以 $a_n = a_1 q^{n-1} = 54 \Rightarrow \begin{cases} q^n = 81, \\ a_1 = q-1, \\ a_1 \cdot q^{n-1} = 54 \end{cases} \Rightarrow \begin{cases} \dfrac{a_1}{q} = \dfrac{2}{3}, \\ a_1 = q - 1 \end{cases} \Rightarrow \begin{cases} q = 3, \\ a_1 = 2 \end{cases} \Rightarrow q = 3.$

二、等比数列的性质与有关结论（重点）

1.（角标性质）若 $\{a_n\}$ 为等比数列，且 $m + n = p + q$，则

$$a_m \cdot a_n = a_p \cdot a_q (m,n,p,q \in \mathbf{N}^*).$$

特殊地,当 $p=q$ 时, $a_m \cdot a_n = a_p^2$.

注意:可以将此公式推广到多个,但要满足两个成立条件:一是下角标之和要分别相等,二是等号两端的项数要分别相等.如:

$$a_2 \cdot a_8 \cdot a_{12} = a_4 \cdot a_7 \cdot a_{11} \neq a_6 \cdot a_{16} (因为项数不同).$$

2. 若 $\{a_n\}, \{b_n\}$ 为等比数列,则 $\{ka_n\}, \{a_n^k\}, \{a_n \cdot b_n\}(k \neq 0, k$ 为常数)也成等比数列.

3. (分段和的性质)若 S_n 为 $\{a_n\}$ 的前 n 项和,则 $S_n, S_{2n}-S_n, S_{3n}-S_{2n}, \cdots,$ 成等比数列,公比为 q^n(重要).

【例 4.3.3】　在等比数列中:

(1)若 $q=\dfrac{1}{2}$,且 $a_1+a_3+a_5+\cdots+a_{99}=60$,求 S_{100}.

【答案】　$S_{100}=90$

【命题知识点】　等比数列的性质.

【解题思路】　$a_2+a_4+a_6+\cdots+a_{100}=(a_1+a_3+a_5+\cdots+a_{99})q=30$,则 $S_{100}=90$.

(2)若 $a_1+a_n=66, a_2a_{n-1}=128, S_n=126$,求 n 与 q.

【答案】　$n=6, q=\dfrac{1}{2}$ 或 2

【命题知识点】　等比数列的角标性质.

【解题思路】　因为 $a_2 \cdot a_{n-1} = a_1 \cdot a_n = 128$,所以 $\begin{cases} a_1+a_n=66, \\ a_1a_n=128 \end{cases} \Rightarrow \begin{cases} a_1=2, \\ a_n=64 \end{cases}$ 或

$\begin{cases} a_1=64, \\ a_n=2, \end{cases}$ 再由 $S_n=126$,可求得 $\begin{cases} n=6, \\ q=\dfrac{1}{2} 或 2. \end{cases}$

(3)若 $S_7=48, S_{14}=60$,求 S_{21}.

【答案】　$S_{21}=63$

【命题知识点】　等比数列的分段和性质.

【解题思路】　$S_7, S_{14}-S_7, S_{21}-S_{14}$ 成等比数列,即 $48, 12, S_{21}-60$ 成等比数列,

$$12^2 = 48 \times (S_{21}-60) \Rightarrow S_{12} = 63.$$

(4)正项等比数列 $\{a_n\}$ 中, $a_6a_{15}+a_9a_{12}=30$,求 $\log_{15}(a_1a_2a_3\cdots a_{20})$ 的值.

【答案】　$\log_{15}(a_1a_2a_3\cdots a_{20})=10$

【命题知识点】　等比数列的角标性质.

【解题思路】　$a_6a_{15}+a_9a_{12}=30 \Rightarrow 2a_1a_{20}=30 \Rightarrow a_1a_{20}=15, \log_{15}(a_1a_2a_3\cdots a_{20})=\log_{15}(a_1a_{20})^{10}=10.$

本章题型精解

【题型一】 已知前 n 项和 S_n、通项 a_n 或递推关系中的部分,求其他

【解题提示】 根据公式分析: $a_n=\begin{cases}a_1=S_1, & n=1,\\ S_n-S_{n-1}, & n\geqslant 2.\end{cases}$

【例1】 已知 $S_n=2n^2-3n+1$,求 a_n.

【答案】 $a_n=\begin{cases}0, & n=1,\\ 4n-5, & n\geqslant 2\end{cases}$

【命题知识点】 S_n 与 a_n 的关系.

【解题思路】 当 $n=1$ 时, $a_1=0$;当 $n\geqslant 2$ 时, $a_n=S_n-S_{n-1}=4n-5$.

把 $n=1$ 代入 $a_n=4n-5$,得 $a_1=-1\neq 0$,所以 $a_n=\begin{cases}0, & n=1,\\ 4n-5, & n\geqslant 2.\end{cases}$

【例2】 已知 $a_1=1$, $S_n=n^2a_n(n\geqslant 1)$,求 a_n 及 S_n.

【答案】 $a_n=\dfrac{2}{n(n+1)}$, $S_n=\dfrac{2n}{n+1}$

【命题知识点】 S_n 与 a_n 的关系.

【解题思路】 $a_n=S_n-S_{n-1}=n^2a_n-(n-1)^2a_{n-1}$,从而有 $a_n=\dfrac{n-1}{n+1}a_{n-1}$.

因为 $a_1=1$,所以 $a_2=\dfrac{1}{3}$, $a_3=\dfrac{2}{4}\times\dfrac{1}{3}$, $a_4=\dfrac{3}{5}\times\dfrac{2}{4}\times\dfrac{1}{3}$, $a_5=\dfrac{4}{6}\times\dfrac{3}{5}\times\dfrac{2}{4}\times\dfrac{1}{3}$, $\cdots$.

因此 $a_n=\dfrac{(n-1)(n-2)\times\cdots\times 3\times 2\times 1}{(n+1)n(n-1)\times\cdots\times 4\times 3}=\dfrac{2}{n(n+1)}$, $S_n=n^2a_n=\dfrac{2n}{n+1}$.

【例3】 已知 S_n 为数列 $\{a_n\}$ 的前 n 项和, $a_1=3$ 且 $a_n=S_{n-1}+2^n$,求 a_n 及 S_n.

【答案】 $a_n=\begin{cases}3, & n=1,\\ (2n+3)2^{n-2}, & n\geqslant 2,\end{cases}$ $S_n=(2n+1)2^{n-1}$

【命题知识点】 S_n 与 a_n 的关系.

【解题思路】 因为 $a_n=S_n-S_{n-1}\Rightarrow S_n-2S_{n-1}=2^n$,两边同除以 2^n,得 $\dfrac{S_n}{2^n}-\dfrac{S_{n-1}}{2^{n-1}}=1$.

设 $b_n=\dfrac{S_n}{2^n}$,则 $b_n-b_{n-1}=1$, $\{b_n\}$ 是公差为 1 的等差数列,所以 $b_n=b_1+n-1$.

又 $b_1=\dfrac{S_1}{2}=\dfrac{3}{2}$,所以 $\dfrac{S_n}{2^n}=n+\dfrac{1}{2}$,即 $S_n=(2n+1)2^{n-1}$.

当 $n\geqslant 2$ 时, $a_n=S_n-S_{n-1}=(2n+3)2^{n-2}$,所以 $a_n=\begin{cases}3, & n=1,\\ (2n+3)2^{n-2}, & n\geqslant 2.\end{cases}$

【题型二】 等差数列前 n 项和的最值性质

【解题提示】 等差数列的前 n 项和 $S_n=\dfrac{d}{2}n^2+\left(a_1-\dfrac{d}{2}\right)n$,当公差 d 不为 0 时,可将其

抽象成关于 n 的二次函数 $f(n)=\dfrac{d}{2}n^2+\left(a_1-\dfrac{d}{2}\right)n$,其特点如下:

(1)常数项为零,过零点;

(2)开口方向由 d 决定;

(3)二次项系数为 $\dfrac{d}{2}$;

(4)对称轴 $x=\dfrac{1}{2}-\dfrac{a_1}{d}$(求最值);

(5)若 d 不为零,等差数列的前 n 项和只能为二次函数;若 d 等于零,则其退化成一次函数.

【例4】 已知 $\{a_n\}$ 为等差数列,$a_1+a_3+a_5=105$,$a_2+a_4+a_6=99$.若 S_n 表示 $\{a_n\}$ 的前 n 项和,则使得 S_n 达到最大值时 $n=$( ).

A. 21   B. 20   C. 19   D. 18   E. 22

【答案】 B

【命题知识点】 等差数列的前 n 项和.

【解题思路】 由 $a_1+a_3+a_5=105\Rightarrow 3a_3=105\Rightarrow a_3=35$,$a_2+a_4+a_6=99\Rightarrow a_4=33$. 所以 $d=-2$,$a_n=a_4+(n-4)(-2)=41-2n$. 由 $\begin{cases}a_n\geqslant 0,\\ a_{n+1}\leqslant 0\end{cases}\Rightarrow n=20$.

【例5】 在等差数列 $\{a_n\}$ 中,S_n 表示前 n 项和,若 $a_1=13$,$S_3=S_{11}$,则 S_n 的最大值是( ).

A. 42   B. 49   C. 59   D. 133   E. 不存在

【答案】 B

【命题知识点】 等差数列的前 n 项和.

【解题思路】 由于 $S_3=S_{11}$,显然前 n 项和 S_n 的对称轴为 $\dfrac{3+11}{2}=7$.

对称轴 $7=\dfrac{1}{2}-\dfrac{a_1}{d}=\dfrac{1}{2}-\dfrac{13}{d}\Rightarrow d=-2$.

S_n 的最大值 $S_7=\dfrac{d}{2}\times 7^2+\left(a_1-\dfrac{d}{2}\right)\times 7=-49+14\times 7=49$.

【题型三】 等差数列和等比数列结合出题

【解题提示】 本类问题将等差数列和等比数列结合出题,考查两者的性质,属于综合题目.

【例6】 能确定 $\dfrac{\alpha+\beta}{\alpha^2+\beta^2}=1$.( )

(1)$\alpha^2,1,\beta^2$ 成等比数列;(2)$\dfrac{1}{\alpha},1,\dfrac{1}{\beta}$ 成等差数列.

【答案】 E

【命题知识点】 等差数列和等比数列结合.

【解题思路】　由(1)取 $\alpha=1,\beta=-1$，则 $\alpha^2,1,\beta^2$ 成等比数列，但 $\dfrac{\alpha+\beta}{\alpha^2+\beta^2}=0\neq1$，不充分.

由(2)取 $\alpha=-1,\beta=\dfrac{1}{3}$，即 $-1,1,3$ 成等差数列，但 $\dfrac{\alpha+\beta}{\alpha^2+\beta^2}<0\neq1$，不充分.

联合(1)和(2)，由(1)$\alpha^2\cdot\beta^2=1\Rightarrow\alpha\beta=\pm1$，由(2)$\dfrac{1}{\alpha}+\dfrac{1}{\beta}=2\Rightarrow\dfrac{\alpha+\beta}{\alpha\beta}=2\Rightarrow\alpha+\beta=2\alpha\beta$.

$$\frac{\alpha+\beta}{\alpha^2+\beta^2}=\frac{2\alpha\beta}{(\alpha+\beta)^2-2\alpha\beta}=\frac{2\alpha\beta}{4\alpha^2\beta^2-2\alpha\beta}=\frac{1}{2\alpha\beta-1}=\begin{cases}1, & \alpha\beta=1,\\ -\dfrac{1}{3}, & \alpha\beta=-1.\end{cases}\ \text{不充分.}$$

【例 7】　已知数列 $\{a_n\}$ 的公差 $d\neq0$，且 a_1,a_3,a_9 成等比数列，则 $\dfrac{a_1+a_3+a_9}{a_2+a_4+a_{10}}$ 为（　）.

A. $\dfrac{9}{10}$　　　　B. 4　　　　C. -4　　　　D. $\dfrac{13}{16}$　　　　E. 无法确定

【答案】　D

【命题知识点】　等差数列和等比数列结合.

【解题思路】　设 $a_1=1,a_3=3,a_9=9$，即 $a_n=n$，原式 $=\dfrac{1+3+9}{2+4+10}=\dfrac{13}{16}$.

另解，由 a_1,a_3,a_9 成等比数列，得 $a_3^2=a_1\cdot a_9\Rightarrow(a_1+2d)^2=a_1(a_1+8d)\Rightarrow4a_1d+4d^2=8a_1d\Rightarrow4a_1d=4d^2\Rightarrow a_1=d$，所以

$$\frac{a_1+a_3+a_9}{a_2+a_4+a_{10}}=\frac{a_1+a_1+2d+a_1+8d}{a_1+d+a_1+3d+a_1+9d}=\frac{13d}{16d}=\frac{13}{16}.$$

【例 8】　$\dfrac{a_2-a_1}{b_2}=\dfrac{1}{2}$.（　　　）

(1) $-1,a_1,a_2,-4$ 成等差数列；(2)实数 $-1,b_1,b_2,b_3,-4$ 成等比数列.

【答案】　C

【命题知识点】　等差数列与等比数列的结合.

【解题思路】　显然条件(1)，(2)单独都不充分，设等差数列的公差为 d，等比数列的公比为 q，则 $-4=-1+3d\Rightarrow d=-1\Rightarrow a_2-a_1=-1$，$b_2^2=(-1)\times(-4)=4$，$b_1^2=(-1)b_2\Rightarrow b_2<0$，得 $b_2=-2$，或者由 $-4=(-1)q^4$，可知 $q^2=2$，从而 $b_2=(-1)\cdot q^2=-2$，因此 $\dfrac{a_2-a_1}{b_2}=\dfrac{-1}{-2}=\dfrac{1}{2}$.

【应试对策】　此题由条件(2)很容易得出 $b_2^2=-1\times(-4)=4\Rightarrow b_2=\pm2$，这样做是错的.

【题型四】　数列找规律题

【解题提示】　本题型属于一种创新题型，往往没有公式可用，而是靠找出题目本身蕴含的规律，捕捉线索，从而求出其解.

【例 9】　全体正整数组成一个三角形数表，如图 1 所示，求第 n 行（$n\geq2$）从左到右的第

3 个数是多少?

【答案】 $\dfrac{n^2-n+6}{2}$

【命题知识点】 数表问题.

【解题思路】 第 n 行 $(n\geqslant 2)$ 前面有 $1+2+3+\cdots+(n-1)=\dfrac{n(n-1)}{2}$ 个数,则第 n 行 $(n\geqslant 2)$ 从左到右的第 3 个数是 $\dfrac{n(n-1)}{2}+3=\dfrac{n^2-n+6}{2}$.

```
           1
         2   3
       4   5   6
     7   8   9   10
   11  12  13  14  15
           ......
          图 1
```

本章分层训练

1. $\dfrac{1}{2}+\dfrac{1}{6}+\dfrac{1}{12}+\dfrac{1}{20}+\dfrac{1}{30}+\dfrac{1}{42}+\dfrac{1}{56}$ 的结果为( ).

A. $\dfrac{7}{8}$ B. $\dfrac{9}{8}$ C. 1

D. 2   E. 以上结果均不正确

2. $7\dfrac{5}{6}-6\dfrac{7}{12}+5\dfrac{9}{20}-4\dfrac{11}{30}+3\dfrac{13}{42}-2\dfrac{15}{56}+1\dfrac{17}{72}$ 的结果为( ).

A. $4\dfrac{11}{18}$ B. $4\dfrac{1}{2}$ C. 1   D. $\dfrac{1}{2}$ E. $4\dfrac{1}{18}$

3. $99\dfrac{3}{4}+199\dfrac{3}{4}+2\,999\dfrac{3}{4}+39\,999\dfrac{3}{4}+1$ 的结果为( ).

A. 43 300   B. 43 200   C. 43 324

D. 40 001   E. 以上均不正确

4. $\dfrac{1}{2\times 4}+\dfrac{1}{4\times 6}+\dfrac{1}{6\times 8}+\cdots+\dfrac{1}{98\times 100}$ 的结果为( ).

A. $\dfrac{49}{100}$ B. $\dfrac{49}{200}$ C. 1   D. $\dfrac{1}{2}$ E. $\dfrac{49}{50}$

5. 观察数列 $1,1,2,3,5,8,13,\cdots$,依其规律,第 12 个数是( ).

A. 55   B. 89   C. 144   D. 233   E. 234

6. 承上题,在这个数列的前 100 项中,共有( )个奇数.

A. 67   B. 66   C. 34   D. 33   E. 20

7. 已知 $\{a_n\}$ 是等差数列,$a_1+a_4+a_7=39$,$a_2+a_5+a_8=33$,则 $a_3+a_6+a_9$ 等于( ).

A. 30   B. 27   C. 24   D. 21   E. 20

8. 设 $\{a_n\}$ 为等差数列,且 $a_3+a_7+a_{11}+a_{15}=200$,则 $S_{17}=$( ).

A. 580   B. 240   C. 850

D. 200   E. 以上结论均不正确

9. 等差数列 $20,17,14,\cdots$，加到第（　　）项时和最大.

A. 7　　　　　B. 8　　　　　C. 9　　　　　D. 10　　　　　E. 11

10. 对于等差数列 $-29,-25,-21,\cdots$，要加到第（　　）项时和才会是正数.

A. 15　　　　B. 16　　　　C. 17　　　　D. 18　　　　E. 19

11. 若一等差数列的前 n 项和 $S_n=-5n^2+9n$，此数列的首项为_____，公差为_____，第 50 项为_____.

12. 已知 $\{a_n\}$ 为等差数列，$a_1+a_2+a_3+\cdots+a_{101}=0$，则有（　　）.

A. $a_1+a_{101}>0$　　　　　　B. $a_2+a_{100}<0$

C. $a_3+a_{99}=0$　　　　　　D. $a_2+a_{99}=0$

E. 以上都不对

13. $\{a_n\}$ 是等差数列，S_n 是它的前 n 项和，若 $S_n=10,S_{2n}=30$，则 S_{3n} 等于（　　）.

A. 50　　　　B. 60　　　　C. 40　　　　D. 70　　　　E. 90

14. 在等比数列 $\{a_n\}$ 中，已知 $S_n=36,S_{2n}=54$，则 $S_{3n}=$（　　）.

A. 63　　　　B. 68　　　　C. 21　　　　D. 23　　　　E. 92

15. 三个不同的非零实数 a,b,c 构成等差数列，又 a,c,b 恰成等比数列，则 $\dfrac{a}{b}$ 为（　　）.

A. 4　　　　　B. 3　　　　　C. -2

D. 2　　　　　E. 以上都不正确

16. 非零实数 a,b,c 成等比数列.（　　）

(1)关于 x 的一元二次方程 $ax^2-2bx+c=0$ 有两个相等的实数根；

(2)$\lg a,\lg b,\lg c$ 成等差数列.

17. 方程 $(a^2+c^2)x^2-2c(a+b)x+b^2+c^2=0$ 有实根.（　　）

(1)a,b,c 成等比数列；(2)a,c,b 成等比数列.

18. 求数列 $\dfrac{1}{1+2},\dfrac{1}{1+2+3},\cdots,\dfrac{1}{1+2+\cdots+(n+1)},\cdots$的前 n 项和.

19. 求 $S_n=\dfrac{1}{1+\sqrt 3}+\dfrac{1}{\sqrt 3+\sqrt 5}+\cdots+\dfrac{1}{\sqrt{2n-1}+\sqrt{2n+1}}$.

20. 求数列 $\left\{n\cdot\dfrac{1}{2^n}\right\}$ 的前 n 项和.

21. 已知等差数列中，m 为常数，且 $a_m+a_{m+10}=a$，$a_{m+50}+a_{m+60}=b$，且 $m\in \mathbf{N}^*$，则 $a_{m+125}+a_{m+135}=$（　　）.

A. $2b-a$　　　　B. $\dfrac{b-a}{2}$　　　　C. $\dfrac{5b-3a}{2}$

D. $3b-2a$　　　　E. 以上答案均不正确

22. $\dfrac{(a_1+a_2)^2}{b_1b_2}$ 的取值范围是 $(-\infty,0]\cup[4,+\infty)$.（　　）

(1)x,a_1,a_2,y 成等差数列；(2)x,b_1,b_2,y 成等比数列.

23. 数列 $6,x,y,16$ 的前三项成等差数列，后三项成等比数列.（　　）

(1)$4x+y=0$；(2)x,y 是 $x^2+3x-4=0$ 的两个解.

24. 能确定递增等比数列 $\{a_n\}$ 中的 a_{11} 的值. (　　)

(1) $a_1 a_9 = 64$；(2) $a_3 + a_7 = 20$.

25. 在数列 $\{d_n\}$ 中，$d_1 = 1$，$d_2 = 2$，前 n 项之和 $S_n = a + bn + cn^2$，可以确定 $b < c$. (　　)

(1) $a = 3$；(2) $a = -1$.

26. 设 $\{a_n\}$ 是等比数列，则 S_{10} 的值可唯一确定. (　　)

(1) $a_5 + a_6 = a_7 - a_5 = 48$；(2) $a_m a_n = 9$，$a_m^2 + a_n^2 = 18$.

分层训练答案

1. 【答案】　A

【解析】　采用裂项相消求解：原式 $= \dfrac{1}{1\times 2} + \dfrac{1}{2\times 3} + \dfrac{1}{3\times 4} + \cdots + \dfrac{1}{7\times 8} = 1 - \dfrac{1}{2} +$ $\dfrac{1}{2} - \dfrac{1}{3} + \cdots + \dfrac{1}{7} - \dfrac{1}{8} = \dfrac{7}{8}$，选 A.

2. 【答案】　A

【解析】　采用分组求和法，

原式 $= (7 - 6 + 5 - 4 + 3 - 2 + 1) + \left(\dfrac{1}{2} + \dfrac{1}{3}\right) - \left(\dfrac{1}{3} + \dfrac{1}{4}\right) + \cdots + \left(\dfrac{1}{8} + \dfrac{1}{9}\right) = 4\dfrac{11}{18}$.

3. 【答案】　A

【解析】　将最后的 1 拆分成 4 个 $\dfrac{1}{4}$ 分别相加，

$$\text{原式} = 100 + 200 + 3\,000 + 40\,000 = 43\,300.$$

4. 【答案】　B

【解析】　采用裂项相消求解，

原式 $= \dfrac{1}{4}\left[\left(1 - \dfrac{1}{2}\right) + \left(\dfrac{1}{2} - \dfrac{1}{3}\right) + \left(\dfrac{1}{3} - \dfrac{1}{4}\right) + \cdots + \left(\dfrac{1}{49} - \dfrac{1}{50}\right)\right] = \dfrac{1}{4}\left(1 - \dfrac{1}{50}\right) = \dfrac{49}{200}$.

5. 【答案】　C

【解析】　此为著名的斐波那契数列，每一项都为其前两项的和.

6. 【答案】　A

【解析】　可以发现规律为：奇奇偶奇奇偶奇奇偶奇奇偶……所以一共有 $66 + 1 = 67$ 个奇数.

7. 【答案】　B

【解析】　显然 $a_3 + a_6 + a_9$，$a_2 + a_5 + a_8$，$a_1 + a_4 + a_7$ 依次成等差数列.

8. 【答案】　C

【解析】　$a_3 + a_{15} = a_1 + a_{17} = a_7 + a_{11} = 100$，故 $a_1 + a_{17} = 100$，那么 $S_{17} = \dfrac{(a_1 + a_{17})\times 17}{2} = 850$.

9. 【答案】　A

【解析】　可以观察出 $a_1 = 20$，$d = -3$ 则可以推出 $a_n = -3n + 23$，再由 $\begin{cases} a_n \geq 0 \\ a_{n+1} \leq 0 \end{cases}$ 可

以求出 $n=7$,所以前 7 项的和最大.

10.【答案】　B

　　【解析】　可以迅速地知道前 n 项和 S_n 的对称轴方程为 $n=\dfrac{1}{2}-\dfrac{a_1}{d}=\dfrac{31}{4}$,所以抛物线与 x 轴的交点为 $\dfrac{31}{2}$,可见 $n=16$.

11.【答案】　$4;-10;-486$

　　【解析】　$a_1=S_1=-5+9=4,d=-5\times2=-10.\ a_{50}=S_{50}-S_{49}=-486.$

12.【答案】　C

　　【解析】　$a_1+a_2+a_3+\cdots+a_{101}=0\Leftrightarrow a_1+a_{101}=0\Leftrightarrow a_3+a_{99}=0.$

13.【答案】　B

　　【解析】　用分段和性质,即 $S_n,S_{2n}-S_n,S_{3n}-S_{2n}$ 成等差数列求解,也可以用特殊值法,令 $n=1$ 代入求解.

14.【答案】　A

　　【解析】　用分段和性质,即 $S_n,S_{2n}-S_n,S_{3n}-S_{2n}$ 成等比数列求解,或者用特殊值 $n=1$ 代入求解.

15.【答案】　A

　　【解析】　由 $\begin{cases}2b=a+c,\\c^2=ab\end{cases}$ 消去 c 得 $(2b-a)^2=ab\Rightarrow 4b^2-5ab+a^2=0\Rightarrow 4-\dfrac{5a}{b}+$

$\left(\dfrac{a}{b}\right)^2=0\Rightarrow\left(\dfrac{a}{b}-1\right)\left(\dfrac{a}{b}-4\right)=0$,因为 $a\neq b$,所以 $\dfrac{a}{b}=4$.

16.【答案】　D

　　【解析】　条件(1),$\Delta=0\Rightarrow 4b^2-4ac=0\Rightarrow b^2=ac$,充分;条件(2),$2\lg b=\lg a+\lg c\Rightarrow b^2=ac$,也充分.

17.【答案】　B

　　【解析】　方法一:方程有实根的条件是判别式 $\Delta\geqslant0$,又可求 $\Delta=4c^2(a+b)^2-4(a^2+c^2)(b^2+c^2)=-4(ab-c^2)^2\Rightarrow\Delta\leqslant0$,若题目成立则有 $\Delta=0\Rightarrow c^2=ab$,所以 a,c,b 成等比数列.

　　方法二:原式展开 $a^2x^2-2acx+c^2+c^2x^2-2bcx+b^2=0\Rightarrow(ax-c)^2+(cx-b)^2=0$,则

$$x=\frac{c}{a}=\frac{b}{c}\Rightarrow c^2=ab.$$

18.【答案】　$\dfrac{n}{n+2}$

　　【解析】　$a_n=\dfrac{1}{1+2+\cdots+(n+1)}=\dfrac{1}{\dfrac{[1+(n+1)]}{2}(n+1)}=\dfrac{2}{(n+1)(n+2)}=2\left(\dfrac{1}{n+1}-\dfrac{1}{n+2}\right),$

$$S_n=2\left(\frac{1}{2}-\frac{1}{3}+\frac{1}{3}-\frac{1}{4}+\cdots+\frac{1}{n+1}-\frac{1}{n+2}\right)=\frac{n}{n+2}.$$

19.【答案】 $\dfrac{\sqrt{2n+1}-1}{2}$

　　【解析】 $S_n=\dfrac{\sqrt{3}-1+\sqrt{5}-\sqrt{3}+\cdots+\sqrt{2n+1}-\sqrt{2n-1}}{2}=\dfrac{\sqrt{2n+1}-1}{2}.$

20.【答案】 $S_n=2-\dfrac{1}{2^{n-1}}-\dfrac{n}{2^n}$

　　【解析】 $\qquad S_n=1\times\dfrac{1}{2}+2\times\dfrac{1}{4}+3\times\dfrac{1}{8}+\cdots+n\times\dfrac{1}{2^n},$ ①

$\qquad\qquad \dfrac{1}{2}S_n=1\times\dfrac{1}{4}+2\times\dfrac{1}{8}+\cdots+(n-1)\times\dfrac{1}{2^n}+n\times\dfrac{1}{2^{n+1}},$ ②

①－②得, $\dfrac{1}{2}S_n=\dfrac{1}{2}+\dfrac{1}{4}+\dfrac{1}{8}+\dfrac{1}{16}+\cdots+\dfrac{1}{2^n}-n\times\dfrac{1}{2^{n+1}}$, 即

$$S_n=2-\dfrac{1}{2^{n-1}}-\dfrac{n}{2^n}.$$

21.【答案】 C

　　【解析】 $a_m+a_{m+10}=a\Rightarrow 2a_m+10d=a$, $a_{m+50}+a_{m+60}=b\Rightarrow 2a_m+110d=b$, 联立后可求出 a_m 和 d 的值, 进而得到 $a_{m+125}+a_{m+135}=2a_m+260d$ 的值.

22.【答案】 C

　　【解析】 两条件单独显然都不充分, 故联合两条件,

$$\dfrac{(a_1+a_2)^2}{b_1b_2}=\dfrac{(x+y)^2}{xy}=\dfrac{x}{y}+\dfrac{y}{x}+2.$$

若 $xy>0$, $\dfrac{x}{y}+\dfrac{y}{x}\geqslant 2\sqrt{\dfrac{x}{y}\cdot\dfrac{y}{x}}=2$; 若 $xy<0$, $\dfrac{x}{y}+\dfrac{y}{x}\leqslant-2$, 充分.

23.【答案】 C

　　【解析】 条件(1)显然不能确定题设一定成立. 条件(2)中方程的解为 $x=1$, $y=-4$ 或 $x=-4$, $y=1$, 同样无法保证题设成立. 但通过两个条件的联立可得 $x=1$, $y=-4$, 则可以使题设成立.

24.【答案】 C

　　【解析】 根据数列的性质, 条件(1)和(2)单独均不能确定这个等比数列, 故联合两条件. 由条件(1)可推出 $a_3a_7=a_1a_9=64$, $\begin{cases}a_3a_7=64,\\a_3+a_7=20\end{cases}\Rightarrow\begin{cases}a_3=4,\\a_7=16\end{cases}$ (递增等比数列) $\Rightarrow a_3a_{11}=(a_7)^2\Rightarrow a_{11}=\dfrac{16^2}{4}=64.$

25.【答案】 A

　　【解析】 由题意可知: $S_1=a+b+c=d_1=1\Rightarrow a+b+c=1$; $S_2=a+2b+4c=d_1+d_2=3\Rightarrow a+2b+4c=3.$

　　把所给条件中 a 的值代入, 可求出 b, c 的值, 最后通过比较得出条件(1)充分, 条件(2)不充分.

26.【答案】　A

　　【解析】　条件(1)，$a_5+a_5q=48$，$a_5q^2-a_5=48\Rightarrow\dfrac{1+q}{q^2-1}=1$，所以$q-1=1\Rightarrow q=2$，充分；条件(2)，$a_m^2+a_n^2-2a_ma_n=0$，$(a_m-a_n)^2=0\Rightarrow a_m=a_n$，则$q=1$，得到$a_n=\pm3$. 当$a_n=3$时，$S_{10}=3\times10=30$；当$a_n=-3$时，$S_{10}=-3\times10=-30$，不充分.

本章小结

【知识体系】

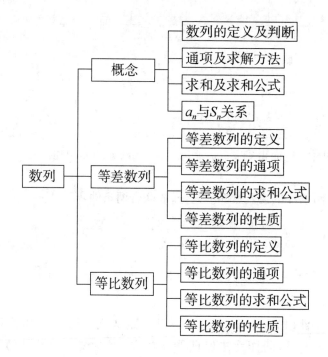

第三模块　几何

【考试地位】本模块包含平面几何、立体几何、解析几何,一般平面几何不会出太难的题,考查 2~3 道题目,立体几何就更加简单了,只考查 1 道题目,解析几何相对难些,是高中数学的要求,考查 2~3 道题目.考生复习重点为解析几何.

第五章　平面图形

【大纲要求】
　　常见平面图形(三角形、四边形、圆).
【备考要点】
　　这部分主要考查三角形、四边形(包括平行四边形、矩形、菱形和梯形)、圆形以及扇形等平面几何图形的角度、周长、面积等的计算和应用.

章节学习框架

知识点	考点	难度	已学	已会
相交线与平行线	垂直与平行的性质	★		
	平行线构成的相似三角形	★★		
三角形	三边关系与面积公式	★		
	内心、外心与重心	★★		
	特殊三角形(等边、直角、等腰)	★★		
四边形	平行四边形的性质与判定	★		
	矩形、菱形、正方形的性质与面积	★★		
	梯形的性质与面积公式	★★		
圆与扇形	圆的周长与面积公式	★		
	扇形的周长与面积公式	★★		
	复杂图形面积求解(规则和不规则)	★★★		

注:请读者在学完本章后在此表的"已学"和"已会"栏中进行标注.

第一节　相交线与平行线

⊙ **知识点归纳与例题讲解**

两条直线的位置关系:相交、平行.

1. 两条直线相交:构成两组对顶角,四组邻补角

相交线的有关性质:

(1)对顶角相等,邻补角互补.

(2)经过一点有且只有一条直线垂直于已知直线.

2. 两条直线平行

(1)平行线的有关性质:

①平行公理:经过已知直线外一点,有且只有一条直线和已知直线平行.

②两直线平行的性质定理:若两条平行线被第三条直线所截,所得的同位角相等、内错角相等、同旁内角互补.

(2)平行线的判定方法:

①平行公理推论:若两条直线同时平行于第三条直线,那么这两条直线也互相平行.

②两直线平行的判定定理:两直线被第三条直线所截,如果同位角相等(或内错角相等,或同旁内角互补),那么这两条直线平行.

3. 平行线分线段成比例定理:三条平行线截两条直线,所得的对应线段成比例

推论:平行于三角形一边的直线截其他两边(或两边的延长线),所得的对应线段成比例.

【例 5.1.1】 若 $\angle\beta$ 与 $\angle\alpha$ 互补,$\angle\gamma$ 与 $\angle\alpha$ 互余,且 $\angle\beta$ 与 $\angle\gamma$ 的和是 $\frac{4}{3}$ 个平角,$\angle\beta$ 是 $\angle\alpha$ 的(　　).

A. $2\frac{1}{5}$ 倍　　　B. 5 倍　　　C. 11 倍　　　D. 7 倍　　　E. 无法确定倍数

【答案】 C

【命题知识点】 角度关系.

【解题思路】 $\begin{cases}\angle\beta+\angle\alpha=180°,\\ \angle\gamma+\angle\alpha=90°,\\ \angle\beta+\angle\gamma=\frac{4}{3}\times180°\end{cases} \Rightarrow \begin{cases}\angle\alpha=15°,\\ \angle\beta=165°\end{cases} \Rightarrow \angle\beta=11\angle\alpha.$ 选 C.

【例 5.1.2】 如图 5.1.1 所示,$\angle1=82°$,$\angle2=98°$,$\angle3=80°$,求 $\angle4$ 的度数.

【答案】 $80°$

【命题知识点】 平行线的角度关系.

【解题思路】 $\angle2=98°$,$\angle5=82°=\angle1$(同位角相等,两直线平行),可得 $a/\!/b$,因此 $\angle4=\angle3=80°$(两直线平行,内错角

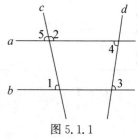

图 5.1.1

相等).

【例 5.1.3】　如图 5.1.2 所示,已知 $DE /\!/ AC$,$EF /\!/ CD$,$\angle ACD = \angle DCB$,$\angle DEF = 25°$,求 $\angle FEB$ 的度数.

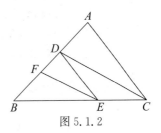

图 5.1.2

【答案】　$25°$

【命题知识点】　平行线的角度关系.

【解题思路】　由于 $DE /\!/ AC$,$EF /\!/ CD$,故 $\angle CDE = \angle DEF$（两直线平行,内错角相等）,$\angle ACD = \angle CDE$（两直线平行,内错角相等）,所以 $\angle ACD = \angle DEF = 25°$.又因为 $\angle ACD = \angle DCB$（已知条件）,所以 $\angle DCB = 25°$.

又因为 $\angle FEB = \angle DCB$（两直线平行,同位角相等）,所以 $\angle FEB = 25°$.

【例 5.1.4】　如图 5.1.3 所示,D,E 是 $\triangle ABC$ 的边 AB,AC 上的点,$DE /\!/ BC$,已知 $AB = 8$ cm,$AC = 12$ cm,$BD = 3$ cm,则 $AE = \underline{\hspace{3cm}}$,$EC = \underline{\hspace{3cm}}$.

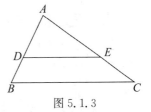

图 5.1.3

【答案】　$AE = \dfrac{15}{2}$ cm;$EC = \dfrac{9}{2}$ cm

【命题知识点】　平行线等分线段的性质.

【解题思路】　因为 $DE /\!/ BC$,所以 $\dfrac{AD}{AB} = \dfrac{AE}{AC} \Rightarrow \dfrac{5}{8} = \dfrac{AE}{12} \Rightarrow AE = \dfrac{15}{2} \Rightarrow EC = AC - AE = \dfrac{9}{2}$,

故 $AE = \dfrac{15}{2}$ cm,$EC = \dfrac{9}{2}$ cm.

第二节　三角形

🎯 知识点归纳与例题讲解

一、三角形的分类

1. 按角分：三角形 $\begin{cases} \text{直角三角形(Rt}\triangle\text{)} \\ \text{斜三角形} \begin{cases} \text{锐角三角形} \\ \text{钝角三角形} \end{cases} \end{cases}$

2. 按边分：三角形 $\begin{cases} \text{不等边三角形} \\ \text{等腰三角形} \begin{cases} \text{底与腰不等的等腰三角形} \\ \text{等边三角形} \end{cases} \end{cases}$

注意：锐角：$0° \sim 90°$;直角：$90°\left(\dfrac{\pi}{2}\right)$;钝角：$90° \sim 180°$;平角：$180°(\pi)$;优角：$180° \sim 360°$;周角：$360°(2\pi)$.

二、一般三角形的性质

1. 三角形三边的关系：三角形的任意两边之和大于第三边,任意两边之差小于第三边.

2. 三角形内角和定理：∠A+∠B+∠C＝180°.

3. 三角形的任意一个外角等于与它不相邻的两个内角的和；三角形的一个外角大于任何一个和它不相邻的内角.

4. 三角形面积公式：

$S=\dfrac{1}{2}ah$，二分之一底乘高，其中 a 表示底，h 表示这条底上的高；

$S=\dfrac{1}{2}ab\sin\angle C$，其中 a,b 为两条边，$\angle C$ 为 a,b 的夹角；

$S=\dfrac{1}{2}rC$，二分之一内切圆半径乘周长，其中 r 表示内切圆半径，C 表示三角形周长；

$S=\sqrt{p(p-a)(p-b)(p-c)}$，其中 p 表示三角形半周长，a,b,c 表示三角形三边长.

三、三角形的重要线段和交点

1. 中线和重心：连接三角形的一个顶点与对边中点的线段叫作中线，三角形内的三条中线的交点为重心. 重心定理：三角形的重心与顶点的距离等于它与对边中点的距离的两倍.

2. 高和垂心：从三角形的一个顶点向对边作垂线，顶点与垂足间的线段叫作三角形的高，三条高的交点叫作垂心. 锐角三角形的垂心在三角形内，直角三角形的垂心就是直角顶点，钝角三角形的垂心在三角形外.

3. 角平分线和内心：三角形的一个内角的平分线与对边相交，这个角的顶点与交点之间的线段叫作角平分线，三条角平分线的交点就是内心，也是三角形内切圆的圆心. 角平分线性质：角平分线上的点到这个角的两边的距离相等.

4. 外心：三角形外接圆的圆心也是三角形三边垂直平分线的交点，由于垂直平分线上的点到线段两端点的距离相等，所以外心到三角形三个顶点的距离相等.

5. 中位线：连接三角形两边中点的线段叫作三角形的中位线，三角形的中位线平行于第三边，并且等于它的一半.

【例 5.2.1】 三条线段 $a=5,b=3,c$ 的值为整数，由 a,b,c 为边可组成（ ）个三角形.

A. 1　　　　B. 3　　　　C. 5　　　　D. 7　　　　E. 无数

【答案】 C

【命题知识点】 三角形的构成.

【解题思路】 $a-b<c<a+b\Rightarrow2<c<8$，$c$ 可以取 $3,4,5,6,7$，共有 5 个不同的值.

【例 5.2.2】 等腰直角三角形的斜边长为 4，则其面积为（ ）.

A. 1　　　　B. 2　　　　C. 3　　　　D. 4　　　　E. 不确定

【答案】 D

【命题知识点】 等腰直角三角形的面积.

【解题思路】 由等腰直角三角形的三边比例易知其两条直角边的长为 $2\sqrt{2}$，故其面积为 4. 选 D.

【例 5.2.3】 在直角三角形中，斜边长为 7，其内切圆半径为 1，则其面积为（ ）.

A. 4　　　　　B. 5　　　　　C. 6　　　　　D. 7　　　　　E. 8

【答案】　E

【命题知识点】　直角三角形的面积.

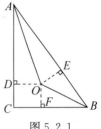

【解题思路】　如图 5.2.1 所示，O 为 $\triangle ABC$ 的内心，即为三条角平分线的交点，由 O 作三边垂线 $OD \perp AC$，$OE \perp AB$，$OF \perp BC$，则可知 $OD = OE = OF = 1$，$\triangle ADO \cong \triangle AEO$，$\triangle BEO \cong \triangle BFO$，则 $S_{\triangle ABC} = S_{\triangle ADO} + S_{\triangle AEO} + S_{\triangle BEO} + S_{\triangle BFO} + S_{\triangle CDOF} = 2(S_{\triangle AEO} + S_{\triangle BEO}) + S_{\triangle CDOF} = 2S_{\triangle AOB} + S_{\triangle CDOF} = 7 + 1 = 8$.

图 5.2.1

【应试对策】　若直角三角形的斜边为 c，内切圆半径为 r，其面积 $S = r(r+c)$，两直角边之和 $a+b = 2r+c$.

【例 5.2.4】　如图 5.2.2 所示，三角形 ABC 中，D，E 分别在 AC，BC 上，且有 $AD : DC = 1 : 3$，$BE : EC = 2 : 3$，$S_{\triangle ABC} = 20$，求 $S_{\triangle CDE}$.

【答案】　9

【命题知识点】　三角形面积的计算.

【解题思路】　如图 5.2.3 所示，连接 AE，显见 $\triangle ABC$ 与 $\triangle AEC$ 同高，且其底边长之比为 $5 : 3$，故其面积比即 $S_{\triangle ABC} : S_{\triangle AEC} = 5 : 3$；$\triangle CDE$ 与 $\triangle AEC$ 同高，且其底边长之比为 $3 : 4$，故其面积比即 $S_{\triangle CDE} : S_{\triangle AEC} = 3 : 4$，故可得 $S_{\triangle ABC} : S_{\triangle CDE} = 20 : 9$，而 $S_{\triangle ABC} = 20$，则 $S_{\triangle CDE} = 9$.

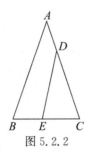

图 5.2.2

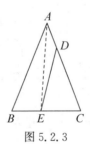

图 5.2.3

四、特殊三角形

1. 直角三角形（见图 5.2.4）

(1)勾股定理：直角三角形的两直角边 a，b 的平方和等于斜边 c 的平方，即 $a^2 + b^2 = c^2$.

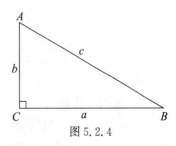

勾股定理的逆定理：如果三角形的三边长 a，b，c 有关系式 $c^2 = a^2 + b^2$，那么这个三角形是直角三角形（其中 $\angle C = 90°$）.

图 5.2.4

(2)直角三角形的两个锐角互余.

(3)直角三角形斜边上的中线等于斜边的一半.

(4)在直角三角形中，如果一个锐角等于 $30°$，那么它所对的直角边等于斜边的一半.

(5)锐角三角函数（了解）：$\sin \angle B = \dfrac{\text{对边}}{\text{斜边}} = \dfrac{b}{c}$，$\cos \angle B = \dfrac{\text{邻边}}{\text{斜边}} = \dfrac{a}{c}$，$\tan \angle B = $

$$\frac{对边}{邻边}=\frac{b}{a}.$$

（6）特殊角三角函数值（了解）.

角α \ 函数	0°	30°	45°	60°	90°	120°	135°	150°
$\sin\alpha$	0	$\frac{1}{2}$	$\frac{\sqrt{2}}{2}$	$\frac{\sqrt{3}}{2}$	1	$\frac{\sqrt{3}}{2}$	$\frac{\sqrt{2}}{2}$	$\frac{1}{2}$
$\cos\alpha$	1	$\frac{\sqrt{3}}{2}$	$\frac{\sqrt{2}}{2}$	$\frac{1}{2}$	0	$-\frac{1}{2}$	$-\frac{\sqrt{2}}{2}$	$-\frac{\sqrt{3}}{2}$
$\tan\alpha$	0	$\frac{\sqrt{3}}{3}$	1	$\sqrt{3}$	∞	$-\sqrt{3}$	-1	$-\frac{\sqrt{3}}{3}$

【例 5.2.5】 已知一个三角形的一边长为 2，这条边上的中线长为 1，另两边之和为 $1+\sqrt{3}$，求此三角形的面积.

【答案】 $\frac{\sqrt{3}}{2}$

【命题知识点】 直角三角形的性质.

【解题思路】 根据直角三角形斜边中线定理，如果一个三角形一条边的中线等于这条边的一半，那么这个三角形就是直角三角形，这条边为斜边. 所以可以判断出这个三角形为直角三角形，显然三边分别为 $1,\sqrt{3},2$，则其面积为 $\frac{\sqrt{3}}{2}$.

【例 5.2.6】 如图 5.2.5 所示，在 $\triangle ABC$ 中，$\angle C=90°$，中线 $AD=5$，中线 $BE=\sqrt{40}$，求 AB 的长.

【答案】 $2\sqrt{13}$

【命题知识点】 勾股定理构建方程.

【解题思路】 设 $AC=x$，$BC=y$，则 $\begin{cases} x^2+\dfrac{y^2}{4}=25, \\ \dfrac{x^2}{4}+y^2=40 \end{cases} \Rightarrow$

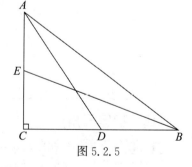

图 5.2.5

$\frac{5}{4}(x^2+y^2)=65 \Rightarrow x^2+y^2=52$，则 $AB=\sqrt{x^2+y^2}=\sqrt{52}=2\sqrt{13}$.

2. 等腰三角形

（1）等腰三角形的性质定理：等腰三角形的两个底角相等（等边对等角）.

（2）等腰三角形的判定定理：如果一个三角形有两个角相等，那么这两个角所对的边也相等（等角对等边）.

（3）等腰三角形顶角的角平分线、底边上的高、底边上的中线三线合一.

3. 等边三角形（三条边都相等的三角形）

（1）性质：等边三角形的各角都相等，并且每一个角都等于 60°. 若等边三角形的边长为

a，则它的高为 $h=\dfrac{\sqrt{3}}{2}a$．则它的面积为 $S=\dfrac{\sqrt{3}}{4}a^2$．

（2）等边三角形的判定定理．

判定定理 1：三个角都相等的三角形是等边三角形．

判定定理 2：有一个角等于 $60°$ 的等腰三角形是等边三角形．

【例 5.2.7】　等腰三角形的一边长为 $2\sqrt{3}$，周长为 $4\sqrt{3}+7$，则这个等腰三角形的腰长为（　　）．

A. $2\sqrt{3}$
B. 7
C. $\sqrt{3}+\dfrac{7}{2}$

D. $2\sqrt{3}$ 或 $\sqrt{3}+\dfrac{7}{2}$
E. 7 或 $2\sqrt{3}$

【答案】　C

【命题知识点】　等腰三角形．

【解题思路】　当腰长为 $2\sqrt{3}$ 时，底为 7，不满足；当底为 $2\sqrt{3}$ 时，腰 $\sqrt{3}+\dfrac{7}{2}$，满足．

【易错点评】　三角形的三边必须满足任两边之和大于第三边，这个往往会被忽略，导致错误．

【例 5.2.8】　等腰三角形的面积为 $8\sqrt{2}$．（　　）

（1）等腰三角形的两边长为 4 和 6；（2）等腰三角形的两边长为 3 和 5．

【答案】　E

【解题思路】　条件（1）有两种情况：腰为 4，底为 6 或者腰为 6，底为 4，不充分；同理条件（2）也不充分．选 E．

【易错点评】　考生往往会只注意一种情况，比如对于条件（1），当腰为 6，底为 4 时，面积恰好是 $8\sqrt{2}$，即判断充分，导致逻辑关系错误．

【应试对策】　充分指的是值充分，只要条件中有一个值（情况）不充分，则整个条件就不充分．

【例 5.2.9】　如图 5.2.6 所示，平行于 BC 的线段 MN 把等边三角形 ABC 分成一个三角形和一个四边形，则三角形 AMN 和四边形 $MBCN$ 的面积之比为 $9:7$．（　　）

（1）三角形 AMN 和四边形 $MBCN$ 的周长相等；

（2）$AM:MB=3:1$．

【答案】　D

【命题知识点】　等边三角形的面积比．

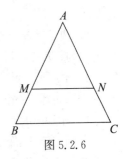

图 5.2.6

【解题思路】　条件（1），设三角形 AMN 的边长为 x，$MB=NC=$ y，得 $3x=x+y+y+x+y\Rightarrow x=3y$，则 $\dfrac{S_{\triangle AMN}}{S_{\triangle ABC}}=\dfrac{9}{16}\Rightarrow\dfrac{S_{\triangle AMN}}{S_{MNCB}}=\dfrac{9}{7}$，充分；同理，条件（2）也充分．选 D．

4. 两个三角形的全等(符号记作"≌")

(1)性质:全等三角形的对应线段(对应边,对应边上的高、中线、角平分线)均相等,且对应角也相等.

(2)判定公理与定理及其推论:

①边边边公理(SSS):有三边对应相等的两个三角形全等.

②边角边定理(SAS):有两边和它们的夹角对应相等的两个三角形全等.

③角边角定理(ASA):有两角和它们的夹边对应相等的两个三角形全等.

④角角边定理(AAS):有两角和其中一角的对边对应相等的两个三角形全等.

⑤斜边、直角边定理(HL):有斜边和一条直角边对应相等的两个直角三角形全等.

【例 5.2.10】 下面的命题正确的是(　　　).

A. 有两边和一角对应相等的两个三角形全等

B. 有一边对应相等的两个等边三角形全等

C. 有一角对应相等的两个等边三角形全等

D. 有一角对应相等的两个直角三角形全等

E. 以上结论均不正确

【答案】 B

【命题知识点】 全等三角形的判定.

【解题思路】 多画图进行观察.A 选项中有可能产生"边边角"状态,不符合公理;C 选项中只能保证相似,并不能确定全等;D 选项没有长度限度,和 C 犯相同错误.

【例 5.2.11】 如图 5.2.7 所示,△ABC 中,∠A = 40°,AB = AC,D 为 BC 边上一点,BE = CD,CF = BD,那么∠EDF = (　　　).

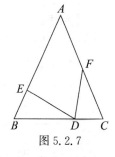

图 5.2.7

【答案】 70°

【命题知识点】 全等三角形性质的运用.

【解题思路】 由 AB = AC,∠A = 40° 易知∠C = 70°.

在△BDE 与△CFD 中,有 BE = CD,CF = BD,∠B = ∠C,故知 △BDE 与△CFD 全等,则∠BDE = ∠CFD. 又由∠BDE + ∠EDF + ∠FDC = ∠CFD + ∠C + ∠FDC = 180°,可知∠EDF = ∠C = 70°.

5. 两个三角形的相似(符号记作"∽")

(1)性质:相似三角形的对应角相等,对应线段成比例.

性质定理1:相似三角形对应高的比、对应中线的比与对应角平分线的比都等于相似比.

性质定理2:相似三角形周长的比等于相似比,面积的比等于相似比的平方.

(2)相似三角形的判定:

①判定定理:平行于三角形一边的直线和其他两边(或两边的延长线)相交,所构成的三角形与原三角形相似.

②相似三角形的判定定理:

判定定理1:两角对应相等,两三角形相似.

判定定理2:两边对应成比例且夹角相等,两三角形相似.

判定定理3:三边对应成比例,两三角形相似.

对直角三角形而言,直角三角形被斜边上的高分成的两个直角三角形和原三角形相似.

判定定理4:如果一个直角三角形的斜边和一条直角边与另一个直角三角形的斜边和一条直角边对应成比例,那么这两个直角三角形相似.

【例 5.2.12】 下列各组图形中有可能不相似的是( ).

A. 两个等腰直角三角形

B. 各有一个角是$100°$的两个等腰三角形

C. 各有一个角是$50°$的两个直角三角形

D. 各有一个角是$50°$的两个等腰三角形

E. 以上都不正确

【答案】 D

【命题知识点】 相似三角形的判定.

【解题思路】 因为$50°$具体是底角还是顶角不明确,所以选 D.

【例 5.2.13】 如图 5.2.8 所示,D,E 分别在边 AC,AB 上,已知$\triangle AED \backsim \triangle ACB$,$AE=DC$,若 $AB=12$ cm,$AC=8$ cm,则 $AD=$ _____.

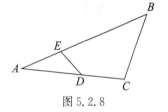

图 5.2.8

【答案】 $\dfrac{24}{5}$ cm

【解题思路】 由已知$\triangle AED \backsim \triangle ACB$,得$\dfrac{AE}{AC}=\dfrac{AD}{AB}\Rightarrow$

$\dfrac{AE}{8}=\dfrac{8-AE}{12}\Rightarrow AE=\dfrac{16}{5}\Rightarrow AD=\dfrac{24}{5}$.

【例 5.2.14】 如图 5.2.9 所示,$\triangle ABC$ 中,$\angle BAC=90°$,AD 是BC 边上的高.

(1)若 $BD=6,AD=4$,则 $CD=$ _____;

(2)若 $BD=6,BC=8$,则 $AC=$ _____.

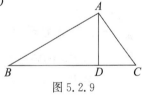

图 5.2.9

【答案】 (1)$\dfrac{8}{3}$;(2)4

【命题知识点】 相似三角形性质的运用.

【解题思路】 (1)$AD^2=BD\times CD\Rightarrow 16=6CD\Rightarrow CD=\dfrac{8}{3}$.(因为$\triangle ABD \backsim \triangle CAD$)

(2)$AC^2=CD\times CB\Rightarrow AC^2=8\times 2\Rightarrow AC=4$.(因为$\triangle ACD \backsim \triangle BCA$)

【应试对策】 其实本题是一个著名定理的运用——射影定理:斜边上的高是两直角边在斜边上射影的比例中项;每一条直角边都是这条直角边在斜边上的射影和斜边的比例中项.

【例 5.2.15】 若 D,E 分别是$\triangle ABC$ 中边 AB,AC 上的点,且 $DE /\!/ BC$,且 $S_{\triangle ADE}=S_{梯形DBCE}$,则 $AD:DB=$( ).

A. $1:1$ B. $1:\sqrt{2}$ C. $\dfrac{\sqrt{2}-1}{2}$ D. $\dfrac{1}{\sqrt{2}-1}$ E. $1:2$

【答案】 D

【命题知识点】　相似三角形的面积比.

【解题思路】　显然 $\triangle ADE \backsim \triangle ABC$，$\dfrac{S_{\triangle ADE}}{S_{\triangle ABC}}=\left(\dfrac{AD}{AB}\right)^2$，那么 $\dfrac{S_{\triangle ADE}}{S_{\triangle ABC}}=\dfrac{1}{2}\Rightarrow\dfrac{AD}{AB}=\dfrac{1}{\sqrt{2}}\Rightarrow$

$\dfrac{AD}{DB}=\dfrac{1}{\sqrt{2}-1}$.

【例 5.2.16】　一块三角形的余料，底边 BC 长 1.8 m，高 $AD=1$ m，如图 5.2.10 所示，要利用它裁剪一个长宽比是 3：2 的长方形，使长方形的长在 BC 上，另两个顶点在 AB，AC 上，求长方形的长 EH 和宽 EF.

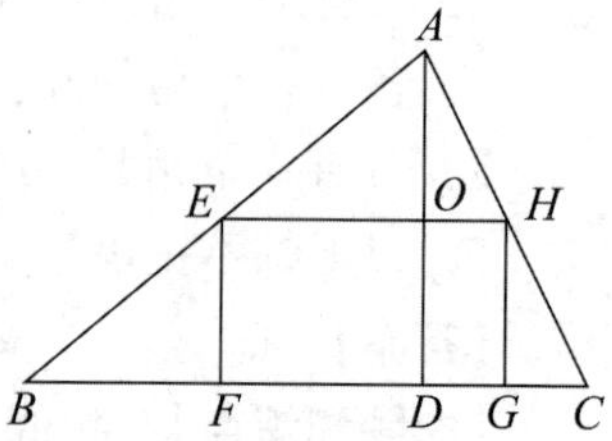

【答案】　$EH=\dfrac{9}{11}$ m，$EF=\dfrac{6}{11}$ m

【命题知识点】　相似三角形性质的运用.

【解题思路】　设 AD 和 EH 的交点为 O. 设 $EH=3k$ m，$EF=2k$ m，则由相似三角形的对应边成比例，$\dfrac{AO}{AD}=\dfrac{EH}{BC}\Rightarrow\dfrac{1-2k}{1}=\dfrac{3k}{1.8}\Rightarrow k=\dfrac{3}{11}$，所以 $EH=\dfrac{9}{11}$ m，$EF=\dfrac{6}{11}$ m.

图 5.2.10

第三节　四边形

知识点归纳与例题讲解

一、角度关系

1. 四边形的内角和等于 360°.

2. 多边形的内角和定理：n 边形的内角的和等于 $(n-2)\times180°$.

3. 四边形的外角和等于 360°，任意多边形的外角和等于 360°.

二、平行四边形

若平行四边形的两边长是 a，b，以 a 为底边的高为 h，则面积为 ah，周长为 $2(b+a)$.

1. 平行四边形的性质定理

性质定理 1：平行四边形的对角相等.

性质定理 2：平行四边形的对边相等.

推论：夹在两条平行线间的平行线段相等.

性质定理 3：平行四边形的对角线互相平分.

2. 平行四边形的判定定理

判定定理 1：两组对角分别相等的四边形是平行四边形.

判定定理 2：两组对边分别相等的四边形是平行四边形.

判定定理 3：对角线互相平分的四边形是平行四边形.

判定定理 4:一组对边平行且相等的四边形是平行四边形.

三、特殊的平行四边形

1. 矩形:有一个角是直角的平行四边形是矩形

性质定理 1:矩形的四个角都是直角.

性质定理 2:矩形的对角线相等.

判定定理 1:有三个角是直角的四边形是矩形.

判定定理 2:对角线相等的平行四边形是矩形.

2. 菱形:有一组邻边相等的平行四边形是菱形

菱形的面积为两条对角线乘积的一半.

性质定理 1:菱形的四条边都相等.

性质定理 2:菱形的对角线互相垂直,并且每一条对角线平分一组对角.

判定定理 1:四边都相等的四边形是菱形.

判定定理 2:对角线互相垂直的平行四边形是菱形.

3. 正方形:有一组邻边相等的矩形是正方形,或有一个角为直角的菱形是正方形

性质定理 1:正方形的四个角都是直角,四条边都相等.

性质定理 2:正方形的两条对角线相等,并且互相垂直平分,每条对角线平分一组对角.

4. 重要结论

①顺次连接菱形各边中点所得的图形为矩形;

②顺次连接矩形各边中点所得的图形为菱形;

③任意四边形(主要为平行四边形)的各边中点连结后所得的四边形面积为原来的一半.

【例 5. 3. 1】 已知平行四边形的一条边长为 14,下列各组数中能分别作它的两条对角线长的是(　　).

  A. 10,16   B. 12,16   C. 20,22   D. 10,18   E. 10,12

【答案】 C

【命题知识点】 平行四边形.

【解题思路】 只需要看各组数是否满足三角形的三边,经验证只能选 C.

【例 5. 3. 2】 长与宽之比为 2∶1 的矩形的面积增大为原来的 2 倍.(　　)

(1)宽增大,长不变,使之成为正方形;

(2)宽增大为原来的 2 倍,长缩小为原来的一半.

【答案】 A

【命题知识点】 长方形的面积.

【解题思路】 条件(1)当宽增大到和长相等的时候,构成正方形,相当于宽变为原来的 2 倍,那么矩形面积是长乘宽,自然也变为原来的 2 倍,充分;条件(2)矩形面积是长乘宽,现在面积是不变的,不充分.

【例 5. 3. 3】 菱形中的较小的内角为 60°.(　　)

(1)菱形的一条对角线与边长相等;(2)菱形的一条对角线是边长的 $\frac{4}{3}$ 倍.

【答案】 A

137

【命题知识点】 菱形的边角关系.

【解题思路】 条件(1),可得菱形为两个等边三角形合并出来的,那么当然一个小的内角就是 $60°$,充分;条件(2),当菱形的内角为 $60°$ 时,一条长的对角线应该是边长的 $\sqrt{3}$ 倍,显然这个条件不充分.

【例 5.3.4】 如图 5.3.1 所示,若四边形 $ABCD$ 是正方形,$\triangle CDE$ 是等边三角形,则 $\angle EAB$ 的度数是( ).

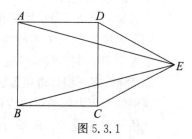

图 5.3.1

A. $15°$　　　　　　　　B. $30°$

C. $45°$　　　　　　　　D. $60°$

E. $75°$

【答案】 E

【解题思路】 因为 $\angle ADE = \angle ADC + \angle CDE = 90° + 60° = 150°$,所以 $\angle DAE = \dfrac{1}{2}(180° - 150°) = 15°$,$\angle EAB = 75°$.

四、梯形

梯形是一组对边平行,另一组对边不平行的四边形.

上底为 a,下底为 b,高为 h,中位线为 $\dfrac{1}{2}(a+b)$,面积为 $\dfrac{1}{2}(a+b)h$.

等腰梯形的性质定理:等腰梯形在同一底上的两个角相等;等腰梯形的两条对角线相等.

等腰梯形的判定定理:在同一底上的两个角相等的梯形是等腰梯形;对角线相等的梯形是等腰梯形.

【例 5.3.5】 如图 5.3.2 所示,在直角梯形 $ABCD$ 中,底 $AB = 13$,$CD = 8$,$AD \perp AB$,且 $AD = 12$,则 A 到 BC 的距离为( ).

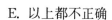

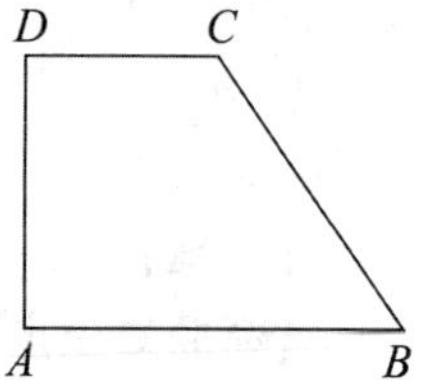

A. 12　　　　B. 13　　　　C.$\dfrac{12}{13}$　　　　D. 10.5

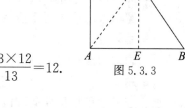

图 5.3.2

E. 以上都不正确

【答案】 A

【命题知识点】 梯形.

【解题思路】 如图 5.3.3 所示,过 C 作 AB 的垂线交 AB 于 E,显然 $CE = AD = 12$,所以

$$BC = \sqrt{CE^2 + EB^2} = \sqrt{12^2 + (13-8)^2} = 13.$$

$S_{\triangle ABC} = \dfrac{13 \times 12}{2} = 78$,而 A 到 BC 的距离为:$\dfrac{2S_{\triangle ABC}}{BC} = \dfrac{13 \times 12}{13} = 12$.

图 5.3.3

选 A.

【例 5.3.6】 如图 5.3.4 所示,梯形 $ABCD$ 中,$AB // CD$,$AB = 8$,$CD = 16$,$\angle C = 30°$,$\angle D = 60°$,则腰 BC 的长为( ).

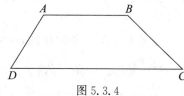

图 5.3.4

A. $3\sqrt{3}$　　　　B. $4\sqrt{3}$　　　　C.$\dfrac{5}{2}\sqrt{3}$

D. $5\sqrt{3}$　　　　E. $4\sqrt{5}$

【答案】 B

【命题知识点】 梯形的辅助线.

【解题思路】 如图 5.3.5 所示,过 B 作 AD 的平行线交 CD 于 E,在三角形 BCE 中,因为 $\angle C=30°$,$\angle BEC=\angle D=60°$,$\angle CBE=90°$,$CE=8$,所以 $BC=4\sqrt{3}$.

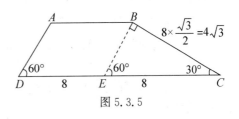

图 5.3.5

【例 5.3.7】 若四边形 $ABCD$ 为等腰梯形,则梯形的中位线与高的比为 $2:1$.(　　)

(1)等腰梯形的底角为 $45°$;(2)等腰梯形的高等于上底.

【答案】 C

【命题知识点】 等腰梯形.

【解题思路】 显然两个条件单独都不充分,故联合条件(1)和条件(2),在上底的两端做两条垂直下底的高.因为底角为 $45°$,所以下底的两边部分分别都等于高,并且上底也就是下底的中间部分也是等于高,可以得出下底为上底的 3 倍.那么中位线等于上底与下底和的一半,自然就可以判断中位线是上底的 2 倍,充分.选 C.

【例 5.3.8】 如图 5.3.6 所示,在梯形 $ABCD$ 中,$AB/\!/CD$,AC 与 BD 交于点 O,其中 $S_{\triangle ABO}=25$,$S_{\triangle CDO}=49$,则该梯形的面积为_____.

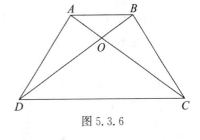

图 5.3.6

【答案】 144

【命题知识点】 梯形面积.

【解题思路】 由 $\triangle ABO \backsim \triangle CDO$ 及其面积比为 $25:49$ 可知其相似比为 $5:7$,即 $AO:CO=BO:DO=AB:CD=5:7$,由此可知 $S_{\triangle ABO}:S_{\triangle AOD}(S_{\triangle BOC})=5:7$,则得 $S_{\triangle AOD}=S_{\triangle BOC}=35$.故该梯形的面积为

$$S_{梯形ABCD}=S_{\triangle ABO}+S_{\triangle AOD}+S_{\triangle BOC}+S_{\triangle CDO}=25+35+35+49=144.$$

【应试对策】 若梯形 $ABCD$ 的上底与下底的长度比 $AB:CD=a:b$,对角线交于 O,则有 $S_{\triangle AOD}=S_{\triangle BOC}$ 且 $S_{\triangle AOB}:S_{\triangle AOD}:S_{\triangle COD}=a^2:ab:b^2$.本题的解题方法是由编者在 2008 年辅导中所创.编者直接押中 2015 年 12 月真题原题.

第四节　圆和扇形

🎯 知识点归纳与例题讲解

一、圆

圆的半径为 R,则周长为 $C=2\pi R$,面积是 πR^2.

（1）圆的定义：圆是到定点的距离等于定长的点的集合（圆的内部可以看作是到圆心的距离小于半径的点的集合，圆的外部可以看作是到圆心的距离大于半径的点的集合）.

（2）圆的重要性质与定理：

①圆是以圆心为对称中心的中心对称图形，是以直径所在的直线为对称轴的轴对称图形.

②垂径定理：垂直于弦的直径平分这条弦并且平分弦所对的两条弧.

③圆心角定理：在同圆或等圆中，相等的圆心角所对的弧相等，所对的弦相等，所对的弦的弦心距相等.

推论：在同圆或等圆中，如果两个圆心角、两条弧、两条弦或两弦的弦心距中有一组量相等，那么它们所对应的其余各组量都相等.

（3）圆周角定理：一条弧所对的圆周角等于它所对的圆心角的一半.

推论1：同弧或等弧所对的圆周角相等；在同圆或等圆中，相等的圆周角所对的弧也相等.

推论2：半圆（或直径）所对的圆周角是直角；90°的圆周角所对的弦是直径.

【例5.4.1】 如图5.4.1所示，已知圆心角$\angle AOB$的度数为100°，则圆周角$\angle ACB$等于_____.

【答案】 130°

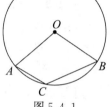

图5.4.1

【命题知识点】 圆的角度计算.

【解题思路】 $\angle AOB$的优角为260°，由于同弧所对的圆周角为圆心角的一半，则$\angle ACB=130°$.

【例5.4.2】 如图5.4.2所示，若圆O的直径为10，P是圆O内的一点，且$OP=3$，则过P且长度小于8的弦有（　　）.

A. 0条　　　　B. 1条　　　　C. 2条　　　　D. 无数条

E. 以上都不正确

【答案】 A

【命题知识点】 垂径定理.

【解题思路】 如图5.4.3所示，过点P作垂直于OP的线段AB，计算出其长度为$2\sqrt{OB^2-OP^2}=2\sqrt{5^2-3^2}=2\times 4=8$，且是最短的弦长，那么长度小于8的弦是无法找到的.

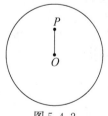

图5.4.2

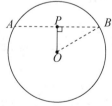

图5.4.3

（4）圆的内接四边形定理：圆的内接四边形的对角互补，并且任何一个外角都等于它的内对角.

（5）切线的性质定理：圆的切线垂直于经过切点的半径.

①切线的判定定理:经过半径的外端并且垂直于这条半径的直线是圆的切线.

②切线长定理:从圆外一点引圆的两条切线,它们的切线长相等,圆心和这一点的连线平分两条切线的夹角.圆的外切四边形的两组对边的和相等.

二、扇形

(1)在扇形 OAB 中,半径为 R,若圆心角的角度数为 $n°$,则 AB 的弧长为 $l=\dfrac{n°}{360°}\cdot 2\pi R=\dfrac{n\pi R}{180}$,扇形面积为 $S=\dfrac{n\pi R^2}{360}$.

(2)在扇形 OAB 中,半径为 R,若圆心角的弧度数为 θ,则 AB 的弧长为 $l=R\theta$,扇形面积为 $S=\dfrac{1}{2}Rl=\dfrac{1}{2}R^2\theta$.(了解即可)

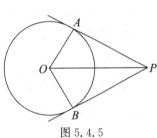

【例5.4.3】　若 $\angle AOB=90°$,如图 5.4.4 所示,可以确定圆 O 的周长是 20π.(　　)

(1) $\triangle AOB$ 的周长是 $20+10\sqrt{2}$;(2)弧 AB 的长度是 5π.

【答案】　D

【命题知识点】　扇形.

【解题思路】　条件(1),可以得出 $AO=BO=10$,圆 O 的周长为 $2\pi R=20\pi$,充分.条件(2)显然也充分.

图 5.4.4

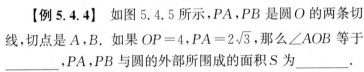

【例5.4.4】　如图 5.4.5 所示,PA,PB 是圆 O 的两条切线,切点是 A,B. 如果 $OP=4$,$PA=2\sqrt{3}$,那么 $\angle AOB$ 等于_____,PA,PB 与圆的外部所围成的面积 S 为_____.

【答案】　$120°$;$4\sqrt{3}-\dfrac{4}{3}\pi$

【命题知识点】　扇形的面积.

【解题思路】　在 Rt△ PAO 中,由于 $OA=2=\dfrac{1}{2}OP$,因此 $\angle AOP=60°$,$\angle AOB=120°$,故

$$S=2S_{\triangle PAO}-S_{扇形ABO}=4\sqrt{3}-\dfrac{1}{3}\pi\times 2^2=4\sqrt{3}-\dfrac{4}{3}\pi.$$

图 5.4.5

本章题型精解

【题型一】　**考查切接问题**

【解题提示】　将接点、切点与圆心连接,找出对应三角形,并从中求解.

【例1】　圆的外切正方形和内接正方形边长的相似比是 $\sqrt{2}:1$.(　　)

（1）若圆的半径为 1；（2）若圆的半径为 2.

【答案】 D

【命题知识点】 圆与正方形的切接问题.

【解题思路】 由于两个正方形边长的相似比与圆的半径无关，由图1可知，外切正方形的面积是内接正方形面积的 2 倍，则边长的相似比为 $\sqrt{2}:1$，条件（1）和条件（2）都充分.

图1

【例2】 半径为 R 的圆内接正三角形与内接正方形的边长之比为（　　）.

A. $1:\sqrt{2}$　　　　B. $\sqrt{3}:\sqrt{2}$　　　　C. $1:2$　　　　D. $3:2$　　　　E. $\sqrt{2}:1$

【答案】 B

【命题知识点】 圆与正方形、三角形的切接关系.

【解题思路】 正三角形的边长为 a，可得 $R=\dfrac{\sqrt{3}}{3}a \Rightarrow a=\sqrt{3}R$；正方形的边长为 b，可得 $2R=\sqrt{2}b \Rightarrow b=\sqrt{2}R$，则内接正三角形、内接正方形的边长之比为 $\sqrt{3}:\sqrt{2}$.

【例3】 $S_1:S_2=1:4$.（　　）

（1）如图2（a）所示，圆的内接 $\triangle A'B'C'$ 和该圆的外切 $\triangle ABC$ 均为等边三角形，且面积分别为 S_1 和 S_2.

（2）如图2（b）所示，$\triangle ABC$ 为等边三角形，内切圆和外接圆的面积分别为 S_1 和 S_2.

【答案】 D

【命题知识点】 圆与三角形的切接关系.

【解题思路】 条件（1），将小的正三角形旋转 $180°$，即得图2（c），得 $S_1:S_2=1:4$，充分.

条件（2），内切圆的半径 $r=\dfrac{1}{3}h$，外接圆的半径 $R=\dfrac{2}{3}h$（h 为 $\triangle ABC$ 的高），故 $\dfrac{r}{R}=\dfrac{1}{2}$，得 $S_1:S_2=1:4$，充分.

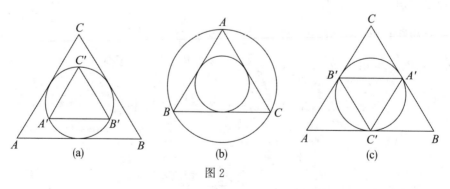

图2

【应试对策】 本题的两个条件有异曲同工之妙，其实通过更深入的研究可以发现如下有趣的结论：同一个圆的内接正多边形与外切正多边形的面积比等于同一个正多边形的内切圆与外接圆的面积比.

【题型二】 直线型面积问题

【解题提示】 常见方法有割补法、比例传递法以及等积转移法.

（1）割补法就是将不规则的图形分割成若干块规则图形，从而求解，或者用一块大的规则图形的面积减去若干块小的不规则图形的面积.

（2）比例传递法主要是指当两个三角形的高相等时，其面积比就是底边的比，通过此例传递法，可以将未知图形的面积转化为已知图形的面积求解.

（3）等积转移法是通过平行线间距离不变的手段将不规则图形的面积转化为规则图形的面积求解.

【例4】 如图3所示，求四边形 $ABCD$ 的面积.

【答案】 20

【命题知识点】 等腰直角三角形的面积.

【解题思路】 如图4所示，延长 BA 和 CD 交于点 E，则 $S_{四边形ABCD}=S_{\triangle BCE}-S_{\triangle ADE}=$ $\frac{1}{2}\times 7^2-\frac{1}{2}\times 3^2=20$.

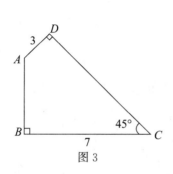

图3

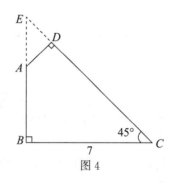

图4

【例5】 如图5所示，矩形 $ABCD$ 的面积是 $16\ \text{cm}^2$，E，F 都是所在边的中点，求三角形 AEF 的面积.

【答案】 $6\ \text{cm}^2$

【命题知识点】 用割补法求面积.

【解题思路】 因为

$$S_{\triangle ABE}=S_{\triangle ADF}=\frac{1}{4}S_{矩形ABCD},\quad S_{\triangle ECF}=\frac{1}{8}S_{矩形ABCD},$$

所以

$$S_{\triangle AEF}=S_{矩形ABCD}-S_{\triangle ABE}-S_{\triangle ADF}-S_{\triangle ECF}=\frac{3}{8}S_{矩形ABCD}=6(\text{cm}^2).$$

【例6】 图6中两个正方形的边长分别是 $6\ \text{cm}$ 和 $4\ \text{cm}$，求阴影部分的面积.

【答案】 $18\ \text{cm}^2$

【命题知识点】 用割补法求面积.

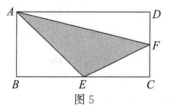

图6

【解题思路】 $S_{阴影}=S_{大正方形}+S_{小正方形}+S_{\triangle DGF}-S_{\triangle ABD}-S_{\triangle BEF}=36+16+4-18-20=18(\text{cm}^2)$.

【应试对策】 用等积转移法，连接 CF. 因为 $BD\ /\!/\ CF$，所以 $S_{\triangle BDF}=S_{\triangle BCD}=$

$\dfrac{1}{2}S_{矩形ABCD}=18.$

【例7】 如图7所示,将三角形 ABC 的 AB 边延长到 D,将 BC 边延长到 E,将 CA 边延长到 F,使 $DB=2AB$,$EC=2BC$,$FA=2AC$,如果三角形 ABC 的面积是 5,那么三角形 DEF 的面积是多少?

【答案】 95

【命题知识点】 用比例传递法求面积.

【解题思路】 如图 8 所示,连接 FB,因为 $DB=2AB \Rightarrow AD=3AB$,则 $S_{\triangle AFD}=3S_{\triangle ABF}=6S_{\triangle ABC}$,所以 $S_{\triangle AFD}=30$,同理,$S_{\triangle BDE}=S_{\triangle CEF}=30$,则 $S_{\triangle DEF}=95.$

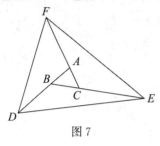
图7

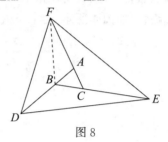
图8

【例8】 两条对角线把梯形 $ABCD$ 分割成四个三角形.已知两个三角形的面积(见图9),求另两个三角形的面积.

【答案】 6;3

【命题知识点】 用比例传递法求面积.

【解题思路】 $S_{\triangle ABO}=S_{\triangle CDO}=6$(因为 $S_{\triangle ABC}=S_{\triangle BCD}$),而 $S_{\triangle ABO}\times S_{\triangle CDO}=S_{\triangle ADO}\times S_{\triangle BCO} \Rightarrow S_{\triangle ADO}=3.$

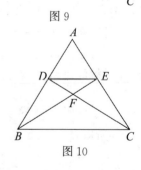
图9

【例9】 如图10所示,在 $\triangle ABC$ 中,$DE/\!/BC$,BE 和 CD 交于点 F,且 $S_{\triangle EFC}=3S_{\triangle DEF}$,则 $S_{\triangle ADE}:S_{\triangle ABC}=(\qquad)$.

A. $1:9$ B. $1:8$ C. $1:7$
D. $1:6$ E. $1:5$

【答案】 A

【命题知识点】 用比例传递法求面积.

【解题思路】 由 $S_{\triangle EFC}=3S_{\triangle DEF} \Rightarrow FC=3DF \Rightarrow \dfrac{DF}{CF}=\dfrac{DE}{CB}=\dfrac{1}{3} \Rightarrow S_{\triangle ADE}:S_{\triangle ABC}=1:9.$

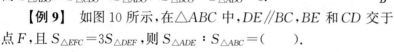

图10

【例10】 如图11所示,在 $\triangle ABC$ 中,$DE/\!/AB/\!/FG$,且 FG 到 DE,AB 的距离之比为 $1:2$,若 $\triangle ABC$ 的面积为 32,$\triangle CDE$ 的面积为 2,则 $\triangle CFG$ 的面积为(\qquad).

A. 6   B. 8   C. 10
D. 12   E. 14

【答案】 B

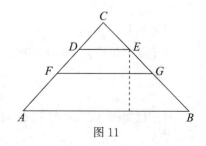
图11

【命题知识点】 用比例传递法求面积.

【解题思路】 由 $DE/\!/AB/\!/FG \Rightarrow \triangle CDE \backsim \triangle CAB$，$\triangle CDE \backsim \triangle CFG \Rightarrow \dfrac{CD}{CA} =$

$\sqrt{\dfrac{S_{\triangle CDE}}{S_{\triangle CAB}}} = \sqrt{\dfrac{2}{32}} = \dfrac{1}{4}$，又 $\dfrac{FD}{FA} = \dfrac{1}{2}$，所以 $\dfrac{FD}{AD} = \dfrac{1}{3}$，$FD = \dfrac{1}{3}AD = \dfrac{1}{3} \times \dfrac{3}{4}AC = \dfrac{1}{4}AC$，得 $FD =$

DC，因此 $\dfrac{S_{\triangle CDE}}{S_{\triangle CFG}} = \dfrac{1}{4} \Rightarrow S_{\triangle CFG} = 8$.

【例 11】 P 是以 a 为边长的正方形，P_1 是以 P 的四边中点为顶点的正方形，P_2 是以 P_1 的四边中点为顶点的正方形，$\cdots\cdots$，P_i 是以 P_{i-1} 的四边中点为顶点的正方形，则 P_6 的面积为（ ）.

A. $\dfrac{a^2}{16}$ B. $\dfrac{a^2}{32}$ C. $\dfrac{a^2}{40}$ D. $\dfrac{a^2}{48}$ E. $\dfrac{a^2}{64}$

【答案】 E

【命题知识点】 用比例传递法求面积.

【解题思路】 如图 12 所示，$S_1 = S_1'$，$S_2 = S_2'$，$S_3 = S_3'$，$S_4 = S_4'$，则 $S_{P_1} = \dfrac{1}{2}S_P$，同理 $S_{P_2} = \dfrac{1}{2}S_{P_1} = \dfrac{1}{2} \times \dfrac{1}{2}S_P = \left(\dfrac{1}{2}\right)^2 S_P$，依次得 $S_{P_6} = \left(\dfrac{1}{2}\right)^6 \cdot S_P = \dfrac{1}{64}a^2 = \dfrac{a^2}{64}$.

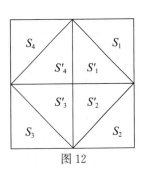

图 12

【题型三】 圆弧形面积问题

【解题提示】 常见方法有割补法、等积转移法、整体法、标号法、模式面积法等.

(1)割补法的解题思路与题型二是一致的，只不过多了一个扇形面积的计算.

(2)等积转移法的解题思路与题型二一致.

(3)整体法就是重叠法的意思，即直接把所求图形的面积看成由已知的几个规则图形的面积相互代数运算而成，它运用了文氏图的原理，速度快，但具有一定的难度.

(4)标号法即将图形的每一块面积编号，将已知的可求面积列出方程，通过方程组求解，其实就是将几何问题代数化.

(5)模式面积法：阴影部分面积外凸时，结果必为 $A\pi - B$；阴影部分面积内凹时，结果必为 $A - B\pi$.

【例 12】 如图 13(a)所示，点 C，D 是以 AB 为直径的半圆的三等分点，$\overset{\frown}{CD}$ 的长为 $\dfrac{\pi}{3}$，则图中阴影部分的面积为（ ）.

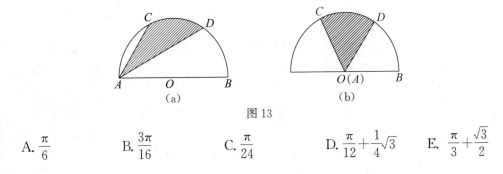

图 13

A. $\dfrac{\pi}{6}$ B. $\dfrac{3\pi}{16}$ C. $\dfrac{\pi}{24}$ D. $\dfrac{\pi}{12} + \dfrac{1}{4}\sqrt{3}$ E. $\dfrac{\pi}{3} + \dfrac{\sqrt{3}}{2}$

【答案】　A

【命题知识点】　用等积转移法求面积.

【解题思路】　将点 A 移动到点 O,如图 13(b)所示,显然 $S_{\triangle ACD}=S_{\triangle COD}$,则

$$S_{阴影}=S_{扇形CDO}=\frac{1}{6}\pi\times1^2=\frac{\pi}{6}.$$

【例 13】　如图 14 所示,小半圆的直径落在大半圆的直径上,大半圆的弦 AB 与直径 MN 平行且与小半圆相切,弦 $AB=10$ cm,则图中阴影部分的面积为_____.

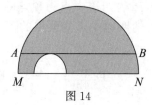
图 14

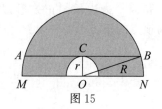
图 15

【答案】　$\dfrac{25\pi}{2}$ cm^2

【命题知识点】　用等积转移法求面积.

【解题思路】　如图 15 所示,由于 $AB/\!/MN$,故可将小半圆平移至圆心与大圆圆心重合而不改变阴影部分的面积. 此时阴影部分的面积即两个半圆面积之差: $S_{阴}=\dfrac{\pi R^2-\pi r^2}{2}=\dfrac{\pi}{2}(R^2-r^2)$. 而在 Rt$\triangle BCO$ 中又有 $R^2=r^2+BC^2$,其中 $BC=5$ cm,故 $S_{阴影}=\dfrac{25\pi}{2}$ cm^2.

【例 14】　如图 16 所示,半圆的直径 $AB=10$ cm,C 是 AB 弧的中点,延长 BC 于 D,ABD 是以 AB 为半径的扇形,则图中阴影部分的面积是(　　)cm^2.

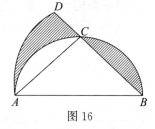
图 16

A. $25\left(\dfrac{\pi}{2}+1\right)$

B. $25\left(\dfrac{\pi}{2}-1\right)$

C. $25\left(1+\dfrac{\pi}{4}\right)$

D. $25\left(1-\dfrac{\pi}{4}\right)$

E. 以上均不正确

【答案】　B

【命题知识点】　用割补法求面积.

【解题思路】　显然弓形 AC 面积与弓形 BC 面积相等.

$$\begin{aligned}S_{阴影}&=S_{扇形ABD}-S_{\triangle ABC}\\&=\frac{45°}{360°}\times\pi\times AB^2-\frac{1}{2}AC^2=\frac{100\pi}{8}-25=\frac{25}{2}\pi-25=25\left(\frac{\pi}{2}-1\right)(\text{cm}^2).\end{aligned}$$

【例 15】　如图 17 所示,正方形 $ABCD$ 的边长为 4,分别以 A,C 为圆心,以 4 为半径画圆弧,则阴影部分的面积是(　　).

A. $16-8\pi$

B. $8\pi-16$

C. $4\pi-8$

D. $32-8\pi$

E. $8\pi-32$

【答案】　B

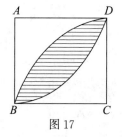
图 17

【命题知识点】 用整体法求面积.

【解题思路】 $S_{阴影}=S_{扇形ABD}+S_{扇形BCD}-S_{正方形ABCD}=2\times\dfrac{\pi}{4}\times4^2-4^2=8\pi-16.$

【例16】 图18中直角三角形 ABC 的直角边 $AB=4$,$BC=6$,扇形 BCD 所在圆是以 B 为圆心,以 BC 为半径的圆,$\angle CBD=50°$,问:阴影部分面积甲比乙小多少?

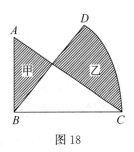

图 18

【答案】 $5\pi-12$

【命题知识点】 用整体法求面积.

【解题思路】 甲、乙两个部分分别补上空白部分的三角形后合成一个三角形 ABC 和一个扇形 BCD,此两部分的差即

$$S_{扇形BCD}-S_{\triangle ABC}=\pi\times6^2\times\dfrac{50°}{360°}-\dfrac{1}{2}\times4\times6=5\pi-12.$$

【例17】 如图19所示,以点 A 为圆心,以 AB 为半径画弧 BE,以点 C 为圆心,以 BC 为半径画弧 BF.求阴影部分的面积.

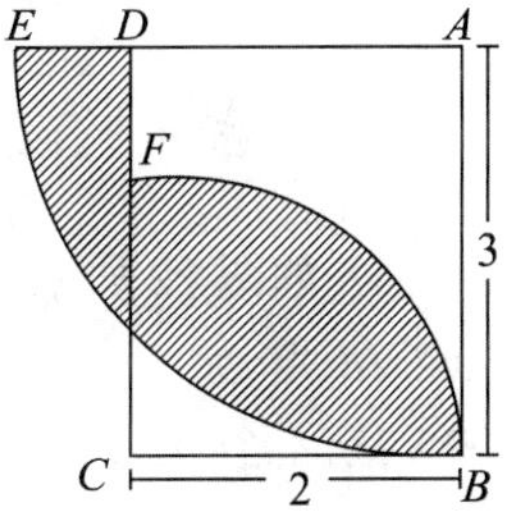

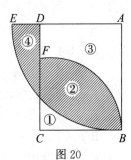

图 19

【答案】 $\dfrac{13}{4}\pi-6$

【命题知识点】 用整体法求面积.

【解题思路】 方法一:用半径为3的 $\dfrac{1}{4}$ 大圆 ABE 的面积加上以2为半径的 $\dfrac{1}{4}$ 小圆 BCF 的面积,再减去一个矩形 $ABCD$ 的面积,即

$$\dfrac{1}{4}\times(\pi\times3^2+\pi\times2^2)-6=\dfrac{1}{4}\times13\pi-6=\dfrac{13}{4}\pi-6.$$

方法二:利用割补思想,先求出空白面积 $ABFD$,即矩形 $ABCD$ 减去扇形 BCF,然后再用大扇形 ABE 的面积减去刚才的结果.

方法三:采用标号法思想,如图20所示,列出方程:

图 20

$$\begin{cases}①+②=S_{扇形BCF}=\dfrac{1}{4}\cdot\pi\cdot2^2=\pi,\\[2mm]②+③+④=S_{扇形ABE}=\dfrac{1}{4}\cdot\pi\cdot3^2=\dfrac{9}{4}\pi,\\[2mm]①+②+③=S_{矩ABCD}=6,\end{cases}$$

计算出 $②+④=\dfrac{13}{4}\pi-6.$

147

【例 18】　如图 21 所示,四边形 $ABCD$ 是边长为 1 的正方形,弧 AOB,BOC,COD,DOA 均为半圆,则阴影部分的面积为(　　).

A. $\dfrac{1}{2}$　　　　B. $\dfrac{\pi}{2}$　　　　C. $1-\dfrac{\pi}{4}$

D. $\dfrac{\pi}{2}-1$　　　E. $2-\dfrac{\pi}{2}$

【答案】　D

【命题知识点】　用整体法求面积.

【解题思路】

方法一:$S=4S_{半圆}-S_{正方形}=2\pi\left(\dfrac{1}{2}\right)^2-1=\dfrac{\pi}{2}-1$. 选 D.

方法二:根据前面的模式面积法的原理应该选 $A\pi-B$ 的结构,所以排除 A,B,C,E,直接选 D.

本章分层训练

1. 如图 22 所示,能与 $\angle\alpha$ 构成同旁内角的角有(　　).

A. 1 个　　　　B. 2 个　　　　C. 5 个

D. 4 个　　　　E. 以上都不正确

2. 菱形边长为 2,一条对角线长是 $2\sqrt{3}$,另一条对角线长为(　　).

A. 4　　　　B. $\sqrt{3}$　　　　C. 2

D. $2\sqrt{3}$　　　E. 以上都不正确

3. 平行四边形 $ABCD$ 的一条对角线与一边垂直,且此对角线为另一边的一半,则此平行四边形的两邻角之比为(　　)

A. 1:2　　　　B. 1:3　　　　C. 1:4

D. 1:5　　　　E. 以上都不正确

4. 如图 23 所示,A,B 是圆 O 上的两点,AC 是圆 O 的切线,$\angle B=70°$,则 $\angle BAC$ 等于(　　).

A. 70°　　　　B. 35°　　　　C. 20°

D. 10°　　　　E. 以上都不正确

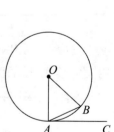

图 23

5. 如图 24 所示,PA 切圆 O 于 A,PB 切圆 O 于 B,OP 交圆 O 于 C,下列结论中,错误的是(　　).

A. $\angle 1=\angle 2$

B. $PA=PB$

C. $AB\perp OP$

D. $PA^2=PC\cdot PO$

E. 以上都不正确

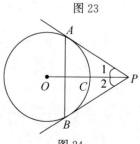

图 24

6. 如图 25 所示,AD,AE 和 BC 分别切圆 O 于 D,E,F,如果 $AD=20$,则三角形 ABC 的周长为(　　).

A. 20　　　　　　　　　　B. 30

C. 40　　　　　　　　　　D. $35\frac{1}{2}$

E. 以上都不正确

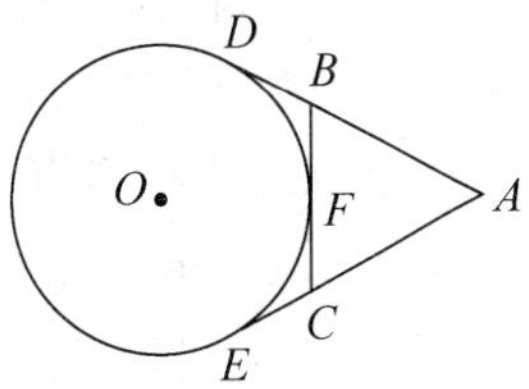

图 25

7. 等腰三角形的一边长为5,另一边长为11,那么周长为(　　).

A. 21　　　　B. 27　　　　C. 21 或 27

D. 16　　　　E. 19

8. 已知扇形的圆心角为120°,半径为3,那么扇形的面积为(　　).

A. 3π cm^2　　B. π cm^2　　C. 6π cm^2　　D. 2π cm^2　　E. 4π cm^2

9. 已知 Rt$\triangle ABC$ 的斜边为 10,内切圆的半径为 2,则两条直角边的长为(　　).

A. 5 和 $5\sqrt{3}$　　　　　　B. $4\sqrt{3}$ 和 $5\sqrt{3}$　　　　　　C. 6 和 8

D. 8 和 7　　　　　　　　E. $5\sqrt{3}$ 和 $7\sqrt{3}$

10. 圆上有 A,B,C 三点,若弦 AC 的长恰好等于圆的半径,则 $\angle ABC$ 的度数为(　　).

A. 30°　　　　　　　　　B. 60°　　　　　　　　　C. 150°

D. 120°　　　　　　　　E. 30° 或 150°

11. 在直角三角形中,两直角边分别为3,4,则这个三角形的斜边与斜边上的高的比是(　　).

A. $\frac{25}{12}$　　　　B. $\frac{5}{12}$　　　　C. $\frac{5}{4}$　　　　D. $\frac{5}{3}$　　　　E. $\frac{7}{6}$

12. 等腰直角三角形的斜边长为5,则它的直角边长为(　　).

A. $\frac{5}{2}$　　　　B. $\frac{5}{\sqrt{2}}$　　　　C. $\frac{\sqrt{5}}{\sqrt{2}}$　　　　D. $5\sqrt{2}$　　　　E. $2\sqrt{5}$

13. 直角三角形的一个内角是 60°,此内角对应的边长为 2,则斜边长为(　　).

A. $2\sqrt{3}$　　　　B. $3\sqrt{3}$　　　　C. $\frac{2}{\sqrt{3}}$　　　　D. $\frac{4}{\sqrt{3}}$　　　　E. $\frac{\sqrt{3}}{2}$

14. 若一圆与一正方形的面积相等,则下列说法正确的是(　　).

A. 它们的周长相等　　　　　B. 圆周长是正方形周长的 π 倍

C. 正方形的周长长　　　　　D. 圆周长是正方形周长的 $2\sqrt{\pi}$ 倍

E. 以上均不正确

15. 圆内接一个等腰直角三角形,则圆的面积与该三角形的面积的比值为(　　).

A. $\frac{1}{2}$　　　　B. 1　　　　C. $\frac{\pi}{2}$　　　　D. π　　　　E. $\frac{3\pi}{2}$

16. 如图 26 所示,正方形 $ABCD$ 的对角线 AC,BD 相交于点 O,E 是 BC 的中点,DE 交 AC 于点 F,若 $DE=12$,则 EF 等于(　　).

A. 8　　　　　　　　　　B. 6

C. 4　　　　　　　　　　D. 3

E. 2

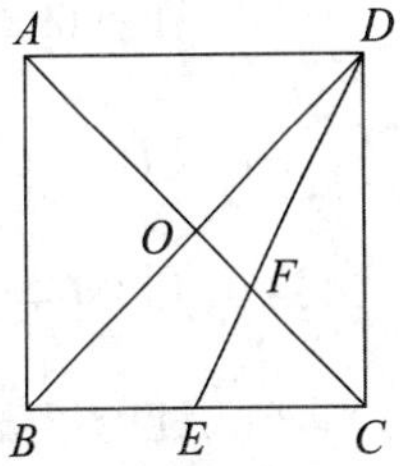

图 26

17. 已知:如图 27 所示,∠1＝∠2,∠3＝∠4,∠5＝∠6.(　　)

(1)$ED/\!/FB$;

(2)四边形 $ABDC$ 是平行四边形.

18. 该三角形是直角三角形.(　　)

(1)一个三角形的周长为 $12\sqrt{3}$ cm,一边长为 $3\sqrt{3}$ cm,其他两边之差为 $\sqrt{3}$ cm;

(2)三边之比为 3：4：5.

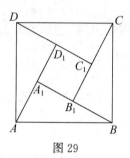

图 27

19. 如图 28 所示,四边形 $ABCD$ 中,四边形 $ABCD$ 是平行四边形.(　　)

(1)$AD＝BC$;(2)$\angle ADB＝\angle CBD＝90°$.

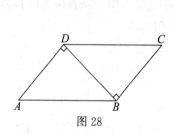

图 28

图 29

20. 在给定的条件中,能画出平行四边形.(　　)

(1)以 20 cm,36 cm 为对角线,22 cm 为一边;

(2)以 6 cm,10 cm 为对角线, 8 cm 为一边.

21. 如图 29 所示,$ABCD$ 是正方形,$\triangle ABA_1$,$\triangle BCB_1$,$\triangle CDC_1$,$\triangle DAD_1$ 是四个全等的直角三角形,能确定正方形 $A_1B_1C_1D_1$ 的面积是 $4-2\sqrt{3}$.(　　)

(1)正方形 $ABCD$ 的边长为 2;

(2)$\angle ABA_1＝30°$.

22. 一块长方形的空地上修建的花坛既是轴对称图形,又是中心对称图形.(　　)

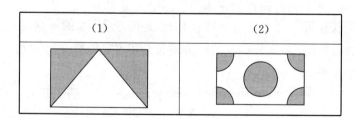

(1)	(2)

23. 在 $\mathrm{Rt}\triangle ABC$ 中,AD 是斜边 BC 上的高,则 $BC＝1$.(　　)

(1)$\angle B＝30°,AD＝\dfrac{\sqrt{3}}{4}$;(2)$\angle B＝30°,AD＝\dfrac{\sqrt{2}}{4}$.

24. 在 $\mathrm{Rt}\triangle ABC$ 中,AD 是斜边 BC 上的高,如果 $AC＝a$,那么 $\angle B＝30°$.(　　)

(1)$AD＝\dfrac{1}{2}a$;(2)$AD＝\dfrac{\sqrt{3}}{2}a$.

25. $a = \dfrac{\sqrt{3}}{2}$. （　　）

(1)边长为 2 的等边三角形内一点分别向三边作垂线,三条垂线段长的和为 a;

(2)边长为 1 的等边三角形内一点分别向三边作垂线,三条垂线段长的和为 a.

26. 直角三角形斜边上的中线长为 $\dfrac{13}{2}$ cm. （　　）

(1)两直角边的长分别为 6 cm 和 8 cm;(2)两直角边的长分别为 5 cm 和 12 cm.

27. 在 $\triangle ABC$ 中能确定 AC 边上的高为 $\dfrac{28}{5}$. （　　）

(1)在 $\triangle ABC$ 中,$AC = 5$,$BC = 7$;

(2)在 $\triangle ABC$ 中,BC 边上的高是 4.

28. 如果方程 $(x-1)(x^2-2x+m)=0$ 的三个根作为三角形的三边之长,那么实数 m 的取值范围是（　　）.

　　A. $0 \leqslant m \leqslant 1$　　B. $m > \dfrac{3}{4}$　　C. $\dfrac{3}{4} < m \leqslant 1$　　D. $0 < m < 1$　　E. 2

29. 已知 p,q 均为质数.且满足 $5p^2+3q=59$,以 $p+3,1-p+q,2p+q-4$ 为边长的三角形是（　　）.

　　A. 锐角三角形　　　　　　　　B. 直角三角形

　　C. 全等三角形　　　　　　　　D. 钝角三角形

　　E. 等腰三角形

30. 如图 30 所示,在四边形 $ABCD$ 中,设 AB 的长为 8,$\angle A : \angle B : \angle C : \angle D = 3 : 7 : 4 : 10$,$\angle CDB = 60°$,则四边形 $ABCD$ 的面积是（　　）.

　　A. 8　　　　　　　　B. $16 + 8\sqrt{3}$

　　C. 4　　　　　　　　D. 24

　　E. 32

图 30

31. 如图 31 所示,某城市公园的雕塑由 3 个直径为 1 m 的圆两两相垒立在水平的地面上,则雕塑的最高点到地面的距离为（　　）.

　　A. $\dfrac{2+\sqrt{3}}{2}$　　　　　　　　B. $\dfrac{3+\sqrt{3}}{2}$

　　C. $\dfrac{2+\sqrt{2}}{2}$　　　　　　　　D. $\dfrac{3+\sqrt{2}}{2}$

图 31

　　E. 以上结论均不正确

32. 已知长方形的长为 8,宽为 4,将长方形沿一条对角线折起压平,如图 32 所示,则阴影三角形的面积等于（　　）.

　　A. 8　　　　　　　　B. 10

　　C. 12　　　　　　　　D. 14

　　E. 16

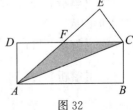

图 32

33. 如图 33 所示,长方形 $ABCD$ 中,阴影部分是直角三角形且面积为 $54\ \mathrm{cm}^2$,OB 的长为 $9\ \mathrm{cm}$,OD 的长为 $16\ \mathrm{cm}$,此长方形的面积为(　　)cm^2 .

A. 300　　　　　B. 192　　　　　C. 150　　　　　D. 96　　　　　E. 以上均不正确

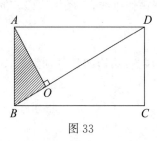
图 33

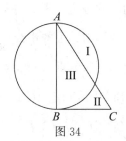
图 34

34. 如图 34 所示,直角 $\triangle ABC$ 中,AB 为圆的直径,且 $AB=20$,若面积 Ⅰ 比面积 Ⅱ 大 7,那么 $S_{\triangle ABC}$ 为(　　).

A. 70π　　　　B. 50π　　　　C. $50\pi+7$　　　　D. $50\pi-7$　　　　E. $70\pi-7$

35. 如图 35 所示,所有的四边形都是正方形,所有的三角形都是直角三角形,其中最大的正方形的边长为 $7\ \mathrm{cm}$,则正方形 A,B,C,D 的面积和是(　　)cm^2 .

A. 48　　　　　B. 49　　　　　C. 50　　　　　D. 51　　　　　E. 52

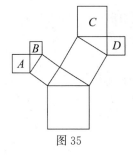
图 35

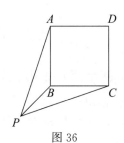
图 36

36. 如图 36 所示,设 P 是正方形 $ABCD$ 外一点,$PB=10$,$\triangle APB$ 的面积是 80 ,$\triangle CPB$ 的面积是 90 ,则正方形 $ABCD$ 的面积为(　　).

A. 720　　　　　B. 580　　　　　C. 640　　　　　D. 600　　　　　E. 560

🎯 分层训练答案

1.【答案】 C

【解析】 根据同旁内角的定义,一个三角形内的另外两个内角是第三个内角的同旁内角,共有 5 个.

2.【答案】 C

【解析】 画出图形(见图 37)可以发现其实就是求腰为 2、高为 $\sqrt{3}$ 的等腰三角形的底.

3.【答案】 D

【解析】 画图分析(见图 38),在 $\mathrm{Rt}\triangle ABD$ 中,$BD=\dfrac{1}{2}AD$,则 $\angle DAB=30°$,

$\angle ABC = 150°$. $\angle DAB : \angle ABC = 1 : 5$.

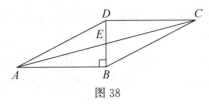

图 38

4. 【答案】　C

　　【解析】　$\angle B = \angle BAO = 70°$, 则 $\angle BAC = 20°$.

5. 【答案】　D

　　【解析】　D 选项不符合切割线定理(见图 39). 切割线定理
为 $PC^2 = PA \cdot PB$.

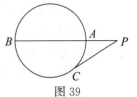

图 39

6. 【答案】　C

　　【解析】　由切线长定理可以知道:△ABC 的周长 $= AB + BC + CA = AB + BF + FC + CA = AB + BD + CE + AC = 2AD = 40$.

7. 【答案】　B

　　【解析】　要注意三角形的成立条件:两边之和大于第三边. 选 B.

8. 【答案】　A

　　【解析】　扇形的面积公式为 $S = \dfrac{n\pi R^2}{360}$.

9. 【答案】　C

　　【解析】　作图分析,如图 40 所示,设直角三角形的边
长为 a 和 b,半径为 r,则

$$\begin{cases} a^2 + b^2 = 100, \\ a + b - 10 = 2r, \\ r = 2 \end{cases} \Rightarrow \begin{cases} a = 6, \\ b = 8 \end{cases} \text{ 或 } \begin{cases} a = 8, \\ b = 6. \end{cases}$$

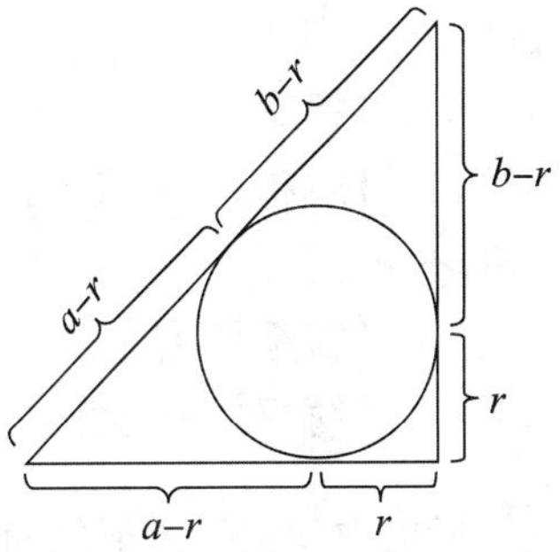

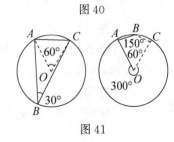

图 40

10. 【答案】　E

　　【解析】　根据图 41 可以知道有两种情况. 选 E.

11. 【答案】　A

　　【解析】　根据勾股定理,斜边为 $\sqrt{3^2 + 4^2} = 5$,因此斜
边上的高 $\dfrac{1}{2}h \times 5 = \dfrac{1}{2} \times 3 \times 4 \Rightarrow h = \dfrac{12}{5}$,所以比为 $\dfrac{25}{12}$.

图 41

12. 【答案】　B

　　【解析】　等腰直角三角形的边长之比为 $1 : 1 : \sqrt{2}$.

13. 【答案】　D

　　【解析】　一个角为 $30°$ 的直角三角形的三边长比为 $1 : \sqrt{3} : 2$.

14. 【答案】　C

【解析】　根据等周原理,面积一样的时候,边数越少的多边形周长会越大,那么正方形的边数比圆少,即周长也会越长.通过计算可以求得圆的周长与正方形周长之比为 $\sqrt{\pi}$: 2.

15.【答案】　D

【解析】　设圆的半径为 1,则圆面积为 π,内接三角形斜边即是圆的直径,半径为三角形斜边的一半,因此三角形面积为 1,则圆与三角形的面积比为 π.

16.【答案】　C

【解析】　显然 $DF:FE=AD:EC,EF=\dfrac{1}{3}DE=4$.

17.【答案】　C

【解析】　显然两个条件单独都不充分,故联合两个条件,构成两组平行线,才可以推出题干结论,充分,选 C.

18.【答案】　D

【解析】　条件(1) $\begin{cases} a+b+c=12\sqrt{3}, \\ a=3\sqrt{3}, \\ b-c=\sqrt{3} \end{cases} \Rightarrow \begin{cases} a=3\sqrt{3}, \\ b=5\sqrt{3}, \\ c=4\sqrt{3}, \end{cases}$ 满足直角三角形.条件(2)也充分.

19.【答案】　C

【解析】　显然两个条件单独都不充分.由条件(2) $\angle ADB=\angle CBD=90°$,可得 AD 平行 BC,而条件(1) $AD=BC$,联合后即可得一组对边平行且相等的四边形,也就是平行四边形了,充分.

20.【答案】　A

【解析】　其实就是考查三角形的两边之和大于第三边,条件(2)三边长度分别为 3,5,8,不符合.

21.【答案】　C

【解析】　显然两个条件单独都不充分,故联合,可得每个小的直角三角形的面积为 $\dfrac{\sqrt{3}}{2}$,所以中间的正方形的面积为 $4-2\sqrt{3}$,充分.

22.【答案】　B

【解析】　条件(1)只是轴对称图形,条件(2)既是轴对称图形,又是中心对称图形,所谓中心对称图形,就是一个图形绕着对称中心旋转 180° 后的图形保持不变.

23.【答案】　A

【解析】　作图(见图 42):对于条件(1),根据 $\angle B=30°$,

$AB=2AD=\dfrac{\sqrt{3}}{2},\sqrt{3}AC=AB\Rightarrow AC=\dfrac{1}{2}$,因此 $BC=1$,充分;

条件(2)经分析不充分.

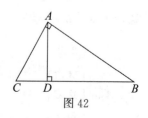
图 42

24.【答案】　B

【解析】　由条件(2) $CD=\sqrt{a^2-\left(\dfrac{\sqrt{3}}{2}a\right)^2}=\dfrac{a}{2}$,则

$\dfrac{CD}{AC}=\dfrac{1}{2}\Rightarrow\angle C=60°$,则$\angle B=30°$,充分. 故条件(1)不充分.

25.【答案】　B

【解析】　可以把任意一点放在三角形的顶点,向三边作垂线段长的和正好为三角形的高,显然条件(2)充分,条件(1)不充分.

26.【答案】　B

【解析】　直角三角形斜边上的中线为斜边长的一半,显然条件(2)充分,条件(1)不充分.

27.【答案】　C

【解析】　显然两个条件单独都不充分,故联合,显然由$AC\times AC$边上的高$=BC\times BC$边上的高,得$AC=\dfrac{28}{5}$.

28.【答案】　C

【解析】　由$\begin{cases}\Delta\geqslant 0,\\|x_1-x_2|<1\end{cases}\Rightarrow\begin{cases}2^2-4\times 1\times m\geqslant 0,\\\sqrt{(x_1+x_2)^2-4x_1x_2}<1\end{cases}\Rightarrow\begin{cases}m\leqslant 1,\\\sqrt{4-4m}<1\end{cases}\Rightarrow\begin{cases}m\leqslant 1,\\m>\dfrac{3}{4},\end{cases}$

所以$\dfrac{3}{4}<m\leqslant 1$.

29.【答案】　B

【解析】　可以推理出$p=2,q=13$,代入得三边长分别为$5,12,13$.

30.【答案】　B

【解析】　可以计算出$\angle A=45°,\angle B=105°,\angle C=60°,\angle D=150°$,则三角形$ABD$的面积为16,三角形$BCD$的面积为$8\sqrt{3}$.

31.【答案】　A

【解析】　把三个圆心连接起来形成一个三角形,其高为$\dfrac{\sqrt{3}}{2}$,两个圆的半径和为1,结果为$\dfrac{2+\sqrt{3}}{2}$.

32.【答案】　B

【解析】　使用勾股定理,在直角三角形ADF中,设$CF=x,AD=4,DF=8-x$,易证$\triangle FEC\cong\triangle FDA$,则$AF=CF=x$,计算出$x=5$,则面积为10.

33.【答案】　A

【解析】　可以计算出$AO=12$ cm,$BD=25$ cm,则长方形的面积为300 cm².

34.【答案】　D

【解析】　$S_{\text{I}}-S_{\text{II}}=7$,则$S_{\text{I}+\text{III}}-S_{\text{II}+\text{III}}=7$,半圆面积-三角形$ABC$的面积$=7$,$S_{\triangle ABC}=50\pi-7$.

35.【答案】　B

【解析】　反复使用勾股定理,面积$A+$面积$B+$面积$C+$面积$D=2$个正方形的面积＝1个大正方形的面积＝49 cm².

36.【答案】　B

【解析】　延长 PB，作 $AE\perp PB$，$CF\perp PB$．三角形 APB 的面积 $S_1=\dfrac{AE\times PB}{2}=$ 80，故 $AE=\dfrac{160}{10}=16$，三角形 CPB 的面积 $S_2=\dfrac{PB\times CF}{2}=90$，所以 $CF=\dfrac{180}{10}=18$．又因为 $BE=CF$，所以正方形 $ABCD$ 的面积为

$$S=(AB)^2=(AE)^2+(BE)^2=(AE)^2+(CF)^2=16^2+18^2=580.$$

选 B．

本章小结

【知识体系】

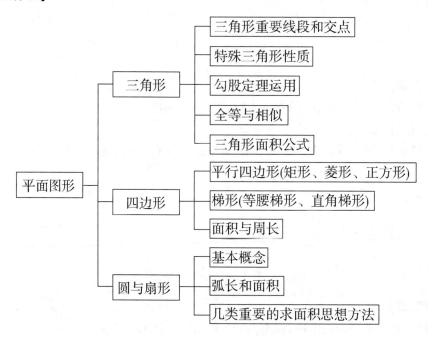

第六章 空间几何体

【大纲要求】
  常见立体图形(长方体、圆柱体、球).
【备考要点】
  本部分主要考查常见立体图形的表面积和体积的计算及其运用.

章节学习框架

知识点	考点	难度	已学	已会
长方体	长方体的性质(顶点、面、棱)	★		
	长方体的对角线、面积与体积公式	★★		
	正方体的对角线、面积与体积公式	★★		
圆柱体	圆柱体的侧面积和表面积公式	★★		
	圆柱体的轴截面性质	★		
	圆柱体的体积公式	★★		
球体	球体的面积与体积公式	★★		
	长方体、圆柱体与球体混合体积问题	★★★		

注:请读者在学完本章后在此表的"已学"和"已会"栏中进行标注.

第一节 长方体

◎ 知识点归纳与例题讲解

一、直棱柱

1. 上下两底面为全等的多边形(或圆),每条侧棱都与两底面互相垂直的空间几何体称为直棱柱. 直棱柱的侧面展开图是个矩形.

  根据底面多边形边数的不同,可将直棱柱分为直三棱柱、直四棱柱等,长方体与正方体都属于直四棱柱,圆柱体是底面为圆形的直棱柱.

2. 若直棱柱的底面周长是 C,高为 h,则其侧面积 $S_侧 = Ch$.

3. 若直棱柱的底面积是 S,高为 h,则其体积 $V = Sh$.

【例 6.1.1】 已知直三棱柱的每个侧面都是正方形,其底面积为 $\sqrt{3}$,则其侧面积及体积为_____.

【答案】 $S=12, V=2\sqrt{3}$

【命题知识点】 棱柱的侧面积与体积的计算.

【解题思路】 直三棱柱每个侧面都是正方形,说明其底面是等边三角形,且底面边长与棱柱高相等,由其底面积可以得到该等边三角形的边长为 2,棱柱高也为 2,因此该直三棱柱的侧面积 $S=12$,体积 $V=2\sqrt{3}$.

二、长方体与正方体

1. 长方体有 8 个顶点、12 条棱、4 条体对角线、6 个表面(见图 6.1.1).

2. 若长方体的长、宽、高分别为 a, b, c,则其总棱长

$$L=4(a+b+c); \text{体对角线长 } l=\sqrt{a^2+b^2+c^2};$$

$$\text{表面积 } S=2(ab+bc+ac); \text{体积 } V=abc.$$

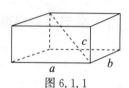

图 6.1.1

重要结论:L, l, S 关系为 $\left(\dfrac{L}{4}\right)^2=l^2+S$.

正方体的 12 条棱等长(见图 6.1.2).

若正方体的棱长为 a,则其总棱长 $L=12a$,体对角线长 $l=\sqrt{3}a$,表面积 $S=6a^2$,体积 $V=a^3$.

图 6.1.2

3. 长方体一定有外接球,外接球的球心即其体对角线的交点,半径为体对角线的一半.正方体既有内切球,也有外接球,球心都是体对角线的交点.内切球的半径为棱长的一半,外接球的半径为体对角线的一半.

【例 6.1.2】 一块木块的形状是一个长方体,其长、宽、高分别为 1 m,0.5 m,0.2 m.准备将这块木块锯成相同厚度的地板铺满一间面积为 10 m² 的房间,则这些地板的厚度是_____.

【答案】 0.01 m

【命题知识点】 长方体的体积.

【解题思路】 木块在切割前后的总体积不变,因此可得 $1\times0.5\times0.2=10h$,解得 $h=0.01$ m.

【例 6.1.3】 长方体的 12 条棱长之和为 24 cm,它的全面积为 22 cm²,则该长方体的体对角线长为( )cm.

A. 14 　　　　 B. $\sqrt{14}$ 　　　 C. 12 　　　 D. $2\sqrt{3}$ 　　　 E. $3\sqrt{2}$

【答案】 B

【命题知识点】 长方体的体对角线.

【解题思路】 根据长方体的总棱长 L、全面积 S 与体对角线 l 的关系 $\left(\dfrac{L}{4}\right)^2=l^2+S$,可知 $l=\sqrt{\left(\dfrac{L}{4}\right)^2-S}=\sqrt{\left(\dfrac{24}{4}\right)^2-22}=\sqrt{14}$.

【例 6.1.4】 长方体 $ABCD-A_1B_1C_1D_1$ 中,$AB=4$,$BC=3$,$BB_1=5$,从点 A 出发沿表

面运动到 C_1 点的最短路线长为（　　）.

A. $3\sqrt{10}$　　　　B. $4\sqrt{5}$　　　　C. $\sqrt{74}$　　　　D. $\sqrt{57}$　　　　E. $5\sqrt{2}$

【答案】 C

【命题知识点】 长方体的展开图.

【解题思路】 可将长方体的一个面展开比较,如图 6.1.3 所示,显然对角线的长度最小,为 $\sqrt{7^2+5^2}=\sqrt{74}$.

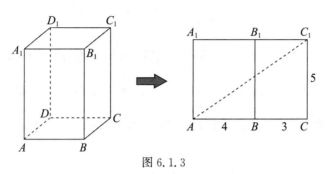

图 6.1.3

第二节　圆柱体

◎ 知识点归纳与例题讲解

一、基本概念和性质

1. 圆柱:可以把它看作以矩形的一边所在的直线为旋转轴,将矩形旋转一周形成的曲面所围成的几何体.

旋转轴叫作这个几何体的轴,在轴上的这条边的长度叫作它的高,垂直于轴的边旋转而成的圆面叫作它的底面;不垂直于轴的边旋转而成的曲面叫作它的侧面,无论旋转到什么位置,这条边都叫作侧面的母线.

2. 轴截面:矩形,其中一边长为底面圆的直径,另一边长为圆柱的高(母线长).

3. 侧面展开图:矩形,其中一边长为底面圆的周长,另一边长为圆柱的高(母线长).

4. 特殊的圆柱.

(1)轴截面是正方形的圆柱(等边圆柱): $d=2r=h$.

(2)侧面展开图是正方形的圆柱: $2\pi r=h$.

5. 圆柱的性质.

性质 1:平行于底面的截面都是圆.

性质 2:过轴的截面(轴截面)是全等的矩形.

二、基本公式

设圆柱体高为 h ,底面半径为 r.

(1)圆柱体的侧面积:$S=Ch=2\pi rh.$(C 为底面周长)

(2)圆柱体的全面积:$S=2\pi rh+2\pi r^2=2\pi r(h+r).$

(3)圆柱体的体积:$V=\pi r^2h.$

【例 6.2.1】　一个圆柱的侧面展开图是正方形,那么它的侧面积是下底面积的(　)倍.

A. 2　　　　　B. 4　　　　　C. 4π　　　　　D. π　　　　　E. 3

【答案】　C

【命题知识点】　圆柱的侧面展开图.

【解题思路】　因为圆柱侧面展开图为正方形,故圆柱的高 $h=2\pi r$,$r=\dfrac{h}{2\pi}$,于是 $S_{侧}=2\pi r\cdot h=h^2$,故下底面积是 $\pi r^2=\pi\cdot\left(\dfrac{h}{2\pi}\right)^2=\dfrac{h^2}{4\pi}$,故侧面积是下底面积的 4π 倍.

【例 6.2.2】　将一张长是 12,宽是 8 的矩形铁皮条卷成一个圆柱的侧面,其高为 12,则这个圆柱的体积为(　).

A. $\dfrac{288}{\pi}$　　　　B. $\dfrac{192}{\pi}$　　　　C. 288　　　　D. 192　　　　E. 都不对

【答案】　B

【命题知识点】　圆柱的侧面展开图.

【解题思路】　易知该圆柱的底面周长为 8,因此可知底面半径 $r=\dfrac{4}{\pi}$,故该圆柱的体积

$$V=\pi r^2h=\pi\times\left(\dfrac{4}{\pi}\right)^2\times12=\dfrac{192}{\pi}.$$

【例 6.2.3】　两圆柱的侧面积相等,则两圆柱的体积之比为 3∶2.(　)

(1)两圆柱体的底面直径分别为 6 和 4;

(2)两圆柱的底面半径之比为 3∶2.

【答案】　D

【命题知识点】　圆柱体积的计算.

【解题思路】　条件(1)是条件(2)的子集,所以只需验证条件(2)是否充分,由(2)

$$\begin{cases}S_1=S_2,\\r_1:r_2=3:2\end{cases}\Rightarrow\begin{cases}r_1h_1=r_2h_2,\\r_1:r_2=3:2\end{cases}\Rightarrow V_1:V_2=3:2,$$

充分.

【应试对策】　一般遇到两个条件相互包含时,若范围大的条件充分,则范围小的条件也充分.

【例 6.2.4】　一个直圆柱形状的量杯中放有一根长为 12 cm 的细搅棒(搅棒的直径不计),当搅棒的下端接触量杯下底时,上端最少可露出杯口边缘 2 cm,最多能露出 4 cm,则这个量杯的容积为(　)cm^3.

A. 72π　　　　B. 96π　　　　C. 288π　　　　D. 384π　　　　E. 84π

【答案】　A

【命题知识点】　圆柱的体积.

【解题思路】　当搅棒露出水面最多时,搅棒垂直于底面,水中长度是圆柱体的高,$h=12-4=8(\text{cm})$,当搅棒露出水面最少时,水中长度为轴截面对角线长,

$$d=\sqrt{10^2-8^2}=6(\text{cm}),V=\pi\times3^2\times8=72\pi(\text{cm}^3).$$

【例 6.2.5】　如图 6.2.1 所示,已知圆柱的轴截面 $ABCD$ 是边长为 5 cm 的正方形,则从下底面的 A 点绕圆柱侧面到上底面的 C 点的最短距离是(　　)cm.

A. $3\sqrt{2}$　　　B. 10　　　C. $5\sqrt{2}$　　　D. $5\sqrt{\pi^2+1}$

E. $\dfrac{5}{2}\sqrt{\pi^2+4}$

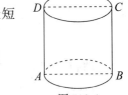

图 6.2.1

【答案】　E

【命题知识点】　圆柱的侧面展开图.

【解题思路】　把圆柱侧面展开,得到矩形,长和宽分别是 5π cm 和 5 cm,这时 A 在矩形的顶点处,C 在矩形的 5π 长度的边的中点,所以最短距离就是 $\sqrt{5^2+\left(\dfrac{5}{2}\pi\right)^2}=$

$\sqrt{\dfrac{25}{4}\pi^2+5^2}=\dfrac{5}{2}\sqrt{\pi^2+4}=\dfrac{5}{2}\sqrt{\pi^2+4}$.选 E.

第三节　球体

知识点归纳与例题讲解

一、基本概念

　　半圆以它的直径为旋转轴旋转而成的曲面叫作球面,球面所围成的几何体叫作球体,简称球.其中半圆的圆心叫作球的球心,连接球心和球面上任意一点的线段叫作球的半径,连接球面上两点并且经过球心的线段叫作球的直径(见图 6.3.1).

　　注意球面与球体的区别:球面是与定点(球心)的距离等于定长(球的半径)的所有点的集合,为曲面.若点到球心的距离小于球的半径,则点在球的内部,而球体为一个几何体.

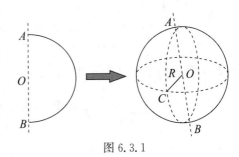

图 6.3.1

二、基本公式

1. 设球的半径为 R.

(1)球的表面积:$S=4\pi R^2$. (2)球的体积:$V=\dfrac{4}{3}\pi R^3$.

2. 长方体、正方体、圆柱与球的关系(见表 6.3.1).

设圆柱底面半径为 r,球的半径为 R,圆柱的高为 h.

表 6.3.1

	内切球	外接球
长方体	无,只有正方体才有	体对角线 $l=2R$
正方体	棱长 $a=2R$	体对角线 $l=2R=\sqrt{3}a$
圆柱	只有轴截面为正方形的圆柱才有;此时 $2r=h=2R$	$\sqrt{h^2+(2r)^2}=2R$

【例 6.3.1】 若一个半球的全面积是 3π,则其体积为＿＿＿＿＿＿＿＿＿＿＿＿.

【答案】 $\dfrac{2}{3}\pi$

【命题知识点】 球体积的计算.

【解题思路】 半球的全面积为其半球面的面积与底面大圆的面积之和.

设该半球的半径为 R,则其全面积 $S=2\pi R^2+\pi R^2=3\pi$,故 $R=1$,则该半球的体积 $V=\dfrac{2}{3}\pi$.

【例 6.3.2】 如图 6.3.2 所示,半径为 10 cm 的半球形碗内扣着一块正方体木块,则该木块的体积最大是＿＿＿＿＿＿＿＿＿＿＿＿.

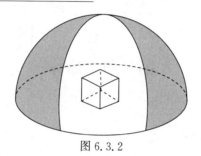

图 6.3.2

【答案】 $\dfrac{2\,000\sqrt{6}}{9}$ cm³

【命题知识点】 关于球的切接问题.

【解题思路】 要使木块的体积最大,当使该木块的下底面中心与球心重合,上底面四个顶点都与球相接.如图 6.3.3 所示,设该木块边长为 a,则在直角三角形 OBF 中,有 $BF=a$, $OF=R=10$ cm, $OB=\dfrac{\sqrt{2}}{2}a$,根据勾股定理,易得 $a=\dfrac{10\sqrt{6}}{3}$ cm,故可得该木块的体积 $V=\dfrac{2\,000\sqrt{6}}{9}$ cm³.

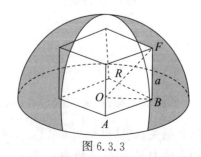

图 6.3.3

【例 6.3.3】 一个圆柱形容器的轴截面尺寸如图 6.3.4 所示,将一个实心铁球放入该容器中,球的直径等于圆柱的高,现将容器注满水,然后取出该球(假设原水量不受损失),则容器中水面的高度为( ).

图 6.3.4

A. $5\frac{1}{3}$ cm   B. $6\frac{1}{3}$ cm   C. $7\frac{1}{3}$ cm

D. $8\frac{1}{3}$ cm   E. 9 cm

【答案】 D

【命题知识点】 球体积的计算.

【解题思路】 设取出球后容器中水面的高度为 h,则水的体积 $V_{水}=\pi\left(\frac{10}{2}\right)^{2}h=25\pi h.$

取出球前 $V'_{水}=V_{容器}-V_{球}=\pi\left(\frac{20}{2}\right)^{2}\times10-\frac{4}{3}\pi\left(\frac{10}{2}\right)^{3}=8\frac{1}{3}\times100\pi.$

因为取球前后水的体积不变,即 $V_{水}=V'_{水}$,得 $100\pi h=\frac{25}{3}\times100\pi$,则 $h=\frac{25}{3}=8\frac{1}{3}$ cm.

【例 6.3.4】 半球内有一个内接正方体,正方体的一个面在半球的底面圆内,若正方体的棱长为 $\sqrt{6}$,求半球的表面积和体积.

【答案】 $27\pi,18\pi$

【命题知识点】 关于球的切接问题.

【解题思路】 作图,如图 6.3.5 所示,正方体的底面对角线的长为 $\sqrt{6+6}=2\sqrt{3}$,球的半径 $R=\sqrt{(\sqrt{6})^{2}+(\sqrt{3})^{2}}=3$,所以表面积为 $2\pi R^{2}+\pi R^{2}=3\pi R^{2}=27\pi$,体积为 $\frac{2}{3}\pi R^{3}=18\pi.$

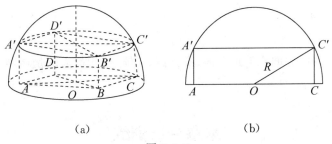

(a)   (b)

图 6.3.5

【应试对策】 对于切接问题一般直接画出截面图,将之转化为平面几何图形求解. 当长方体(正方体)内接于球时,其体对角线为球的直径.

【例 6.3.5】 同一个正方体的内切球与外接球的体积比为( ).

A. $1:3$ B. $1:\sqrt{3}$ C. $1:3\sqrt{3}$ D. $1:2\sqrt{3}$ E. $1:2$

【答案】 C

【命题知识点】 关于球的切接问题.

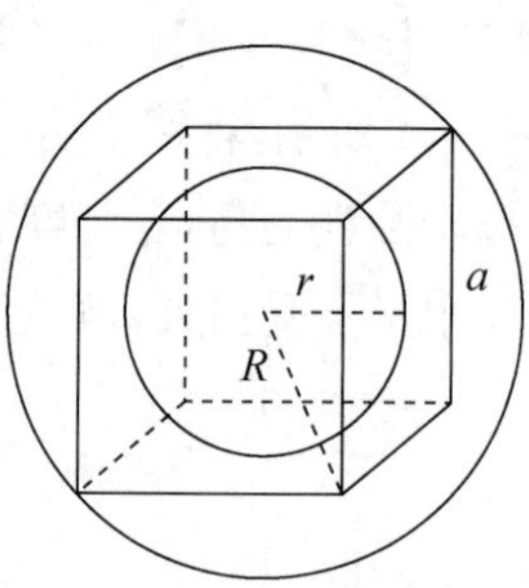

【解题思路】 作图,如图 6.3.6 所示.

$$r=\frac{a}{2}, R=\frac{\sqrt{3}}{2}a, \frac{r}{R}=\frac{1}{\sqrt{3}}, \frac{V_1}{V_2}=\frac{1}{3\sqrt{3}}.$$

【应试对策】 同一球的内接正方体与外切正方体的体积比等价于同一正方体的内切球与外接球的体积比,其比都为 $1:3\sqrt{3}$.

【例 6.3.6】 表面积相等的正方体、等边圆柱(轴截面为正方形)和球,它们的体积分别为 V_1, V_2, V_3,则有(   ).

A. $V_1 < V_3 < V_2$ B. $V_3 < V_1 < V_2$

C. $V_2 < V_3 < V_1$ D. $V_1 < V_2 < V_3$

E. $V_3 < V_2 < V_1$

图 6.3.6

【答案】 D

【命题知识点】 三种几何体的表面积和体积.

【解题思路】 如图 6.3.7 所示,由它们的表面积相等,有 $6a^2 = 6\pi r^2 = 4\pi R^2$, $r = \frac{a}{\sqrt{\pi}}$,

$R = \sqrt{\frac{3}{2\pi}}a$,那么 $V_1 = a^3$, $V_2 = \pi r^2 h = \pi \cdot \frac{a^2}{\pi} \cdot \frac{2a}{\sqrt{\pi}} = \frac{2a^3}{\sqrt{\pi}}$, $V_3 = \frac{4}{3}\pi R^3 = \frac{4}{3}\pi \cdot \left(\sqrt{\frac{3}{2\pi}}a\right)^3 = $

$\frac{\sqrt{6}a^3}{\sqrt{\pi}}$,显然 $V_1 < V_2 < V_3$.

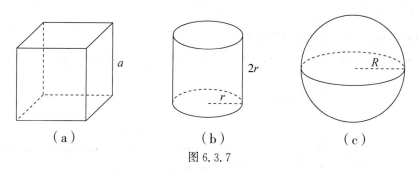

（a）   （b）   （c）

图 6.3.7

【应试对策】 相同表面积的正方体、圆柱体、球体,体积最大的是球体,体积最小的是正方体.

本章分层训练

1. 长方体的一个顶点上的三条棱的长分别为 $3,4,5$,且它的八个顶点都在同一球面上,这个球的表面积是(   ).

A. $20\sqrt{2}\pi$ B. $25\sqrt{2}\pi$ C. 50π D. 75π E. 100π

2. 球的体积与其表面积的数值相等,则球的半径 $r = ($ $)$.

A. 3   B. 4   C. 5   D. 6   E. 7

3. 直径为 10 cm 的一个大金属球,熔化后铸成若干个直径为 2 cm 的小球,如果不计损耗,可铸成这样的小球的个数为( ).

 A. 5   B. 15   C. 25   D. 125   E. 50

4. 与正方体各面都相切的球,它的表面积与正方体的表面积之比为( ).

 A. $\pi:2$ B. $\pi:3$ C. $\pi:4$ D. $\pi:5$ E. $\pi:6$

5. 如果一个圆柱的底面直径和高都与一个球的直径相等,则圆柱和球的体积比为( ).

 A. $1:2$ B. $3:1$ C. $3:2$ D. $2:3$ E. $2:1$

6. 有两个球体容器,若将大球中五分之二的溶液倒入小球中,正好装满小球,则大球与小球半径之比为( ).

 A. $5:3$ B. $8:3$ C. $\sqrt[3]{5}:\sqrt[3]{2}$ D. $\sqrt[3]{20}:\sqrt[3]{5}$ E. $2:1$

7. 已知圆柱体的侧面积为 4π,则当轴截面的对角线取最小值时,圆柱的母线长 h 与底面半径 r 的值分别是( ).

 A. $h=r=1$ B. $r=1,h=2$ C. $r=1,h=3$ D. $r=1,h=4$ E. $r=2,h=2$

8. 半球内有一个内接正方体,则这个半球的体积与正方体的体积之比是( ).

 A. $\dfrac{\sqrt{5}}{6}\pi$ B. $\dfrac{\sqrt{6}}{2}\pi$ C. $\dfrac{\pi}{2}$ D. $\dfrac{\pi}{3}$ E. $\dfrac{5\pi}{12}$

9. 正方体的内切球与外接球的体积之比等于( ).

 A. $1:3$ B. $1:\sqrt{3}$ C. $1:3\sqrt{3}$ D. $1:2\sqrt{3}$ E. $1:2$

10. 如果球的体积是 V_1,其外切圆柱的体积是 V_2,则体积比是( ).

 A. $2:3$ B. $1:2$ C. $1:1$ D. $3:4$ E. $4:3$

11. 一个圆柱的侧面展开图是一个正方形,这个圆柱的全面积与侧面积的比是( ).

 A. $\dfrac{1+2\pi}{2\pi}$ B. $\dfrac{1+4\pi}{4\pi}$ C. $\dfrac{1+2\pi}{\pi}$ D. $\dfrac{1+4\pi}{2\pi}$ E. 以上都不对

12. 如图 1 所示,一个底面半径为 R 的圆柱形量杯中装有适量的水,若放入一个半径为 r 的实心铁球,水面高度恰好升高 r,则 $\dfrac{R}{r}=$( ).

 A. $\dfrac{2}{3}\sqrt{3}$ B. $\dfrac{\sqrt{6}}{3}$

 C. $\dfrac{\sqrt{6}}{6}$ D. $\dfrac{\sqrt{3}}{3}$

 E. 以上都不正确

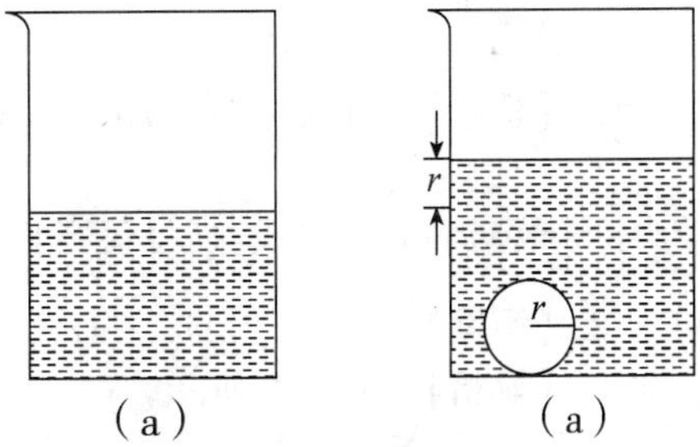

(a)   (a)

图 1

13. 长方体的一个顶点上三条棱的长分别是 a,b,c,若长方体所有棱长的和是 24,一条对角线(体对角线)的长度为 5,体积是 2,则 $\dfrac{1}{a}+\dfrac{1}{b}+\dfrac{1}{c}=$( ).

 A. $\dfrac{11}{4}$ B. $\dfrac{4}{11}$ C. $\dfrac{11}{2}$ D. $\dfrac{2}{11}$ E. 3

14. 已知圆柱体上下两个底面积之和与它的侧面积相等,则该圆柱体的底面半径 r 和高 h 之间的关系为( ).

 A. $r=h$ B. $r=2h$ C. $r=3h$ D. $2r=3h$ E. $r=4h$

15. 表面积为 324π 的球,其内接正四棱柱的高是 14,则这个正四棱柱的表面积是( ).

 A. 418   B. 576   C. 612   D. 724   E. 900

分层训练答案

1. **【答案】** C

   【解析】 长方体的体对角线的长为 $l=\sqrt{3^2+4^2+5^2}=5\sqrt{2}$，球的半径 $r=\dfrac{l}{2}=\dfrac{5\sqrt{2}}{2}$，
则球的表面积为 $S=4\pi r^2=4\pi\times\left(\dfrac{5\sqrt{2}}{2}\right)^2=50\pi.$

2. **【答案】** A

   【解析】 由题意可得，$\dfrac{4}{3}\pi r^3=4\pi r^2\Rightarrow r=3.$

3. **【答案】** D

   【解析】 设可以铸 n 个小球，则由题意可得 $\dfrac{4}{3}\pi 10^3=n\times\dfrac{4}{3}\pi 2^3\Rightarrow n=125.$

4. **【答案】** E

   【解析】 设球的半径为 r，可得正方体的边长为 $2r$，则题干所求比例为
   $$4\pi r^2 : \left[6\times(2r)^2\right]=\pi : 6.$$

5. **【答案】** C

   【解析】 设球的半径为 r，则圆柱的底面半径亦为 r，圆柱的高为 $2r$．题干所求比例
为 $(\pi r^2\times 2r):\dfrac{4}{3}\pi r^3=3:2.$

6. **【答案】** C

   【解析】 已知两个球的体积比为 $5:2$，因此其相似比亦即半径比，为 $\sqrt[3]{5}:\sqrt[3]{2}.$

7. **【答案】** B

   【解析】 $2\pi rh=4\pi\Rightarrow rh=2$，轴截面对角线 $l=\sqrt{(2r)^2+h^2}=\sqrt{4r^2+\dfrac{4}{r^2}}.$

   根据均值不等式，当且仅当 $4r^2=\dfrac{4}{r^2}\Rightarrow r=1,h=2$ 时对角线取到最小值．

8. **【答案】** B

   【解析】 如图 2 所示，

   $$2R=\sqrt{6}a\Rightarrow\dfrac{\dfrac{4}{3}\pi R^3\times\dfrac{1}{2}}{a^3}=\dfrac{2}{3}\pi\left(\dfrac{R}{a}\right)^3=\dfrac{2}{3}\pi\left(\dfrac{\sqrt{6}}{2}\right)^3=\dfrac{\sqrt{6}}{2}\pi.$$

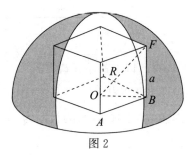

图 2

9. **【答案】** C

   【解析】 设正方体的棱长为 a，内切球的半径为
$r=\dfrac{a}{2}$，外接球的半径为 $R=\dfrac{\sqrt{3}}{2}a$，两球的半径比为 $1:\sqrt{3}$，
体积比为 $1:3\sqrt{3}.$

10. **【答案】** A

   【解析】 由题意可得，$V_1:V_2=\dfrac{4}{3}\pi R^3:(\pi R^2\times 2R)=2:3.$（圆柱体底面半径为
圆的半径，圆柱体的高为圆的直径）

11. **【答案】** A

【解析】　由题意可得，$h=2\pi r \Rightarrow \dfrac{S_{全}}{S_{侧}}=\dfrac{2\pi rh+2\pi r^2}{2\pi rh}=\dfrac{4\pi^2+2\pi}{4\pi^2}=\dfrac{2\pi+1}{2\pi}$.

12.【答案】　A

【解析】　由球的体积等于液面涨高的体积，列式得，$\pi R^2 \times r=\dfrac{4}{3}\pi r^3 \Rightarrow \dfrac{R}{r}=\dfrac{2}{3}\sqrt{3}$.

13.【答案】　A

【解析】　由题意可知，

$$4(a+b+c)=24 \Rightarrow (a+b+c)^2=36;\sqrt{a^2+b^2+c^2}=5 \Leftrightarrow a^2+b^2+c^2=25.$$

故可知 $ab+bc+ca=\dfrac{(a+b+c)^2-(a^2+b^2+c^2)}{2}=\dfrac{11}{2}$，则

$$\dfrac{1}{a}+\dfrac{1}{b}+\dfrac{1}{c}=\dfrac{ab+bc+ca}{abc}=\dfrac{\dfrac{11}{2}}{2}=\dfrac{11}{4}.$$

14.【答案】　A

【解析】　根据题意可得，$2\pi r^2=2\pi rh \Rightarrow r=h$.

15.【答案】　B

【解析】　由球的表面积易得球的直径 $d=18$. 设其内接正四棱柱的底面边长为 a，则有 $\sqrt{a^2+a^2+14^2}=18$，解得 $a=8$. 故该正四棱柱的表面积 $S=4\times 8\times 14+2\times 8^2=576$.

本章小结

【知识体系】

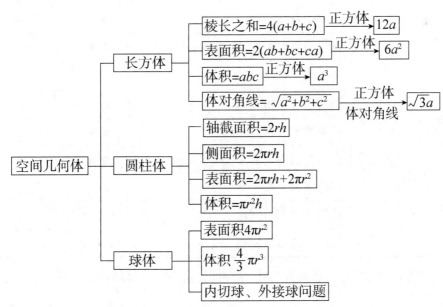

第七章　平面解析几何

【大纲要求】

平面直角坐标系、两点间的距离公式、点到直线的距离公式、直线方程、圆的方程、直线和圆的位置关系及圆和圆的位置关系.

【备考要点】

解析几何部分重点考查直线方程的求解,直线与圆、圆和圆之间的位置关系及有关对称等问题.

章节学习框架

知识点	考点	难度	已学	已会
平面直角坐标系	点的坐标表示与坐标特征	★		
	两点间距离公式	★★		
	中点坐标公式与重心坐标公式	★		
直线方程	直线的解析表示方式	★★		
	点到直线距离公式	★★		
	点关于直线对称	★★		
	直线与直线关系(垂直与平行)	★★		
	直线关于直线对称	★★★		
圆	圆的解析表示方式	★★		
	点与圆的关系	★★		
	直线与圆的关系	★★		
	圆与圆的关系	★★		
	几何中的面积问题	★★★		
	几何中的最值问题	★★★		

注:请读者在学完本章后在此表的"已学"和"已会"栏中进行标注.

第一节　平面直角坐标系

知识点归纳与例题讲解

一、平面直角坐标系与点的坐标表示

1. 平面直角坐标系由同一平面上互相垂直的两条数轴(x轴、y轴)构成,其交点称为原点. 一般x轴以向右为正向,y轴以向上为正向.

2. 在平面上构建了直角坐标系之后,此平面上的任意一点都可以用与此两条数轴相关的有序实数对(x,y)表示,称为这个点在这个平面直角坐标系中的坐标. 在此平面上的任意一点都有唯一的一组坐标与之对应.

3. 若点P在直角坐标平面内,过点P作PA垂直x轴于点A,作PB垂直y轴于点B. 若点A在x轴上对应的实数为x,点B在y轴上对应的实数为y,则点P的坐标为(x,y),其中x称为点P的横坐标,y称为点P的纵坐标(见图7.1.1).

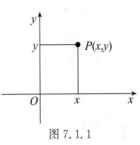

图 7.1.1

二、点的坐标特征

1. 四个象限内的点$P(x,y)$具有如下特征(见图7.1.2):

(1)第一象限内:$x>0$,$y>0$;

(2)第二象限内:$x<0$,$y>0$;

(3)第三象限内:$x<0$,$y<0$;

(4)第四象限内:$x>0$,$y<0$.

2. 坐标轴上的点$P(x,y)$具有如下特征:

(1)x轴上:$y=0$;(2)y轴上:$x=0$.

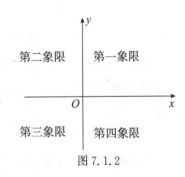

图 7.1.2

【例7.1.1】　在平面直角坐标系中,已知点$P(3m+1,m-2)$在x轴上,则点P的坐标为_____.

【答案】　$(7,0)$

【命题知识点】　点的坐标.

【解题思路】　在x轴上的点坐标的形式为$(x,0)$,故$m-2=0\Rightarrow m=2$,故点P的坐标为$(7,0)$.

【例7.1.2】　在平面直角坐标系中,点$P(m^2+1,-n^2-1)$一定在第_____象限.

【答案】　四

【命题知识点】　点的坐标.

【解题思路】　$m^2+1>0$,$-n^2-1<0$,故点P一定在第四象限.

三、点与点之间的距离及中点公式

1. 平面直角坐标系中两点$A(x_1,y_1)$,$B(x_2,y_2)$之间的距离$d=\sqrt{(x_1-x_2)^2+(y_1-y_2)^2}$.

2. 平面直角坐标系中有三点 $P(x,y),A(x_1,y_1),B(x_2,y_2)$,若 P 为 AB 中点,此时有 $x=\dfrac{x_1+x_2}{2},y=\dfrac{y_1+y_2}{2}$. 也就是说 P 点坐标为 $\left(\dfrac{x_1+x_2}{2},\dfrac{y_1+y_2}{2}\right)$.

注意:若三角形三个顶点的坐标分别为 $A(x_1,y_1),B(x_2,y_2),C(x_3,y_3)$,则其重心 M 的坐标为 $\left(\dfrac{x_1+x_2+x_3}{3},\dfrac{y_1+y_2+y_3}{3}\right)$.

3. 若点 $P(x_1,y_1)$ 与点 $Q(x,y)$ 关于点 $M(x_0,y_0)$ 对称,即相当于点 M 为 PQ 的中点,此时有 $x=2x_0-x_1,y=2y_0-y_1$.(重点)

【例 7.1.3】 x 轴上的点 $A(3,0)$ 与点 $B(6,b)$ 之间的距离 $AB=5$,则 $b=$＿＿＿＿.

【答案】 ±4

【命题知识点】 两点间的距离.

【解题思路】 由两点之间的距离公式可得 $d=\sqrt{(3-6)^2+(0-b)^2}=5$,解得 $b=\pm4$.

【例 7.1.4】 在 $\triangle ABC$ 中,已知 $A(2,3),B(8,-4)$,重心 $G(2,-1)$,则点 C 的坐标为＿＿＿＿.

【答案】 $(-4,-2)$

【命题知识点】 重心公式.

【解题思路】 设点 C 的坐标为 (x,y),根据三角形重心坐标公式可得 $\begin{cases}\dfrac{2+8+x}{3}=2,\\[2mm]\dfrac{3-4+y}{3}=-1,\end{cases}$ 解得 $\begin{cases}x=-4,\\y=-2,\end{cases}$即点 C 的坐标为 $(-4,-2)$.

【例 7.1.5】 点 $P(3m-3,n+2)$ 与点 $Q(2n-1,m-4)$ 关于点 $(2,1)$ 对称,则点 (m,n) 与原点之间的距离为＿＿＿＿.

【答案】 4

【命题知识点】 对称问题.

【解题思路】 由题干的对称关系可得 $\begin{cases}(3m-3)+(2n-1)=4,\\(n+2)+(m-4)=2,\end{cases}$ 解得 $\begin{cases}m=0,\\n=4,\end{cases}$故点 (m,n) 与原点之间的距离为 4.

第二节　直线方程

🎯 知识点归纳与例题讲解

一、直线的解析表示

1. 在平面直角坐标系中,由关于 x,y 的二元一次不定方程的所有解集对 (x,y) 对应的点所组成的图形是一条直线.

2. 直线常用的解析表示有如下几种:

(1)两点式:过点(x_1,y_1)和点$(x_2,y_2)(x_1\neq x_2,y_1\neq y_2)$的直线可表示为$\dfrac{y-y_1}{x-x_1}=\dfrac{y_2-y_1}{x_2-x_1}$,即$y=\dfrac{y_2-y_1}{x_2-x_1}(x-x_1)+y_1$.两点式方程不能表示与$x,y$轴平行的直线(了解即可).

(2)截距式:在x,y轴上的截距分别为$a,b(a\neq0,b\neq0)$的直线可表示成$\dfrac{x}{a}+\dfrac{y}{b}=1$.截距式方程不能表示与$x,y$轴平行或经过原点的直线.

(3)点斜式:过点(x_0,y_0)且斜率为k的直线可表示成$y-y_0=k(x-x_0)$.点斜式方程不能表示与y轴平行的直线.

(4)斜截式:斜率为k,在y轴上截距为b的直线可表示成$y=kx+b$.斜截式方程不能表示与y轴平行的直线.

(5)一般式:平面上所有的直线都可以表示成$Ax+By+C=0(A^2+B^2\neq0)$的形式.

注意:其中(3),(4),(5)比较重要.

【例 7.2.1】　经过点$(1,2),(2,4)$的直线方程是_____.

【答案】　$y=2x$

【命题知识点】　直线方程式.

【解题思路】　利用两点式直线方程式,可得方程$\dfrac{y-2}{x-1}=\dfrac{4-2}{2-1}$,即$y=2x$.解本题时也可以直接设直线方程为$y=kx+b$,将两个点代入求出$k,b$.

【例 7.2.2】　斜率是-3,在y轴上的截距是-7的直线方程是_____.

【答案】　$y=-3x-7$

【命题知识点】　直线方程式.

【解题思路】　可设该直线方程为$y=kx+b$,其中$k=-3,b=-7$,故该方程为
$$y=-3x-7.$$

【例 7.2.3】　经过点$(1,2)$,且在两坐标轴上的截距相等的直线方程为_____.

【答案】　$y=2x$ 或 $x+y=3$

【命题知识点】　直线方程式.

【解题思路】　若截距为0,则该直线经过点$(0,0),(1,2)$,易知其方程为$y=2x$.若截距不为0,则可设该截距为a,则该方程为$\dfrac{x}{a}+\dfrac{y}{a}=1$,将点$(1,2)$代入,可得$a=3$,即直线方程为$x+y=3$.

3. 直线的斜率与倾斜角.

(1)设直线的斜率为k,倾斜角为α(直线向上的方向与x轴正向所成的角度),$\alpha\in[0,\pi)$,则有$k=\tan\alpha\left(\alpha\neq\dfrac{\pi}{2}\right)$.平行于$y$轴的直线没有斜率.

(2)若直线上有两点$A(x_1,y_1),B(x_2,y_2)$,则该直线的斜率$k=\dfrac{y_2-y_1}{x_2-x_1}(x_1\neq x_2)$.

(3)直线$Ax+By+C=0(B\neq0)$的斜率$k=-\dfrac{A}{B}$.

(4)直线 $l_1: y = k_1 x + b_1$；$l_2: y = k_2 x + b_2$．若 $l_1 /\!/ l_2 \Leftrightarrow k_1 = k_2, b_1 \neq b_2$；若 $l_1 \perp l_2 \Leftrightarrow$ $k_1 \cdot k_2 = -1$．

【例 7.2.4】 过点 $M(-2, a)$ 和 $N(9, 0)$ 的直线斜率为 1，则 $a =$ ＿＿＿＿．

【答案】 -11

【命题知识点】 直线的斜率．

【解题思路】 由题意得，$k = \dfrac{y_2 - y_1}{x_2 - x_1} = \dfrac{a - 0}{-2 - 9} = 1$，解得 $a = -11$．

二、点与直线的关系

1. 平面直角坐标系中点 $M(x_0, y_0)$ 到直线 $L: Ax + By + C = 0$ 的距离

$$d = \frac{|Ax_0 + By_0 + C|}{\sqrt{A^2 + B^2}}.$$

2. 平面直角坐标系中有两个点 $P(x_1, y_1), Q(x_2, y_2)$ 和直线 $L: Ax + By + C = 0$．

(1)当 $d_1 d_2 = \dfrac{Ax_1 + By_1 + C}{\sqrt{A^2 + B^2}} \cdot \dfrac{Ax_2 + By_2 + C}{\sqrt{A^2 + B^2}} > 0$，即 $(Ax_1 + By_1 + C)(Ax_2 + By_2 + C) > 0$ 时，P, Q 两点在直线 L 同侧（了解即可）；

(2)当 $d_1 d_2 = \dfrac{Ax_1 + By_1 + C}{\sqrt{A^2 + B^2}} \cdot \dfrac{Ax_2 + By_2 + C}{\sqrt{A^2 + B^2}} < 0$，即 $(Ax_1 + By_1 + C)(Ax_2 + By_2 + C) < 0$ 时，P, Q 两点在直线 L 两侧（了解即可）．

【例 7.2.5】 已知 $\triangle ABC$ 的顶点 A 坐标为 $(2, 4)$，BC 边长为 4，线段 BC 在直线 $x + 2y - 5 = 0$ 上，则该三角形的面积为＿＿＿＿．

【答案】 $2\sqrt{5}$

【命题知识点】 点到直线的距离公式．

【解题思路】 该三角形 BC 边上的高即为点 A 到直线 $x + 2y - 5 = 0$ 的距离

$$h = d = \frac{|2 + 8 - 5|}{\sqrt{1^2 + 2^2}} = \sqrt{5}.$$

故该三角形的面积 $S = \dfrac{1}{2} \cdot |BC| \cdot h = 2\sqrt{5}$．

3. 设点 $M(x_0, y_0)$ 关于直线 $L: Ax + By + C = 0$ 对称的点 N 的坐标为 (x, y)，M, N 中点坐标满足直线 L 方程式，以及 M, N 连线与直线 L 垂直，则 x, y 是以下方程组的解：

$$\begin{cases} A \dfrac{x_0 + x}{2} + B \dfrac{y_0 + y}{2} + C = 0, \\ \dfrac{y - y_0}{x - x_0} \cdot \left(-\dfrac{A}{B}\right) = -1 \end{cases} \Rightarrow \begin{cases} x = x_0 - \dfrac{2A}{A^2 + B^2}(Ax_0 + By_0 + C), \\ y = y_0 - \dfrac{2B}{A^2 + B^2}(Ax_0 + By_0 + C), \end{cases} \quad （无需记忆）$$

特别地，要熟记以下结论，尤其是⑤⑥⑦⑧．

①点 $M(x_0, y_0)$ 关于 x 轴即 $y = 0$ 对称的点为 $(x_0, -y_0)$；

②点 $M(x_0, y_0)$ 关于 y 轴即 $x = 0$ 对称的点为 $(-x_0, y_0)$；

③点 $M(x_0, y_0)$ 关于 $y = a$ 对称的点为 $(x_0, 2a - y_0)$；

④点 $M(x_0, y_0)$ 关于 $x = a$ 对称的点为 $(2a - x_0, y_0)$；

⑤点 $M(x_0,y_0)$关于 $y=x$ 对称的点为(y_0,x_0);

⑥点 $M(x_0,y_0)$关于 $y=-x$ 对称的点为$(-y_0,-x_0)$;

⑦点 $M(x_0,y_0)$关于 $y=x+b$ 对称的点为(y_0-b,x_0+b);

⑧点 $M(x_0,y_0)$关于 $y=-x+b$ 对称的点为$(-y_0+b,-x_0+b)$.

4. 直线 $Ax+By+C=0$ 关于点 $M(x_0,y_0)$对称的直线方程为
$$A(2x_0-x)+B(2y_0-y)+C=0.$$

【例 7.2.6】 四边形 $ABCD$ 的顶点 A 在$(0,0)$,C 在$(0,4)$,点 B,D 分别与点 A,C 关于直线 $x+y=2$ 对称,则该四边形的面积为_____.

【答案】 8

【命题知识点】 对称问题.

【解题思路】 根据点(x_0,y_0)关于直线 $y=-x+b$ 的对称点为$(-y_0+b,-x_0+b)$,易知点 $B(2,2),D(-2,2)$.点 $A(0,0),C(0,4)$位于 y 轴上,且 $AC=4$,而点 $B(2,2),D(-2,2)$位于 y 轴两侧且到 y 轴的距离都为 2,故该四边形的面积 $S=\dfrac{4\times(2+2)}{2}=8$.

【例 7.2.7】 点$(a,3),(3,b)$关于直线 $4x+3y-7=0$ 对称,则 $a+b=$_____.

【答案】 2

【命题知识点】 对称问题.

【解题思路】 若两点关于直线对称,则这两点的中点必然在这条直线上,因此有
$$4\times\dfrac{a+3}{2}+3\times\dfrac{3+b}{2}-7=0;$$

又两点连线所在直线必与对称轴垂直,因此有$\dfrac{b-3}{3-a}\cdot\left(-\dfrac{4}{3}\right)=-1$.

联立两个方程,解得 $a+b=2$.

三、直线与直线的关系

1. 在同一平面内,两条直线之间,有平行、重合、相交(包括垂直)三种位置关系.若直角坐标平面内两条直线的方程分别为
$$L_1:A_1x+B_1y+C_1=0(A_1^2+B_1^2\neq0);L_2:A_2x+B_2y+C_2=0(A_2^2+B_2^2\neq0).$$

(1)若方程组 $\begin{cases}A_1x+B_1y+C_1=0,\\A_2x+B_2y+C_2=0\end{cases}$ 无解,则两直线平行.一般有 $A_1:A_2=B_1:B_2\neq C_1:C_2$.此时两直线斜率相等或都不存在(或记为 $A_1B_2=A_2B_1$).

(2)若方程组 $\begin{cases}A_1x+B_1y+C_1=0,\\A_2x+B_2y+C_2=0\end{cases}$ 有无数组解,则两直线重合.一般有 $A_1:A_2=B_1:B_2=C_1:C_2$.此时两直线斜率相等或都不存在(或记为 $A_1B_2=A_2B_1$).

(3)若方程组 $\begin{cases}A_1x+B_1y+C_1=0,\\A_2x+B_2y+C_2=0\end{cases}$ 有唯一一组解,则两直线相交.一般有 $A_1:A_2\neq B_1:B_2$.此时两直线的斜率不相等或一个存在一个不存在(或记为 $A_1B_2\neq A_2B_1$).

特别地,若 $A_1A_2+B_1B_2=0$,则两直线相互垂直.

【例 7.2.8】 若直线 $mx+8y+n=0$ 与 $2x+my-1=0$ 相互垂直,则 m,n 分别需要满足什么条件?

【答案】 $m=0,n\in\mathbf{R}$

【命题知识点】 直线的位置关系.

【解题思路】 这两直线相互垂直,则必有 $2m+8m=0$,故 $m=0$,此时 n 可以取任意值.

【例 7.2.9】 经过点 $P(-1,0)$且与直线 $x+2y-5=0$ 平行的直线的方程是________.

【答案】 $x+2y+1=0$

【命题知识点】 直线的方程与位置的关系.

【解题思路】 根据平行直线的斜率相等,可以设该直线方程为 $x+2y+C=0$,而点 P 在该直线上,则有 $-1+C=0\Rightarrow C=1$,即该直线的方程为 $x+2y+1=0$.

2. 两平行直线 $L_1:Ax+By+C_1=0$;$L_2:Ax+By+C_2=0(A^2+B^2\neq0)$之间的距离 $d=\dfrac{|C_1-C_2|}{\sqrt{A^2+B^2}}$.(了解即可)

【例 7.2.10】 梯形的上底长为 4,下底长为 6,分别在直线 $3x-4y+4=0$ 与直线 $3x-4y-6=0$ 上,则该梯形的面积为________.

【答案】 10

【命题知识点】 两条直线的距离公式.

【解题思路】 梯形的高即为这两条直线之间的距离,即 $h=d=\dfrac{|4-(-6)|}{\sqrt{3^2+(-4)^2}}=2$,故该梯形的面积 $S=\dfrac{(4+6)}{2}\times2=10$.

3. 直线关于直线对称.

(1)直线 $L_1:Ax+By+C_1=0$ 关于与之平行或重合的直线 $L:Ax+By+C=0$ 对称的直线为 $Ax+By+2C-C_1=0$.

(2)直线 $L_1:Ax+By+C_1=0$ 关于与之垂直的直线 $L:Bx-Ay+C=0$ 对称的直线为其本身.

(3)直线 $L_1:A_1x+B_1y+C_1=0$ 关于与之相交但不垂直的直线 $L:Ax+By+C=0$ 对称的直线若为 $L_2:A_2x+B_2y+C_2=0$,则有如下关系(了解即可):

L,L_1与 L_2三条直线交于一点且 L_2到 L 的夹角等于 L 到 L_1的夹角(夹角范围 $0°\leqslant\theta\leqslant90°$).

①经过两条直线 $L_1:A_1x+B_1y+C_1=0$ 与 $L_2:A_2x+B_2y+C_2=0$ 交点的直线系方程为$(A_1x+B_1y+C_1)+\lambda(A_2x+B_2y+C_2)=0$.(了解即可)

②$L_1:A_1x+B_1y+C_1=0$ 到 $L_2:A_2x+B_2y+C_2=0$ 的夹角 θ 满足 $\tan\theta=\left|\dfrac{A_1B_2-A_2B_1}{A_1A_2+B_1B_2}\right|$.(了解即可)

直线 $L_1:y=k_1x+b_1$到 $L_2:y=k_2x+b_2$的夹角 θ 满足 $\tan\theta=\left|\dfrac{k_2-k_1}{1+k_1k_2}\right|$.(了解即可)

(4)当对称轴为特殊直线时的对称关系如下:

直线 $L:Ax+By+C=0$ 关于 x 轴即 $y=0$ 对称的直线为 $Ax-By+C=0$;

直线 $L:Ax+By+C=0$ 关于 y 轴即 $x=0$ 对称的直线为 $-Ax+By+C=0$;

直线 $L:Ax+By+C=0$ 关于 $y=a$ 对称的直线为 $Ax+B(2a-y)+C=0$;

直线 $L:Ax+By+C=0$ 关于 $x=a$ 对称的直线为 $A(2a-x)+By+C=0$;

直线 $L:Ax+By+C=0$ 关于 $y=x$ 对称的直线为 $Ay+Bx+C=0$;

直线 $L:Ax+By+C=0$ 关于 $y=-x$ 对称的直线为 $A(-y)+B(-x)+C=0$;

直线 $L:Ax+By+C=0$ 关于 $y=x+b$ 对称的直线为 $A(y-b)+B(x+b)+C=0$;

直线 $L:Ax+By+C=0$ 关于 $y=-x+b$ 对称的直线为 $A(-y+b)+B(-x+b)+C=0$.

【例 7.2.11】　直线 $L_1:ax+y+4=0$ 与直线 $L_2:x+by-3=0$ 的夹角为 $45°$,其中 a,b 都是正整数,则 $a+b=$ _____.

【答案】　5

【命题知识点】　两直线的夹角.

【解题思路】　$k_1=-a$,$k_2=-\dfrac{1}{b}$,两直线的夹角为 $45°$,则 $\left|\dfrac{k_2-k_1}{1+k_1k_2}\right|=1\Rightarrow\dfrac{-\dfrac{1}{b}+a}{1+\dfrac{a}{b}}=$

$\pm 1\Rightarrow\dfrac{ab-1}{a+b}=\pm 1$,得 $ab\pm(a+b)=1$. 由于 a,b 都是正整数,因此 $ab+a+b>1$,故只能有

$ab-a-b=1$,即 $(a-1)(b-1)=2$,得到 $\begin{cases}a=2,\\b=3,\end{cases}$ 或 $\begin{cases}a=3,\\b=2,\end{cases}$ 故 $a+b=5$.

【例 7.2.12】　以直线 $x+y+1=0$ 为对称轴与直线 $2x+3y-5=0$ 对称的直线方程为
_____.

【答案】　$3x+2y+10=0$

【命题知识点】　直线的对称.

【解题思路】　方法一:设该对称直线上有点 (m,n),则该点关于直线 $x+y+1=0$ 对称的点 $(-n-1,-m-1)$ 一定在直线 $2x+3y-5=0$ 上,即满足 $3m+2n+10=0$. 故知所求对称直线为 $3x+2y+10=0$.

方法二:直接将 $\begin{cases}x=-y-1,\\y=-x-1\end{cases}$ 代入直线 $2x+3y-5=0$ 中,即可得 $2(-y-1)+3(-x-1)-5=0\Rightarrow-2y-2-3x-3-5=0\Rightarrow 3x+2y+10=0$.

第三节　圆

知识点归纳与例题讲解

一、圆的解析表示

1. 圆为到定点的距离等于定长的所有点组成的图形.定点为其圆心,定长为其半径.

2. 圆的标准方程:以点 $O(a,b)$ 为圆心,以 r 为半径的圆的标准方程为
$$(x-a)^2+(y-b)^2=r^2.$$
圆的一般方程为 $x^2+y^2+Dx+Ey+F=0(D^2+E^2-4F>0)$.

与标准方程对比,可知 $D=-2a,E=-2b,F=a^2+b^2-r^2$. 该圆圆心的坐标为 $\left(-\dfrac{D}{2},-\dfrac{E}{2}\right)$,半径 $r=\dfrac{1}{2}\sqrt{D^2+E^2-4F}$.

圆的端点式(直径式)方程如下:

若已知两点 $A(a_1,b_1),B(a_2,b_2)$,则以线段 AB 为直径的圆的方程为

$$(x-a_1)(x-a_2)+(y-b_1)(y-b_2)=0.$$

3. 对于圆的一般方程 $x^2+y^2+Dx+Ey+F=0$:

当 $D^2+E^2-4F>0$ 时,方程表示一个圆;当 $D^2+E^2-4F=0$ 时,方程表示一个点;当 $D^2+E^2-4F<0$ 时,方程不表示任何图形.

【例 7.3.1】 圆心在点 $(2,2)$ 且经过点 $(5,6)$ 的圆的方程为_____.

【答案】 $(x-2)^2+(y-2)^2=25$

【命题知识点】 圆的方程.

【解题思路】 易知点 $(2,2)$ 与点 $(5,6)$ 之间的距离为 5,即该圆的半径为 5,则根据圆心与半径可得圆方程为 $(x-2)^2+(y-2)^2=25$.

【例 7.3.2】 如果关于 x,y 的方程 $x^2+y^2-x+y+k=0$ 表示一个圆,则 k 的取值范围为_____.

【答案】 $k<\dfrac{1}{2}$

【命题知识点】 圆的方程的条件.

【解题思路】 方法一:根据圆的一般方程表示圆的条件 $D^2+E^2-4F>0$,可得 $1+1-4k>0$,即 $k<\dfrac{1}{2}$.

方法二:配方得 $x^2-x+y^2+y+k=0\Rightarrow\left(x-\dfrac{1}{2}\right)^2+\left(y+\dfrac{1}{2}\right)^2=\dfrac{1}{2}-k$. 显然 $\dfrac{1}{2}-k>0$ 即可,则 $k<\dfrac{1}{2}$.

二、点与圆的关系

1. 点与圆的位置关系.

设圆 $C:(x-a)^2+(y-b)^2=r^2$,点 $M(x_0,y_0)$ 到圆心的距离

$$d=\sqrt{(x_0-a)^2+(y_0-b)^2}.$$

若 $d>r$,则点 M 在圆外;若 $d=r$,则点 M 在圆上;若 $d<r$,则点 M 在圆内.

2. (半代入法)经过圆 $C:(x-a)^2+(y-b)^2=r^2$ 上一点 $N(x_0,y_0)$ 的切线的方程为 $(x_0-a)(x-a)+(y_0-b)(y-b)=r^2$;(了解即可)

由圆 $C:(x-a)^2+(y-b)^2=r^2$ 外一点 $N(x_0,y_0)$ 引该圆的两条切线,两切点为 A,B,则 AB 两点所在直线的方程也为 $(x_0-a)(x-a)+(y_0-b)(y-b)=r^2$. (了解即可)

【例 7.3.3】 试讨论原点与方程 $x^2+y^2+2ax+2y+(a-1)^2=0(a>0)$ 所表示的图形的位置关系.

【答案】 当 $a=1$ 时,有 $\sqrt{a^2+1}=\sqrt{2a}$,此时原点在圆上;

当 $a \neq 1$ 时,有 $\sqrt{a^2+1} > \sqrt{2a}$,此时原点在圆外

【命题知识点】 点与圆的位置关系讨论.

【解题思路】 该方程可以化成 $(x+a)^2+(y+1)^2=2a$. 当 $a>0$ 时,它表示一个圆心在 $(-a,-1)$ 的圆. 原点与圆心的距离 $d=\sqrt{a^2+1}$.

【例 7.3.4】 过点 $P_0(1,\sqrt{3})$ 作圆 $x^2+y^2=4$ 的切线,则切线方程为 _____.

【答案】 $x+\sqrt{3}y-4=0$

【命题知识点】 圆的切线问题.

【解题思路】 方法一:由于点 $P_0(1,\sqrt{3})$ 在圆上,如图 7.3.1所示,连接 OP_0,显然与切线垂直,由于 $k_{OP_0}=\sqrt{3}$,因此 $k_切=-\dfrac{\sqrt{3}}{3}$,则切线方程为 $y-\sqrt{3}=-\dfrac{\sqrt{3}}{3}(x-1)$,化简得 $x+\sqrt{3}y-4=0$.

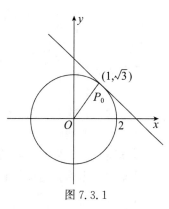

图 7.3.1

方法二:直接使用上述中的半代入法即可得 $x+\sqrt{3}y=4 \Rightarrow x+\sqrt{3}y-4=0$.

三、直线与圆的关系

1. 在直角坐标平面内,圆 $C:(x-a)^2+(y-b)^2=r^2$ 的圆心到直线 $L:Ax+By+C=0$ 的距离 $d=\dfrac{|Aa+Bb+C|}{\sqrt{A^2+B^2}}$.

当 $d>r$ 时,直线 L 与圆 C 相离;当 $d=r$ 时,直线 L 与圆 C 相切;当 $d<r$ 时,直线 L 与圆 C 相交.

2. 若直线 $L:Ax+By+C=0$ 与圆 $C:(x-a)^2+(y-b)^2=r^2$ 相交,则所截得的弦长 $l=2\sqrt{r^2-d^2}$,其中 r 为圆 C 的半径,d 为圆 C 的圆心到直线 L 的距离.

3. 若直线 $L:Ax+By+C=0$ 与圆 $C:(x-a)^2+(y-b)^2=r^2$ 或 $x^2+y^2+Dx+Ey+F=0$ 相交,则过两个交点的圆系方程为

$$(x-a)^2+(y-b)^2-r^2+\lambda(Ax+By+C)=0$$

或

$$x^2+y^2+Dx+Ey+F+\lambda(Ax+By+C)=0. (了解即可)$$

【例 7.3.5】 若直线 $4x-3y-2=0$ 与圆 $x^2+y^2-2ax+4y+a^2-12=0$ 总有两个不同的交点,则实数 a 的取值范围为 _____.

【答案】 $-6<a<4$

【命题知识点】 直线与圆的位置关系.

【解题思路】 直线与圆有两个不同的交点,说明直线与圆相交,亦即圆心到直线的距离小于半径.

圆的方程为 $(x-a)^2+(y+2)^2=16$,则知该圆圆心为 $(a,-2)$,半径为 4,则有 $\dfrac{|4a+6-2|}{\sqrt{16+9}}<4$,解得 $-6<a<4$.

【例 7.3.6】 圆 $(x-3)^2+(y-3)^2=9$ 上到直线 $3x+4y-11=0$ 的距离等于 1 的点有

177

_____个.

【答案】　3

【命题知识点】　直线与圆的位置关系.

【解题思路】　如图 7.3.2 所示,圆心到直线的距离为

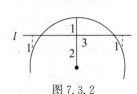

$$d=\frac{|3\times3+4\times3-11|}{\sqrt{3^2+4^2}}=\frac{10}{5}=2,$$

而圆的半径为 3,易知圆上有 3 个点到该直线的距离为 1.

图 7.3.2

【例 7.3.7】　已知圆 $C:(x-1)^2+(y-2)^2=25$,直线 $l:(2m+1)x+(m+1)y-7m-4=0(m\in\mathbf{R})$.

(1)判断直线 l 与圆的位置关系;

(2)求直线被圆截得弦长最小时的 l 的方程.

【答案】　(1)直线 l 与圆相交;(2)l 的方程为:$2x-y-5=0$

【命题知识点】　直线与圆的位置关系.

【解题思路】　(1)$(x+y-4)+m(2x+y-7)=0\Rightarrow\begin{cases}2x+y-7=0,\\x+y-4=0,\end{cases}$得 $\begin{cases}x=3,\\y=1,\end{cases}$所以 l 过定点 $A(3,1)$.因圆心为 $C(1,2)$,$|AC|=\sqrt{5}<5$,所以点 A 在圆 C 内,从而直线 l 与圆 C 相交.

(2)弦长最小时,$l\perp AC$.由 $k_{AC}=-\dfrac{1}{2}$,得 l 的方程为 $2x-y-5=0$.

【例 7.3.8】　过点 $A(11,2)$作圆 $x^2+y^2+2x-4y-164=0$ 的弦,其中弦长为整数的共有(　　)条.

　　A. 16　　　　　B. 17　　　　　C. 32　　　　　D. 34　　　　　E. 33

【答案】　C

【命题知识点】　最长弦与最短弦问题.

【解题思路】　$x^2+y^2+2x-4y-164=0\Rightarrow(x+1)^2+(y-2)^2=164+5=169$,则圆心为 $(-1,2)$,半径为 13,最长弦的长度为 26,点 A 到圆心的距离为 12,则最短弦的长度为 10,故弦长为整数的共有 $1+2\times15+1=32$(条).

四、圆与圆的关系

1. 圆与圆之间共有五种位置关系:外离、外切、相交、内切、内含.

在直角坐标平面内,圆 $C_1:(x-a_1)^2+(y-b_1)^2=r_1^2$ 和圆 $C_2:(x-a_2)^2+(y-b_2)^2=r_2^2$ 的圆心距 $d=\sqrt{(a_1-a_2)^2+(b_1-b_2)^2}$.

当 $d>r_1+r_2$ 时,两圆外离,此时两圆有两条外公切线以及两条内公切线.

当 $d=r_1+r_2$ 时,两圆外切,此时两圆有两条外公切线以及一条内公切线.

当 $|r_1-r_2|<d<r_1+r_2$ 时,两圆相交,此时两圆有两条外公切线,没有内公切线.

当 $d=|r_1-r_2|$ 时,两圆内切,此时两圆有一条外公切线,没有内公切线.

当 $0\leqslant d<|r_1-r_2|$ 时,两圆内含,此时两圆没有公切线.

2. 圆 $C_1:x^2+y^2+D_1x+E_1y+F_1=0$ 和圆 $C_2:x^2+y^2+D_2x+E_2y+F_2=0$ 外切时的内公切线、内切时的外公切线、相交时的公共弦方程都为两圆方程的差,即

$$(D_1-D_2)x+(E_1-E_2)y+(F_1-F_2)=0.（了解即可）$$

【例 7.3.9】　圆 $(x-3)^2+(y-4)^2=25$ 与圆 $(x-1)^2+(y-2)^2=r^2(r>0)$ 有交点，求 r 的取值范围.

【答案】　$5-2\sqrt{2}\leqslant r\leqslant 5+2\sqrt{2}$

【命题知识点】　两圆的位置关系.

【解题思路】　两圆圆心距为 $d=\sqrt{(3-1)^2+(4-2)^2}=2\sqrt{2}$，两圆半径分别为 $5,r$. 若两圆有交点，则 $|5-r|\leqslant 2\sqrt{2}\leqslant 5+r$. 由于 $5>2\sqrt{2}$，则有 $|5-r|\leqslant 2\sqrt{2}\Rightarrow 5-2\sqrt{2}\leqslant r\leqslant 5+2\sqrt{2}$.

本章题型精解

【题型一】　考查对称问题

【解题提示】　对称问题主要分为两类：一类是求线关于点的对称线，将直线方程中的 x,y 分别用 $2a-x,2b-y$ 替换即可（其中 (a,b) 为对称点坐标）. 而另一类则是求点（或线）关于线的对称点（或线），这时应具体问题具体分析：如果对称轴为普通的直线，那么就应该采用中点公式与斜率公式相结合的方法求解；如果对称轴是一些诸如 x 轴，y 轴，$k=\pm 1$ 等的特殊直线，则采用直接代结论的方法.

【例1】　直线 $2x-y+3=0$ 关于定点 $(-1,2)$ 对称的直线的方程是（　　）.

A. $2x-y+1=0$　　　　　B. $2x-y+5=0$　　　　　C. $2x-y-1=0$

D. $2x-y-5=0$　　　　　E. 以上都不正确

【答案】　B

【命题知识点】　直线关于点的对称直线.

【解题思路】　设对称直线上一动点为 $P'(x'y')$ 该点关于定点 $(-1,2)$ 的对称点为 $(-2-x',4-y')$ 将 P' 代入 $2x-y+3=0$ 中即得

$$2(-2-x')-(4-y')+3=0\Rightarrow 2x-y+5=0.$$

【例2】　点 $P(-3,-1)$ 关于直线 $3x+4y-12=0$ 的对称点 P' 是（　　）.

A.（2,8）　　　B.（1,3）　　　C.（8,2）　　　D.（3,7）　　　E.（7,3）

【答案】　D

【命题知识点】　点关于直线的对称点.

【解题思路】　设 $P'(x_0,y_0)$，则 PP' 中点坐标为 $\left(\dfrac{x_0-3}{2},\dfrac{y_0-1}{2}\right)$，有

$$\begin{cases}3\cdot\dfrac{x_0-3}{2}+4\cdot\dfrac{y_0-1}{2}-12=0,\\[2mm]\dfrac{y_0+1}{x_0+3}\cdot\left(-\dfrac{3}{4}\right)=-1,\end{cases}\Rightarrow\begin{cases}x_0=3,\\y_0=7,\end{cases}$$

得 $P'(3,7)$.

【题型二】　考查解析几何中的面积问题

【解题提示】　该题型是考查的热点问题,一般需要画出图形以分析图形面积的求解途径.

【例3】　已知圆的方程为 $x^2+y^2-6x-8y=0$. 设该圆过点$(3,5)$的最长弦和最短弦分别为 AC 和 BD,则四边形 $ABCD$ 的面积为(　　).

A. $10\sqrt{6}$　　　　B. $20\sqrt{6}$　　　　C. $30\sqrt{6}$　　　　D. $40\sqrt{6}$　　　E. $50\sqrt{6}$

【答案】　B

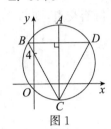

图1

【命题知识点】　解析几何中的面积问题.

【解题思路】　如图1所示,

$$x^2+y^2-6x-8y=0 \Rightarrow (x-3)^2+(y-4)^2=25,$$

显然点$(3,5)$在圆的内部,最长弦是过定点的直径,它的长度为10,最短弦是和过定点直径垂直的弦,长度为 $L=2\sqrt{R^2-d^2}=2\sqrt{25-1}=4\sqrt{6}$,则$ABCD$ 的面积为 $4\sqrt{6}\times10\times\dfrac{1}{2}=20\sqrt{6}$.

【例4】　如图2所示,直线 $x-2y-3=0$ 与圆$(x-2)^2+(y+3)^2=9$ 交于 E,F 两点,则其与原点所围的面积为(　　).

A. $\dfrac{3}{2}$　　　　　　　　　B. $\dfrac{3}{4}$

C. $2\sqrt{5}$　　　　　　　　　D. $\dfrac{6\sqrt{5}}{5}$

E. 以上答案都不对

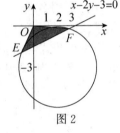

图2

【答案】　D

【命题知识点】　直线与圆所围面积问题.

【解题思路】　弦长 $L=EF=2\sqrt{R^2-d^2}=2\sqrt{9-5}=4$,而原点到直线距离(即$\triangle OEF$ 的高)为 $d=\dfrac{3}{5}\sqrt{5}$. 所以$\triangle EOF$ 面积为

$$S=\dfrac{1}{2}\times4\times\dfrac{3}{5}\sqrt{5}=\dfrac{6}{5}\sqrt{5}.$$

【题型三】　考查位置关系的综合讨论

【解题提示】　位置关系一般有三种,即点与圆的位置关系、直线与圆的位置关系以及圆与圆的位置关系.综合来说,图形与圆的位置关系的问题都可转化为比较圆心到点(直线或圆心)的距离和半径的关系,这说明解析几何问题可用平面几何方法来处理.

【例5】　过点$(-2,0)$的直线 l 与圆 $x^2+y^2=2x$ 有两个交点,则斜率 k 的取值范围是(　　).

A. $(-2\sqrt{2},2\sqrt{2})$　　　　B. $(-\sqrt{2},\sqrt{2})$　　　　C. $\left(-\dfrac{\sqrt{2}}{4},\dfrac{\sqrt{2}}{4}\right)$

D. $\left(-\dfrac{1}{4},\dfrac{1}{4}\right)$　　　　E. $\left(-\dfrac{1}{8},\dfrac{1}{8}\right)$

【答案】　C

【命题知识点】　直线与圆位置关系.

【解题思路】　过点$(-2,0)$,且斜率为k的直线方程为$y=k(x+2)\Rightarrow kx-y+2k=0$.该直线与圆相交,则圆心$(1,0)$到直线的距离小于半径,则

$$\frac{|k-0+2k|}{\sqrt{k^2+1}}<1\Rightarrow 9k^2<k^2+1\Rightarrow 8k^2<1\Rightarrow -\frac{\sqrt{2}}{4}<k<\frac{\sqrt{2}}{4}.$$

故选 C.

【例 6】　自点$A(-3,3)$发出的光线l射到x轴上,被x轴反射,其反射光线与圆$x^2+y^2-4x-4y+7=0$相切,则光线l所在直线的方程为(　　).

A. $3x+4y-3=0$

B. $4x+3y+3=0$

C. $3x+4y-3=0$ 或 $4x+3y+3=0$

D. $-3x+4y-3=0$ 或 $x+3y-6=0$

E. $4x+3y+3=0$ 或 $x+3y-6=0$

【答案】　C

【命题知识点】　直线与圆的位置关系.

【解题思路】　圆$(x-2)^2+(y-2)^2=1$关于x轴的对称方程为$(x-2)^2+(y+2)^2=1$.设所求l的方程为$y-3=k(x+3)$.由于对称圆心$(2,-2)$到l的距离为半径 1,从而得$k_1=-\frac{3}{4}$,$k_2=-\frac{4}{3}$,因此l的方程为$3x+4y-3=0$ 或 $4x+3y+3=0$.

【题型四】　解析几何中的最值问题

【解题提示】　本题型是将代数中的方程或不等式看成解析几何中的图形边界或其内部(外部),而将所求的代数式的最值看成一些几何特征量的最值,这体现了数形结合的思维方式.

【例 7】　若实数x,y满足条件:$x^2+y^2-2x+4y=0$,

(1)$x-2y$的最大值是_____;

(2)x^2+y^2的最大值是_____;

(3)$\dfrac{y+2}{x+2}$的最大值与最小值是_____.

【答案】　(1)10;(2)20;(3)$\dfrac{\sqrt{5}}{2}$;$-\dfrac{\sqrt{5}}{2}$.

【命题知识点】　解析几何中的最值问题.

【解题思路】　(1)令$x-2y=t\Rightarrow x-2y-t=0\Rightarrow y=\dfrac{x}{2}-\dfrac{t}{2}$,它表示斜率为$\dfrac{1}{2}$,截距为$-\dfrac{t}{2}$的平行直线系,如图 3 所示,用关系$d=r$,即可计算出$\dfrac{|1+4-t|}{\sqrt{1+4}}=\sqrt{5}\Rightarrow t=0$ 或 10,那么最大值就是 10.

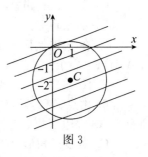

图 3

(2) $x^2+y^2=(\sqrt{(x-0)^2+(y-0)^2})^2$，而 $\sqrt{(x-0)^2+(y-0)^2}$ 表示圆上一动点到原点的距离，如图 4 所示，显然原点是题干中圆上的点，则 $\sqrt{(x-0)^2+(y-0)^2}_{\max}=d=2r=2\sqrt{5}$，那么 $(x^2+y^2)_{\max}=20$.

(3) 设 $k=\dfrac{y+2}{x+2}$，可以看作圆上一动点到定点 $(-2,-2)$ 所连直线的斜率，如图 5 所示，显然两个相切的状态就是最值情况，具体计算如下：

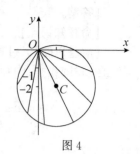

图 4

$$y+2=k(x+2)\Rightarrow kx-y+2k-2=0,$$

由 $d=r\Rightarrow\dfrac{|k+2+2k-2|}{\sqrt{1+k^2}}=\sqrt{5}\Rightarrow k=\pm\dfrac{\sqrt{5}}{2}$，所以 $\left(\dfrac{y+2}{x+2}\right)_{\max}=\dfrac{\sqrt{5}}{2}$，

$\left(\dfrac{y+2}{x+2}\right)_{\min}=-\dfrac{\sqrt{5}}{2}$.

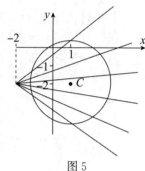

图 5

本章分层训练

1. 已知线段 AB 的长为 12，点 A 的坐标是 $(-4,8)$，点 B 的横纵坐标相等，则点 B 的坐标为（　　）.

A. $(-4,-4)$ 　　　　B. $(8,8)$ 　　　　C. $(4,4)$ 或 $(8,8)$

D. $(-4,-4)$ 或 $(8,8)$ 　　　　E. 都不对

2. 正三角形 ABC 的两个顶点为 $A(2,0),B(5,3\sqrt{3})$，则另一个顶点 C 的坐标是（　　）.

A. $(8,0)$ 　　　　B. $(-8,0)$ 　　　　C. $(1,-3\sqrt{3})$

D. $(-1,3\sqrt{3})$ 　　　　E. $(8,0)$ 或 $(-1,3\sqrt{3})$

3. 平面直角坐标系内有 3 个点 $A(x,5),B(-2,y),C(1,1)$，其中点 C 是线段 AB 的中点，则（　　）.

A. $x=4,y=-3$ 　　　　　　　　B. $x=0,y=3$

C. $x=0,y=-3$ 　　　　　　　　D. $x=4,y=3$

E. $x=3,y=-4$

4. 已知点 (a,b) 在第二象限内，则直线 $y=ax+b$ 经过（　　）.

A. 第一、二、三象限 　　　　　　B. 第二、三、四象限

C. 第一、三、四象限 　　　　　　D. 第一、二、四象限

E. 不能确定

5. 在 x 轴上有一点 A，恰与点 $B(5,6)$，点 $C(-7,6)$ 组成一个直角三角形，则这样的点 A 有（　　）个.

A. 1 　　　　B. 2 　　　　C. 3 　　　　D. 4 　　　　E. 5

6. 由点 $A(3,7),B(2,11),C(7,8)$ 组成的三角形的形状是（　　）.

A. 等边三角形 　　　　　　B. 等腰直角三角形

C. 黄金三角形 　　　　　　D. 有个角是 30° 的直角三角形

E. 钝角三角形

7. 直线 $y=ax+b$ 经过点 (a,b). (　　)

(1)点 (a,b) 在 x 轴上; (2)点 (a,b) 在 y 轴上.

8. 直角坐标平面内有相异两点 A,B,则线段 AB 的长为 6. (　　)

(1)点 A,B 与点 P 在同一直线上,且 $AP=2,BP=4$;

(2)点 A,B 与点 P 在同一直线上,且 $AP=BP=3$.

9. 经过点 $(a,0)$ 与点 $(0,b)(ab\neq0)$ 的直线方程是(　　).

A. $ax+by=1$　　　　　B. $\dfrac{x}{a}+\dfrac{y}{b}=1$　　　　　C. $ax+by=ab$

D. $bx+ay=ab$　　　　E. 以上都不对

10. 下列直线中与直线 $x+2y-6=0$ 相交的是(　　).

A. $x+2y=0$　　　　　B. $2x-y+3=0$

C. $2x+4y+1=0$　　　D. $ax+2ay-6=0(a\neq0)$

E. $x=-2y+3$

11. 已知点 $A(2,3)$ 和 $B(4,-5)$,则线段 AB 的垂直平分线方程为(　　).

A. $x-4y-7=0$　　　　B. $x-4y+1=0$

C. $x+4y-7=0$　　　　D. $x+4y+1=0$

E. 以上都不对

12. 下列说法中正确的是(　　).

A. 若两直线斜率相等,则两直线平行

B. 若两直线平行,则两直线斜率相等

C. 若一条直线斜率存在,另一条直线斜率不存在,则两直线相交

D. 若两直线斜率都不存在,则两直线平行

E. 以上都不对

13. 直线 $2x+y+m=0$ 与直线 $x-2y+n=0$ 的位置关系是(　　).

A. 平行　　　　　　　B. 相交但不垂直

C. 垂直　　　　　　　D. 重合

E. 不确定,与 m,n 有关

14. 经过点 $A(2,1)$ 且与直线 $3x-y+4=0$ 垂直的直线为(　　).

A. $x+3y+5=0$　　　　B. $x+3y-5=0$

C. $x-3y+5=0$　　　　D. $x-3y-5=0$

E. 不存在

15. 经过点 $(1,0)$ 且与直线 $y=\sqrt{3}x$ 所成角为 $30°$ 的直线的方程为(　　).

A. $x+\sqrt{3}y-1=0$　　　B. $x-\sqrt{3}y-1=0$ 或 $y=1$

C. $x=1$　　　　　　　　D. $x-\sqrt{3}y-1=0$ 或 $x=1$

E. $x+\sqrt{3}y-1=0$ 或 $x=1$

16. 点 $M(-5,1)$ 关于 y 轴的对称点 M' 与点 $N(1,-1)$ 关于直线 L 对称,则直线 L 的方程是(　　).

A. $x-2y+3=0$　　　　B. $2x+y-6=0$

C. $x-2y-3=0$　　　　D. $2x-y+6=0$

E. $6x-y+2=0$

17. 两直线 $mx+y-n=0$ 和 $x+my+1=0$ 相互平行不重合的条件是( ).

A. $\begin{cases} m=\pm1, \\ n\neq\pm1 \end{cases}$
B. $\begin{cases} m=1, \\ n\neq-1 \end{cases}$ 或 $\begin{cases} m=-1, \\ n\neq1 \end{cases}$
C. $\begin{cases} m=1, \\ n=1 \end{cases}$

D. $\begin{cases} m=-1, \\ n=-1 \end{cases}$
E. $\begin{cases} m=1, \\ n=-1 \end{cases}$

18. 直线 $(2m^2-5m+2)x-(m^2-4)y+4=0$ 的斜角为 $45°$,则实数 m 的值为( ).

A. 1　　　　B. 2　　　　C. 3　　　　D. -3　　　　E. -2

19. 已知直线 L 经过点 $A(-2,0)$ 与点 $B(-5,3)$,则该直线的倾斜角为( ).

A. $150°$　　B. $135°$　　C. $75°$　　D. $45°$　　E. $30°$

20. 已知直线 $L_1:\sqrt{3}x+y=0$,$L_2:kx-y+1=0$,若 L_1 和 L_2 的夹角为 $60°$,则 k 的值为( ).

A. $\sqrt{3}$ 或 0　　B. $-\sqrt{3}$ 或 0　　C. $\sqrt{3}$　　D. $-\sqrt{3}$　　E. 0

21. 直线 L 与直线 $2x-y=1$ 关于直线 $x+y=0$ 对称,则直线 L 的方程为( ).

A. $x+2y-1=0$
B. $x-2y-1=0$

C. $x+2y+1=0$
D. $x-2y+1=0$

E. 以上都不对

22. 方程 $mx+ny+r=0$ 与方程 $2mx+2ny+r+1=0$ 表示两条平行(不重合)直线的充要条件是( ).

A. $mn>0$ 且 $r\neq1$
B. $mn<0$ 且 $r\neq1$

C. $m=n=r=2$
D. $m^2+n^2\neq0$ 且 $r\neq1$

E. 以上都不对

23. 直线 M,L 关于直线 $x=y$ 对称,若 L 的方程为 $y=2x+1$,则 M 的方程为( ).

A. $y=-\dfrac{1}{2}x+\dfrac{1}{2}$
B. $y=-\dfrac{1}{2}x-\dfrac{1}{2}$

C. $y=\dfrac{1}{2}x+\dfrac{1}{2}$
D. $y=\dfrac{1}{2}x-\dfrac{1}{2}$

E. 以上都不对

24. 已知直线 L_1,L_2 的方程分别为 $x+ay+b=0$,$x+cy+d=0$,其图像如图 6 所示,则有( ).

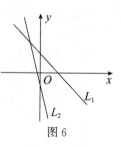

A. $ac<0$
B. $a<c$

C. $bd<0$
D. $b>d$

E. 以上都不对

图 6

25. 已知直线 $L_1:(2a+5)x+(a-2)y+4=0$ 和 $L_2:(2-a)x+(a+3)y-1=0$ 相互垂直,则 a 的值( ).

A. -2　　　　B. 2　　　　C. -3

D. 2 或 -2　　E. 2 或 -2 或 -3

26. 若三直线 $2x+3y+8=0$,$x-y-1=0$ 和 $x+ky+k+\dfrac{1}{2}=0$ 相交于一点,则 k 的值等于( ).

A. -2　　　　　　B. $-\dfrac{1}{2}$　　　　　　C. 2

D. $\dfrac{1}{2}$　　　　　　E. 以上都不对

27. 三条直线 $x+y=2$，$x-y=0$，$x+ay=3$ 构成三角形，则 a 的取值范围是(　　).

A. $a\neq\pm1$　　　　　B. $a\neq1,a\neq2$　　　　　C. $a\neq-1,a\neq2$

D. $a\neq\pm1,a\neq2$　　　E. $a\neq2$

28. 直线 L 过点 $M(3,0)$，且与两坐标轴围成的三角形的面积为 6，则 L 的方程为(　　).

A. $4x+3y-12=0$ 或 $4x+3y+12=0$

B. $4x-3y-12=0$ 或 $4x-3y+12=0$

C. $4x+3y-12=0$ 或 $4x-3y-12=0$

D. $4x+3y+12=0$ 或 $4x-3y+12=0$

E. 以上都不对

29. 已知点 $A(-3,3)$，点 $B(5,1)$，x 轴上有一动点 P，使 $|PA|+|PB|$ 的值最小的点 P 的横坐标与纵坐标的和为(　　).

A. -3　　　　B. -2　　　　C. 1　　　　D. 2　　　　E. 3

30. 正方形的面积为 8.(　　)

(1)正方形有个顶点在原点；

(2)正方形有一条对角线所在的直线方程为 $5x+12y-26=0$.

31. 已知点 $A(2,-3)$ 和点 $B(-3,-2)$，直线 m 过点 $P(1,1)$，则直线 m 与线段 AB 相交.(　　)

(1)直线 m 的斜率 $k\geqslant\dfrac{3}{4}$；

(2)直线 m 的斜率 $k\leqslant-4$.

32. 过点 $M(-1,1)$，$N(1,3)$，圆心在 x 轴上的圆方程为(　　).

A. $x^2+y^2-4y+2=0$　　　　　　　　B. $x^2+y^2-4x-6=0$

C. $x^2+y^2+4y+2=0$　　　　　　　　D. $x^2+y^2-4x+6=0$

E. 以上都不对

33. 设圆 M 的方程为 $(x-3)^2+(y-2)^2=2$，直线 L 的方程为 $x+y-3=0$，点 P 的坐标为 $(2,1)$，那么(　　).

A. 点 P 在直线 L 上，但不在圆 M 上

B. 点 P 在圆 M 上，但不在直线 L 上

C. 点 P 既在圆 M 上，又在直线 L 上

D. 点 P 既不在圆 M 上，也不在直线 L 上

E. 以上都不对

34. 已知直线 $(1+a)x+y+1=0$ 与圆 $x^2+y^2-2x=0$ 相切，则 a 的值为(　　).

A. 1 或 -1　　　B. 2 或 -2　　　C. 1　　　　D. -1　　　　E. 2

35. 直线 $x+\sqrt{3}y+1=0$ 被圆 $x^2+y^2=1$ 截得的弦长为(　　).

A. $\dfrac{\sqrt{2}}{2}$　　　　B. $\dfrac{\sqrt{3}}{2}$　　　　C. $\sqrt{2}$　　　　D. $\sqrt{3}$　　　　E. $2\sqrt{3}$

36. 两圆 $x^2+y^2-8x-4y+11=0$, $x^2+y^2+2y-3=0$ 的公切线有( )条.

A. 0　　　　B. 1　　　　C. 2　　　　D. 3　　　　E. 4

37. 设 AB 为圆 C 的直径,点 A, B 的坐标分别是 $(-3,5)$, $(5,1)$,则圆 C 的方程是( ).

A. $(x-2)^2+(y-6)^2=80$　　　　　　B. $(x-1)^2+(y-3)^2=20$

C. $(x-2)^2+(y-4)^2=80$　　　　　　D. $(x-2)^2+(y-4)^2=20$

E. $x^2+y^2=20$

38. 若圆的方程为 $y^2+4y+x^2-2x-1=0$,直线方程为 $3y+2x=1$,则过已知圆的圆心并与已知直线平行的直线方程是( ).

A. $2y+3x+1=0$　　　　　　　B. $2y+3x-7=0$

C. $3y+2x+4=0$　　　　　　　D. $3y+2x-8=0$

E. $2y+3x-6=0$

39. 过点 $\left(\dfrac{1}{2},0\right)$ 的直线与直线 $x-y-1=0$ 的交点在圆 $x^2+y^2=1$ 上,则这条直线的斜率为( ).

A. -2　　　B. -2 或 0　　　C. 2　　　D. 0 或 2　　　E. 以上都不对

40. 设直线 $3x+4y-11=0$,被圆 $x^2-4x+y^2=13$ 截得的弦为 AB,则 AB 的长度为( ).

A. 7　　　B. 8　　　C. 9　　　D. 10　　　E. 以上都不对

41. 从点 $P(m,3)$ 向圆 $C:(x+2)^2+(y+2)^2=1$ 引切线,则切线长的最小值为( ).

A. $2\sqrt{6}$　　　B. $\sqrt{26}$　　　C. $4+\sqrt{2}$　　　D. 5　　　E. 12

42. 若实数 x, y 满足条件:$x^2+y^2-2x+4y=0$,则 $x-2y$ 的最大值是( ).

A. $\sqrt{\pi}$　　　B. 10　　　C. 9　　　D. $5+2\sqrt{\pi}$　　　E. $2+5\sqrt{2}$

43. 过定点 $(1,2)$ 可以作两条直线与圆 $x^2+y^2+kx+2y+k^2-15=0$ 相切,则 k 适合的条件是( ).

A. $k>2$　　　　　　　　　B. $-3<k<2$

C. $k>2$ 或 $k<-3$　　　　　D. $k<-3$

E. 以上均不正确

44. 方程 $x^2+y^2-2kx+(4k+10)y+20k+25=0(k\in\mathbf{R}^+)$ 所表示的圆中,任意两个圆的位置关系为( ).

A. 外离　　　B. 外切　　　C. 相交　　　D. 内切　　　E. 内含

45. 两圆 $x^2+y^2+4x-4y=0$ 与 $x^2+y^2+2x-12=0$ 的公共弦所在直线的方程为( ).

A. $x-2y+6=0$　　　　　　B. $3x-2y-6=0$

C. $x-y+1=0$　　　　　　　D. $2x+3y-6=0$

E. $x+2y-6=0$

46. $\dfrac{y}{x}$ 的最小值是 $-\dfrac{2}{5}\sqrt{5}$. ( )

(1)动点 $P(x,y)$ 在圆上运动;

(2)圆的方程是 $(x-3)^2+y^2=4$.

47. 直线 L 的方程为 $x-y-2=0$.（　　）

(1)直线 L 被圆 $x^2+y^2=4$ 截得的弦长为 $\sqrt{2}$;

(2)直线 L 的斜率为 1.

分层训练答案

1. 【答案】　D

【解析】　将点 $(-4,-4)$ 与 $(8,8)$ 代入点与点之间的距离公式,计算其与点 A 之间的距离,可知这两点到点 A 的距离都是 12.

2. 【答案】　E

【解析】　易知顶点 C 必有两个点可供选择.对于本题,只用选项验证即可.

3. 【答案】　A

【解析】　点 C 是线段 AB 的中点,因此有 $\begin{cases} x-2=2, \\ 5+y=2, \end{cases}$ 解得 $\begin{cases} x=4, \\ y=-3. \end{cases}$

4. 【答案】　D

【解析】　第二象限内的点满足 $\begin{cases} a<0, \\ b>0, \end{cases}$ 故直线经过点 $(0,b)$ 在 y 轴正半轴,斜率 a 为负值,故图像经过第一、二、四象限.

5. 【答案】　C

【解析】　$\triangle ABC$ 为直角三角形有三种可能,即斜边为 AB,AC 或 BC.若斜边为 AB 或 AC,则有 $AC\perp BC$ 或 $AB\perp BC$,在 x 轴上各有一个点符合要求;若斜边为 BC,则有 $AB\perp AC$,设 $A(x,0)$,根据勾股定理有:$(5-x)^2+(6-0)^2+(-7-x)^2+(6-0)^2=(-7-5)^2+(6-6)^2$,整理得 $(x+1)^2=0\Rightarrow x=-1$,只有一个 x 值符合要求.因此满足条件的 A 点有三个.

6. 【答案】　B

【解析】　计算三边长度可知 $\begin{cases} AB=\sqrt{(3-2)^2+(7-11)^2}=\sqrt{17}, \\ AC=\sqrt{(3-7)^2+(7-8)^2}=\sqrt{17}, \\ BC=\sqrt{(2-7)^2+(11-8)^2}=\sqrt{34}, \end{cases}$ 则 $\begin{cases} AB=AC, \\ AB^2+AC^2=BC^2. \end{cases}$ 故 $\triangle ABC$ 为等腰直角三角形.

7. 【答案】　B

【解析】　条件(1),条件即为 $b=0$,代入题干则有 $0=a\times a+0$,即 $a^2=0$,未必成立.

条件(2),条件即为 $a=0$,代入题干则有 $b=0\times 0+b$,即 $b=b$,成立.

8. 【答案】　B

【解析】　条件(1),点 A 可能在线段 BP 上,故 AB 可能为 2,不充分.

条件(2),由于 A,B 不重合,而又在一直线上与点 P 的距离都是 3,故点 P 必然是线段 AB 的中点,必有 $AB=6$.充分.

9. 【答案】　B

【解析】　首先立即排除 A、C 选项,因为 $ab\neq 0$,表示 a,b 都不为 0,由截距式方程,得

$\dfrac{x}{a}+\dfrac{y}{b}=1$,而 D 选项中,$a$ 可以取 $0(b$ 取 $0)$不够严谨.因此不能用截距式表示该直线.

10.【答案】 B

【解析】 两直线相交,其斜率必然不相等,x,y 前系数不成比例.

11.【答案】 A

【解析】 线段垂直平分线上的点到线段两个端点的距离相等,则
$$(x-2)^2+(y-3)^2=(x-4)^2+(y+5)^2,$$
即 $x-4y-7=0$.

12.【答案】 C

【解析】 斜率相等或都不存在,两条直线可能重合;两条直线平行,斜率可能都不存在.若一条直线斜率存在,另一条直线斜率不存在,则两直线必然相交.

13.【答案】 C

【解析】 由于 $2\times1+1\times(-2)=0$,故两直线垂直.

14.【答案】 B

【解析】 与直线 $3x-y+4=0$ 垂直的直线的形式为 $x+3y+k=0$,将点 $A(2,1)$代入可得 $k=-5$.

15.【答案】 D

【解析】 作图易知有两条直线满足条件,其中一条垂直于 x 轴,方程式为 $x=1$.另一条直线方程:显然可知 $y=\sqrt{3}x$ 斜率为 $\sqrt{3}$,倾斜角为 $60°$,那么所求的直线方程倾斜角为 $30°$,斜率 $k=\dfrac{\sqrt{3}}{3}$,列式 $y-0=\dfrac{\sqrt{3}}{3}(x-1)$,化简得:$x-\sqrt{3}y-1=0$.

16.【答案】 B

【解析】 点 $M(-5,1)$关于 y 轴的对称点 M' 即为 $(5,1)$,点 M' 与点 N 的中点为 $(3,0)$,直线 $M'N$ 的斜率为 $\dfrac{1}{2}$.可知直线 l 经过点 $(3,0)$并且其斜率为 -2,故其方程为
$$2x+y-6=0.$$

17.【答案】 B

【解析】 当两条直线方程的 x,y 前系数成比例而常数不成比例时,两直线平行不重合,即 $\dfrac{m}{1}=\dfrac{1}{m}\neq\dfrac{-n}{1}$,解得 $\begin{cases}m=1,\\n\neq-1\end{cases}$或$\begin{cases}m=-1,\\n\neq1.\end{cases}$

18.【答案】 C

【解析】 $k=\dfrac{2m^2-5m+2}{m^2-4}=\tan 45°=1\Rightarrow m=3$.

19.【答案】 B

【解析】 利用斜率公式 $k=\dfrac{y_2-y_1}{x_2-x_1}=-1$,故倾斜角为 $135°$.

20.【答案】 A

【解析】 由题干所述,易知直线 L_2 的斜率可能有两种.直线 L_1 的斜率为 $-\sqrt{3}$,与 x 轴正方向成 $120°$角,则直线 L_2 因为和直线 L_1 成 $60°$ 角,所以直线 L_2 可能和 x 轴正方向成 $60°$ 角或 $180°$ 角,可以得出斜率 k 为 $\sqrt{3}$ 或 0.

21.【答案】　B

【解析】　将 $x=-y, y=-x$ 代入原直线方程即可得到直线 L 的方程

$$2(-y)-(-x)=1,$$

即 $x-2y-1=0$.

22.【答案】　D

【解析】　若要保证是两条平行直线, 就要同时保证两条直线有意义并且平行不重合, 那么 $\begin{cases} m^2+n^2\neq 0 (保证直线有意义), \\ \dfrac{m}{2m}=\dfrac{n}{2n}\neq\dfrac{r}{r+1}(保证平行不重合) \end{cases} \Rightarrow r\neq 1.$

23.【答案】　D

【解析】　直线 M 与直线 L 关于直线 $x=y$ 对称, 故 M 的方程为 $x=2y+1$, 即

$$y=\frac{1}{2}x-\frac{1}{2}.$$

24.【答案】　C

【解析】　由图可知, L_1 的斜率为负, 在 y 轴上截距为正, 则 $a>0, -\dfrac{b}{a}>0$, 故有 $b<0$; L_2 的斜率为负, 在 y 轴上截距为负, 则 $c>0, -\dfrac{d}{c}<0$, 故有 $d>0$. 因此有 $bd<0$.

25.【答案】　D

【解析】　两条直线互相垂直, 则有 $(2a+5)(2-a)+(a-2)(a+3)=0$, 即

$$(a-2)(a+2)=0.$$

解得 a 的值为 2 或 -2.

26.【答案】　B

【解析】　由题意可知, 直线 $x+ky+k+\dfrac{1}{2}=0$ 过直线 $2x+3y+8=0$ 与 $x-y-1=0$ 的交点 $(-1,-2)$, 故有 $-1-2k+k+\dfrac{1}{2}=0$, 即 $k=-\dfrac{1}{2}$.

27.【答案】　D

【解析】　三条直线能构成三角形的充要条件是三条直线两两不平行, 且不通过同一点. 由互不平行易知 $a\neq\pm 1$; 由不通过同一点可知 $x+ay=3$ 不通过另外两条直线的交点 $(1,1)$, 即 $a\neq 2$.

28.【答案】　C

【解析】　该直线在 x 轴上的截距为 3, 因此在 y 轴上的截距为 4 或者 -4, 代入截距式可得方程 $\dfrac{x}{3}+\dfrac{y}{4}=1$, 即 $4x+3y-12=0$ 或 $\dfrac{x}{3}-\dfrac{y}{4}=1$, 即 $4x-3y-12=0$.

29.【答案】　E

【解析】　如图 7 所示, 由于点 $A(-3,3)$, 点 $B(5,1)$ 在 x 轴同侧, 可以取点 A 关于 x 轴的对称点 A', 则有

$$|PA|=|PA'|,$$

因此

$$|PA|+|PB|=|PA'|+|PB|\leqslant|A'B|,$$

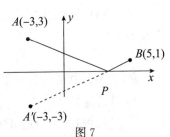

图 7

当点 P 位于线段 $A'B$ 上时，$|PA|+|PB|$ 可以取得最小值. 直线 $A'B$ 的方程易得为 $x-2y-3=0$，当 $y=0$ 时，有 $x=3$，故点 P 的横纵坐标之和为 3.

30. 【答案】　C

【解析】　条件(1)(2)单独显然不充分. 联立两条件: 由于原点不在该对角线上，则知该正方形的对角线长 $p=2\times\dfrac{|26|}{\sqrt{5^2+12^2}}=4$，故正方形的面积 $S=\dfrac{1}{2}p^2=8$. 充分.

31. 【答案】　D

【解析】　如图 8 所示，直线 m 的斜率必须小于直线 AP 的斜率或者大于直线 BP 的斜率. 而直线 AP 的斜率易得为 $\dfrac{1+3}{1-2}=-4$，故 $k\leqslant-4$ 满足；直线 BP 的斜率易得为 $\dfrac{1+2}{1+3}=\dfrac{3}{4}$，故 $k\geqslant\dfrac{3}{4}$ 满足.

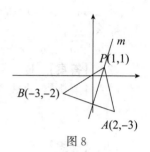

图 8

32. 【答案】　B

【解析】　圆心在 x 轴上，说明圆方程的形式为 $(x-a)^2+y^2=r^2$，将点 $M(-1,1)$，$N(1,3)$ 代入即可得到方程 $x^2+y^2-4x-6=0$.

33. 【答案】　C

【解析】　将 P 的坐标 $(2,1)$ 代入圆 M 的方程及直线 L 的方程都满足.

34. 【答案】　D

【解析】　直线与圆相切说明圆心到直线的距离等于圆的半径，即

$$\frac{|1+a+1|}{\sqrt{(1+a)^2+1}}=1\Rightarrow a=-1.$$

35. 【答案】　D

【解析】　圆的半径为 1，圆心到直线的距离 $d=\dfrac{1}{\sqrt{1+3}}=\dfrac{1}{2}$，因此弦长为 $\sqrt{3}$.

36. 【答案】　D

【解析】　两圆的半径分别为 $3,2$，圆心距 $d=\sqrt{4^2+(2+1)^2}=5$，故两圆外切，有 3 条公切线.

37. 【答案】　B

【解析】　线段 AB 的中点 $(1,3)$ 即为该圆的圆心，线段 AB 的长 $4\sqrt{5}$ 即为该圆的直径长.

38. 【答案】　C

【解析】　由题可知，圆心为 $(1,-2)$，由于所求直线平行于已知直线，可设所求直线方程为

$$3y+2x+C=0.$$

将 $(1,-2)$ 代入方程可得，$-6+2+C=0\Rightarrow C=4$.

39. 【答案】　D

【解析】　由题意可知所求直线通过直线 $x-y-1=0$ 与圆 $x^2+y^2=1$ 的交点 $(1,$

$0)$或$(0,-1)$,又知所求直线过点$\left(\dfrac{1}{2},0\right)$,故得直线斜率为$k=0$或$k=2$.

40.【答案】　B

【解析】　圆的圆心为$(2,0)$,半径为$\sqrt{17}$.圆心到直线的距离$d=\dfrac{|6-11|}{\sqrt{3^2+4^2}}=1$,则由勾股定理可知弦长的一半为$4$,故$AB=8$.

41.【答案】　A

【解析】　题干亦为点P在直线$L:y=3$上移动,求切线l的长的最小值.由于切线垂直于过切点的半径,则根据勾股定理有$l=\sqrt{d^2-r^2}$(其中d为P点到圆心的距离).由于r已经固定,故当d取最小值时,l也取到最小值.d的最小值亦即圆心$(-2,-2)$到直线$L:y=3$的距离$\dfrac{|-2-3|}{\sqrt{0^2+1^2}}=5$,此时可得$l$的最小值$\sqrt{5^2-1^2}=2\sqrt{6}$.

42.【答案】　B

【解析】　设$x-2y=k$,题意即求k的最大值.由于实数x,y满足$x^2+y^2-2x+4y=0$,故点(x,y)在圆$x^2+y^2-2x+4y=0$上;另外点(x,y)也在直线$x-2y-k=0$上,因此圆心$(1,-2)$到直线$x-2y-k=0$的距离不大于半径$\sqrt{5}$,即$\dfrac{|1+4-k|}{\sqrt{1^2+2^2}}\leqslant\sqrt{5}$,解得$0\leqslant k\leqslant10$.故$k$的最大值,即$x-2y$的最大值是$10$.

43.【答案】　E

【解析】　只有过圆外的点才能做两条直线与圆相切,因此点$(1,2)$到圆心的距离要大于半径,同时要满足圆有意义.圆可以转化为$\left(x+\dfrac{k}{2}\right)^2+(y+1)^2=16-\dfrac{3}{4}k^2$,则圆心为$\left(-\dfrac{k}{2},-1\right)$.

$$\begin{cases}\left(1+\dfrac{k}{2}\right)^2+(2+1)^2>16-\dfrac{3}{4}k^2,\\[2mm]16-\dfrac{3}{4}k^2>0(\text{圆有意义})\end{cases}\Rightarrow-\dfrac{8\sqrt{3}}{3}<k<-3\text{或}2<k<\dfrac{8\sqrt{3}}{3}.$$

44.【答案】　D

【解析】　方程即为$(x-k)^2+(y+2k+5)^2=5k^2$,其圆心为$(k,-2k-5)$,半径为$\sqrt{5}k$.任意取两个圆,使其对应的k值分别为k_1,k_2,则此两圆圆心距

$$d=\sqrt{(k_1-k_2)^2+[(-2k_1-5)-(-2k_2-5)]^2}=\sqrt{5}|k_1-k_2|,$$

而两圆半径之差亦为$\sqrt{5}|k_1-k_2|$,故两圆内切.

45.【答案】　A

【解析】　若两圆相交,其公共弦方程即为其标准方程之差,

$$L:(x^2+y^2+4x-4y)-(x^2+y^2+2x-12)=0,$$

即$x-2y+6=0$.

46.【答案】　C

【解析】 条件(1)(2)单独显然不充分.联合两条件,设 $\frac{y}{x}=k$,点 $P(x,y)$ 在圆上,也在直线 $kx-y=0$ 上,此时直线与圆至少有一个公共点,因此圆心到直线的距离不大于半径,得 $\frac{|3k|}{\sqrt{k^2+1}}\leqslant 2\Rightarrow -\frac{2}{5}\sqrt{5}\leqslant k\leqslant\frac{2}{5}\sqrt{5}$,可知 k 的最小值,亦即 $\frac{y}{x}$ 的最小值是 $-\frac{2}{5}\sqrt{5}$,充分.

47.**【答案】** E

【解析】 条件(1)(2)单独显然不充分.联合两条件,依然有两条可能直线满足,因此不充分.

本章小结

【知识体系】

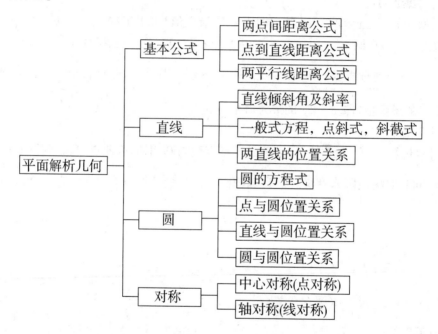

第四模块　数据分析

【考试地位】数据分析共分数据描述、计数原理(排列组合)、概率初步三个章节,分别考1,2,3道题,合计6道题目,数据描述相对比较简单,而排列组合相对比较难,也是学好概率的基础,考生应予以重视.

第八章　数据描述

【大纲要求】
　　平均值、方差与标准差,数据的图表表示(直方图、饼图、数表).
【备考要点】
　　本部分主要考查平均值、方差与标准差的计算,比较两组样本的稳定程度,根据统计图表分析数据.

章节学习框架

知识点	考点	难度	已学	已会
平均值、方差与标准差	平均数、众数、中位数、方差、标准差的基本概念	★		
	平均数、加权平均数和方差的计算	★★		
数据图表	直方图与频数折线图	★★		
	饼图	★		
	阶梯收费数表	★★		

注:请读者在学完本章后在此表的"已学"和"已会"栏中进行标注.

第一节　平均值、方差与标准差

◎ 知识点归纳与例题讲解

一、总体、样本的概念

1. 总体
要考查的全体对象称为总体.

2. 个体

组成总体的每一个考查对象称为个体.

3. 样本

总体中抽取的某些个体组成一个样本.

4. 样本容量

样本中个体的数目叫样本容量(不带单位).

注意：

(1)弄清考查对象是明确总体、个体、样本的关键,这里考查对象指的是数据.

(2)为了使样本能较好地反映总体的情况,除了要有合适的样本容量外,抽取时还要尽量使每一个个体都有同等的机会被抽到.

(3)总体或样本中的每个个体都是一个数据,不同的个体在数值上可以是相同的,样本中有多少个个体,样本容量就是多少.

【例 8.1.1】 2007 年某县共有 4 591 人参加中考,为了考查这 4 591 名学生的外语成绩,从中抽取了 80 名学生成绩进行调查,以下说法不正确的是(　　).

　　A. 4 591 名学生的外语成绩是总体

　　B. 此题是抽样调查

　　C. 样本是 80 名学生的外语成绩

　　D. 样本是被调查的 80 名学生

　　E. 以上均不正确

【答案】 D

【命题知识点】 总体与样本等知识点.

【解题思路】 样本应该是调查的对象的属性,本题明显发现 C、D 选项是一对矛盾体,对比发现 D 选项不正确.

二、众数和中位数

1. 众数

在一组数据中,出现次数最多的数据叫作这组数据的众数.

2. 中位数

将一组数据按大小依次排列,把处在最中间位置的一个数据(或最中间两个数据的平均数)叫作这组数据的中位数.

注意：一组数据的中位数是唯一的.求中位数时,必须先将这组数据按从小到大(或从大到小)的顺序排列,如果数据的个数为奇数,那么,最中间的一个数据是这组数据的中位数;如果数据的个数为偶数,那么最中间两个数据的平均数是这组数据的中位数.

【例 8.1.2】 一组数据 2,4,3,5,6,3,2,5,6,7,8,8,9,3,7 的众数是_____,中位数是_____.

【答案】 3；5

【命题知识点】 众数与中位数等知识点.

【解题思路】 将该列数从小到大排列：2,2,3,3,3,4,5,5,6,6,7,7,8,8,9,众数是 3,中位数是 5.

三、平均数

1. 平均数的概念

(1)平均数：一般地，如果有 n 个数 $x_1,x_2,\cdots,x_n$，那么 $\bar{x}=\dfrac{1}{n}(x_1+x_2+\cdots+x_n)$ 叫作这 n 个数的平均数，$\bar{x}$ 读作"x 拔".

(2)加权平均数：如果 n 个数中，x_1 出现 f_1 次，x_2 出现 f_2 次，……，x_k 出现 f_k 次(这里 $f_1+f_2+\cdots+f_k=n$)，那么，根据平均数的定义，这 n 个数的平均数可以表示为

$$\bar{x}=\frac{x_1f_1+x_2f_2+\cdots+x_kf_k}{n},$$

这样求得的平均数 $\bar{x}$ 叫作加权平均数，其中 $f_1,f_2,\cdots,f_k$ 叫作权.

2. 平均数的计算方法

(1)定义法：当所给数据 $x_1,x_2,\cdots,x_n$ 比较分散时，一般选用定义公式：

$$\bar{x}=\frac{1}{n}(x_1+x_2+\cdots+x_n).$$

(2)加权平均数法：当所给数据重复出现时，一般选用加权平均数公式：

$$\bar{x}=\frac{1}{n}(x_1f_1+x_2f_2+\cdots+x_kf_k),$$

其中 $f_1+f_2+\cdots+f_k=n$.

(3)新数据法(重要方法)：当所给数据都在某一常数 a 的上下波动时，一般选用简化公式：

$$\bar{x}=\bar{x}'+a,$$

其中，常数 a 通常取接近于这组数据的平均数的较"整"的数，$x_1'=x_1-a,x_2'=x_2-a,\cdots,$ $x_n'=x_n-a,\bar{x}'=\dfrac{1}{n}(x_1'+x_2'+\cdots+x_n')$ 是新数据的平均数(通常把 $x_1,x_2,\cdots,x_n$ 叫作原数据，把 $x_1',x_2',\cdots,x_n'$ 叫作新数据).

(4)众数、中位数及平均数的异同点.

①众数、中位数及平均数都是描述一组数据的集中趋势的量，其中平均数最为重要，其应用最为广泛.

②平均数的大小与一组数据里的每个数据均有关系，其中任何数据的变动都会相应引起平均数的变动.

③众数着眼于对各数据出现频率的考查，其大小只与这组数据中的部分数据有关，当一组数据中有不少数据多次重复出现时，其众数往往是我们关心的一种统计量.

④中位数仅与数据的排列位置有关，某些数据的变动对中位数没有影响，当一组数据中个别数据变动较大时，可用它来描述其集中趋势.

【例 8.1.3】 某校篮球代表队中，5 名队员的身高如下(单位：cm)：185,178,184,183,180，则这些队员的平均身高为(　　)cm.

A. 183　　　　B. 182　　　　C. 181　　　　D. 180　　　　E. 179

【答案】　B

【命题知识点】　平均数的计算.

【解题思路】　$\bar{x}=\dfrac{185+178+184+183+180}{5}=182.$

【应试对策】　一般遇到数字比较大时,可以先将基本数提出来,比如这个题目把 180 提取出来,$\bar{x}=180+\dfrac{5+(-2)+4+3+0}{5}=180+\dfrac{10}{5}=182.$

四、方差与标准差

1. 方差

(1)方差的概念:在一组数据 $x_1,x_2,\cdots,x_n$ 中,各数据与它们的平均数 $\bar{x}$ 的差的平方的平均数,叫作这组数据的方差. 方差通常用"s^2"表示,即

$$s^2=\frac{1}{n}\big[(x_1-\bar{x})^2+(x_2-\bar{x})^2+\cdots+(x_n-\bar{x})^2\big].$$

(2)方差的计算:

①基本公式:

$$s^2=\frac{1}{n}\big[(x_1-\bar{x})^2+(x_2-\bar{x})^2+\cdots+(x_n-\bar{x})^2\big].$$

②简化计算公式:

$$s^2=\frac{1}{n}\big[(x_1^2+x_2^2+\cdots+x_n^2)-n\bar{x}^2\big].$$

也可写成

$$s^2=\frac{1}{n}(x_1^2+x_2^2+\cdots+x_n^2)-\bar{x}^2.$$

此公式的记忆方法是:方差等于原数据平方的平均数减去平均数的平方.

③新数据法:

原数据 $x_1,x_2,\cdots,x_n$ 的方差与新数据 $x_1'=x_1-a,x_2'=x_2-a,\cdots,x_n'=x_n-a$ 的方差相等,也就是说,根据方差的基本公式,求得 $x_1',x_2',\cdots,x_n'$ 的方差就等于原数据的方差,即一组数据同时增加(减少)相同的数,方差不变.

2. 标准差(又称均方差)

方差的算术平方根叫作这组数据的标准差,用"s"表示,即

$$s=\sqrt{s^2}=\sqrt{\frac{1}{n}\big[(x_1-\bar{x})^2+(x_2-\bar{x})^2+\cdots+(x_n-\bar{x})^2\big]}.$$

方差和标准差都是用来描述一组数据波动情况的特征数,常用来比较两组数据的波动大小,我们所研究的仅是这两组数据的个数相等,平均数相等或比较接近时的情况. 方差较大的数据波动较大,方差较小的数据波动较小.

【应试对策】 样本数据的变化规律：

(1)已知数据 x_1,x_2,x_3 的平均数是 a，那么数据 mx_1+n,mx_2+n,mx_3+n 的平均数等于 $ma+n$.

(2)已知数据 x_1,x_2,x_3 的方差是 b，那么数据 mx_1+n,mx_2+n,mx_3+n 的方差等于 m^2b.

(3)以上两组结论可简单记忆为：一组数据每个数增加 m 时，平均值增加 m，而方差不发生变化；一组数据每个数扩大 m 倍时，平均值也扩大 m 倍，而方差扩大 m^2 倍.

【例 8.1.4】 数据 $90,91,92,93$ 的标准差是(   ).

A. $\sqrt{2}$　　　　B. $\dfrac{5}{4}$　　　　C. $\dfrac{\sqrt{5}}{4}$　　　　D. $\dfrac{\sqrt{5}}{2}$　　　　E. 以上都不正确

【答案】 D

【命题知识点】 方差与标准差的计算.

【解题思路】
$$\bar{x}=\frac{90+91+92+93}{4}=91.5,$$
$$s^2=\frac{(90-91.5)^2+(91-91.5)^2+(92-91.5)^2+(93-91.5)^2}{4}=\frac{5}{4},$$
$$s=\sqrt{s^2}=\frac{\sqrt{5}}{2}.$$

【应试对策】 考生在计算方差时，可以将数据简化，即计算 $0,1,2,3$ 这四个数的方差，大大节约了时间.

【例 8.1.5】 甲、乙两人各射靶 5 次，已知甲所中环数是 $8,7,9,7,9$，乙所中环数的平均数 $\bar{x}_乙=8$，方差 $s_乙^2=0.4$，那么，对甲、乙的射击成绩的正确判断是(   ).

A. 甲的射击成绩较稳定

B. 乙的射击成绩较稳定

C. 甲、乙的射击成绩同样稳定

D. 甲、乙的射击成绩无法比较

E. 以上都不正确

【答案】 B

【命题知识点】 方差与标准差的计算.

【解题思路】 由于 $\bar{x}_甲=\dfrac{8+7+9+7+9}{5}=8$，而 $\bar{x}_乙=8$，即两组数据平均值相同，水平相当，而方差 $s_甲^2=\dfrac{(8-8)^2+(7-8)^2+(9-8)^2+(7-8)^2+(9-8)^2}{5}=0.8$，$s_甲^2>s_乙^2$，方差越大越不稳定.

第二节 数据的图表表示

⊙ 知识点归纳与例题讲解

一、扇形统计图和条形统计图及其特点

1. 生活中,我们会遇到许多关于数据的统计的表示方法,它们多是利用圆和扇形来表示整体和部分的关系,即用圆代表总体,圆中的各个扇形分别代表总体中的不同部分,扇形面积的大小反映部分占总体的百分比的大小,这样的统计图叫作扇形统计图.

(1)扇形统计图的特点如下:

①用面积比表示部分占总体的百分比;

②易于显示每组数据相对于总体的百分比;

③扇形统计图的各部分占总体的百分比之和为 100% 或 1.在检查一张扇形统计图是否合格时,只要用各部分分量占总量的百分比之和是否为 100% 进行检查即可.

(2)扇形统计图的画法:把一个圆的面积看成 1,以圆心为顶点的周角是 360°,则圆心角是 36° 的扇形占整个面积的 $\frac{1}{10}$,即 10%.同理,圆心角是 72° 的扇形占整个圆面积的 $\frac{1}{5}$,即 20%.因此画扇形统计图的关键是算出圆心角的大小.扇形的面积与圆心角的关系为:扇形的面积越大,圆心角的度数越大;扇形的面积越小,圆心角的度数越小.扇形所对圆心角的度数与百分比的关系是:圆心角的度数＝百分比 ×360°.

(3)扇形统计图的优缺点:扇形统计图的优点是它易于显示每组数据相对于总数的大小,其缺点是在不知道总体数量的条件下,无法知道每组数据的具体数量.

2. 用一个单位长度表示一定的数量关系,根据数量的多少画成长短不同的条形,条形的宽度必须保持一致,然后把这些条形排列起来,这样的统计图叫作条形统计图.

(1)条形统计图的特点如下:

①能够显示每组的具体数据;

②易于比较数据之间的差别.

(2)条形统计图的优缺点:

条形统计图的优点是它能够显示每组的具体数据,易于比较数据之间的差别,其缺点是无法显示每组数据占总体的百分比.

注意:

(1)条形统计图的纵轴一般从 0 开始,但为了突出数据之间的差别也可以不从 0 开始,这样既节省篇幅,又能形成鲜明对比.

(2)条形统计图分纵置和横置两种.

【例8.2.1】 图8.2.1所示是北京奥运会、残奥会志愿者申请人来源的统计数据,请计算:志愿者申请人的总数为_____万;其中"京外省区市"志愿者申请人数在总人数中所占的百分比约为_____%(精确到0.1%),它对应的扇形的圆心角约为_____(精确到度).

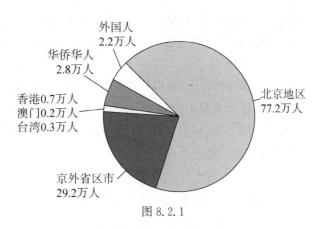

图8.2.1

【答案】 112.6;25.9;93°

【命题知识点】 扇形统计图.

【解题思路】 由统计图可知,志愿者申请人的总数为

$$2.8+2.2+77.2+29.2+0.7+0.2+0.3=112.6(万人).$$

其中"京外省区市"志愿者申请人数在总人数中所占的百分比约为$\frac{29.2}{112.6}\times100\%\approx$25.9%,它所对应的扇形圆心角约为$360°\times25.9\%\approx93°$.

二、频数、频率和频数分布表

一般称落在不同小组中的数据的个数为该组的频数,频数与数据总数的比为频率.频率反映了各组频数的大小在总数中所占的分量.

$$公式:频率=\frac{频数}{数据总数}.$$

由以上公式还可得出两个变形公式:

(1)   频数=频率 × 数据总数;

(2) $数据总数=\frac{频数}{频率}.$

注意:(1)所有频数之和一定等于总数;(2)所有频率之和一定等于1;(3)数据的频数分布表反映了一组数据中的每个数据出现的频数,从而反映了一组数据中各数据的分布情况.要全面地掌握一组数据,必须分析这组数据中各个数据的分布情况.

三、频数分布直方图与频数折线图

1. 在描述和整理数据时,往往可以把数据按照范围进行分组,整理数据后可以得到频数分布表.在平面直角坐标系中,用横轴表示数据范围,用纵轴表示各小组的频数,以各组的频数为高画出与这一组对应的矩形,得到频数分布直方图.

2. 条形图和直方图的异同.

条形图和直方图都易于比较各数据之间的差别,能够显示每组中的具体数据和频率分布情况.

直方图与条形图不同,条形图是用长方形的高(纵置时)表示各类别(或组别)频数的多少,其宽度是固定的;直方图是用面积表示各组频数的多少(等距分组时可以用长方形的高表示频数),用长方形的宽表示各组的组距,各长方形的高和宽都有意义.此外由于分组数据都有连续性,直方图的各长方形通常是连续排列,中间没有空隙,而条形图是分开排列,长方形之间有空隙.

3. 频数折线图一般都是在频数分布直方图的基础上得到的,具体步骤是:首先取直方图中每一个长方形上边的中点;然后再在横轴上取两个频数为 0 的点(在直方图的最左及最右两边各取一个,它们分别与直方图左右相距半个组距);最后再将这些点用线段依次连接起来,就得到了频数折线图.

4. 频数分布直方图的画法.

(1)找到这一组数据的最大值和最小值;

(2)求出最大值与最小值的差;

(3)确定组距,分组;

(4)列出频数分布表;

(5)由频数分布表画出频数分布直方图.

5. 画频数分布直方图的注意事项.

(1)分组时,不能出现同一数据在两个组中的情况,为了避免此情况,通常分组时,比题中要求的数据单位多一位.例如,题中数据要求到整数位,分组时要求数据到 0.5 即可.

(2)组距和组数的确定没有固定的标准,要评价数据越多,分成的组数也就越多,当数据在 100 以内时,根据数据的多少通常分成 5～12 组.

【例 8.2.2】 某中学在一次健康知识测试中,抽取部分学生的成绩(分数为整数,满分为 100 分)为样本,绘制成绩统计图,如图 8.2.2 所示,请结合统计图回答下列问题.

(1)本次测试中抽取的学生共多少人?

(2)分数在 90.5～100.5 分这一组的频率是多少?

(3)从左到右各小组的频率比是多少?

(4)若这次测试成绩 80 分以上(不含 80 分)为优秀,则优秀率为多少?

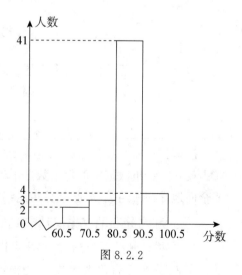

图 8.2.2

【答案】 (1)50;(2)0.08;(3)2∶3∶41∶4;(4)90%

【命题知识点】 对频数分布直方图的考查.

【解题思路】 (1)2+3+41+4＝50(人),所以本次测试中抽取的学生共有 50 人.

(2)4÷50＝0.08,所以分数在 90.5～100.5 分这一组的频率是 0.08.

(3)从左到右各小组的频率比是 2∶3∶41∶4.

(4)41+4＝45,$\frac{45}{50}\times100\%＝90\%$,所以优秀率为 90%.

【例 8.2.3】 图 8.2.3 所示,是对 60 篇学生调查报告所得分数进行整理画出的频数分布直方图.已知从左到右 4 个小组的频率(频数与数据总数的比为频率)分别是 0.15,0.40,0.30,0.15,那么在这次评比中被评为优秀(分数大于或等于 80 分为优秀,且分数为整数)的调查报告有(   ).

A. 18 篇   B. 24 篇
C. 25 篇   D. 27 篇
E. 以上都不正确

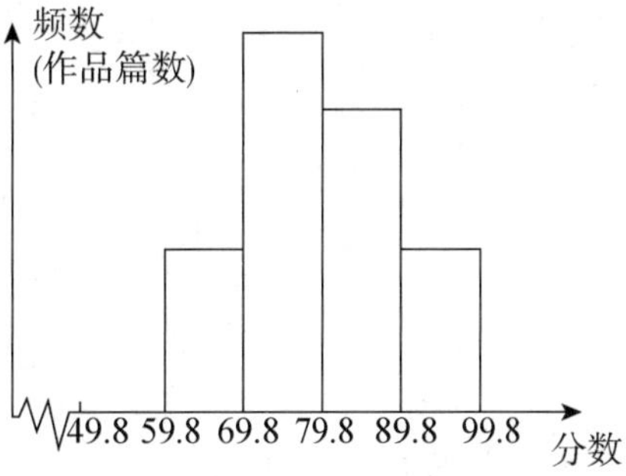

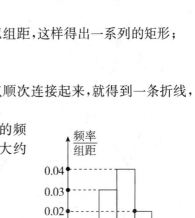

图 8.2.3

【答案】 D
【命题知识点】 对频数分布直方图的考查.
【解题思路】 $N=(0.3+0.15)\times60=27$.

四、频率分布直方图

1. 频率分布直方图

作频率分布直方图的方法为:

(1)把横轴分成若干段,每一线段对应一个组的组距;

(2)以此线段为底作矩形,它的高等于该组的频率除以组距,这样得出一系列的矩形;

(3)每个矩形的面积恰好是该组的频率.

2. 频率折线图

如果将频率分布直方图中各相邻矩形的上底边的中点顺次连接起来,就得到一条折线,称这条折线为本组数据的频率折线图.

【例 8.2.4】 2 000 辆汽车通过某一段公路时的时速的频率分布直方图,如图 8.2.4 所示,时速在 $[50,60)$ 的汽车大约有(   ).

A. 30 辆   B. 60 辆
C. 300 辆   D. 600 辆
E. 以上都不正确

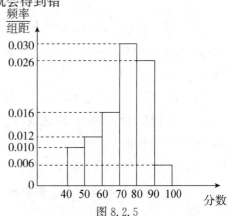

图 8.2.4

【答案】 D
【命题知识点】 频率分布直方图的考查.
【解题思路】 $N=0.03\times10\times2\,000=600$.
【易错分析】 考生往往忘记乘以组距 10,这样就会得到错误结果 60.

【例 8.2.5】 对某校的一次数学测验成绩进行分析时,从中抽取 100 名学生的测验成绩作为样本,绘制频率分布直方图,如图 8.2.5 所示,估计该校这次测验成绩的众数、中位数、平均数.

【答案】 75,74,71.8.
【命题知识点】 频率分布直方图的考查.
【解题思路】 该校这次测验成绩的众数为

$\dfrac{70+80}{2}=75$,不妨设所求中位数为 x,由于 $0.10+$

$0.12+0.16=0.38<0.5$,而 $0.10+0.12+0.16+$

图 8.2.5

$0.30=0.68>0.5$,得到 $0.38+\dfrac{(x-70)\times 0.3}{10}=0.5\Rightarrow x=74$.

平均成绩约为

$$0.1\times\frac{40+50}{2}+0.12\times\frac{50+60}{2}+0.16\times\frac{60+70}{2}+0.3\times\frac{70+80}{2}+0.26\times\frac{80+90}{2}+$$

$$0.06\times\frac{90+100}{2}=4.5+6.6+10.4+22.5+22.1+5.7=71.8.$$

则该样本的众数约为 75 分,中位数约为 74 分,平均成绩约为 71.8 分,从而估计该校的众数为 75 分左右,中位数为 74 分左右,平均成绩为 71.8 分左右.

本章分层训练

1. 为了解某地区初一年级 7 000 名学生的体重情况,从中抽取了 500 名学生的体重,就这个问题来说,下面说法中正确的是（　　）.

A. 7 000 名学生是总体

B. 每个学生是个体

C. 500 名学生是所抽取的一个样本

D. 样本容量是 500

E. 以上都不正确

2. 为了解一批白炽灯的寿命,从中抽取了 20 只白炽灯进行试验,这个问题的样本是（　　）.

A. 抽取的 20 只白炽灯　　　　B. 抽取的 20 只白炽灯的寿命

C. 这批白炽灯的寿命　　　　D. 20

E. 以上都不正确

3. 已知一组数据为 $3,12,4,x,9,5,6,7,8$,其平均数为 7,则 $x=$（　　）.

A. 7　　　　B. 8　　　　C. 9　　　　D. 10　　　　E. 11

4. 长沙地区七、八月份的天气较为炎热,小华连续十天对每天的最高气温进行统计,依次得到以下一组数据:$34,35,36,34,36,37,37,36,37,37$（单位℃）,则这组数据的中位数和众数分别是（　　）.

A. 36,37　　　B. 37,36　　　C. 36.5,37　　　D. 37,36.5　　　E. 以上都不正确

5. 第十中学教研组有 25 名教师,将他们的年龄分成 3 组,在 38～45 岁组内有 8 名教师,那么这个小组的频率是（　　）.

A. 0.12　　　B. 0.38　　　C. 0.32　　　D. 3.12　　　E. 0.3

6. 计算样本 $1,2,2,-3,3$ 的方差为（　　）.

A. 1　　　　B. 4.4　　　　C. 4.5　　　　D. 4.6　　　　E. 4.7

7. 某样本数据分为五组,第一组的频率是 0.3,第二、三组的频率相等,第四、五组的频率之和为 0.2,则第三组的频率是(　　).

A. 0.15　　　　B. 0.2　　　　C. 0.25　　　　D. 0.3　　　　E. 0.4

8. 已知数据 x_1,x_2,x_3 的平均数和方差都是 5,那么数据 $3x_1+7,3x_2+7,3x_3+7$ 的平均数和方差分别等于(　　).

A. 22 和 45　　B. 22 和 15　　C. 都是 15　　D. 12 和 45　　E. 12 和 15

9. 图 1 所示是甲、乙两户居民家庭全年各项支出的统计图.

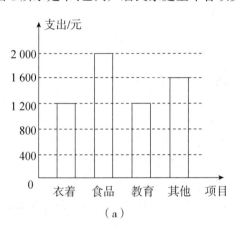
（a）

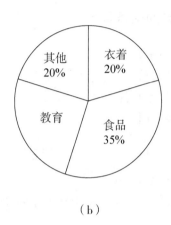
（b）

图 1

根据统计图,下列对两户居民家庭教育支出占全年总支出的百分比作出的判断中正确的是(　　).

A. 甲户比乙户大　　　　　　　B. 乙户比甲户大

C. 甲、乙两户一样大　　　　　D. 无法确定哪一户大

E. 以上都不正确

10. 为了估计某市空气质量情况,某同学在 30 天里做了如下记录:

污染指数（ω）	40	60	80	100	120	140
天数	3	5	10	6	5	1

其中 $\omega<50$ 时,空气质量为优;$50\leqslant\omega\leqslant100$ 时,空气质量为良;$100<\omega\leqslant150$ 时,空气质量为轻度污染. 若 1 年按 365 天计算,请你估计该城市在一年中空气质量达到良以上(含良)的天数为(　　).

A. 290　　　　B. 291　　　　C. 292　　　　D. 293　　　　E. 294

11. 甲、乙两个学员参加夏令营的射击比赛,每人射击 5 次,甲的环数分别是 5,9,8,10,8;乙的环数是 6,10,5,10,9.则甲、乙两人命中率更高的是(　　),射击水平发挥得较稳定的是(　　).

A. 都是甲　　B. 都是乙　　C. 甲,乙　　D. 乙,甲　　　E. 一样高,甲

12. 某工厂对一批产品进行了抽样检测.图 2 所示是根据抽样检测后的产品净重(单

位:克)数据绘制的频率分布直方图,其中产品净重的范围是 $[96,106]$,样本数据分组为 $[96,98)$,$[98,100)$,$[100,102)$,$[102,104)$,$[104,106]$,已知样本中产品净重小于 100 克的个数是 36,则样本中净重大于或等于 98 克并且小于 104 克的产品的个数是(   ).

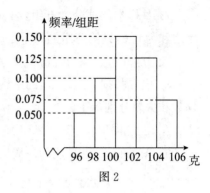

图2

A. 90   B. 75   C. 60

D. 45   E. 30

 分层训练答案

1. 【答案】 D

   【解析】 要注意样本的概念,C选项很容易产生误导.

2. 【答案】 B

3. 【答案】 C

   【解析】 $\dfrac{3+12+4+x+9+5+6+7+8}{9}=7\Rightarrow x=9.$

4. 【答案】 A

   【解析】 将数从小到大排列:34,34,35,36,36,36,37,37,37,37;中位数是 36,众数是 37.

5. 【答案】 C

   【解析】 $p=\dfrac{8}{25}=0.32.$

6. 【答案】 B

   【解析】 $$\bar{x}=\dfrac{1+2+2+(-3)+3}{5}=1,$$
   $$s^2=\dfrac{(1-1)^2+(2-1)^2+(2-1)^2+(-3-1)^2+(3-1)^2}{5}=4.4.$$

7. 【答案】 C

   【解析】 $\dfrac{1-0.3-0.2}{2}=0.25.$

8. 【答案】 A

   【解析】 平均数为 $\dfrac{3x_1+7+3x_2+7+3x_3+7}{3}=3\bar{x}+7=22.$

   方差为 $\dfrac{[3x_1+7-(3\bar{x}+7)]^2+[3x_2+7-(3\bar{x}+7)]^2+[3x_3+7-(3\bar{x}+7)]^2}{3}=9\times5=45.$

9. 【答案】 B

   【解析】 从图(a)中可以直接读出甲户居民家庭全年的各项支出:衣着 1 200 元,食品 2 000 元,教育 1 200 元,其他 1 600 元,故全年总支出为:1 200+2 000+1 200+1 600=6 000(元),由此求出甲户教育支出占全年总支出的百分比为 $\dfrac{1\,200}{6\,000}\times100\%=20\%$;由图(b)

得知乙户居民的教育支出占全年总支出的百分比为 25%.

10.【答案】　C

【解析】　$365 \times \dfrac{3+5+10+6}{3+5+10+6+5+1} = 365 \times 0.8 = 292$.

11.【答案】　E

【解析】　$\bar{x}_{甲} = \dfrac{5+9+8+10+8}{5} = 8, \bar{x}_{乙} = \dfrac{6+10+5+10+9}{5} = 8$.

$$s_{甲}^2 = \dfrac{(5-8)^2+(9-8)^2+(8-8)^2+(10-8)^2+(8-8)^2}{5} = 2.8,$$

$$s_{乙}^2 = \dfrac{(6-8)^2+(10-8)^2+(5-8)^2+(10-8)^2+(9-8)^2}{5} = 4.4,$$

$s_{甲}^2 < s_{乙}^2$.

12.【答案】　A

【解析】　设样本中净重大于或等于 98 克并且小于 104 克的产品的个数是 x，

则 $\dfrac{0.05+0.1}{0.1+0.15+0.125} = \dfrac{36}{x} \Rightarrow x = 90$.

本章小结

【知识体系】

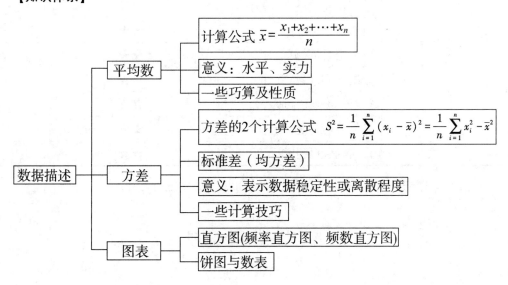

第九章　计数原理

【大纲要求】
　　两个原理(加法原理与乘法原理)、排列与排列数、组合与组合数.
【备考要点】
　　排列组合各种常见方法的综合应用.

章节学习框架

知识点	考点	难度	已学	已会
计数原理	加法原理与乘法原理	★★		
	考查枚举(穷举)的能力	★★		
	乘方原理	★★		
排列与组合	排列与排列数公式	★★		
	组合与组合数公式	★★		
	全排列(阶乘)与全错排列(0 匹配)	★★		
	排队与座位问题(有序)	★★		
	摸球问题(无序)	★★		
	数字组合问题(有序)	★★		
	分组分堆问题(无序)	★★		
	配对问题(无序)	★★		
	名额分配问题(有序)	★★		
	几何问题(无序)	★★		

注:请读者在学完本章后在此表的"已学"和"已会"栏中进行标注.

第一节　两个原理

◎ 知识点归纳与例题讲解

一、分类计数加法原理

　　如果完成一件事有 n 类方法,只要选择其中一类办法中的任何一种方法,就可以完成这件事.若第一类办法中有 m_1 种不同的方法,第二类办法中有 m_2 种不同的方法,……,第 n 类办法中有 m_n 种不同的方法,那么完成这件事共有 $N=m_1+m_2+\cdots+m_n$ 种不同的方法.

例:一个人从苏州到上海,可以选择的高铁有 10 个班次,可以选择的客车有 6 个班次,如果自驾有 3 条不同线路,那么这个人从苏州到上海的方法共有 $10+6+3=19$(种).

二、分步计数乘法原理

如果完成一件事,必须依次连续地完成 n 个步骤,这件事才能完成.若完成第一个步骤有 m_1 种不同的方法,完成第二个步骤有 m_2 种不同的方法,……,完成第 n 个步骤有 m_n 种不同的方法,那么完成这件事共有 $N=m_1 \cdot m_2 \cdots \cdot m_n$ 种不同的方法.

例:一个人从苏州到美国,需要先到上海坐飞机再到美国,其中从苏州到上海有 19 种路线可以选择,从上海飞美国有 7 个航班,那么这个人从苏州到美国的方法共有 $19\times7=133$(种).

注意:两个原理的区别在于一个和分类有关,一个和分步有关.如果完成一件事有 n 类方法,这 n 类方法之间彼此是相互独立的,无论哪一类方法中的哪一种都能独立完成这件事,求完成这件事的方法种数,就用分类计数加法原理;如果完成一件事需要分成 n 个步骤,缺一不可,即需要完成所有的步骤,才能完成这件事,而完成每一个步骤各有若干种不同的方法,求完成这件事的方法种数,就用分步计数乘法原理.

【例 9.1.1】　现有高一四个班级学生 34 人,其中一、二、三、四班各 7 人、8 人、9 人、10 人,他们自愿组成数学课外小组.

(1)选其中 1 人为负责人,有多少种不同的选法?

(2)每班选 1 名组长,有多少种不同的选法?

(3)推举 2 人发言,这二人需来自不同的班级,有多少种不同的选法?

【答案】　(1)34;(2)5 040;(3)431

【命题知识点】　两个原理.

【解题思路】　(1)分类计数加法原理,$N=7+8+9+10=34$.

(2)分步计数乘法原理,第一步一班选一人,第二步二班选一人,第三步三班选一人,第四步四班选一人,即 $N=7\times8\times9\times10=5\ 040$.

(3)先分类,再分步
$$\begin{cases}一班与二班各1人:7\times8=56,\\一班与三班各1人:7\times9=63,\\一班与四班各1人:7\times10=70,\\二班与三班各1人:8\times9=72,\\二班与四班各1人:8\times10=80,\\三班与四班各1人:9\times10=90,\end{cases}$$
最后通过加法原理全部相加为 431.

【例 9.1.2】　现有 8 副不同的手套,若

(1)从左右手手套各取一只,共有_____种取法;

(2)从左右手手套各取一只,要求不成对,共有_____种取法;

(3)从左右手手套各取一只,要求成对,共有_____种取法.

【答案】　(1)64;(2)56;(3)8

【命题知识点】　两个原理.

【解题思路】　(1)由分步计数乘法原理,得 $N=8\times8=64$(种).

(2)方法一:先在左手手套中取 1 只,再在右手手套的另外不匹配的 7 只手套中取 1 只,则 $N=8\times7=56$(种).

方法二:反面排除法,一共只有 8 副手套,八种取法成对:$64-8=56$(种).

(3)共 8 副手套,则共 8 种取法.

【例 9.1.3】 一电路图如图 9.1.1 所示,从 A 到 B 共有_____条不同的线路可通电.

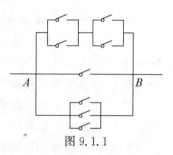

图 9.1.1

【答案】 8

【命题知识点】 两个原理的运用.

【解题思路】 先分类,再分步.

从 A 出发经过上面两个并联开关到 B:$2\times2=4$;从 A 出发经过中间直接到 B:1;从 A 出发经过下面三个并联开关到 B:3.最后相加,共 8 种方法.

【应试对策】 一般遇到复杂的计数问题,都需要先分类再分步,分类用加法,分步用乘法.这体现出"合理分类,准确分步"的思想.

【例 9.1.4】 求下列问题的方法数:

(1)某次运动会上,在四名学生中产生三项冠军;

(2)某次运动会上,在四名学生中产生三项冠军,每名学生至多只能获得一项冠军;

(3)四名学生报名参加三项比赛,每人限报一项;

(4)把五本不同的书分给两名学生.

【答案】 (1)64;(2)24;(3)81;(4)30

【命题知识点】 两个原理的运用.

【解题思路】 (1)冠军去选择学生,每项冠军都有 4 种选择方法,则共有 $4\times4\times4=64$(种).

(2)冠军去选择学生,第一项冠军有 4 种选择方法,第二项冠军有 3 种选择方法,第三项冠军有 2 种选择方法,则共有 $4\times3\times2=24$(种).

(3)学生去选择比赛,每名学生都有 3 项比赛可以选择,则共有 $3\times3\times3\times3=81$(种).

(4)用反面排除法:总数扣除 5 本书都给一个学生的情况,则共有 $2^5-2=30$(种).

【应试对策】 关键是弄清谁去选择谁,应试技巧:每个 A 同时可以选择所有的 B,那么结果就是(B 的数目)^{A的数目}.

第二节　排列组合的定义

知识点归纳与例题讲解

1. 排列与排列数公式

(1)排列定义:从 n 个不同元素中,任意取出 $m(m\leqslant n)$ 个元素,按照一定顺序排成一列,称为从 n 个不同元素中取出 m 个元素的一个排列.

（2）排列数定义：从 n 个不同元素中取出 $m(m\leqslant n)$ 个元素的所有排列的种数，称为从 n 个不同元素中取出 m 个不同元素的排列数，记作P_n^m或 A_n^m. 当 $m=n$ 时，A_n^n 称为全排列数（也记作 $n!$）.

（3）公式：

①规定 $\mathrm{A}_n^0=1,0!=1.$

②$\mathrm{A}_n^m=\dfrac{n!}{(n-m)!}.$

③$\mathrm{A}_n^n=n(n-1)(n-2)\cdots3\cdot2\cdot1=n!.$

2. 组合与组合数公式

（1）组合定义：从 n 个不同元素中，任意取出 $m(m\leqslant n)$ 个元素并为一组，称为从 n 个不同元素中取出 m 个元素的一个组合.

（2）组合数定义：从 n 个不同元素中，取出 $m(m\leqslant n)$ 个元素的所有组合的种数，称为从 n 个不同元素中，取出 m 个不同元素的组合数，记作 C_n^m.

（3）公式：

①$\mathrm{C}_n^0=\mathrm{C}_n^n=1.$　②$\mathrm{C}_n^m=\dfrac{\mathrm{A}_n^m}{\mathrm{A}_m^m}=\dfrac{n!}{m!(n-m)!}.$

（4）组合数的性质：

①$\mathrm{C}_n^m=\mathrm{C}_n^{n-m}.$（重要）②$\mathrm{C}_{n+1}^m=\mathrm{C}_n^m+\mathrm{C}_n^{m-1}.$③$\mathrm{C}_n^0+\mathrm{C}_n^1+\mathrm{C}_n^2+\cdots+\mathrm{C}_n^n=2^n.$（了解即可）

【名师诠释】

排列与组合的联系和区别如下：

（1）共同点：都是"从 n 个不同元素中，任取 m 个元素".

（2）区别：排列的本质是要"按照一定的顺序排成一列"，组合却是"不计顺序并成一组".

（3）联系：$\mathrm{A}_n^m=\mathrm{C}_n^m\mathrm{A}_m^m$ 表示排列数 A_n^m 与组合数 C_n^m 之间的关系. 从 n 个不同的元素中，取 m 个元素的排列可以分两个步骤完成：第一步是从 n 个不同元素中任取 m 个元素的组合；第二步是对这 m 个元素进行全排列. 所以解排列组合应用题时可以"先组后排".

【例 9.2.1】　计算下列各题：

（1）$\mathrm{A}_3^2+\mathrm{A}_4^3+\mathrm{A}_5^2$；　　　　　（2）$\dfrac{\mathrm{A}_4^2\mathrm{A}_5^3}{4!}$；　　　　　（3）$\mathrm{C}_6^3+\mathrm{C}_6^4+\mathrm{A}_5^5+\mathrm{C}_5^5+\mathrm{C}_5^0$；

（4）$\mathrm{C}_n^{5-n}+\mathrm{C}_{n+1}^{9-n}$；　　　　（5）$n\mathrm{C}_n^{n-3}+\mathrm{A}_n^3=4\mathrm{C}_{n+1}^3$，求 n 的值.

【答案】　（1）50；（2）30；（3）157；（4）当 $n=4$ 时，原式$=5$，当 $n=5$ 时，原式$=16$；（5）$n=4$

【命题知识点】　排列组合的基本公式.

【解题思路】　（1）$\mathrm{A}_3^2+\mathrm{A}_4^3+\mathrm{A}_5^2=3\times2+4\times3\times2+5\times4=50.$

（2）$\dfrac{\mathrm{A}_4^2\mathrm{A}_5^3}{4!}=\dfrac{4\times3\times5\times4\times3}{4\times3\times2\times1}=30.$

（3）$\mathrm{C}_6^3+\mathrm{C}_6^4+\mathrm{A}_5^5+\mathrm{C}_5^5+\mathrm{C}_5^0=\dfrac{6\times5\times4}{3\times2\times1}+\dfrac{6\times5}{2\times1}+5!+1+1=157.$

（4）$\begin{cases}0\leqslant5-n\leqslant n,\\0\leqslant9-n\leqslant n+1\end{cases}\Rightarrow\begin{cases}2.5\leqslant n\leqslant5,\\4\leqslant n\leqslant9\end{cases}\Rightarrow4\leqslant n\leqslant5$，当 $n=4$ 时，原式$=5$，当 $n=5$ 时，原

式＝16.

(5) $n\mathrm{C}_n^{n-3}+\mathrm{A}_n^3=4\mathrm{C}_{n+1}^3\Rightarrow n\mathrm{C}_n^3+\mathrm{A}_n^3=4\mathrm{C}_{n+1}^3$

$$\Rightarrow\frac{n^2(n-1)(n-2)}{6}+n(n-1)(n-2)=4\frac{(n+1)n(n-1)}{6}$$

$$\Rightarrow n=4.$$

【应试对策】 注意隐含条件是解题的关键.

【例 9.2.2】 $m(m+1)(m+2)\cdots(m+20)$ 可表示为( ).

A. A_m^{20} B. A_m^{21} C. A_{m+20}^{20} D. A_{m+20}^{21} E. 以上均不对

【答案】 D

【命题知识点】 排列数的公式及定义.

【例 9.2.3】 (1)8 位同学相互写一封信祝贺对方,一共要写多少封信?

(2)8 位同学初次见面相互握一次手,一共要握多少次手?

【答案】 (1)56;(2)28

【命题知识点】 排列组合的定义.

【解题思路】 (1) 在 8 位同学中选择 2 位相互写信,而写信有相互顺序,用排列即 $\mathrm{A}_8^2=$ 56.

(2)在 8 位同学中选择 2 位相互握手,无顺序可言,用组合即可,即 $\mathrm{C}_8^2=28$.

【应试对策】 关键理清到底是否有顺序. 有序用排列,无序用组合.

【例 9.2.4】 现有 10 名学生,其中 6 名男生,4 名女生,讨论以下情况各有多少种:

(1)选 2 名参加竞赛;

(2)选 2 名学生担任正、副组长;

(3)选 3 名学生分别参加语、数、外竞赛;

(4)选 2 名男生,1 名女生参加竞赛;

(5)选 3 名学生参加竞赛,其中至少有 1 名男生;

(6)从中选 4 名学生进行混双乒乓球比赛.

【答案】 (1)45;(2)90;(3)720;(4)60;(5)116;(6)180

【命题知识点】 排列组合的定义.

【解题思路】 (1)10 名学生选 2 名,所以 $\mathrm{C}_{10}^2=45$.

(2)先选人,再排序,所以 $\mathrm{C}_{10}^2\times2=\mathrm{A}_{10}^2=90$.

(3)先选人,再排序,所以 $\mathrm{C}_{10}^3\times3=\mathrm{A}_{10}^3=720$.

(4)选 2 名男生 C_6^2,选 1 名女生 C_4^1,所以 $\mathrm{C}_6^2\mathrm{C}_4^1=60$.

(5)方法一:分类法. 选 3 名男生或者 2 男 1 女或者 1 男 2 女:$\mathrm{C}_6^3+\mathrm{C}_6^2\mathrm{C}_4^1+\mathrm{C}_6^1\mathrm{C}_4^2=116$;方法二:排除法. 随便选 3 人然后排除都是女生的情况:$\mathrm{C}_{10}^3-\mathrm{C}_4^3=120-4=116$.

(6)先选择 2 男 2 女,再交换配对方法:$\mathrm{C}_6^2\mathrm{C}_4^2\times2=180$.

【易错点评】 对上述第(5)小题很多考生会这么思考:先选 1 男再选 1 女,最后在剩下的 8 人中选 1 人,即 $N=\mathrm{C}_6^1\cdot\mathrm{C}_4^1\cdot\mathrm{C}_8^1=192$,显然计数发生重复,尤其要注意.

【应试对策】 一般做排列组合题的方法主要有两种,一是正面分类法,二是反面排除法,考试时看情况来定,遵循正难则反的原则.

第三节 排列组合解题策略

知识点归纳与例题讲解

【应试对策】 解答排列组合问题,首先必须认真审题,明确题目是属于排列问题还是组合问题,或者属于排列与组合的混合问题,其次要抓住问题的本质特征,灵活运用基本原理和公式进行分析解答.同时还要注意讲究一些策略和方法技巧,以使一些看似复杂的问题迎刃而解.下面介绍几种常用的解题方法.

一、合理分类与准确分步法

【解题提示】 解含有约束条件的排列组合问题,应按元素性质进行分类,按事情发生的连续过程分步,做到分类标准明确,分步层次清楚,不重不漏.

【例9.3.1】 五个人排成一排,其中甲不在排头,则乙不在排尾,则不同的排法有( ).

A. 120 种   B. 96 种   C. 78 种   D. 72 种   E. 90 种

【答案】 C

【解题思路】 先分类,再分步:甲在末尾,剩下四人可以全排列 A_4^4,甲不在末尾,则甲有三个位置可以选择,乙也有三个位置选择,剩下三人全排列 $A_3^1 A_3^1 A_3^3$.

最后相加 $N = A_4^4 + A_3^1 A_3^1 A_3^3 = 78$.

二、正难反易转化法

【解题提示】 对于一些生疏问题或直接求解较为复杂、困难的问题,从正面入手不易解决,这时可从反面入手,将其转化为一个简单问题来处理.

【例9.3.2】 马路上有 8 只路灯,为节约用电又不影响正常的照明,可把其中的三只灯关掉,但不能同时关掉相邻的两只,也不能同时关掉两端的灯,那么满足条件的关灯方法共有多少种?

【答案】 16

【解题思路】 关掉第 1 只灯的方法有 6 种,关第二只、第三只时需分类讨论,十分复杂.若从反面入手考虑,每一种关灯的方法对应着一种满足题设条件的亮灯与关灯的排列,于是问题转化为"在 5 只亮灯的 6 个空中插入 3 只暗灯,且两端的灯不能同时是暗灯"的问题.故关灯方法的种数为 $C_6^3 - 4 = 16$(4 表示最两边是暗灯后,中间四个空位选一个暗灯).

三、混合问题(先选后排法)

【解题提示】 对于排列组合混合问题,可先选出元素,再排列.

【例9.3.3】 将 4 个不同的小球放入编号为 1,2,3,4 的四个盒中,求恰有一个空盒的方法.

【答案】 144

【解题思路】 因恰有一个空盒,故必有一盒子放两球.①选:从 4 个球中选 2 个,有 C_4^2 种方法,从 4 个盒中选 3 个,有 C_4^3 种方法;②排:把选出的 2 个球看作一个元素,与其余 2 球共 3 个元素,对选出的 3 个盒作全排列有 A_3^3 种方法,故所求的方法有 $C_4^2 C_4^3 A_3^3 = 144$(种).

四、特殊元素(优先安排法)

【解题提示】 对于带有特殊元素的排列组合问题,一般应先考虑特殊元素,再考虑其他元素.

【例 9.3.4】 用 0,2,3,4,5 五个数字,组成没有重复数字的三位数,则其中偶数共(   ).
　　A. 24 个　　　　B. 30 个　　　　C. 40 个　　　　D. 60 个　　　　E. 80 个

【答案】 B

【解题思路】 由于该三位数为偶数,故末尾数字必为偶数,又因为 0 不能排首位,故 0 就是其中的"特殊"元素,应该优先安排,按 0 排在末尾和 0 不排在末尾分两类:①0 排末尾时,有 A_4^2 个(从 4 个数字中选择百位和十位),②0 不排在末尾时,则有 $A_2^1 A_3^1 A_3^1$ 个(A_2^1:个位在 2 与 4 中选,A_3^1:百位在剩余非零数字中选,A_3^1:十位在剩余三个数字中选).由①,②可得共有偶数 $A_4^2 + A_2^1 A_3^1 A_3^1 = 30$(个).选 B.

五、总体淘汰法(排除法)

【解题提示】 对于含有否定字眼的问题,可以从总体中把不符合要求的除去,此时需注意不能多减,也不能少减.

例如对于例 9.3.4,也可用此法解答:五个数字组成三位数的全排列有 A_5^3 个,排好后发现 0 不能排首位,而且数字 3,5 也不能排末位,这两种排法要除去,故有 $A_5^3 - A_4^2 - A_2^2 A_3^1 A_3^1 = 30$(个)偶数.

六、局部问题(整体优先法)

【解题提示】 对于局部排列问题,可先将局部看作一个"元"与其他元素一同排列,然后再进行局部排列.

【例 9.3.5】 7 人站成一排照相,求甲、乙两人之间恰好隔三人的站法有多少种?

【答案】 720

【解题思路】 甲、乙及间隔的 3 人组成一个"小整体",这 3 人可从其余 5 人中选,有 C_5^3 种;这个"小整体"与其余 2 人共 3 个元素全排列有 A_3^3 种方法,它的内部甲、乙两人有 A_2^2 种站法,中间选的 3 人也有 A_3^3 种站法,故符合要求的站法共有 $C_5^3 A_3^3 A_2^2 A_3^3 = 720$(种).

七、相邻问题(捆绑法)

【解题提示】 对于某几个元素要求相邻的排列问题,可将相邻的元素看作一个"元"与其他元素排列,然后再对"元"内部的元素进行排列.

【例 9.3.6】 7 人站成一排照相,甲、乙、丙三人相邻,有多少种不同排法?

【答案】 720

【解题思路】 把甲、乙、丙三人看作一个"元",与其余 4 人共 5 个元作全排列,有 A_5^5 种排法,而甲、乙、丙之间又有 A_3^3 种排法,故共有 $A_5^5 A_3^3 = 720$(种)排法.

八、不相邻问题(插空法)

【解题提示】 对于某几个元素不相邻的排列问题,可先将其他元素排好,再将不相邻元素在已排好的元素之间及两端空隙中插入即可.

【例 9.3.7】　在例 9.3.6 中,若要求甲、乙、丙不相邻,则有多少种不同的排法?

【答案】　1 440

【解题思路】　先将其余四人排好,有 A_4^4 种排法,再在这四人之间及两端的 5 个"空"中选三个位置让甲、乙、丙插入,则有 A_5^3 种排法,这样共有 $A_4^4 A_5^3 = 1\,440$(种)不同排法.

九、顺序固定问题(除序法)

【解题提示】　对于某几个元素顺序一定的排列问题,可先把这几个元素与其他元素一同排列,然后用总排列数除以这几个元素的全排列数.

【例 9.3.8】　6 个人排队,甲、乙、丙三人按"甲、乙、丙"的顺序排队有多少种方法?

【答案】　120

【解题思路】　不考虑附加条件,排队方法有 A_6^6 种,而其中甲、乙、丙的 A_3^3 种排法中只有一种符合条件.故符合条件的排法有 $A_6^6 \div A_3^3 = 120$(种).

十、构造模型(隔板法)

【解题提示】　对于较复杂的排列问题,可通过设计另一情景,构造一个隔板模型来解决问题.隔板法就是在 n 个元素间的 $n-1$ 个空中插入 k 个隔板,可以把 n 个元素分成 $(k+1)$ 组.

应用隔板法必须满足三个条件:

(1)这 n 个元素必须互不相异;

(2)所分成的每一组至少分得一个元素;

(3)分成的组别彼此相异.

【例 9.3.9】　求方程 $a+b+c+d=12$ 的正整数解的个数.

【答案】　165

【解题思路】　将 12 个球排成一排,球与球之间形成 11 个空隙,将三个隔板插入这些空隙中(每空至多插一个隔板),规定由隔板分成的四部分的球数分别为 a,b,c,d(见图 9.3.1),则隔法与解的个数之间建立了一一对应关系,故解的个数为 $C_{11}^3 = 165$.

$$\bigcirc\bigcirc\bigcirc\mid\bigcirc\bigcirc\bigcirc\mid\bigcirc\bigcirc\bigcirc\bigcirc\mid\bigcirc\bigcirc$$
图 9.3.1

实际运用隔板法解题时,在确定球数、如何插隔板等问题上形成了一些技巧.下面举例说明.

技巧一:添加球数

【变式 1】　求方程 $x+y+z=10$ 的非负整数解的个数.

【答案】　66

【解题思路】　注意到 x,y,z 可以为零,故上题解法中的限定"每空至多插一块隔板"就不成立了,怎么办呢? 只要添加三个球,给 x,y,z 各一个球.这样原问题就转化为求 $x+y+z=13$ 的正整数解的个数了,故解的个数为 $C_{12}^2 = 66$.

【应试对策】　本例通过添加球数,将问题转化为例 9.3.9 中的典型隔板法问题.

技巧二:减少球数

【变式 2】　将 20 个相同的小球放入编号分别为 1,2,3,4 的四个盒子中,要求每个盒子中的球数不少于它的编号数,求放法总数.

【答案】　286

【解题思路】　方法一:先在编号为 1,2,3,4 的四个盒子内分别放 0,1,2,3 个球,剩下 14 个球,再把剩下的球分成 4 组,每组至少 1 个,由例 9.3.9 知方法有 $C_{13}^3 = 286$(种).

方法二:第一步,先在编号为 1,2,3,4 的四个盒子内分别放 1,2,3,4 个球,剩下 10 个球;第二步,把剩下的 10 个相同的球放入编号为 1,2,3,4 的盒子里,每个盒子放的球数任意,利用添加球数的方法,得 $C_{13}^3 = 286$(种).

十一、分排问题(直排法)

【解题提示】　对于把几个元素排成前后若干排的排列问题,若没有其他特殊要求,可采取统一排成一排的方法来处理.

【例 9.3.10】　7 个人坐两排座位,第一排坐 3 个人,第二排坐 4 个人,则不同的坐法有多少种?

【答案】　5 040

【解题思路】　7 个人可以在前两排随意就座,再无其他条件,故两排可看作一排来处理,不同的坐法共有 $A_7^7 = 5\ 040$(种).

十二、表格法

【解题提示】　有些较复杂的问题可以通过列表使其直观化.

【例 9.3.11】　9 人组成篮球队,其中 7 人善打前锋,3 人善打后卫,现从中选 5 人(两卫三锋,且锋分左、中、右,卫分左、右)组队出场,有多少种不同的组队方法?

【答案】　900

【解题思路】　由题设知,其中有 1 人既可打锋,又可打卫,则只会锋的有 6 人,只会卫的有 2 人,见表 9.3.1.

表 9.3.1

人数	6 人只会锋	2 人只会卫	1 人既锋又卫	结果
不同的选法	3	2		$A_6^3 A_2^2$
	3	1	1(卫)	$A_6^3 C_2^1 A_2^2$
	2	2	1(锋)	$C_6^2 A_3^3 A_2^2$

由表知,共有 $A_6^3 A_2^2 + A_6^3 C_2^1 A_2^2 + C_6^2 A_3^3 A_2^2 = 900$(种)方法.

【应试对策】　除了上述方法外,有时还可以通过设未知数,借助方程来解答,对于一些简单的问题可采用列举法,还可以利用对称性或整体思想来解题. 排列组合是管理类数学联考的重点和难点之一,也是进一步学习概率的基础. 事实上,许多概率问题也可归结为排列组合问题. 这一类问题不仅内容抽象,解法灵活,而且解题过程中极易出现"重复"和"遗漏"的错误,这些错误甚至不容易检查出来,所以解题时要注意不断积累经验,总结解题规律,掌握若干技巧.

本章题型精解

【题型一】　排队与座位问题

【解题提示】　此题型一般会涉及若干个元素的排列问题,包含元素、位置的限制类问题,元素相邻问题和不相邻问题,元素的定序问题等.

【例1】　7个人排成一排,问对于以下情况分别有多少种排法:

(1)甲必须站在正中,乙必须与甲相邻;

(2)甲、乙、丙必须相邻;

(3)甲、乙不能相邻;

(4)甲、乙必须相邻,且丙不能在排头或排尾;

(5)4男3女,任何女生都不能排在一起;

(6)甲、乙必须排在一起,丙、丁不能排在一起;

(7)4男3女(3女身高各不相同),3女必须按高矮进行排列.

【答案】　(1)240;(2)720;(3)3 600;(4)960;(5)1 440;(6)960;(7)840

【命题知识点】　排队问题.

【解题思路】　(1) 乙有两个位置可选,剩下5个人随便排,则 $N=2A_5^5=240$(种).

(2)先将甲、乙、丙捆绑,然后与剩下的4个人全排列,$N=A_5^5A_3^3=720$(种).

(3)方法一:将甲、乙插入剩下的5个人的空当中,然后再将剩下的5个人全排列,则 $N=A_6^2A_5^5=3\ 600$(种).

方法二:排除法.总数扣除甲、乙相邻的情况数,则 $N=A_7^7-A_6^6A_2^2=3\ 600$(种).

(4)先将甲、乙捆绑成一个人,那么与除了丙以外的四个人组成了5个人;再将丙插入5个人中的4个空当,可以保证丙不在两边;最后5个人全排列,再甲、乙两人全排列,则 $N=C_4^1A_5^5A_2^2=960$(种).

(5)将女生插入4个男生产生的5个空中,并且排序 A_5^3,再将4个男生全排序 A_4^4,则 $N=A_5^3A_4^4=1\ 440$(种).

(6)先将甲、乙捆绑成一个人,那么与除了丙、丁以外的两个人组成了4个人;再将丙、丁插入4个人的5个空中;最后四个人全排列,甲、乙全排列,丙、丁全排列,则 $N=C_5^2A_4^4A_2^2A_2^2=960$(种).

(7)方法一:采用除序法.先算出总数,再除以3个女生的顺序,即 $N=\dfrac{A_7^7}{A_3^3}=840$(种).

方法二:留空当法.先在7个位置中选择4个位置放男生,剩下的3个位置女生就按照顺序入座,即 $A_7^4=840$(种).

【应试对策】　对一般复杂的问题采用先整体后局部的思想方法.

【例2】　从10个不同的文艺节目中选6个编成一个节目单,如果某女演员的独唱节目一定不能排在第二个节目的位置上,则共有(　　)种不同排法.

A. 136 080   B. 136 060   C. 136 070   D. 136 090   E. 136 050

【答案】 A

【命题知识点】 有限制排队问题.

【解题思路】 方法一:从位置考虑,第二个节目只能选择除了指定某女演员的其他 9 个节目 C_9^1,另外 5 个节目从剩余 9 个节目中选择并且全排序 $C_9^5 A_5^5$,则

$$N=C_9^1 C_9^5 A_5^5=136\ 080(种).$$

方法二:从元素考虑. 若选某女演员,即 $5A_9^5$;若不选某女演员,即 A_9^6.共有

$$5A_9^5+A_9^6=136\ 080(种).$$

方法三:间接法. 先从 10 个节目中任意选择 6 个节目全排序,再减去某女演员放到第二个节目的可能. $A_{10}^6-A_9^5=136\ 080$.

【例 3】 展览馆计划展出 10 幅不同的画,包括 1 幅水彩画,4 幅油画,5 幅国画,将它们排成一列,要求同种类放在一起,并且水彩画不放两端,则不同的陈列方式有(　　)种.

A. $A_4^4 A_5^5$ B. $A_3^3 A_4^4 A_5^3$ C. $A_3^1 A_4^4 A_5^5$

D. $A_2^2 A_4^4 A_5^5$ E. $A_2^2 A_4^4 A_5^5$

【答案】 D

【命题知识点】 相邻问题.

【解题思路】 水彩画在中间,油画与国画可以交换,故有 $A_2^2 A_4^4 A_5^5$ 种方式.

【例 4】 12 名同学合影,站成前排 4 人,后排 8 人,现摄影师要从后排 8 人中抽 2 人调整到前排,若其他人的相对顺序不变,则不同调整方法的种数是(　　).

A. $C_8^2 A_3^2$ B. $C_8^2 A_6^6$ C. $C_8^2 A_6^2$ D. $C_8^2 A_5^2$ E. $C_8^2 A_4^2$

【答案】 C

【命题知识点】 座位问题.

【解题思路】 先从后排的 8 人中选出 2 人,即 C_8^2,然后分别插入前排的空位中 $C_5^1 C_6^1$,则 $N=C_8^2 C_5^1 C_6^1=C_8^2 A_6^2$.

【题型二】 摸球问题

【解题提示】 此题型为组合经典应用,常见模型:袋中有 N 个不同的球,其中红球 M 个,非红球 $N-M$ 个. 从中任取 n 个,恰有 k 个红球的情况共有 $C_M^k C_{N-M}^{n-k}$ 种.

【例 5】 有 50 名学生,其中 30 名男生、20 名女生,任选 5 人担任班委,其中恰有 3 名男生的情况有(　　)种.

A. $C_{20}^3 C_{30}^2$ B. C_{50}^5 C. $C_{30}^3 C_{20}^2$

D. $C_{50}^5-C_{30}^5-C_{20}^5$ E. $C_{30}^2 A_{20}^3$

【答案】 C

【命题知识点】 摸球问题.

【解题思路】 先从 30 名男生中选出 3 人,再从 20 名女生中选出 2 人,即

$$N=C_{30}^3 C_{20}^2.$$

【例 6】 某人欲从 6 种 A 类股票和 4 种 B 类股票中选购 3 种股票,其中至少有 2 种 A 类股票的情况有＿＿＿＿种.

【答案】　80

【命题知识点】　摸球问题.

【解题思路】　方法一：合理分类. 2 种 A 类股票和 1 种 B 类股票或者 3 种 A 类股票和 0 种 B 类股票，则 $N=C_6^2 C_4^1+C_6^3 C_4^0=80$（种）.

方法二：反面排除法. 在总数中扣除最多有 1 种 A 类股票的情况数，则 $N=C_{10}^3-C_6^0 C_4^3-C_6^1 C_4^2=80$（种）.

【易错点评】　考生容易这么思考：先选 2 种 A 类股票，然后在剩下的 8 种股票中再任意选 1 种，即 $N=C_6^2 C_8^1=120$，显然重复了.

【应试对策】　一般做此类题目时，大家可以验证脚标，脚标之和一定是相等的，即 $C_6^2 C_4^1$ 上标之和为 3，下标之和为 10，而 $C_6^3 C_4^0$ 上标之和也为 3，下标之和也为 10.

【例7】　从 5 位男教师和 4 位女教师中选出 3 位教师，将之派到 3 个班担任班主任（每班 1 位班主任），若这 3 位班主任中男、女教师都有，则不同的选派方案共有（　　）.

A. 210 种　　　　B. 420 种　　　　C. 630 种　　　　D. 840 种　　　　E. 1 050 种

【答案】　B

【命题知识点】　摸球问题.

【解题思路】　分两类：2男1女，即 $C_5^2 C_4^1$；1男2女，即 $C_5^1 C_4^2$. 然后再把 3 名选中的老师全排列决定各自所去的班级. 总数为 $(C_5^2 C_4^1+C_5^1 C_4^2)\times 3!=420$.

【例8】　在自然数 1～30 中任取 3 个，三个数之和能够被 3 整除的情况有_____种.

【答案】　1 360

【命题知识点】　摸球问题.

【解题思路】　先将 1～30 分成 3 组，即 1,4,7,…,28 为一组，2,5,8,…,29 为一组，3,6,9,…,30 为一组. 计数分两类：第一类，这三个数来自同一组，即 $3C_{10}^3$；第二类，来自不同的三组，即 $C_{10}^1 C_{10}^1 C_{10}^1$. 所以总的方法数为 $N=3C_{10}^3+C_{10}^1 C_{10}^1 C_{10}^1=1\,360$.

【题型三】　分组分堆问题

【解题提示】

(1)如不需考虑组别关系，即非此即彼，定义为"分堆问题"，如果平均分堆，把 n 个元素平均分成 m 堆，每堆含 $\frac{n}{m}=k$ 个元素，其结果是 $\dfrac{C_n^k C_{n-k}^k C_{n-2k}^k \cdots}{m!}$，要除以组数的全排列.

(2)需要考虑组别关系，定义为"分组问题"，在分堆的基础上乘以组数的全排列，如果平均分组，每组含 $\frac{n}{m}=k$ 个元素，再分给 m 个不同的得主，其结果是 $\dfrac{C_n^k C_{n-k}^k C_{n-2k}^k \cdots}{m!} \cdot m! = C_n^k C_{n-k}^k C_{n-2k}^k \cdots$.

(3)一般而言，对于题目中所说的"组"，如未加任何组别不同的说明，则不需要考虑组别关系，即其为"堆"的意思.

【例9】　按以下要求分配 6 本不同的杂志，问各有几种分法.

(1)平均分成三份，每份 2 本；

(2)平均分给甲、乙、丙三人，每人 2 本；

(3)分成三份,一份 1 本,一份 2 本,一份 3 本;

(4)甲、乙、丙三人一人得 1 本,一人得 2 本,一人得 3 本;

(5)分成三份,两份每份 1 本,另一份 4 本;

(6)甲、乙、丙三人中,一人得 4 本,另两人每人得 1 本;

(7)甲得 1 本,乙得 1 本,丙得 4 本.

【答案】　(1)15;(2)90;(3)60;(4)360;(5)15;(6)90;(7)30

【命题知识点】　分书问题.

【解题思路】　(1) 6 本书平均分成三份,不需要考虑组别,是分堆问题,$N=\dfrac{C_6^2C_4^2C_2^2}{A_3^3}=15$(种).

(2)将 6 本不同的书分给 3 人,3 人各不相同,是分组问题,在分堆的基础上,再分给 3 人,$N=\dfrac{C_6^2C_4^2C_2^2}{A_3^3}\cdot A_3^3=C_6^2C_4^2C_2^2=90$(种).

(3)"非均匀分堆"问题,哪一份 1 本,哪一份 2 本,哪一份 3 本不明确,故为 $N=C_6^1C_5^2C_3^3=60$(种).

(4)在第(3)题分堆的基础上再分配给甲、乙、丙三人,故为 $N=C_6^1C_5^2C_3^3A_3^3=360$(种).

(5)有两堆"均分",故为 $N=\dfrac{C_6^1C_5^1C_4^4}{A_2^2}=15$(种).

(6)先分堆,再分给甲、乙、丙三人,$N=\dfrac{C_6^4C_2^1C_1^1}{A_2^2}A_3^3=90$(种).

(7)直接让人来取书,即 $N=C_6^1C_5^1C_4^4=30$(种).

【例 10】　将 12 支不同的笔分给 3 人,一人 6 支,另外两人各 3 支,则有(　　)种方法.

A. $\dfrac{C_{12}^6C_6^3}{2!}$　　　　B. $\dfrac{C_{12}^6C_6^3A_3^3}{2!}$　　　　C. $\dfrac{C_{12}^6C_6^3}{A_3^3}$　　　　D. $C_{12}^6C_6^3$　　　　E. $C_{12}^6A_3^3$

【答案】　B

【命题知识点】　分组问题.

【解题思路】　先分组,有 $\dfrac{C_{12}^6C_6^3C_3^3}{2}$ 种,再分给人,$\dfrac{C_{12}^6C_6^3C_3^3}{2}\cdot A_3^3=\dfrac{C_{12}^6C_6^3A_3^3}{2}$.

【例 11】　安排 3 名支教教师去 4 所学校任教,每所学校至多 2 人,则不同的分配方案共有(　　)种.

A. 30　　　　B. 40　　　　C. 50　　　　D. 60　　　　E. 70

【答案】　D

【命题知识点】　分组问题.

【解题思路】　方法一:用排除法思想.总数去掉教师都在一所学校的情况,则
$$N=4^3-4=60(\text{种}).$$

方法二:分类讨论.一所学校 1 人,$C_4^1A_3^3$;一所学校 2 人,$C_3^2C_4^1C_3^1$.则
$$C_4^1A_3^3+C_3^2C_4^1C_3^1=4\times6+3\times4\times3=24+36=60.$$

【例 12】　将四封信投入三个不同的邮筒.

(1)若每个邮筒至少有一封信,共有_____种投法;

（2）若恰有一个空邮筒，共有_____种投法.

【答案】　（1）36；（2）42

【命题知识点】　分组问题的运用.

【解题思路】　（1）若保证每个邮筒都有信件的话，先把信分成 1 封、2 封、3 封共三堆，再把三个邮筒全排列，则 $N=C_4^2 \cdot A_3^3=36$.

（2）方法一：先将信分成两组，有一组 1 封，另一组 3 封或者每组都 2 封，即 $\dfrac{C_4^2}{2!}+C_4^1 C_3^3=$ 7（种），再入盒，即 $A_3^3=6$，共有 $7\times 6=42$（种）方法.

方法二：反面排除法.总数扣除 2 个空邮筒和无空邮筒的情况，即

$$N=3^4-3-36=42（种）.$$

【应试对策】　一般对于球盒问题可以先将球分堆，然后再入盒，这样比较清楚明了.

【题型四】　配对问题（匹配问题）

【知识点归纳】　假设有 n 个编号分别为 $1,2,3,\cdots,n$ 的盒子和 n 个编号分别为 $1,2,3,\cdots,n$ 的球，如果球放入盒子后编号全部不一致，我们称之为无配对（0 匹配）.

【解题提示】　一般采用枚举法和记忆法.3 个元素的无配对情况数有 2 种，4 个元素的无配对情况数有 9 种，5 个元素的无配对情况数有 44 种.

【例 13】　四个老师教四个班的课，考试时要求每位老师都不在任教的班监考，试求不同的监考方法有几种？

【答案】　9

【命题知识点】　配对问题.

【解题思路】　可看成 4 个球盒编号无配对的问题.

甲、乙、丙、丁教师所任教的相应班级为 1，2，3，4 班.

$$
\begin{array}{cccc}
1 \text{班} & 2 \text{班} & 3 \text{班} & 4 \text{班} \\
\text{乙} & \text{甲} & \text{丁} & \text{丙} \\
\text{乙} & \text{丙} & \text{丁} & \text{甲} \\
\text{乙} & \text{丁} & \text{甲} & \text{丙}
\end{array}
$$

丙（丁）略.通过枚举法得共有 $3\times 3=9$（种）.

【例 14】　设有编号为 1，2，3，4，5 的 5 个小球和编号为 1，2，3，4，5 的 5 个盒子，现将这 5 个小球放入这 5 个盒子内，要求每个盒子内放一个球，且恰好有 2 个球的编号与盒子的编号相同，则这样的投放方法有多少种？

【答案】　20

【命题知识点】　匹配问题.

【解题思路】　先从 5 个盒子中选出 2 个与球的编号配对的，有 C_5^2 种方法，然后考虑 3 个球无配对的方法数，有 2 种，用乘法原理，所以总的方法数为 $C_5^2\times 2=20$.

【题型五】　名额分配问题

【解题提示】　此类问题一般指的是将相同元素分配给不同对象，可采用隔板（挡板）法.

常见模型:将 n 个相同元素分配给 m 个不同对象,每个对象至少得到 1 个元素,即在 $n-1$ 个空隙中插入 $m-1$ 块挡板,即为 C_{n-1}^{m-1}.

【例 15】 将 10 个三好学生名额分到 7 个班级,每个班级至少分到一个名额,有多少种不同的分配方案?

【答案】 84

【命题知识点】 名额分配问题.

【解题思路】 可看成在 10 个相同的小球所产生的 9 个空隙中插入 6 块板,即
$$N = C_9^6 = C_9^3 = 84.$$

【例 16】 把 30 颗糖分给 8 个小朋友,每人至少 3 颗,共有多少种不同的分法?

【答案】 1 716

【命题知识点】 名额分配问题.

【解题思路】 先让每个小朋友领走 2 颗糖,即将问题转化为将 14 颗糖分给 8 个小朋友,每人至少 1 颗的方法有多少,即 $N = C_{13}^7 = C_{13}^6 = 1\ 716$(种).

【题型六】　组合几何问题

【解题提示】 此类问题一般会让考生数一数某些图形的个数,解决此类问题的关键在于找出图形与组合的对应关系.

【例 17】 10 条直线最多能产生多少个交点?

【答案】 45

【命题知识点】 组合几何问题.

【解题思路】 由于交点都是由 2 条直线相交而成的,则只需数出 10 条直线中任意 2 条直线的组合情况即可,即 $N = C_{10}^2 = 45$.

【例 18】 5 条水平线,4 条铅直线,可以产生多少个矩形?

【答案】 60

【命题知识点】 组合几何问题.

【解题思路】 由于任意一个矩形都是由 2 条水平线,2 条铅直线构成的,即 $N = C_5^2 C_4^2 = 10 \times 6 = 60$.

本章分层训练

1. 两地间火车需要停靠 8 站(包括首尾的站点),每站间票价不相等,则共(　　)种票种,(　　)种票价.

　　A. 56,28　　　　B. 28,28　　　　C. 56,56　　　　D. 28,56

　　E. 以上都不正确

2. 组织一次有 200 人参加的比赛,若采取淘汰制,只取第一名,则需要进行比赛的场次为(　　).

　　A. 198　　　　B. 199　　　　C. 200　　　　D. 201　　　　E. 400

3. 在 4 名候选人中,评选出 1 名三好学生,1 名优秀干部,1 名先进团员,若允许 1 人同时得若干个称号,则不同的评选方案共有( )种.

A. 3^4 B. 4^3 C. C_4^3 D. A_4^3 E. A_4^4

4. 7 个学生参加 3 个项目的培训,每个学生只能选一个项目,则情况数为( ).

A. 21 B. C_4^3 C. 3^7

D. 7^3 E. 以上都不正确

5. 有 5 名学生争夺 3 项比赛的冠军,若每项只设 1 名冠军,则获得冠军的可能情况有( )种.

A. 3^5 B. 5^3 C. 124

D. 130 E. 以上均不对

6. 8 个人站一排,则甲、乙两人必须站到一起的排法有( )种.

A. A_8^8 B. $A_8^8 - C_7^1 A_2^2$

C. $A_8^8 - C_6^1 A_2^2$ D. $A_7^7 A_2^2$

E. 以上均不对

7. 3 名女学生,5 名男学生站成一排照相,则 3 名女学生必须站在一起的不同排法共有( )种.

A. $A_6^6 A_3^3$ B. $A_6^6 A_3^3$ C. $C_6^6 C_6^3$

D. $C_6^6 C_3^3$ E. 以上均不对

8. 3 名女学生,5 名男学生站成一排照相,则任意两名女学生不站在一起的不同排法共有( )种.

A. $C_3^2 C_4^2$ B. $A_6^6 A_3^3$ C. $A_5^5 A_6^3$

D. $A_5^5 A_5^5$ E. 以上均不对

9. 从 6 名志愿者中选出 4 人分别从事翻译、导游、导购、保洁 4 项不同的工作,若其中甲、乙两名志愿者都不能从事翻译工作,则选派的方案共有( )种.

A. 280 B. 240 C. 180

D. 96 E. 以上答案都不正确

10. 有 n 件不同的产品排在一排,若其中 A,B 两件产品排在一起的不同排法有 48 种,则 $n=$( ).

A. 2 B. 3 C. 4

D. 5 E. 以上答案都不正确

11. 某公司的电话号码有 5 位,若第一位数字必须是 5,其余各位可以是 0 到 9 的任意一个,则由完全不同的数字组成的电话号码的个数是( ).

A. 126 B. 1 260 C. 3 024 D. 5 040 E. 30 240

12. 100 件产品中有 3 件次品,先从中任意抽出 5 件进行检验,则其中至少有 2 件次品的抽法有( )种.

A. $C_3^2 C_{97}^3$ B. $C_3^2 C_{100}^3$ C. $C_3^3 C_{97}^2$

D. $C_3^3 C_{100}^2$ E. $C_3^2 C_{97}^3 + C_3^3 C_{97}^2$

13. 有 5 个男生,2 个女生,选 2 人参加活动,若这 2 人中必须既有男生又有女生,则不同的选法有(　　)种.

    A. 6　　　　　　　B. 10　　　　　　　C. 30　　　　　　　D. 45　　　　　　　E. 60

14. 旅行社有豪华游 5 种和普通游 4 种,某单位欲从中选择 4 种,则其中至少有豪华游与普通游各一种的选法共有(　　)种.

    A. 60　　　　　　　　　　　　B. 100　　　　　　　　　　　　C. 120

    D. 140　　　　　　　　　　　　E. 以上答案都不正确

15. 有 3 名医生,3 名护士被分配到 3 个单位,每个单位 1 名医生,1 名护士,则共有(　　)种不同的分配方法.

    A. 36　　　　　　　　　　　　B. 24　　　　　　　　　　　　C. 48

    D. 72　　　　　　　　　　　　E. 以上都不正确

16. 3 名医生和 6 名护士被分配到 3 所学校为学生体检,每所学校分配 1 名医生和 2 名护士,则不同的分配方法有(　　)种.

    A. 90　　　　　　　B. 180　　　　　　　C. 270　　　　　　　D. 540　　　　　　　E. 639

17. 把 9 人平均分成三组(无序,即"堆"的意思)有(　　)种分法.

    A. $A_9^6 A_6^3$　　　　　　　　　　B. $\dfrac{A_9^6 A_6^3}{A_3^3}$　　　　　　　　　　C. $C_9^6 C_6^3$

    D. $\dfrac{C_9^6 C_6^3}{A_3^3}$　　　　　　　　　　E. 以上都不正确

18. 某年级有 6 个班,分别派 3 名语文教师任教,每个教师教 2 个班,则不同的任课方法有(　　)种.

    A. $A_6^2 A_4^2 A_2^2$　　　　　　　　　　B. $C_6^2 C_4^2$

    C. $C_6^2 C_4^2 C_2^2 A_3^3$　　　　　　　　D. $A_6^2 A_4^2 A_2^2 A_3^3$

    E. 以上都不正确

19. 12 名学生分别到 3 个不同的路口对车流量进行调查,若每个路口有 4 人,则不同的分配方案有(　　)种.

    A. $C_{12}^4 C_8^4 C_4^4$　　　　　　　　　　B. $3C_{12}^4 C_8^4 C_4^4$　　　　　　　　　　C. $C_{12}^4 C_8^4 A_3^3$

    D. $\dfrac{C_4^1 2 C_8^4 C_4^4}{A_3^3}$　　　　　　　　　　E. 以上答案皆不正确

20. 某人练习投篮,直到投中 3 次,发现共投了 10 次,则投篮的情况数为(　　).

    A. A_{10}^3　　　　　　　　　　B. C_{10}^3　　　　　　　　　　C. C_9^2

    D. C_{10}^2　　　　　　　　　　E. 以上答案皆不正确

21. 平面上 3 条平行直线和另外 4 条平行直线垂直,则构成的矩形共有(　　)个.

    A. 18　　　　　　　　　　　　B. 24　　　　　　　　　　　　C. 36

    D. 72　　　　　　　　　　　　E. 以上答案皆不正确

22. 从正方体的 8 个顶点中任取 3 个点为顶点作三角形,则直角三角形的个数为(　　).

    A. 56　　　　　　　B. 52　　　　　　　C. 48　　　　　　　D. 40　　　　　　　E. 90

23. 将 0,1,2,3,4 五个数组成一个无重复数字的五位数,则 0 不能在十位上的偶数有(　　)个.

A. 36　　　　　B. 48　　　　　C. 72　　　　　D. 80　　　　　E. 90

24. 从 $0,1,2,3,4,5$ 六个数中取出 4 个数组成四位数,则能被 5 整除的数的个数是(　　).

A. 84　　　　　B. 24　　　　　C. 108　　　　　D. 144　　　　　E. 160

25. 将 $1,2,3,4,5$ 五个数字组成无重复数字的五位数,则个位<十位,千位<百位的情况数是(　　).

A. 16　　　　　B. 20　　　　　C. 24　　　　　D. 30　　　　　E. 60

26. 用 $1,1,2,2,3$ 可以组成(　　)个五位数.

A. 10　　　　　B. 20　　　　　C. 30　　　　　D. 40　　　　　E. 50

27. 袋中有 3 个不同的红球,4 个不同的黄球,每次从中取出 1 个球,直到把 3 个红球都取出为止,则共有(　　)种不同的取法.

A. 4 710　　　　　B. 4 510　　　　　C. 4 110　　　　　D. 4 010　　　　　E. 4 650

28. 一条长椅上有 9 个座位,3 个人坐,若相邻 2 人之间至少有 2 个空椅子,则共(　　)种不同的坐法.

A. 30　　　　　B. 50　　　　　C. 60　　　　　D. 80　　　　　E. 70

29. 一条长椅上有 7 个座位,4 个人坐,要求 3 个空位中恰有 2 个空位相邻,则共(　　)种不同的坐法.

A. 160　　　　　B. 320　　　　　C. 480　　　　　D. 540　　　　　E. 600

30. 有两排座位,前排 11 个座位,后排 12 个座位,现安排 2 人就座,规定前排中间的 3 个座位不能坐,并且这 2 个人不相邻,则不同的排法有(　　)种.

A. 234　　　　　B. 346　　　　　C. 350　　　　　D. 363　　　　　E. 235

31. 从 12 个化学实验小组(每组 4 人)中选 5 人,进行 5 种不同的化学实验,且每小组至多选 1 人,则不同的安排方法有(　　)种.

A. $C_{12}^5 A_5^5$　　　　　　　　　　B. $4^5 C_{12}^5 A_5^5$

C. $C_{48}^5 A_5^5$　　　　　　　　　　D. $C_{12}^5 A_4^4 A_5^5$

E. 以上答案皆不正确

32. 把 6 名学生分到三个班,每班 2 人,其中学生甲必须在一班,学生丙和乙不能在三班,则不同的分法共有(　　)种.

A. 9　　　　　　　　　　B. 12　　　　　　　　　　C. 15

D. 18　　　　　　　　　　E. 以上答案都不正确

33. 四位同学参加竞赛,竞赛规则:每位同学必须从甲、乙两道题目中任选一题作答,选甲题答对得 100 分,答错得 -100 分,选乙题答对得 90 分,答错得 -90 分,若四位同学的总分为 0,则这四位同学不同的得分情况的种数是(　　).

A. 36　　　　　　　　　　B. 24　　　　　　　　　　C. 48

D. 72　　　　　　　　　　E. 以上答案都不正确

34. 从 5 双不同号码的鞋中任取 4 只,这 4 只鞋中至少有 2 只配成一双的不同取法共有(　　)种.

A. 96　　　　　　　　　　B. 120　　　　　　　　　　C. 130

D. 140　　　　　　　　　　E. 以上答案都不正确

🎯 **分层训练答案**

1.【答案】　A

【解析】　由于两个车站之间的票种是有顺序的,即 $A_8^2 = 56$(种),而票价是无顺序的,即 $C_8^2 = 28$.

2.【答案】　B

【解析】　为了在淘汰赛中决出冠军,则需要淘汰剩下的所有人,所以要进行 $n-1$ 场比赛,即 $200-1 = 199$.

3.【答案】　B

【解析】　把人看成盒子,把称号看成球,让每个称号去选人,那么每个称号都有 4 个人可选,结果为 $N = 4 \times 4 \times 4 = 4^3$.

4.【答案】　C

【解析】　让每个学生去选项目,那么每个学生都有 3 个项目可选,结果为 $N = 3^7$.

5.【答案】　B

【解析】　此题与第 3 题类似,让每项比赛的冠军去选学生,结果为 $N = 5 \times 5 \times 5 = 5^3$.

6.【答案】　D

【解析】　把甲、乙两人捆绑在一起,将之看成一个整体,那么一共就有 7 个人,情况数为 A_7^7.再考虑甲、乙互换位置,则有 A_2^2,总数为 $N = A_7^7 \times A_2^2$.

7.【答案】　B

【解析】　捆绑法:把女生看成一个整体,先考虑 6 个整体顺序,即 A_6^6,再考虑 3 个女生顺序,即 A_3^3,总数为 $A_6^6 A_3^3$.

8.【答案】　C

【解析】　插空法:把女生插到男生的空隙中去,先考虑 6 个空隙放 3 个女生,即 A_6^3.再考虑 5 个男生之间的顺序,即 A_5^5,那么总数为 $N = A_6^3 A_5^5$.

9.【答案】　B

【解析】　位置优选法:担任翻译工作的人在除甲、乙之外的 4 个人中选择,然后在剩下的 5 个人中选择 3 个人担任另外三项工作,即 $C_4^1 A_5^3 = 240$.

10.【答案】　D

【解析】　将 A,B 捆绑后与剩下的 $n-2$ 个元素交换顺序,然后交换 A,B 的顺序,则 $(n-1)! \ 2! = 48$,得 $n=5$.

11.【答案】　C

【解析】　只需在剩下的 9 个数字中选 4 个数字排列,$A_9^4 = 3\ 024$.

12.【答案】　E

【解析】　分情况讨论.第一种情况:2 件次品,3 件正品,$C_3^2 C_{97}^3$;第二种情况:3 件次品,2 件正品,$C_3^3 C_{97}^2$.总数为 $C_3^2 C_{97}^3 + C_3^3 C_{97}^2$.

13.【答案】　B

【解析】　在 5 个男生中选 1 个人,在 2 个女生中选 1 个人,即 $N = C_5^1 C_2^1 = 5 \times 2 = 10$.

14.【答案】　C

　　【解析】　方法一:分类讨论:(1)豪华游选 3 种,普通游选 1 种,$C_5^3 C_4^1$;(2)豪华游选 2 种,普通游选 2 种,$C_5^2 C_4^2$;(3)豪华游选 1 种,普通游选 3 种,$C_5^1 C_4^3$.那么总数为 $N = C_5^3 C_4^1 + C_5^2 C_4^2 + C_5^1 C_4^3 = 120$.

　　方法二:用排除法.用总数减去全是豪华游或全是普通游的情况数:$C_9^4 - C_5^4 - C_4^4 = 120$.

15.【答案】　A

　　【解析】　先安排 3 名医生进 3 个单位,再安排 3 名护士进 3 个单位,即 $N = A_3^3 \times A_3^3 = 36$.

16.【答案】　D

　　【解析】　先安排 3 名医生进 3 所学校,即 A_3^3,再将 6 名护士平均打包成三堆,即 $\dfrac{C_6^2 C_4^2}{A_3^3}$,最后再选学校,即 A_3^3,总的情况数为 $N = A_3^3 \times \dfrac{C_6^2 C_4^2}{A_3^3} \times A_3^3 = 540$.

17.【答案】　D

　　【解析】　分组(堆)模型.这里"三组"的意思是不需要考虑组别关系.

18.【答案】　B

　　【解析】　分组(堆)模型.先将 6 个班级平均分为三堆,即 $\dfrac{C_6^2 C_4^2}{A_3^3}$,然后再将之分配给老师,即 A_3^3.总数为 $N = \dfrac{C_6^2 C_4^2}{A_3^3} \times A_3^3 = C_6^2 C_4^2$.

19.【答案】　A

　　【解析】　分组(堆)模型.先分堆后分配,结果应该是 $C_{12}^4 C_8^4 C_4^4$.

20.【答案】　C

　　【解析】　根据题意,最后一次投篮一定投中,则前面 9 次中投中 2 次,即 C_9^2.

21.【答案】　A

　　【解析】　本题 100% 押中 2014 年 12 月真题,只需在平行直线中选 2 条,在垂直直线中选 2 条,即可构成:$C_3^2 C_4^2 = 18$.

22.【答案】　C

　　【解析】　排除法:先在 8 个顶点中选择 3 个顶点作一个三角形,然后减去如图 1 所示的 $\triangle ABC$ 这样的等边三角形,显然 8 个顶点就对应 8 个等边三角形,那么可得 $N = C_8^3 - 8 = 48$.

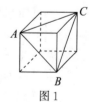

图 1

23.【答案】　B

　　【解析】　分类讨论:(1)0 在个位时,其他四位全排列,4!;(2)0 不在个位时,就只能选择千位或者百位 C_2^1,个位就只能是 2 或 4,C_2^1,其他三个位置全排列 3!.则 $N = 4! + C_2^1 C_2^1 3! = 48$.

24.【答案】　C

　　【解析】　分类讨论:(1)0 在个位,其他 5 个数字选 3 个全排列,A_5^3;(2)5 在个位,那么千位就是在除了 0 和 5 之外的四个数选 C_4^1,百位和十位选择剩余 4 个数字中的 2 个全排列 A_4^2.则 $N = A_5^3 + C_4^1 A_4^2 = 60 + 48 = 108$(种).

25.【答案】 D

【解析】 采用除序(调序)法.用总数除以个位与十位两个数字的顺序,以及千位与百位两个数字的顺序,即$\dfrac{A_5^5}{2!\times 2!}=30$.此法在本章第三节第九部分有介绍.

26.【答案】 C

【解析】 本题与上题有异曲同工之妙,当然也可将本题看成组合问题,即先在5个位置中选2个位置放1,再在剩下的3个位置中选2个位置放2,最后1个位置放3,那么$N=C_5^2 C_3^2=30$.

27.【答案】 C

【解析】 分类讨论:(1)3次结束,3个红球全排列A_3^3;(2)4次结束,先选出一个黄球C_4^1,因为第四次一定是取红球,所以前三次有一次是黄球C_3^1,3个红球全排列A_3^3,$C_4^1 C_3^1 A_3^3$;(3)5次结束,先选2个黄球C_4^2,再为黄球从前4个位置选2个并排序A_4^2,3个红球全排列A_3^3,$C_4^2 A_4^2 A_3^3$;(4)6次结束,先选3个黄球C_4^3,再为黄球从前5个位置选3个并排序A_5^3,3个红球全排列A_3^3,$C_4^3 A_5^3 A_3^3$;(5)7次结束,先选4个黄球C_4^4,再为黄球从前6个位置选4个并排序A_6^4,3个红球全排列A_3^3,$C_4^4 A_6^4 A_3^3$.则

$N=A_3^3+C_4^1 C_3^1 A_3^3+C_4^2 A_4^2 A_3^3+C_4^3 A_5^3 A_3^3+C_4^4 A_6^4 A_3^3=6+72+432+1\,440+2\,160=4\,110$.

28.【答案】 C

【解析】 方法一:常规解法.先将3人(用×表示)与4张空椅子(用□表示)排列如下:(×□□×□□×),这时共占据了7张椅子,还有2张空椅子,一是分开插入,如箭头所示(↓×□↓□×□↓×↓),从4个空当中选2个插入,有C_4^2种插法;二是2张同时插入,有C_4^1种插法,再考虑3人可交换,有A_3^3种方法.所以,共有$(C_4^2+C_4^1)A_3^3=60$(种)方法.

方法二:从5个位置中选出3个位置排人,另2个位置排空椅子,有A_5^3种排法,再将4张空椅子中的每两张插入每两人之间,只有1种插法,所以所求的坐法数为$A_5^3=60$.

29.【答案】 C

【解析】 插空法.4人有$A_4^4=24$(种)排法;在4人之间及两头5个位置放"两个空位""一个空位",有$A_5^2=20$(种)排法.所以共有480种坐法.

30.【答案】 B

【解析】 排除法.先在20个位置中随机安排2人入座,即A_{20}^2,然后减去相邻的情况,通过枚举可知,在17种两个位置相连状况下,交换2个人的顺序,最终得$N=A_{20}^2-2\times 17=380-34=346$.

31.【答案】 B

【解析】 分步乘法运算.先选组,在12组中选5组,再选人,每组选1人,再排列实验的位置顺序,即$4^5 C_{12}^5 A_5^5$.

32.【答案】 A

【解析】 限制性问题,先安排三班,在除甲、乙、丙之外的3个人中选2个人放入三班,即C_3^2,然后在除了甲以及放入三班的2个人之外的3个人中选1个人放入一班,即C_3^1,最后2个人自动进入二班,则$N=C_3^2 C_3^1=9$.

33.【答案】 A

【解析】 分情况讨论.第一种情况:两个人100,两个人-100,则$C_4^2=6$.第二种情

况:两个人90,两个人－90,则 $C_4^2=6$.第三种情况:四个人分别为 100,－100,90,－90,则 $A_4^4=24$.总共 36 种.

34.【答案】　C

　　【解析】　方法一:正面分类.

(1)只配成 1 双,在 5 双中选 1 双.剩下 2 只鞋是来自不同的双,即 $C_5^1C_4^2 2^2$.

(2)只配成 2 双,即 C_5^2,最终总数为 $N=C_5^1C_4^2\times 2^2+C_5^2=5\times 6\times 4+10=130$.

方法二:反面排除法,即总数减去 4 只鞋都不是同一双的,即 $N=C_{10}^4-C_5^4\times 2^4=130$.

本章小结

【知识体系】

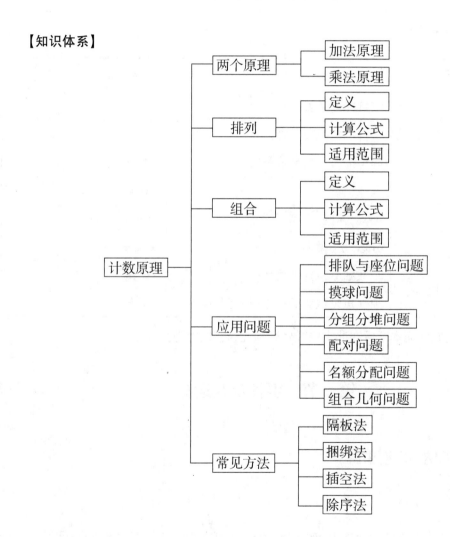

227

第十章　概率初步

【大纲要求】
　　事件及其简单运算、加法公式、乘法公式、古典概型、伯努利概型.
【备考要点】
　　等可能性事件的概率(古典概型)、互斥事件有一个发生的概率、相互独立事件同时发生的概率、独立重复试验(伯努利概型)的概率模型的建立.

章节学习框架

知识点	考点	难度	已学	已会
事件及其运算	事件间的关系与运算	★★		
	事件的概率及其性质	★★		
古典概型	等可能事件概率的计算	★★		
	取球模型	★★		
	抽签(抓阄)模型	★★★		
	分球(房)模型	★★★		
独立事件的概率	一般独立事件的概率	★★		
	独立重复试验的概率(伯努利概型)	★★		

注:请读者在学完本章后在此表的"已学"和"已会"栏中进行标注.

第一节　事件及其运算

◎ 知识点归纳与例题讲解

1. 几个概念

(1)随机试验.

满足下列三个条件的试验称为随机试验. ①试验可在相同条件下重复进行;②试验的可能结果不止一个,且所有可能结果是已知的;③每次试验中哪个结果出现是未知的. 随机试验简称为试验,并常记为 E.

例如, E_1:掷一骰子,观察出现的点数; E_2:上抛硬币两次,观察正反面出现的情况; E_3:

观察某电话交换台在某时刻接到的呼唤次数.

(2)随机事件.

在试验中可能出现也可能不出现的事件称为随机事件,常记为 $A,B,C,\cdots$. 例如,在 E_1 中,A 表示"掷出 2 点",B 表示"掷出偶数点",其均为随机事件.

(3)必然事件与不可能事件.

每次试验中必发生的事情称为必然事件,记为 Ω. 每次试验中都不可能发生的事情称为不可能事件,记为 $\varnothing$.

例如,在 E_1 中,"掷出不大于 6 的点"的事件是必然事件,而"掷出大于 6 的点"的事件是不可能事件. 随机事件、必然事件和不可能事件统称为事件.

(4)基本事件.

试验中直接观察到的最简单的结果称为基本事件,每个基本事件发生的可能性相同,也称为等可能事件.

例如,在 E_1 中,"掷出 1 点","掷出 2 点",$\cdots$,"掷出 6 点"均为此试验的基本事件.

(5)复合事件.

一个事件常常是由几个基本事件组合而成的,称为复合事件.

例如,在 E_1 中,令 $A=$"掷出偶数点",$A_1=$"掷出 2 点",$A_2=$"掷出 4 点",$A_3=$"掷出 6 点",则可以用集合的符号表示为 $A=A_1\cup A_2\cup A_3$.

2. 事件间的关系与运算

(1)和事件.

称事件 A 与事件 B 至少有一个发生的事件为 A 与 B 的和事件,简称为和,记为 $A\cup B$ 或 $A+B$,如图 10.1.1 所示.

例如,甲、乙两人向目标射击,令 A 表示"甲击中目标"的事件,B 表示"乙击中目标"的事件,则 $A\cup B$ 表示"目标被击中"的事件.

推广:$\bigcup\limits_{i=1}^{n}A_i=A_1\cup A_2\cup\cdots\cup A_n=\{A_1,A_2,\cdots,A_n$ 至少有一个发生$\}$.

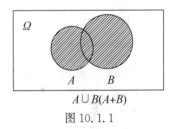

$A\cup B(A+B)$

图 10.1.1

(2)积事件.

事件 A 与事件 B 同时发生的事件为 A 与 B 的积事件,简称为积,记为 $A\cap B$ 或 AB,如图 10.1.2 所示.

例如,观察某电话交换台在某时刻接到的呼叫次数,令 $A=\{$接到 2 的倍数次呼叫$\}$,$B=\{$接到 3 的倍数次呼叫$\}$,则 $A\cap B=\{$接到 6 的倍数次呼叫$\}$.

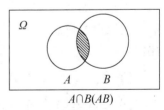

$A\cap B(AB)$

图 10.1.2

推广:$\bigcap\limits_{i=1}^{n}A_i=A_1A_2\cdots A_n=\{A_1,A_2,\cdots,A_n$ 同时发生$\}$.

(3)互不相容事件.

若事件 A 与事件 B 不能同时发生,即 $AB=\varnothing$,则称 A 与 B 互不相容的,如图 10.1.3 所示.

例如,观察某路口在某时刻的红绿灯:若 $A=\{$红灯亮$\}$,

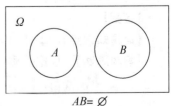

$AB=\varnothing$

图 10.1.3

$B=\{$绿灯亮$\}$,则 A 与 B 是互不相容的.

(4)对立事件.

称事件 A 不发生的事件为 A 的对立事件,记为 $\bar{A}$,显然 $\bar{A}\cup A=\Omega,\bar{A}\cap A=\varnothing$,如图 10.1.4 所示.

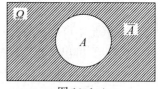

图 10.1.4

例如,从有 3 个次品,7 个正品的 10 个产品中任取 3 个,若令 $A=\{$取得的 3 个产品中至少有一个次品$\}$,则 $\bar{A}=\{$取得的 3 个产品均为正品$\}$.

3. 事件的运算律

摩根律(反演律): $\overline{A\cap B}=\bar{A}\cup\bar{B}$, $\overline{A\cup B}=\bar{A}\cap\bar{B}$.

注意:摩根律可推广到多个事件.

4. 事件的概率及其性质

(1)定义.

事件 A 的概率是指事件 A 发生的可能性程度的数值度量,记为 $P(A)$,显然

$$0\leqslant P(A)\leqslant 1,P(\Omega)=1,P(\varnothing)=0.$$

(2)性质.

性质 1:(加法公式)对任意事件 A,B,有 $P(A\cup B)=P(A)+P(B)-P(AB)$.

若 A,B 互斥,则 $P(A\cup B)=P(A)+P(B)$.

推广: $P(A\cup B\cup C)=P(A)+P(B)+P(C)-P(AB)-P(AC)-P(BC)+P(ABC)$.

性质 2:对任意事件 $A,P(\bar{A})=1-P(A)$.

性质 3:(减法公式) $P(A-B)=P(A\bar{B})=P(A)-P(AB)$.

注意:若 $B\subset A$,则 $P(A-B)=P(A)-P(B)$(对性质 3 只需了解).

【例 10.1.1】 从一批产品中每次取一件进行检验,令 $A_i=\{$第 i 次取得合格品$\}$,$i=1,2,3$,试用事件的运算符号表示下列事件:$A=\{$三次都取得合格品$\}$,$B=\{$三次中至少有一次取得合格品$\}$,$C=\{$三次中恰有两次取得合格品$\}$,$D=\{$三次中最多有一次取得合格品$\}$.

【答案】 $A=A_1A_2A_3$;$B=A_1\cup A_2\cup A_3$;$C=\bar{A}_1A_2A_3\cup A_1\bar{A}_2A_3\cup A_1A_2\bar{A}_3$;$D=\bar{A}_1\bar{A}_2\bar{A}_3\cup A_1\bar{A}_2\bar{A}_3\cup\bar{A}_1A_2\bar{A}_3\cup\bar{A}_1\bar{A}_2A_3$.

【命题知识点】 事件的运算关系.

【例 10.1.2】 甲、乙两城市在某季节内下雨的概率分别为 0.4 和 0.35,而同时下雨的概率为 0.15,问在此季节内甲、乙两城市中至少有一个城市下雨的概率?

【答案】 0.6

【命题知识点】 事件的运算关系.

【解题思路】 根据性质 1,可得

$$P(A\cup B)=P(A)+P(B)-P(AB)=0.4+0.35-0.15=0.6.$$

【例 10.1.3】 设 A,B,C 为三个事件,已知 $P(A)=P(B)=P(C)=0.25,P(AB)=$

$0,P(AC)=0,P(BC)=0.125$，求 A,B,C 至少有一个发生的概率.

【答案】　0.625

【命题知识点】　事件的运算关系.

【解题思路】　根据性质1的推广公式：

$$P(A\cup B\cup C)=P(A)+P(B)+P(C)-P(AB)-P(AC)-P(BC)+P(ABC)$$
$$=0.25\times3-0.125=0.625.$$

第二节　古典概型

知识点归纳与例题讲解

1. 定义

满足下列两条件的试验模型称为古典概型：

(1)所有基本事件是有限个；(2)各基本事件发生的可能性相同.

例如，掷一均匀的骰子，令 $A=\{$ 掷出 2 点 $\}=\{2\},B=\{$ 掷出偶数点 $\}=\{2,4,6\}$，此试验的样本空间为 $\Omega=\{1,2,3,4,5,6\}$，于是，

$$P(A)=\frac{1}{6},P(B)=\frac{3}{6}=\frac{1}{2}.$$

2. 等可能事件概率的计算

如果一次试验中的基本事件有 n 个，而且这些基本事件都是等可能事件，那么每一个基本事件的概率都是 $\frac{1}{n}$. 如果事件 A 包含了 m 个基本事件，那么事件 A 的概率为 $P(A)=\frac{m}{n}$.

注意：古典概型中，求事件 A 的概率的关键是上式中分子、分母的计算，用排列组合公式，既不能遗漏基本事件，也不能重复计算.

【例10.2.1】　将一枚骰子连续抛掷两次，所得到的点数之和为 6 的概率是(　　).

A. $\frac{1}{9}$　　　　B. $\frac{1}{12}$　　　　C. $\frac{1}{6}$　　　　D. $\frac{5}{36}$　　　　E. $\frac{17}{27}$

【答案】　D

【命题知识点】　古典概型.

【解题思路】　记试验的样本空间为 Ω，将"点数之和为 6"记为事件 $A,A=\{(1,5),(2,4),(3,3),(4,2),(5,1)\}$，则 $n(\Omega)=6\times6=36,n(A)=5,P(A)=\frac{n(A)}{n(\Omega)}=\frac{5}{36}.$

【应试对策】　在解答本题时考生容易将 $6=3+3$ 看成两种情况，误做成 $n(A)=6$，这是值得注意的.

【例10.2.2】　有 7 名学生站成一排，计算：(1)甲不站正中间的概率；(2)甲、乙两人正好相邻的概率；(3)甲、乙两人不相邻的概率.

【答案】　(1) $\frac{6}{7}$；(2) $\frac{2}{7}$；(3) $\frac{5}{7}$

【命题知识点】　古典概型.

【解题思路】　(1)$n(A)=6\times A_6^6$(首先甲在除了中间的位置 6 选 1,然后其他 6 人全排列),$n(\Omega)=A_7^7$,所以甲不站正中间的概率 $P(A)=\dfrac{6A_6^6}{A_7^7}=\dfrac{6}{7}$.

(2)$n(A)=A_6^6 A_2^2$(首先捆绑甲、乙看成 1 人,然后 6 人全排列,再甲、乙两人全排列),$n(\Omega)=A_7^7$,所以甲、乙两人正好相邻的概率 $P(B)=\dfrac{A_6^6 A_2^2}{A_7^7}=\dfrac{2}{7}$.

(3)甲、乙两人不相邻的概率 $P(C)=\dfrac{A_5^5 A_6^2}{A_7^7}=\dfrac{5}{7}$(首先除了甲、乙两人的其余 5 人全排列,再把甲、乙插入 5 人产生的 6 个空位全排列),本题也可以用反面来做,$P(C)=1-P(B)=\dfrac{5}{7}$.

【应试对策】　可以发现古典概率其实是建立在排列组合的基础之上的,是排列组合的升华及运用.

第三节　独立事件的概率

◎ 知识点归纳与例题讲解

一、随机事件的独立性

独立性定义(重点)

定义 1:设 A,B 为两个事件,如果
$$P(AB)=P(A)P(B),$$

则称事件 A 与事件 B 相互独立.此公式又称为乘法公式.

定义 2:设 A,B,C 为三个事件,如果
$$P(AB)=P(A)P(B),$$
$$P(AC)=P(A)P(C),$$
$$P(BC)=P(B)P(C),$$
$$P(ABC)=P(A)P(B)P(C),$$

则称 A,B,C 是相互独立的.

注意:(1)如果 $P(AB)=P(A)P(B),P(AC)=P(A)P(C),P(BC)=P(B)P(C)$,则称 A,B,C 两两独立.

(2)A,B,C 相互独立,则 A,B,C 必两两独立,反之则不一定成立.

【例 10.3.1】　三人独立破译一个密码,他们能破译出的概率分别为 $\dfrac{1}{5},\dfrac{1}{3},\dfrac{1}{4}$.

（1）三人都能破译出密码的概率；

（2）恰有一人破译出密码的概率；

（3）密码能被破译出的概率；

（4）至多有一人破译出密码的概率.

【答案】　（1）$\dfrac{1}{60}$；（2）$\dfrac{13}{30}$；（3）$\dfrac{3}{5}$；（4）$\dfrac{5}{6}$

【命题知识点】　相互独立事件同时发生的概率.

【解题思路】（1）根据事件的独立性得：

$$P(ABC)=P(A)P(B)P(C)=\frac{1}{5}\times\frac{1}{3}\times\frac{1}{4}=\frac{1}{60}.$$

$(2)P(A\overline{B}\,\overline{C}+\overline{A}B\overline{C}+\overline{A}\,\overline{B}C)=P(A)P(\overline{B})P(\overline{C})+P(\overline{A})P(B)P(\overline{C})+P(\overline{A})P(\overline{B})P(C)$

$$=\frac{1}{5}\times\frac{2}{3}\times\frac{3}{4}+\frac{4}{5}\times\frac{1}{3}\times\frac{3}{4}+\frac{4}{5}\times\frac{2}{3}\times\frac{1}{4}=\frac{26}{60}=\frac{13}{30}.$$

$(3)P(A\bigcup B\bigcup C)=1-P(\overline{A\bigcup B\bigcup C})=1-P(\overline{A})P(\overline{B})P(\overline{C})=1-\frac{4}{5}\times\frac{2}{3}\times\frac{3}{4}=\frac{3}{5}.$

$(4)P=P(都没破译出)+P(只有一人破译出)=\frac{4}{5}\times\frac{2}{3}\times\frac{3}{4}+\frac{13}{30}=\frac{25}{30}=\frac{5}{6}.$

【例 10.3.2】　某产品中一等品占 80%，二等品占 15%，三等品占 5%，做放回抽样，每次取一件，取三次，求下列事件发生的概率：

（1）三件都是一等品；

（2）三件都是同等级产品；

（3）三件产品的等级全不相同；

（4）三件产品的等级不全相同.

【答案】　（1）0.8^3；（2）$0.8^3+0.15^3+0.05^3$；（3）$(0.8\times0.15\times0.05)3!$；（4）$1-(0.8^3+0.15^3+0.05^3)$

【命题知识点】　相互独立事件同时发生的概率.

【解题思路】　设第 i 次拿到一等品为事件 A_i，拿到二等品为事件 B_i，拿到三等品为事件 C_i，其中 $i=1,2,3$.

$(1)P(A_1A_2A_3)=P(A_1)P(A_2)P(A_3)=0.8^3.$

$(2)P(A_1A_2A_3+B_1B_2B_3+C_1C_2C_3)=0.8^3+0.15^3+0.05^3.$

（3）由于三次取样可以交换顺序，即 $0.8\times0.15\times0.05\times3!$.

$(4)P(三件产品的等级不全相同)=1-P(三件产品的等级全相同)=1-(0.8^3+0.15^3+0.05^3).$

二、独立重复试验与二项概率公式

1. 独立重复试验

在相同的条件下，将某试验重复进行 n 次，且每次试验中任何一事件的概率不受其他试验结果的影响，此种试验称为 n 次独立重复试验.

2. n 重伯努利试验

如果试验只有两个可能结果 $A,\bar{A}$,且 $P(A)=p(0<p<1)$,称此试验为伯努利试验.将伯努利试验独立重复 n 次所构成的 n 次独立重复试验称为 n 重伯努利试验.

例如:(1)将一颗骰子掷 10 次,观察出现 6 点的次数——10 重伯努利试验.

(2)在装有 8 个正品,2 个次品的箱子中,有放回地取 5 次产品,每次取 1 个,观察取得次品的次数——5 重伯努利试验.

(3)向目标独立地射击 n 次,每次击中目标的概率为 p,观察击中目标的次数——n 重伯努利试验.

3. 二项概率公式(重点)

在 n 重伯努利试验中,假定每次试验中事件 A 出现的概率为 $p(0<p<1)$,则在这 n 重伯努利试验中事件 A 恰好出现 $k(k\leqslant n)$ 次的概率为

$$P_n(k)=C_n^k p^k(1-p)^{n-k}(k=0,1,2,\cdots,n).$$

【例 10.3.3】 某人投篮,每次投不中的概率稳定为 p,则在 4 次投篮中,至少投中 3 次的概率大于 0.8.(　　)

(1)$p=0.2$;(2)$p=0.3$.

【答案】 A

【命题知识点】 伯努利概型.

【解题思路】 这是一个 $n=4$ 的独立重复试验,至少投中 3 次包含了投中 3 次和投中 4 次两种可能性.由条件(1),至少三次投中的概率为

$$C_4^3(1-0.2)^3\cdot0.2+C_4^4(1-0.2)^4\cdot0.2^0=0.409\,6+0.409\,6=0.819\,2.$$

由条件(2),至少三次投中的概率为

$$C_4^3(1-0.3)^3\cdot0.3+C_4^4(1-0.3)^4\cdot0.3^0=0.411\,6+0.240\,1=0.651\,7.$$

显然条件(1)充分,条件(2)不充分.选 A.

本章题型精解

【题型一】　古典概型的三大模型——取球模型

【解题提示】 袋中共有 N 个球,其中红球 M 个,非红球 $N-M$ 个,若:

(1)无放回地取球:从袋中取 n 次球,每次取 1 个,看后不再放回袋中,再取下一个球(等同于从袋中一次任取 n 个球),则恰好取到 k 个红球的概率为

$$P=\frac{C_M^k C_{N-M}^{n-k}}{C_N^n}\text{——超几何概率公式}$$

(2)有放回地取球:从袋中取 n 次球,每次取 1 个,看后放回袋中,再取下一个球,则恰好

取到 k 个红球的概率为

$$P_n(k) = C_n^k \left(\frac{M}{N}\right)^k \left(1 - \frac{M}{N}\right)^{n-k} \qquad \text{——二项概率公式}$$

【例1】　在10件产品中有3件次品,随机地抽取2件,求至少抽到1件次品的概率.

【答案】　$\dfrac{8}{15}$

【命题知识点】　取球模型.

【解题思路】　方法一:$P(至少抽到1件次品) = 1 - P(无次品) = 1 - \dfrac{C_7^2 C_3^0}{C_{10}^2} = \dfrac{48}{90} = \dfrac{8}{15}$.

方法二:$P(抽到2件次品和抽到1件次品1件合格品) = \dfrac{C_3^2}{C_{10}^2} + \dfrac{C_3^1 C_7^1}{C_{10}^2} = \dfrac{8}{15}$.

【变式】　若将本题改成先抽取1件,然后放回,再抽取1件,求至少抽到1件次品的概率.

【答案】　0.51

【命题知识点】　伯努利概型.

【解题思路】　方法一:$P = C_2^1 \times \dfrac{3}{10} \times \dfrac{7}{10} + C_2^2 \times \dfrac{3}{10} \times \dfrac{3}{10} = 0.51$.

方法二:$P = 1 - C_2^0 \times \dfrac{7}{10} \times \dfrac{7}{10} = 0.51$.

【例2】　袋中有5个白球,3个黑球.从中任意摸出4个,求下列事件发生的概率:(1)摸出2个或3个白球;(2)至少摸出1个白球;(3)至少摸出1个黑球.

【答案】　(1)$\dfrac{6}{7}$;(2)1;(3)$\dfrac{13}{14}$

【命题知识点】　取球模型.

【解题思路】　(1) 摸出2个或3个白球的概率

$$P_1 = P(A_2 + A_3) = P(A_2) + P(A_3) = \frac{C_5^2 C_3^2}{C_8^4} + \frac{C_5^3 C_3^1}{C_8^4} = \frac{6}{7}.$$

(2)至少摸出1个白球的概率 $P_2 = 1 - P(B_4) = 1$(只有3个黑球,所以摸出4个黑球的概率为0).

(3)至少摸出1个黑球的概率 $P_3 = 1 - P(A_4) = 1 - \dfrac{C_5^4}{C_8^4} = \dfrac{13}{14}$.

【例3】　匣子中有4只球,其中红球、黑球、白球各一只,另有一只红、黑、白三色球,现从匣中任取2个球,其中恰有1只红球的概率为(　　).

A. $\dfrac{1}{6}$　　　　B. $\dfrac{1}{3}$　　　　C. $\dfrac{1}{2}$　　　　D. $\dfrac{2}{3}$　　　　E. $\dfrac{5}{6}$

【答案】　D

【命题知识点】　取球模型.

【解题思路】　总的情况数为从4个球中随机摸出2个球的情况数,即为 $N = C_4^2 = 6$,满

足条件的情况数为 $M=C_2^1 \times C_2^1 = 4$（黑球和白球之间选一个非红球 C_2^1，红球和三色球之间选一个红球 C_2^1），则概率 $P=\dfrac{M}{N}=\dfrac{C_2^1 C_2^1}{C_4^2}=\dfrac{4}{6}=\dfrac{2}{3}$.

【例4】 在10道备选试题中，甲能答对8题，乙能答对6题. 若某次考试从这10道备选题中随机抽出3道作为考题，至少答对2题才算合格，则甲、乙两人考试都合格的概率是（　　）.

A. $\dfrac{28}{45}$　　　　B. $\dfrac{2}{3}$　　　　C. $\dfrac{14}{15}$　　　　D. $\dfrac{26}{45}$　　　　E. $\dfrac{8}{15}$

【答案】 A

【命题知识点】 取球模型.

【解题思路】 甲合格的概率为 $P_甲 = \dfrac{C_8^3 + C_8^2 C_2^1}{C_{10}^3} = \dfrac{14}{15}$，乙合格的概率为 $P_乙 = \dfrac{C_6^3 + C_6^2 C_4^1}{C_{10}^3} = \dfrac{2}{3}$，则甲、乙两人考试都合格的概率为 $P = P_甲 \times P_乙 = \dfrac{14}{15} \times \dfrac{2}{3} = \dfrac{28}{45}$.

【题型二】　古典概型的三大模型——抽签（抓阄）模型

【解题提示】 抽签问题类似于取球模型中有放回地取球这种情况. 抽签问题一般具有两个特征：

（1）出现序数词，通常讨论第 i 次某事件发生的概率；

（2）前 $i-1$ 次的情况未知.

抽签问题的一个重要结论：某事件在第 i 次发生的概率和第一次发生的概率相同，即抽签对于任何人都是平等的.

抽签问题的处理方法：

（1）将之当作有放回地取球模型处理，假设袋中有 a 个红球，b 个黑球，每次看后放回袋中再取下一个球，则每次取到红球的概率为 $\dfrac{a}{a+b}$；

（2）将之当作第一次来处理，假设袋中有 a 个红球，b 个黑球，则第一次摸到红球的概率为 $\dfrac{a}{a+b}$.

【例5】 抽签决定将3张电影票分给5个人，求：（1）前两个人未抽到电影票，第三个人抽到电影票的概率（即直到第三个人才抽到电影票的概率）；（2）第三个人抽到电影票的概率；（3）前两个人未抽到电影票，第三人抽到电影票的概率.

【答案】 （1）$\dfrac{1}{10}$；（2）$\dfrac{3}{5}$；（3）1

【命题知识点】 抓阄模型.

【解题思路】 （1）P（前两个人未抽到电影票，第三个人抽到）$= \dfrac{2}{5} \times \dfrac{1}{4} \times \dfrac{3}{3} = \dfrac{1}{10}$.

（2）这是典型的抓阄模型，当前两个人是否抽到情况未知时，则第三个人抽到电影票的概率等于第一个人抽到电影票的概率，P（第三个人抽到电影票）$= P$（第一个人抽到电影票)$=\dfrac{3}{5}$.本题也可以当成古典概型来做,即 $P=\dfrac{A_3^1 A_4^2}{A_5^3}=\dfrac{3}{5}$.

(3)本题其实属于条件概率,了解即可,

$$P(第三个人抽到电影票/前两个人未抽到电影票)$$

$$=\dfrac{P(前两个人未抽到电影票,第三个人抽到电影票)}{P(前两个人未抽到电影票)}$$

$$=\dfrac{\dfrac{2}{5}\times\dfrac{1}{4}\times\dfrac{3}{3}}{\dfrac{2}{5}\times\dfrac{1}{4}}=1.$$

【例6】 某人有9把钥匙,其中一把是开办公室门的,现随机抽取一把,取后放回,则第5次能打开此门的概率是(   ).

A. $\dfrac{1}{9}$
B. $C_9^5\left(\dfrac{1}{9}\right)^5\left(\dfrac{8}{9}\right)^4$
C. $\dfrac{5}{9}$

D. $\dfrac{A_4^4}{A_9^5}$
E. $\dfrac{7}{9}$

【答案】 A

【命题知识点】 抓阄模型.

【例7】 某人的银行卡密码是由自己的六位生日日期组成的(如850108,表示1985年1月8日出生),若银行卡密码试开三次还未能开启则会被锁定,一个仅记得自己是80年代9月份出生的人能成功开启密码的概率是(   ).

A. $\dfrac{1}{300}$ B. $\dfrac{1}{100}$ C. $\dfrac{1}{150}$ D. $\dfrac{1}{40}$ E. $\dfrac{3}{40}$

【答案】 B

【命题知识点】 抓阄模型.

【解题思路】 这是典型的抓阄模型,样本总数为300,第一次开启的概率为 $P_1=\dfrac{1}{300}$,第二次开启的概率为 $P_2=\dfrac{299}{300}\times\dfrac{1}{299}=\dfrac{1}{300}$,第三次开启的概率为 $P_3=\dfrac{299}{300}\times\dfrac{298}{299}\times\dfrac{1}{298}=\dfrac{1}{300}$,则 $P(三次内能开启密码)=P_1+P_2+P_3=\dfrac{3}{300}=\dfrac{1}{100}$.

【题型三】 古典概型的三大模型——分球(房)模型

【解题提示】 将 n 个球放入 N 个盒子中去:

(1)恰有 $n(n\leqslant N)$ 个盒子各有一球的概率 $P(A)=\dfrac{C_N^n n!}{N^n}=\dfrac{A_N^n}{N^n}$;

(2)某指定的盒子恰有 $k(k\leqslant n)$ 个球的概率 $P(B)=\dfrac{C_n^k(N-1)^{n-k}}{N^n}$.

注意:分球模型为等可能概型中的另一典型模型,同样可以描述许多不同的试验:

(1)生日:n 个人的生日的可能情形,相当于将 n 个球放入 $N=365$(假定 1 年=365 天)个盒子中;

(2)乘客下车:车上有 n 名乘客,沿途停靠 N 个车站,乘客下车的可能情形,相当于将 n 个球放入 N 个盒子.

【例 8】 六道题目中有四个错误,求下列事件发生的概率:

(1)四个错误出现在某一道题目上;

(2)四个错误出现在同一道题目上;

(3)四个错误出现在不同的题目上;

(4)至少有三道题目正确.

【答案】 (1)$\dfrac{1}{6^4}$;(2)$\dfrac{1}{6^3}$;(3)$\dfrac{5}{18}$;(4)$\dfrac{13}{18}$

【命题知识点】 分房模型.

【解题思路】 总的情况数为 $N=6^4$.

(1)四个错误出现在某一道题目上,只有一种情况,则概率为 $P_1=\dfrac{1}{6^4}$.

(2)四个错误出现在同一道题目上,有 6 种情况,则概率为 $P_2=\dfrac{6}{6^4}=\dfrac{1}{6^3}$.

(3)四个错误随机放入 6 个题目中,每个题目仅一个错误,则概率为

$$P_3=\frac{C_6^1 C_5^1 C_4^1 C_3^1}{6^4}=\frac{6\times5\times4\times3}{6^4}=\frac{5}{18}.$$

(4)P(至少有三道题目正确)$=1-P$(四道题错)$=1-\dfrac{5}{18}=\dfrac{13}{18}$.

注意:(1)与(2)的区别在于"某"表示具体指定对象,所以(2)比(1)的情况多.

【例 9】 将 4 个不同的小球放入甲、乙、丙、丁 4 个盒子中,则

(1)无空盒的概率为(　　);

A. $\dfrac{7}{32}$　　　　B. $\dfrac{9}{16}$　　　　C. $\dfrac{3}{32}$　　　　D. $\dfrac{5}{16}$　　　　E. $\dfrac{1}{6}$

(2)恰有一个空盒的概率为(　　).

A. $\dfrac{7}{16}$　　　　B. $\dfrac{9}{17}$　　　　C. $\dfrac{5}{16}$　　　　D. $\dfrac{9}{16}$　　　　E. $\dfrac{1}{6}$

【答案】 (1)C;(2)D

【命题知识点】 分房模型.

【解题思路】 总数为 4^4.

(1)无空盒就是每个盒子仅有 1 个球,即 $4!$,那么概率为 P(无空盒)$=\dfrac{4!}{4^4}=\dfrac{3}{32}$.

(2)先将 4 个球分成一包 2 个,另两包各 1 个,即 C_4^2,然后将 3 包球随机投入 4 个盒子中的 3 个,那么概率为 A_4^3,恰有一个空盒的情况为 $C_4^2 A_4^3$,那么概率为 P(恰有一个空盒)$=\dfrac{C_4^2 A_4^3}{4^4}=\dfrac{9}{16}$.

【例 10】 全班有 40 名同学,问至少 2 名同学同一天生日的概率为多少?

【答案】 $1-\dfrac{A_{365}^{40}}{365^{40}}$

【命题知识点】 分房模型.

【解题思路】 P(至少 2 名同学同一天生日)$=1-P$(都不在同一天生日)$=1-\dfrac{A_{365}^{40}}{365^{40}}$.

【题型四】 独立事件的概率

【解题提示】 本部分题型主要考查和事件与积事件的概率,一般来说,遇到积事件可以拆分成子事件的乘积,而遇到和事件要么就分解,要么就用反面(德·摩根律)来做.

【例 11】 某班有两个课外小组,其中第一小组有足球票 6 张,排球票 4 张,第二小组有足球票 4 张,排球票 6 张.甲从第一小组的 10 张票中任抽 1 张,乙从第二小组的 10 张票中任取 1 张.求:(1)两人都抽到足球票的概率;(2)两人中至少有 1 人抽到足球票的概率.

【答案】 (1)$\dfrac{6}{25}$;(2)$\dfrac{19}{25}$

【命题知识点】 独立事件的概率.

【解题思路】 (1)设甲从第一小组中抽 1 张票是足球票为事件 A,乙从第二小组中抽 1 张票是足球票为事件 B.

$(1)P(AB)=P(A)P(B)=\dfrac{3}{5}\times\dfrac{2}{5}=\dfrac{6}{25}$.

$(2)P(A+B)=1-P(\bar{A}\bar{B})=1-\dfrac{2}{5}\times\dfrac{3}{5}=\dfrac{19}{25}$.

【题型五】 独立重复试验的概率(伯努利概型)

【解题提示】 伯努利概型为 n 次试验成功 k 次的概率为

$$P_n(k)=C_n^k p^k(1-p)^{n-k}(k=0,1,2,3,\cdots,n).$$

【例 12】 甲、乙两人各进行 3 次射击,甲每次击中目标的概率为 $\dfrac{1}{2}$,乙每次击中目标的概率为 $\dfrac{2}{3}$,求:

(1)甲恰好击中目标 2 次的概率;

(2)乙至少击中目标 2 次的概率;

(3)乙恰好比甲多击中目标 2 次的概率.

【答案】 (1)$\dfrac{3}{8}$;(2)$\dfrac{20}{27}$;(3)$\dfrac{1}{6}$

【命题知识点】 伯努利概型.

【解题思路】 (1)3 重伯努利试验成功 2 次的概率,即 $P_3(2)=C_3^2\left(\dfrac{1}{2}\right)^3=\dfrac{3}{8}$.

(2)$P_3(2)+P_3(3)=C_3^2\left(\dfrac{2}{3}\right)^2\left(\dfrac{1}{3}\right)^1+C_3^3\left(\dfrac{2}{3}\right)^3\left(\dfrac{1}{3}\right)^0=\dfrac{20}{27}.$

(3)分两种情况.第一种,乙恰好击中目标 2 次,甲恰好击中目标 0 次,即

$$P_1=C_3^2\left(\dfrac{2}{3}\right)^2\left(\dfrac{1}{3}\right)^1 \cdot C_3^0\left(\dfrac{1}{2}\right)^3=\dfrac{1}{18}.$$

第二种,乙恰好击中目标 3 次,甲恰好击中目标 1 次,即

$$P_2=C_3^3\left(\dfrac{2}{3}\right)^3\left(\dfrac{1}{3}\right)^0 \cdot C_3^1\left(\dfrac{1}{2}\right)^3=\dfrac{1}{9}.$$

则 $P($乙恰好比甲多击中目标 2 次$)=P_1+P_2=\dfrac{1}{18}+\dfrac{1}{9}=\dfrac{1}{6}.$

【题型六】　伯努利概型推广模型 1

【解题提示】 该题型为伯努利概型的推广模型之一,叙述如下:直到第 n 次试验时才成功的概率,即 $P_n=(1-p)^{n-1}p.$

【例 13】 某人有三发子弹,独立射击目标,每次命中的概率为 0.9,一旦命中目标就停止射击,求射击次数为 3 的概率.若子弹数多于三发,概率又是多少?

【答案】 0.01;0.009

【命题知识点】 伯努利概型.

【解题思路】 有三发子弹,只要前两次未命中就可以了,$P($射击次数$=3)=0.1\times0.1=0.01.$

子弹数多于三发,即前两次未命中,第三次命中,则 $P($射击次数$=3)=0.1\times0.1\times0.9=0.009.$

【例 14】 从汽车东站驾车至汽车西站的途中要经过若干个交通岗,假设某辆汽车在各交通岗遇到红灯的事件是独立的,并且概率都是 $\dfrac{1}{3}$,则这辆汽车首次遇到红灯前,已经过了两个交通岗的概率为_____.

【答案】 $\dfrac{4}{27}$

【命题知识点】 伯努利概型.

【解题思路】 前两次未遇到红灯,第三次遇到红灯同时发生,则概率为

$$P=\left(\dfrac{2}{3}\right)^2\times\dfrac{1}{3}=\dfrac{4}{27}.$$

【题型七】　伯努利概型推广模型 2

【解题提示】 该题型也是伯努利概型的推广模型之一,叙述如下:直到第 n 次试验时才成功 k 次的概率,即 $P_n=C_{n-1}^{k-1}P^k(1-P)^{n-k}(k=1,2,\cdots,n).$

【例 15】 独立重复的伯努利实验,每次实验成功的概率为 p,问成功两次前恰已失败三

次的概率是多少?

【答案】　$P = C_4^1 p^2 (1-p)^3$

【命题知识点】　伯努利概型.

【解题思路】　一共进行了 5 次实验,最后一次必须成功,前面 4 次中仅有一次成功,故概率 $P = C_4^1 p^2 (1-p)^3$.

【例 16】　某乒乓球男子单打决赛在甲、乙两选手间进行,比赛采用 7 局 4 胜制.已知每局比赛甲选手战胜乙选手的概率均为 0.7,则甲选手以 4∶1 战胜乙选手的概率为(　　).

A. 0.84×0.7^3　　　　　　B. 0.7×0.7^3　　　　　　C. 0.3×0.7^3

D. 0.9×0.7^3　　　　　　E. 以上结果均不正确

【答案】　A

【命题知识点】　伯努利概型.

【解题思路】　甲选手以 4∶1 战胜乙选手,已知共战 5 场,且第 5 场甲胜,故概率

$$P = 0.7 \times C_4^3 (0.7)^3 (1-0.7) = 0.7 \times 0.3 \times C_4^3 (0.7)^3 = 0.84 \times (0.7)^3.$$

【例 17】　在一次竞猜活动中,设有 5 关,如果连续通过 2 关就算闯关成功,小王通过每关的概率都是 $\frac{1}{2}$,则他闯关成功的概率为(　　).

A. $\frac{1}{8}$　　　　B. $\frac{1}{4}$　　　　C. $\frac{3}{8}$　　　　D. $\frac{4}{8}$　　　　E. $\frac{19}{32}$

【答案】　E

【命题知识点】　伯努利概型.

【解题思路】　分类讨论:

闯 2 关闯关成功:(成　成),概率 $= \frac{1}{2} \times \frac{1}{2} = \frac{1}{4}$;

闯 3 关闯关成功:(失　成　成),概率 $= \frac{1}{2} \times \frac{1}{2} \times \frac{1}{2} = \frac{1}{8}$;

闯 4 关闯关成功:(成(失)　失　成　成),概率 $= \frac{1}{2} \times \frac{1}{2} \times \frac{1}{2} \times \frac{1}{2} \times 2 = \frac{1}{8}$;

闯 5 关闯关成功:(失　成　失　成　成),(成　失　失　成　成)或(失　失　失　成　成),概率 $= \frac{1}{2} \times \frac{1}{2} \times \frac{1}{2} \times \frac{1}{2} \times \frac{1}{2} \times 3 = \frac{3}{32}$.

故 $P = \frac{1}{4} + \frac{1}{8} + \frac{1}{8} + \frac{3}{32} = \frac{19}{32}$.

【例 18】　实力相当的甲、乙两队参加乒乓球团体比赛,规定 5 局 3 胜.求:(1)甲分别打完 3 局、4 局、5 局才能取胜的概率;(2)按比赛规则甲获胜的概率.

【答案】　(1)$\frac{1}{8}, \frac{3}{16}, \frac{3}{16}$;(2)$\frac{1}{2}$

【命题知识点】　伯努利概型.

【解题思路】　(1)①甲打完 3 局取胜,相当于进行 3 次独立重复试验,且每局比赛甲均

取胜,则甲打完 3 局取胜的概率 $P(A)=C_3^3\left(\dfrac{1}{2}\right)^3=\dfrac{1}{8}$.

②甲打完 4 局才能取胜,相当于进行 4 次独立重复试验,且第 4 局比赛甲取胜,前 3 局为 2 胜 1 负,则甲打完 4 局才能取胜的概率 $P(B)=C_3^2\left(\dfrac{1}{2}\right)^2\cdot\left(\dfrac{1}{2}\right)\cdot\left(\dfrac{1}{2}\right)=\dfrac{3}{16}$.

③甲打完 5 局才能取胜,相当于进行 5 次独立重复试验,且第 5 局比赛甲取胜,前 4 局恰好 2 胜 2 负,则甲打完 5 局才能取胜的概率为 $P(C)=C_4^2\left(\dfrac{1}{2}\right)^2\cdot\left(\dfrac{1}{2}\right)^2\cdot\left(\dfrac{1}{2}\right)=\dfrac{3}{16}$.

$(2)P(D)=P(A+B+C)=P(A)+P(B)+P(C)=\dfrac{1}{8}+\dfrac{3}{16}+\dfrac{3}{16}=\dfrac{1}{2}$.

【应试对策】 此题说明实力相当的选手最后能战胜对方的概率为 $\dfrac{1}{2}$,体现机会均等.

【例 19】 在一次抗洪抢险中,人们准备用射击的方法引爆一个从桥上漂流而下的巨大汽油罐,已知只有 5 发子弹备用,且首次命中只能使汽油流出,再次命中才能引爆成功,且每次射击的命中率都是 $\dfrac{2}{3}$,且每次命中与否相互独立,则汽油罐被引爆的概率为(　　).

A. $\dfrac{232}{243}$ 　　　B. $\dfrac{166}{243}$ 　　　C. $\dfrac{64}{81}$ 　　　D. $\dfrac{22}{27}$ 　　　E. $\dfrac{7}{9}$

【答案】 A

【命题知识点】 伯努利概型.

【解题思路】 分类讨论. 2 发子弹引爆:$P_1=\left(\dfrac{2}{3}\right)^2$;3 发子弹引爆:$P_2=C_2^1\left(\dfrac{2}{3}\right)\cdot\left(\dfrac{1}{3}\right)\cdot\left(\dfrac{2}{3}\right)=C_2^1\left(\dfrac{2}{3}\right)^2\cdot\left(\dfrac{1}{3}\right)$;4 发子弹引爆:$P_3=C_3^1\left(\dfrac{2}{3}\right)^2\cdot\left(\dfrac{1}{3}\right)^2$;5 发子弹引爆:$P_4=C_4^1\left(\dfrac{2}{3}\right)^2\cdot\left(\dfrac{1}{3}\right)^3$.汽油罐被引爆的概率为 $P=P_1+P_2+P_3+P_4=\dfrac{232}{243}$.

【应试对策】 对于此类题目需分类讨论,也可通过反面情况来解,它的对立面是至多一发子弹击中汽油罐,概率为 $\left(\dfrac{1}{3}\right)^5+C_5^1\left(\dfrac{2}{3}\right)^1\left(\dfrac{1}{3}\right)^4=\dfrac{11}{243}$,所以汽油罐被引爆的概率为 $P=1-\dfrac{11}{243}=\dfrac{232}{243}$.

本章分层训练

1. 某小组的甲、乙、丙三名成员,每人在 7 天内参加一天的社会服务活动,活动时间可以在 7 天中随意安排,则 3 人在不同的时间参加社会服务活动的概率为(　　).

A. $\dfrac{30}{49}$ 　　　B. $\dfrac{29}{49}$ 　　　C. $\dfrac{27}{49}$ 　　　D. $\dfrac{1}{7}$ 　　　E. $\dfrac{3}{7}$

2. 一本书共 6 册,任意摆放到书架的同一层上,则自左向右,第 1 册不在第 1 个位置,第

2 册不在第 2 个位置的概率为(　　).

A. $\dfrac{3}{10}$　　B. $\dfrac{2}{5}$　　C. $\dfrac{1}{2}$　　D. $\dfrac{7}{10}$　　E. $\dfrac{4}{5}$

3. 10 只产品中有 2 只是次品,从中取出 3 只,则恰有一只是次品的概率为(　　).

A. $\dfrac{1}{5}$　　B. $\dfrac{2}{5}$　　C. $\dfrac{7}{15}$　　D. $\dfrac{3}{5}$　　E. $\dfrac{4}{5}$

4. 先后抛掷 3 枚均匀的硬币,则至少出现 1 次为正面的概率是(　　).

A. $\dfrac{1}{8}$　　B. $\dfrac{1}{4}$　　C. $\dfrac{3}{4}$　　D. $\dfrac{7}{8}$　　E. $\dfrac{5}{8}$

5. 在 5 张卡片上分别写着数字 1,2,3,4,5,然后把它们混合,再任意排成一排,则得到的数能被 5 或 2 整除的概率为(　　).

A. 0.1　　B. 0.2　　C. 0.4　　D. 0.5　　E. 0.6

6. 一个口袋中装有大小相同的 2 个白球和 3 个黑球,从中摸出一个球,放回后再摸出一个球,则两球恰好颜色不同的概率为(　　).

A. 0.24　　B. 0.48　　C. 0.36　　D. 0.12　　E. 0.6

7. 甲、乙、丙三位同学独立完成 6 道数学自测题,他们答题及格的概率分别为 $\dfrac{4}{5}$,$\dfrac{3}{5}$,$\dfrac{7}{10}$,则三人中至少有一人不及格的概率为(　　).

A. $\dfrac{81}{125}$　　B. $\dfrac{82}{125}$　　C. $\dfrac{83}{125}$　　D. $\dfrac{84}{125}$　　E. $\dfrac{119}{125}$

8. 某种电路开关闭合后,会出现红灯或绿灯闪动,已知开关第一次闭合后,出现红灯和出现绿灯的概率都是 $\dfrac{1}{2}$,从开关第二次闭合起,若前次出现红灯,则下一次出现红灯的概率为 $\dfrac{1}{3}$,出现绿灯的概率为 $\dfrac{2}{3}$;若前次出现绿灯,则下次出现红灯的概率为 $\dfrac{3}{5}$,出现绿灯的概率为 $\dfrac{2}{5}$,则:

(1)第二次闭合后出现红灯的概率为(　　);
(2)三次发光中,出现一次红灯、两次绿灯的概率为(　　).

A. $\dfrac{2}{15}$　　B. $\dfrac{7}{15}$　　C. $\dfrac{8}{15}$　　D. $\dfrac{34}{75}$　　E. $\dfrac{32}{75}$

9. 某人投篮的命中率为 $\dfrac{2}{3}$,连续投 5 次,则至多投中 4 次的概率为(　　).

A. $\dfrac{11}{243}$　　B. $\dfrac{211}{243}$　　C. $\dfrac{11}{129}$　　D. $\dfrac{111}{129}$　　E. $\dfrac{214}{243}$

10. 甲、乙两人下棋,每下 3 盘甲平均能胜 2 盘,某次甲、乙两人要下 5 盘棋,则甲至少能胜 3 盘的概率为(　　).

A. $\dfrac{61}{81}$　　B. $\dfrac{62}{81}$　　C. $\dfrac{7}{9}$　　D. $\dfrac{8}{9}$　　E. $\dfrac{64}{81}$

11. 点 $P(s,t)$ 落入圆 $(x-4)^2+y^2=a^2$ 内的概率是 $\dfrac{5}{18}$.（　　　）

(1) s,t 是连续掷一枚骰子两次所得到的点数 $a=3$；

(2) s,t 是连续掷一枚骰子两次所得到的点数 $a=4$.

12. m 件产品有 2 件次品，现逐个进行检查，直至次品全部被查出为止，则第 5 次查出最后一个次品的概率为 $\dfrac{4}{45}$.（　　　）

(1) $m=10$；

(2) $m=11$.

13. 一批产品的次品率为 p，逐件检测后放回，在连续三次检测中至少有一件是次品的概率为 0.271.（　　　）

(1) $p=0.3$；

(2) $p=0.1$.

14. 甲、乙、丙三人各自独立地破译一密码锁，则密码锁能被破译的概率为 $\dfrac{3}{5}$.（　　　）

(1) 甲、乙、丙三人能破译出的概率分别为 $\dfrac{1}{4}$，$\dfrac{1}{5}$，$\dfrac{1}{6}$；

(2) 甲、乙、丙三人能破译出的概率分别为 $\dfrac{1}{3}$，$\dfrac{1}{4}$，$\dfrac{1}{5}$.

15. $P=\dfrac{1}{9}$.（　　　）

(1) 将骰子先后抛掷 2 次，抛出的骰子向上的点数之和为 5 的概率为 P；

(2) 将骰子先后抛掷 2 次，抛出的骰子向上的点数之和为 9 的概率为 P.

16. 已知甲袋中有 3 个白球和 4 个黑球，乙袋中有 5 个白球和 4 个黑球. 现从两袋中各取两个球，则取得的 4 个球中有 3 个白球和 1 个黑球的概率为（　　　）.

A. $\dfrac{1}{21}$　　　B. $\dfrac{2}{21}$　　　C. $\dfrac{1}{7}$　　　D. $\dfrac{4}{21}$　　　E. $\dfrac{5}{21}$

17. 一个口袋中装有大小相同的 2 个白球和 3 个黑球，从中摸出一个球，放回后再摸出一个球，则两次摸出的球恰好颜色不同的概率为（　　　）.

A. $\dfrac{12}{25}$　　　B. $\dfrac{13}{25}$　　　C. $\dfrac{11}{25}$　　　D. $\dfrac{14}{25}$　　　E. $\dfrac{2}{5}$

18. 将一枚质地均匀的骰子（它是一种各面分别标有点数 1,2,3,4,5,6 的正方体玩具）先后抛掷 3 次，至少出现一次 6 点向上的概率是（　　　）.

A. $\dfrac{5}{216}$　　　B. $\dfrac{25}{216}$　　　C. $\dfrac{31}{216}$　　　D. $\dfrac{91}{216}$　　　E. $\dfrac{125}{216}$

19. 将一枚硬币连掷 5 次，若出现 k 次正面朝上的概率等于出现 $k+1$ 次正面朝上的概率，则 k 的值为（　　　）.

A. 0　　　B. 1　　　C. 2　　　D. 3　　　E. 4

20. 甲、乙两人在罚球线投球命中的概率分别为 $\dfrac{1}{2}$ 与 $\dfrac{2}{5}$. 甲、乙两人在罚球线各投球二次,则这四次投球中至少一次命中的概率为(　　).

A. $\dfrac{89}{100}$　　　　B. $\dfrac{87}{100}$　　　　C. $\dfrac{91}{100}$　　　　D. $\dfrac{23}{25}$　　　　E. $\dfrac{13}{25}$

21. 甲、乙两人各射击一次,击中目标的概率分别是 $\dfrac{2}{3}$ 和 $\dfrac{3}{4}$,假设两人射击是否击中目标相互之间没有影响;每次射击是否击中目标相互之间没有影响. 则两人各射击 4 次,甲恰好击中目标 2 次且乙恰好击中目标 3 次的概率为(　　).

A. $\dfrac{1}{4}$　　　　B. $\dfrac{1}{6}$　　　　C. $\dfrac{1}{7}$　　　　D. $\dfrac{1}{8}$　　　　E. $\dfrac{1}{9}$

22. 甲、乙两人各进行 3 次射击,甲、乙每次击中目标的概率分别为 $\dfrac{1}{2},\dfrac{2}{3}$,每次射击相互之间没有影响,则乙恰好比甲多击中目标 2 次的概率为(　　).

A. $\dfrac{1}{4}$　　　　B. $\dfrac{1}{6}$　　　　C. $\dfrac{1}{7}$　　　　D. $\dfrac{1}{8}$　　　　E. $\dfrac{1}{9}$

23. 甲、乙两队进行一场排球比赛,根据以往经验,单局比赛甲队胜乙队的概率为 0.6. 本场比赛采用五局三胜制,即先胜三局的队获胜,比赛结束. 设各局比赛相互间没有影响,则本场比赛乙队以 3∶2 取胜的概率为(　　).

A. $6\times0.4^3\times0.6^2$　　　　　　B. $6\times0.4^2\times0.6^3$

C. $12\times0.4^3\times0.6^2$　　　　　D. $6\times0.4^2\times0.6$

E. $10\times0.6^3\times0.4^2$

24. 有 3 个人,每人都以相同的概率被分配到 4 个房间中的一间,则至少有 2 人分配到同一房间的概率为(　　).

A. $\dfrac{1}{4}$　　　　B. $\dfrac{1}{6}$　　　　C. $\dfrac{3}{8}$　　　　D. $\dfrac{1}{2}$　　　　E. $\dfrac{5}{8}$

25. 从数字 1,2,3,4,5 中,随机抽取 3 个数字(允许重复)组成一个三位数,其各位数字之和等于 9 的概率为(　　).

A. $\dfrac{13}{125}$　　　　B. $\dfrac{16}{125}$　　　　C. $\dfrac{18}{125}$　　　　D. $\dfrac{19}{125}$　　　　E. $\dfrac{6}{125}$

26. 对于事件 A,B,C,则 A,B,C 三个事件中至少出现一个的概率为 $\dfrac{5}{8}$. (　　)

(1) $P(A)=P(B)=P(C)=\dfrac{1}{4}$;

(2) $P(AB)=P(BC)=0$ 且 $P(AC)=\dfrac{1}{8}$.

27. 三个人独立地去破译一个密码,能将此密码破译出的概率为 0.6. (　　)

(1) 这三个人能破译出的概率分别为 $\dfrac{1}{5},\dfrac{1}{3},\dfrac{1}{4}$;

(2) 这三个人能破译出的概率分别为 $\dfrac{1}{2},\dfrac{1}{2},\dfrac{1}{2}$.

28. 某投资公司有三个顾问,假定每个顾问发表意见是正确的概率均为 p,现就某事可

行与否征求各顾问的意见,并按顾问中多数人的意见作决策,则作出正确决策的概率是 0.896.(   )

(1)$p=0.7$;

(2)$p=0.8$.

29. 袋中有 5 个球,其中白球 2 个,黑球 3 个.甲、乙两人依次从袋中各取一球,记 $A=$"甲取到白球",$B=$"乙取到白球",则能确定 $P_1=P_2$.(   )

(1)若取后放回,此时记 $P_1=P(A)$,$P_2=P(B)$;

(2)若取后不放回,此时记 $P_1=P(A)$,$P_2=P(B)$.

30. 袋中有 10 个白球,8 个红球,从中任取两球,则两球都是白球的概率为 $\frac{5}{17}$.(   )

(1)有放回地取两次,每次取一个;

(2)无放回地取两次,每次取一个.

分层训练答案

1.【答案】 A

【解析】 甲、乙、丙三名成员可以在 7 天中随意安排,总数为 7^3,而 3 人在 3 天不同的时间参加社会服务活动安排数为 A_7^3,所以 $P=\dfrac{A_7^3}{7^3}=\dfrac{30}{49}$.

2.【答案】 D

【解析】 分为两种情况:(1)当第 1 册在第 2 个位置,其他 5 册全排列 A_5^5;(2)当第 1 册不在第 2 个位置 C_4^1,第 2 册也有 4 个位置选择 C_4^1,最后 4 册书全排列 A_4^4;则 $P=\dfrac{5!+C_4^1 C_4^1 A_4^4}{6!}=\dfrac{504}{720}=\dfrac{7}{10}$.

3.【答案】 C

【解析】 概率为 $P=\dfrac{C_2^1 C_8^2}{C_{10}^3}=\dfrac{7}{15}$(次品中选一个 C_2^1,合格品中选两个 C_8^2).

4.【答案】 D

【解析】 "至少出现 1 次为正面"的对立事件为"3 次均为反面",$P(A)=1-P(\bar{A})=1-\left(\dfrac{1}{2}\right)^3=1-\dfrac{1}{8}=\dfrac{7}{8}$.

5.【答案】 E

【解析】 记被 5 整除的事件为 A,被 2 整除的事件为 B,则 A,B 互斥,能被 5 整除的数,个位只能是 5,其他 4 位全排列 A_4^4;能被 2 整除的数,个位可以是 2 或 4 两种情况,然后剩下的全排列 $2A_4^4$. 则 $P(A+B)=P(A)+P(B)=\dfrac{A_4^4}{A_5^5}+\dfrac{2A_4^4}{A_5^5}=0.6$.

6.【答案】 B

【解析】 $P(A)=P(先白再黑)+P(先黑再白)=\dfrac{2}{5}\times\dfrac{3}{5}+\dfrac{3}{5}\times\dfrac{2}{5}=0.48$.

7.【答案】 C

【解析】 设甲、乙、丙答题及格的事件分别为事件 A，B，C，则 A，B，C 相互独立，三人中至少有一人不及格的事件为 D，则

$$P(D)=1-P(\bar{D})=1-P(ABC)=1-P(A)P(B)P(C)=1-\frac{4}{5}\times\frac{3}{5}\times\frac{7}{10}=\frac{83}{125}.$$

8.(1)【答案】 B

【解析】 $P(A)=P(红、红)+P(绿、红)=\frac{1}{2}\times\frac{1}{3}+\frac{1}{2}\times\frac{3}{5}=\frac{7}{15}.$

(2)【答案】 D

【解析】 $P(B)=P(绿、绿、红)+P(绿、红、绿)+P(红、绿、绿)$

$$=\frac{1}{2}\times\frac{2}{5}\times\frac{3}{5}+\frac{1}{2}\times\frac{3}{5}\times\frac{2}{3}+\frac{1}{2}\times\frac{2}{3}\times\frac{2}{5}=\frac{34}{75}.$$

9.【答案】 B

【解析】 $P=1-P_5(5)=1-C_5^5\cdot\left(\frac{2}{3}\right)^5=\frac{211}{243}.$

10.【答案】 E

【解析】 甲、乙两人要下的 5 盘棋中甲至少胜 3 盘的概率为

$$P_5(3)+P_5(4)+P_5(5)=C_5^3\left(\frac{2}{3}\right)^3\left(1-\frac{2}{3}\right)^2+C_5^4\left(\frac{2}{3}\right)^4\left(1-\frac{2}{3}\right)+C_5^5\left(\frac{2}{3}\right)^5=\frac{64}{81}.$$

11.【答案】 A

【解析】 由条件(1)，$(x-4)^2+y^2=3^2$ 可得到 10 种情况：$(2,1),(2,2),(3,1),(3,2),(4,1),(4,2),(5,1),(5,2),(6,1),(6,2)$，故概率 $P=\frac{10}{36}=\frac{5}{18}$，故条件(1)充分，条件(2)不充分，所以选 A.

12.【答案】 A

【解析】 由条件(1)前 4 次只有 1 次是次品，得 $P_1=\frac{C_4^1 A_8^3 A_2^2}{A_{10}^5}=\frac{4}{45}$，故条件(1)充分. 由条件(2)，得 $P_2=\frac{C_4^1 A_9^3 A_2^2}{A_{11}^5}=\frac{4}{55}$，故条件(2)不充分，所以选 A.

13.【答案】 B

【解析】 从反面考虑：条件(1)，$1-(1-p)^3=1-(1-0.3)^3=0.657$，不充分. 条件(2)，$1-(1-p)^3=1-(1-0.1)^3=0.271$，充分. 所以选 B.

14.【答案】 B

【解析】 从反面考虑：条件(1)，$1-\left(1-\frac{1}{4}\right)\left(1-\frac{1}{5}\right)\left(1-\frac{1}{6}\right)=\frac{1}{2}$，不充分. 条件(2)，$1-\left(1-\frac{1}{3}\right)\left(1-\frac{1}{4}\right)\left(1-\frac{1}{5}\right)=\frac{3}{5}$，充分. 所以选 B.

15.【答案】 D

【解析】 条件(1)，抛出的骰子向上的点数之和为 5，有 4 种可能 $1+4$ 或 $4+1$；$2+3$

或 $3+2$，点数之和为 5 的概率为 $P=\dfrac{4}{6\times6}=\dfrac{1}{9}$．

条件(2)，抛出的骰子向上的点数之和为 9，有 4 种可能 $3+6$ 或 $6+3$；$4+5$ 或 $5+4$，点数之和为 9 的概率为 $P=\dfrac{4}{6\times6}=\dfrac{1}{9}$．

16.【答案】　E

【解析】　从甲袋中取 2 个白球，从乙袋中取 1 个黑球和 1 个白球的概率为 $\dfrac{C_3^2}{C_7^2}\cdot\dfrac{C_5^1C_4^1}{C_9^2}=\dfrac{5}{63}$；从甲袋中取 1 个黑球和 1 个白球，从乙袋中取 2 个白球的概率为 $\dfrac{C_3^1C_4^1}{C_7^2}\cdot\dfrac{C_5^2}{C_9^2}=\dfrac{10}{63}$，所以取得的 4 个球中有 3 个白球和 1 个黑球的概率为 $P=\dfrac{5}{63}+\dfrac{10}{63}=\dfrac{5}{21}$．

17.【答案】　A

【解析】　从中摸出一个球，放回后再摸出一个球，总数有 5×5 种结果，则两次摸出的球恰好颜色不同的概率为

$$P=P_{白黑}+P_{黑白}=\dfrac{C_2^1C_3^1}{C_5^1C_5^1}+\dfrac{C_3^1C_2^1}{C_5^1C_5^1}=\dfrac{12}{25}.$$

18.【答案】　D

【解析】　骰子先后抛掷 3 次，共有 $6\times6\times6$ 种结果. 3 次均不出现 6 点向上的掷法有 $5\times5\times5$ 种结果. 由于抛掷的每一种结果都是等可能出现的，所以不出现 6 点向上的概率为 $\dfrac{5\times5\times5}{6\times6\times6}=\dfrac{125}{216}$，由对立事件概率公式，故 3 次至少出现一次 6 点向上的概率是

$$P=1-\dfrac{125}{216}=\dfrac{91}{216}.$$

19.【答案】　C

【解析】　由 $C_5^k\left(\dfrac{1}{2}\right)^k\left(\dfrac{1}{2}\right)^{5-k}=C_5^{k+1}\left(\dfrac{1}{2}\right)^{k+1}\left(\dfrac{1}{2}\right)^{5-k-1}$，即 $C_5^k=C_5^{k+1}$，所以 $k+(k+1)=5$，故 $k=2$．

20.【答案】　C

【解析】　记事件 A 为甲、乙两人在罚球线各投球二次至少一次命中，其对立事件为 $\bar{A}$，则

$$P(A)=1-P(\bar{A})=1-\left(1-\dfrac{1}{2}\right)\left(1-\dfrac{1}{2}\right)\left(1-\dfrac{2}{5}\right)\left(1-\dfrac{2}{5}\right)=\dfrac{91}{100}.$$

21.【答案】　D

【解析】　记"甲射击 4 次，恰好击中目标 2 次"为事件 A，"乙射击 4 次，恰好击中目标 3 次"为事件 B，则

$$P(A)=C_4^2\left(\dfrac{2}{3}\right)^2\left(1-\dfrac{2}{3}\right)^{4-2}=\dfrac{8}{27},P(B)=C_4^3\left(\dfrac{3}{4}\right)^3\left(1-\dfrac{3}{4}\right)^{4-3}=\dfrac{27}{64},$$

由于甲、乙射击相互独立,故 $P(AB)=P(A)P(B)=\dfrac{8}{27}\times\dfrac{27}{64}=\dfrac{1}{8}$.

22.【答案】 B

【解析】 设乙恰好比甲多击中目标 2 次为事件 A,乙恰好击中目标 2 次且甲恰好击中目标 0 次为事件 B_1,乙恰好击中目标 3 次且甲恰好击中目标 1 次为事件 B_2,则 $A=B_1+B_2$,B_1,B_2 为互斥事件.所以事件 A 的概率为

$$P(A)=P(B_1)+P(B_2)=C_3^2\left(\dfrac{2}{3}\right)^2\cdot\dfrac{1}{3}\cdot C_3^0\left(\dfrac{1}{2}\right)^3+C_3^3\left(\dfrac{2}{3}\right)^3\cdot C_3^1\left(\dfrac{1}{2}\right)^3=\dfrac{1}{6}.$$

23.【答案】 A

【解析】 若本场比赛乙队 3:2 取胜,即"前四局双方应以 2:2 战平,且第五局乙队胜",所以所求事件的概率为

$$P=C_4^2\times(1-0.6)^2\times0.6^2\times(1-0.6)=6\times0.4^3\times0.6^2.$$

24.【答案】 E

【解析】 设事件 A 为至少有 2 人分配到同一房间,其对立事件为 $\bar{A}$,则 3 人至少有 2 人分配到同一房间的概率 $P(A)=1-P(\bar{A})=1-\dfrac{C_4^3A_3^3}{4^3}=\dfrac{5}{8}$.

25.【答案】 D

【解析】 从数字 1,2,3,4,5 中,随机抽取 3 个数字(允许重复)组成一个三位数,共有 $5^3=125$,若各位数字之和等于 9,则可取的数字组合有 5 种,分别为 1,3,5;2,3,4;1,4,4;2,2,5;3,3,3,共有 19 个数,其中 1,3,5 和 2,3,4 三个数不一样排序需要全排列是 $2A_3^3=12$;1,4,4 和 2,2,5 有两个数字一样,排序为 $2\times3=6$;3,3,3 只有 1 种情况,故所求概率为 $P=\dfrac{19}{125}$.

26.【答案】 C

【解析】 条件(1)和条件(2)单独都不充分,联合得

$$P(A+B+C)=P(A)+P(B)+P(C)-P(AB)-P(BC)-P(AC)+P(ABC)$$
$$=\dfrac{1}{4}+\dfrac{1}{4}+\dfrac{1}{4}-0-0-\dfrac{1}{8}+0=\dfrac{3}{4}-\dfrac{1}{8}=\dfrac{5}{8}.$$

27.【答案】 A

【解析】 条件(1)中,$P=1-\left(1-\dfrac{1}{5}\right)\left(1-\dfrac{1}{3}\right)\left(1-\dfrac{1}{4}\right)=\dfrac{3}{5}$,充分.

条件(2)中,$P=1-\left(1-\dfrac{1}{2}\right)\left(1-\dfrac{1}{2}\right)\left(1-\dfrac{1}{2}\right)=\dfrac{7}{8}$,不充分.

28.【答案】 B

【解析】 本题属于独立重复试验,按多数顾问意见作决策,即顾问中持正确意见的有 2 人或 3 人.因此,作出正确决策的概率为 $C_3^2p^2(1-p)+C_3^3p^3$.条件(1)中,作出正确决策的概率为 $C_3^20.7^2\times0.3+C_3^30.7^3=3\times0.49\times0.3+0.343=0.784$,条件(1)不充分.条件(2)中,作出正确决策的概率为 $C_3^20.8^2\times0.2+C_3^30.8^3=3\times0.64\times0.2+0.512=0.896$,条件(2)

充分.

29.【答案】　D

【解析】　条件(1)取后放回,"甲取到白球"$P_1=P(A)=\dfrac{2}{5}$;"乙取到白球"$P_2=P(B)=\dfrac{2}{5}$.

条件(2)若取后不放回,"甲取到白球"$P_1=P(A)=\dfrac{2}{5}$;"乙取到白球"包含:"甲取到黑球,乙取到白球"和"甲取到白球,乙取到白球",故$P_2=P(B)=\dfrac{C_3^1C_2^1+C_2^1C_1^1}{C_5^1C_4^1}=\dfrac{2}{5}$.

30.【答案】　B

【解析】　条件(1),属于独立重复试验,每次取出白球的概率为$P=\dfrac{10}{18}=\dfrac{5}{9}$,则两球都是白球的概率为$C_2^2\left(\dfrac{5}{9}\right)^2=\dfrac{25}{81}$,条件(1)不充分.条件(2),属于等可能事件,取两球都是白球的概率为$\dfrac{C_{10}^2}{C_{18}^2}=\dfrac{45}{17\times9}=\dfrac{5}{17}$,条件(2)充分.

本章小结

【知识体系】

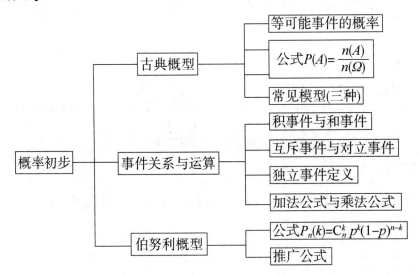

附加模块　应用题

【考试地位】本模块内容是隐含考点,在大纲上没有明确表示,但是它也是以上几章内容的总结和归纳,是考试的重中之重,是考生 12 年初等数学学习生涯的汇总.

第十一章　应用题

【备考要点】

　　管理类综合能力考试数学大纲虽然并没有明确指出要考应用题,但每年的题量都不少,稳定在 6 道以上,并且相对较难.其线索很隐蔽,使应试者难于判断,试题有一定的技巧性,因此此类题的失误率往往高于其他考题.初等数学相关的应用题有许多题型,比如比例问题、容斥问题、溶液问题、工程问题等,本章选择了几个有代表性的题型,希望给大家一些帮助.

【常见技巧】

　　①转化法:改变思考的方式和角度,将复杂问题转化为熟悉的、简单的基本问题,或将题中条件加以转化,或重新组合,以便得到明确的解题思路.另外,也可把复杂的数量关系中不同的单位制转化为统一单位制下的简单数量关系.

　　②穷举法:这是朴素且实用的方法,即对讨论对象加以分类,使问题简单化.

　　③图解法:以图形表达命题,可帮助我们理解题意,发现隐含条件,找到解题途径.

　　④代数法:设未知量,找等量关系,分别列方程或方程组(重点方法).

　　除了这几种常用的解法外,还有逆推法、综合法、归纳法、比较法(纵向)、交叉法、统一比例法、等量代换法、特殊思想法等,可依据题目的类型和特点选择使用.

章节学习框架

知识点	考点	难度	已学	已会
常见应用题	比例问题	★		
	增长率(利润率)问题	★		
	平均值(分)问题	★		
	浓度问题	★★		
	行程问题	★★		
	工程问题	★★		
	容斥问题(文氏图)	★★		
	不定方程问题	★★		
	分段计费问题	★★		
	函数最值问题	★★★		
	线性规划(不等式优化)问题	★★★		

注:请读者在学完本章后在此表的"已学"和"已会"栏中进行标注.

第一节　比例与百分比问题

知识点归纳与例题讲解

一、比例问题

(1)总量 = $\dfrac{\text{部分量}}{\text{其对应的比例}}$;

(2)甲比乙大 $p\%$ ⟺ $\dfrac{\text{甲}-\text{乙}}{\text{乙}}=p\%$,甲是乙的 $p\%$ ⟺ 甲 = 乙·$p\%$.

【应试对策】 根据题目所给数值,先求出最简整数比,再根据份额求出对应数值.

1. 还原总量问题

【例 11.1.1】 四个车间加工零件,已知甲车间加工的零件数是其余三个车间总数的 $\dfrac{1}{3}$,乙车间加工的零件数是其余三个车间总数的 $\dfrac{1}{4}$,丙车间加工的零件数是其余三个车间总数的 $\dfrac{1}{5}$,已知丁车间加工了 46 个零件,则四个车间一共加工了(　　)个零件.

A. 60　　　　 B. 90　　　　 C. 120　　　　 D. 200　　　　 E. 以上均不对

【答案】 C

【命题知识点】 还原总量问题.

【解题思路】 利用合比定理进行转化.甲车间加工的零件数是总数的 $\dfrac{1}{4}$,同理,乙车间占总数的 $\dfrac{1}{5}$,丙车间占总数的 $\dfrac{1}{6}$,丁车间占总量的 $1-\dfrac{1}{4}-\dfrac{1}{5}-\dfrac{1}{6}=\dfrac{23}{60}$,则总数为 $\dfrac{46}{\frac{23}{60}}=120$(个).

【应试对策】 本题的关键点是要归纳出部分量与总量的关系.

【例 11.1.2】 一堆西瓜,第一次卖出总数的 $\dfrac{1}{4}$ 又 6 个,第二次卖出余下的 $\dfrac{1}{3}$ 又 4 个,第三次卖出余下的 $\dfrac{1}{2}$ 又 3 个,恰好卖完,则这堆西瓜原有(　　)个.

A. 21　　　　 B. 24　　　　 C. 28　　　　 D. 30　　　　 E. 32

【答案】 C

【命题知识点】 还原总量问题.

【解题思路】 采用逆推方法:可知第二次卖出西瓜后剩下的数量为 $\dfrac{3}{1-\frac{1}{2}}=6$(个),第一次卖出西瓜后剩下 $\dfrac{6+4}{1-\frac{1}{3}}=\dfrac{10}{\frac{2}{3}}=15$(个),故原来有西瓜 $\dfrac{15+6}{1-\frac{1}{4}}=\dfrac{21}{\frac{3}{4}}=28$(个).

【应试对策】 此题考试时,可以用选项代入验证,速度比较快.

2. 总量不变时的比例变化问题

【例 11.1.3】 甲、乙两人的钱数之比是 $3:1$,如果甲给乙 6 元,则两人的钱数之比变为 $2:1$,则两人共有(　　)元.

  A. 60   B. 66   C. 72   D. 78   E. 90

【答案】 C

【命题知识点】 比例变化题.

【解题思路】 方法一:设甲原有 $3x$ 元,乙原有 x 元,则 $\frac{3x-6}{x+6}=\frac{2}{1}\Rightarrow x=18$,则两人共有 $4x=72$(元).选 C.

方法二:将甲、乙两人的总量进行统一,甲、乙两人原来的钱数之比是 $3:1=9:3$(总数 12 份),现在的比为 $2:1=8:4$(总数 12 份),则发现甲少了 1 份,即 6 元,则两人共有 $12\times 6=72$(元).

【应试对策】 总的钱数一定是 4 的倍数,也是 3 的倍数,那么一定是 12 的倍数,排除 B,D,E,再用选项验证的方法,就可以知道答案了.

3. 单量不变时的比例变化问题

【例 11.1.4】 袋中红球与白球的数量之比为 $19:13$.放入若干个红球后,红球与白球的数量之比变为 $5:3$,再放入若干个白球后,红球与白球的数量之比变为 $13:11$.已知放入的红球比白球少 80 个,则原来共有(　　)个球.

  A. 860   B. 900   C. 950   D. 960   E. 1 000

【答案】 D

【命题知识点】 比例变化题.

【解题思路】 方法一:设袋中原有红球 $19k$ 个,白球 $13k$ 个.先放入的红球有 x 个,后放入的白球则有 $(x+80)$ 个,列方程如下:

$$\begin{cases} \dfrac{19k+x}{13k}=\dfrac{5}{3}, \\ \dfrac{19k+x}{13k+x+80}=\dfrac{13}{11} \end{cases} \Rightarrow \begin{cases} k=30, \\ x=80 \end{cases} \Rightarrow 19k+13k=32k=960(个).$$

方法二:原红:原白$=19:13=57:39$;

                          ↓+8份

  现红:原白$=5:3=65:39$;

                          ↓+16份

  现红:现白$=13:11=65:55$.

红球变化 8 份,白球变化 16 份,相差 8 份,对应 80 个球,则 1 份就是 10 个球,原来共有 96 份,共 960 个球.

【应试对策】 如果发现原来总的球数一定是 32 的倍数,可直接选 D.

【技巧归纳】 以上两题都采用了统一比例法,统一比例法在解题中的作用值得重视,其核心就是统一比例中的不变量,【例11.1.3】中由于两次比例变化中总量未发生变化,就扩大倍数都统一成 12 份,于是问题迎刃而解,而【例11.1.4】中前两个比例中白球数未变,故统一白球数,而后两个比例中红球数未变,就统一红球数,这样两次对比很快就能找出 80 个球所对应的份数,题目也就迎刃而解了.此法非常重要,请考生务必熟练掌握.

二、增长率(利润率)问题

(1)变化率＝$\dfrac{变化量}{变前量}$;

(2)利润＝销售价(卖出价)－成本;

(3)利润率＝$\dfrac{利润}{成本}$＝$\dfrac{销售价－成本}{成本}$＝$\dfrac{销售价}{成本}$－1;

(4)销售价＝成本×(1＋利润率)或成本＝$\dfrac{销售价}{1＋利润率}$.

【应试对策】　要选对基准量,注意折扣的变化与利润的关系.解题的关键是要分清成本价、原销售价、优惠价和利润这几个概念,有些题目还会给出利润所占的百分比,此时要注意,通常情况下毛利率这一百分比的基准量是销售价而不是成本价,这是在工商管理学的教材上明确定义的,但具体题目还是会有指明以成本价计算利润率的情况,对此只能具体问题具体分析了.

1. 变化率问题

【例 11.1.5】　某商品单价上调 20％ 后,再降为原价的 90％,则降价率为(　　).

A. 30％　　　　B. 28％　　　　C. 25％　　　　D. 22％　　　　E. 20％

【答案】　C

【命题知识点】　变化率问题.

【解题思路】　方法一:设降价率为 x,原价为 a,则

$$a(1＋20\%)(1－x)＝90\%a \Rightarrow 1－x＝\frac{3}{4} \Rightarrow x＝25\%.$$

方法二:设单价为 100,上调后变为 120,降到 90,则降价率为 $\dfrac{120－90}{120}＝25\%$.

2. 利润率(盈亏)问题

【例 11.1.6】　商店出售两套礼盒,均以 210 元出售,按进价计算,其中一套盈利 25％,另一套亏损 25％,结果商店(　　).

A. 不赔不赚　　　　　　　B. 盈利 24 元　　　　　　　C. 亏损 28 元

D. 亏损 24 元　　　　　　E. 以上答案均不正确

【答案】　C

【命题知识点】　盈亏问题.

【解题思路】　成本总和为 $\dfrac{210}{1＋25\%}＋\dfrac{210}{1－25\%}＝448$(元),现在总售价为 420 元,亏损 28 元.

【应试对策】　因为有 210,结果更可能是 7 的倍数,选 C 的可能性很高.

【例 11.1.7】　一件商品如果以八折出售,可以获得相当于进价 20％ 的利润,那么如果以原价出售,可以获得相当于进价(　　)的利润.

A. 20%　　　B. 30%　　　C. 40%　　　D. 50%　　　E. 60%

【答案】　D

【命题知识点】　利润率问题.

【解题思路】　方法一:设进价为 100,则利润为 20,现售价为 120,原售价为 $\frac{120}{0.8}=150$,故原利润率 $=\frac{150-100}{100}=50\%$.

方法二:设原定价为 100,则现售价为 80,进价为 $\frac{80}{1+20\%}$,则原利润率为 $\dfrac{100-\frac{80}{1.2}}{\frac{80}{1.2}}=50\%$.

【应试对策】　增长率百分比问题中,特殊值运用非常重要,通常在解题过程中起到决定性作用.

3. 打折问题

【例 11.1.8】　原价 a 元可购买 5 件衬衫,现价 a 元可购买 8 件衬衫,则衬衫降价的百分比是(　　).

A. 25%　　　B. 37.5%　　　C. 40%　　　D. 60%　　　E. 45%

【答案】　B

【命题知识点】　打折问题.

【解题思路】　设 $a=40$,则原价每件 8 元,现价每件 5 元,则降价率为 $\frac{8-5}{8}=37.5\%$.

【应试对策】　原价 a 元买 n 件,现价 a 元买 m 件 $(m>n)$,则降价率为 $\left(1-\frac{n}{m}\right)\times 100\%$,相当于原价的 $\frac{n}{m}$ 倍.

满 a 元返 b 元的购物券,相当于最少是原价的 $\frac{a}{a+b}$ 倍,降价率为 $\frac{b}{a+b}$,满 a 元返 b 元现金,相当于最少是原价的 $\frac{a-b}{a}$ 倍,降价率为 $\frac{b}{a}$.

三、平均值(分)问题

【应试对策】　当一个整体按照某个标准分为两类时,根据杠杆原理得到一种巧妙的方法,即交叉法.该方法先上下分别列出每部分的数值,然后与整体数值相减,减得的两个数值的最简整数比就代表每部分的数量比.基本结构为

$$
\begin{array}{ccc}
M(A) & & |M(B)-M(C)| \\
& M(C) & \\
M(B) & & |M(C)-M(A)|
\end{array}
$$

则 $\dfrac{A \text{ 的数量}}{B \text{ 的数量}}=\dfrac{M(B)-M(C)}{M(C)-M(A)}$,其中 $M(A),M(B)$ 为 A,B 两种物质的参数(如浓度、平均分等),而 $M(C)$ 则为混合物的参数.

【例 11.1.9】 某乡中学现有学生 500 人.计划一年后,女生在校生增加 4%,男生在校生增加 3%,这样,在校生将增加 3.6%.则该校现有女生和男生各( )人.

A. 200,300   B. 300,200   C. 320,180   D. 180,320   E. 250,250

【答案】 B

【命题知识点】 平均值问题.

【解题思路】 方法一:列方程,设女生人数为 x,男生人数为 $500-x$,则

$$4\% x + 3\%(500-x) = 3.6\% \times 500 \Rightarrow x = 300.$$

方法二:交叉法.

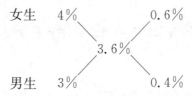

则 $\dfrac{\text{女生人数}}{\text{男生人数}} = \dfrac{0.6\%}{0.4\%} = \dfrac{3}{2}$. 所以女生原有人数为 $500 \times \dfrac{3}{5} = 300$,男生原有人数为 $500 - 300 = 200$.

【例 11.1.10】 某商店购进十二生肖玩具 1 000 个,运输途中破损了一些,未破损的好玩具卖完后,利润率为 50%,破损的玩具降价销售,亏损了 10%.最后结算商店总利润率为 39.2%,则商店卖出的好玩具的个数为( ).

A. 600   B. 750   C. 800   D. 820   E. 900

【答案】 D

【命题知识点】 平均利润问题.

【解题思路】 交叉法:

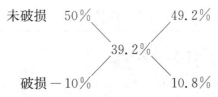

则 $\dfrac{\text{未破损}}{\text{破损}} = \dfrac{49.2\%}{10.8\%} = \dfrac{41}{9}$. 所以未破损的玩具有 $1\,000 \times \dfrac{41}{50} = 820$(个).

【应试对策】 要注意当两因素中一个增长、一个减少时,使用交叉法务必要用正负符号体现.

四、溶液浓度问题:根据溶质守恒

【应试对策】 根据溶质守恒来分析浓度的变化.①"稀释"问题:特点是加"溶剂",解题关键是找到始终不变的量(溶质).②"浓缩"问题:特点是减少溶剂,解题关键是找到始终不变的量(溶质).③"加浓"问题:特点是增加溶质,解题关键是找到始终不变的量(溶剂).④配制问题:指两种或两种以上的不同浓度的溶液混合配制成新溶液(成品),解题关键是根据所

取原溶液的溶质与成品溶质不变及溶液前后质量不变,找到两个等量关系.

【例 11.1.11】 要从含盐 12.5% 的 40 千克盐水中蒸去( )千克水分才能制出含盐 20% 的盐水.

A. 15　　　　　　　　　B. 16　　　　　　　　　C. 17

D. 18　　　　　　　　　E. 以上结论均不正确

【答案】 A

【命题知识点】 浓度问题.

【解题思路】 方法一:设应蒸去水 x 千克,列表分析等量关系,如表 11.1.1 所示.

表 11.1.1

	盐水重量	浓度	纯盐重量
蒸水前	40	12.5%	$40 \times 12.5\%$
	↓变化	↓变化	↓不变
蒸水后	$40 - x$	20%	$(40 - x)20\%$

由题设:$40 \times 12.5\% = (40 - x)20\% \Rightarrow x = 15$,所以应蒸去 15 千克水分.

方法二:可以将其看成 20% 的盐水与蒸发掉的水混合成 12.5% 的盐水,用交叉法可得

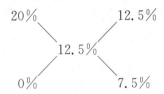

则 $\dfrac{20\%\text{的盐水}}{\text{蒸发掉的水}} = \dfrac{12.5\%}{7.5\%} = \dfrac{5}{3}$. 需要蒸发水 $40 \times \dfrac{3}{8} = 15$(千克).

【例 11.1.12】 有含盐 8% 的盐水 40 千克,要配制成含盐 20% 的盐水,需加盐( )千克.

A. 5　　　　　　　　　B. 6　　　　　　　　　C. 7

D. 8　　　　　　　　　E. 以上结论均不正确

【答案】 B

【命题知识点】 浓度问题.

【解题思路】 方法一:设需加盐 x 千克,列表分析等量关系,如表 11.1.2 所示.

表 11.1.2

	盐水重量	浓度	纯水重量
加盐前	40	8%	$40(100\% - 8\%)$
	↓变化	↓变化	↓不变
加盐后	$40 + x$	20%	$(40 + x)(100\% - 20\%)$

由题设:$40(100\% - 8\%) = (40 + x)(100\% - 20\%) \Rightarrow x = 6$,所以需加盐 6 千克.

方法二：

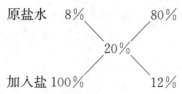

则 $\dfrac{原盐水}{加入盐}=\dfrac{80\%}{12\%}=\dfrac{20}{3}$. 需要加盐 $40\div\dfrac{20}{3}=6$（千克）.

【例 11.1.13】 把含盐 5% 的食盐水与含盐 8% 的食盐水混合制成含盐 6% 的食盐水 600 千克，分别应取两种食盐水（　　）.

A. 300 千克和 300 千克　　　B. 400 千克和 200 千克

C. 200 千克和 400 千克　　　D. 250 千克和 350 千克

E. 350 千克和 250 千克

【答案】 B

【命题知识点】 浓度问题.

【解题思路】 方法一：设取含盐 5% 的食盐水 x 千克，取含盐 8% 的食盐水 y 千克，列表分析等量关系，如表 11.1.3 所示.

表 11.1.3

	食盐溶液	浓度	纯盐重量
原溶液 $\begin{cases}甲\ 5\%\\乙\ 8\%\end{cases}$	$\begin{cases}x\\y\end{cases}$ ↓不变	$\begin{cases}5\%\\8\%\end{cases}$ ↓变化	$\begin{cases}x\cdot5\%\\y\cdot8\%\end{cases}$ ↓不变
成品	600	6%	$600\times6\%$

由题设：

$$\begin{cases}x+y=600,\\x\times5\%+y\times8\%=600\times6\%\end{cases}\Rightarrow\begin{cases}x=400,\\y=200.\end{cases}$$

所以取含盐 5% 的食盐水 400 千克，含盐 8% 的食盐水 200 千克.

方法二：

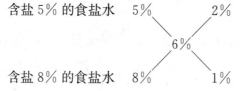

则 $\dfrac{含盐\ 5\%\ 的食盐水}{含盐\ 8\%\ 的食盐水}=\dfrac{2\%}{1\%}=\dfrac{2}{1}$. 故取含盐 5% 的食盐水为 $600\times\dfrac{2}{2+1}=400$（千克），取含盐 8% 的食盐水为 $600\times\dfrac{1}{2+1}=200$（千克）.

【例 11.1.14】 一种食盐溶液加入一定量的盐后，溶液的浓度为 20%，再加入同样多的盐后，浓度变为 30%，则第三次加入同样多的盐后，溶液的浓度变为＿＿＿＿＿＿.

【答案】　37.8%

【命题知识点】　浓度问题.

【解题思路】　第二次：

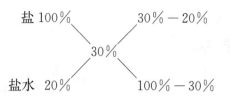

则第二次加盐后, $\dfrac{\text{加的盐}}{\text{浓度 }20\%\text{ 的盐水}}=\dfrac{1}{7}$, 那么第三次加盐后, $\dfrac{\text{加的盐}}{\text{浓度 }30\%\text{ 的盐水}}=\dfrac{1}{8}$.

又第三次：

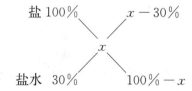

得出比例方程: $\dfrac{x-30\%}{100\%-x}=\dfrac{1}{8}\Rightarrow 8x-2.4=1-x\Rightarrow x=\dfrac{3.4}{9}\approx 37.8\%$.

【应试对策】　浓度问题一般都可以选用交叉法解决.

【例 11.1.15】　一桶纯酒精倒出 8 升后,用清水补满,然后又倒出 4 升,再用清水补满,此时测得酒精与水之比为 18：7,则此桶的容积是(　　).

A. 28 升　　　　B. 30 升　　　　C. 40 升　　　　D. 48 升　　　　E. 60 升

【答案】　C

【命题知识点】　浓度问题.

【解题思路】　设桶容积为 V 升,第一次补满水后浓度为 $\dfrac{V-8}{V}$.

第二次补满水后浓度为 $\dfrac{V-8-\dfrac{V-8}{V}\cdot 4}{V}=\dfrac{(V-8)(V-4)}{V^2}$, 则

$$\dfrac{(V-8)(V-4)}{V^2}=\dfrac{18}{25}\Rightarrow V=\dfrac{20}{7}(\text{舍})\text{ 或 }V=40.$$

【应试对策】　掌握经验公式:体积为 V 的纯酒精,每次分别倒出 $a_1,a_2,a_3,\cdots,a_n$ 升后,并都补满清水,最终浓度为 $\dfrac{(V-a_1)(V-a_2)\cdots(V-a_n)}{V^n}$, 若原始浓度为 $p\%$, 则最终浓度变为 $p\%\times\dfrac{(V-a_1)(V-a_2)\cdots(V-a_n)}{V^n}$.

第二节　行程与工程问题

◎ 知识点归纳与例题讲解

一、行程问题

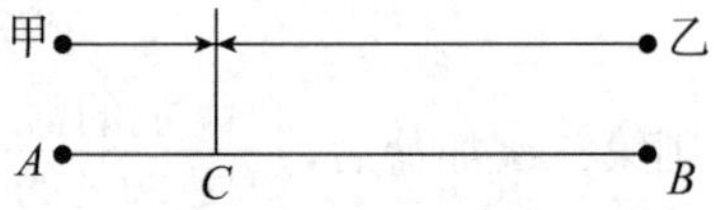

根据题意画图,找等量关系(一般是时间和路程),列方程求解.这种题的类型有:

类型一:直线路程问题,此类问题是常考的问题.解题时可结合示意图(见图11.2.1)来分析.

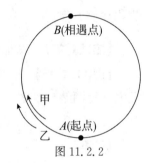

图 11.2.1

等量关系(时间相同):

$$S_甲 + S_乙 = S, \frac{V_甲}{V_乙} = \frac{AC}{BC}.$$

类型二:同向圆圈跑道型问题(见图11.2.2).设跑道周长为S.
等量关系(经历时间相同):

$$S_甲 - S_乙 = S.$$

甲、乙每相遇一次,甲比乙多跑一圈,若相遇n次,则有

$$S_甲 - S_乙 = nS, \frac{V_甲}{V_乙} = \frac{S_甲}{S_乙} = \frac{S_乙 + n \cdot S}{S_乙}.$$

类型三:逆向圆圈跑道型问题(见图11.2.3).设跑道周长为S.
等量关系:

$$S_甲 + S_乙 = S,$$

即每相遇一次,甲与乙路程之和为一圈,若相遇n次,有

$$S_甲 + S_乙 = nS, \frac{V_甲}{V_乙} = \frac{S_甲}{S_乙} = \frac{n \cdot S - S_乙}{S_乙}.$$

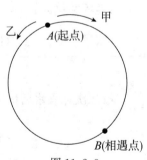

图 11.2.2

图 11.2.3

【应试对策】　在做圆圈型追及相遇题时,在求第k次相遇情况时,可以将第$k-1$次相遇点看成起点进行分析考虑.

1. 单车问题

【例 11.2.1】　小王骑车到城里开会,以每小时12千米的速度行驶,2小时可以到达.车行了15分钟后,他发现忘记带文件,以原速返回原地,这时他至少每小时行(　　)千米才能按时到达.

A. 14　　　　　B. 16　　　　　C. 18　　　　　D. 20　　　　　E. 22

【答案】　B

【命题知识点】 行程问题.

【解题思路】 要求小王返回原地后到城里的速度,就必须知道从家到城里的路程和剩下的时间. 根据题意,这两个条件都可以求出.

15 分钟$=\frac{1}{4}$小时,从家到城里的路程:$12\times2=24$(千米),返回后还剩的时间:$2-\frac{1}{4}\times2=\frac{3}{2}$(小时),返回后去城里的速度:$24\div\frac{3}{2}=16$(千米/时),所以他每小时行 16 千米才能按时到达.

【例 11.2.2】 某人下午三点钟出门赴约,若他每分钟走 60 米,会迟到 5 分钟,若他每分钟走 75 米,会提前 4 分钟到达. 所定的约会时间是下午( ).

A. 三点五十分   B. 三点四十分   C. 三点三十五分

D. 三点半   E. 三点二十五分

【答案】 B

【命题知识点】 速度问题.

【解题思路】 设路程为 S 米,列出等式 $\frac{S}{60}-5=\frac{S}{75}+4$,得到 $S=36\times75$ 米. 约会时间距下午三点的时间间隔为 $\frac{S}{75}+4=40$(分钟),即三点四十分为约会时间.

【应试对策】 高分技巧——比较追差法:$t=\dfrac{\text{路程差}}{\text{速度差}}=\dfrac{60\times5+75\times4}{75-60}=40$(分钟).

2. 车桥问题

列车过桥总路程=车长+桥长;

错车时间=(甲车身长+乙车身长)÷(甲车速度+乙车速度);

超车时间=(甲车身长+乙车身长)÷(甲车速度-乙车速度).

【例 11.2.3】 一条隧道长 360 米,某列火车从车头入洞到全车进洞用了 8 秒钟,从车头入洞到全车出洞共用了 20 秒钟. 这列火车长_____米.

【答案】 240

【命题知识点】 车桥问题(见图 11.2.4).

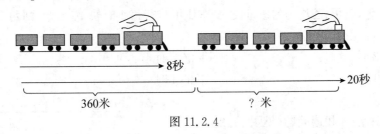

图 11.2.4

【解题思路】 方法一:设火车长为 x 米,由速度相等,列方程如下:

$$\frac{x}{8}=\frac{360+x}{20}\Rightarrow x=240(\text{米}).$$

方法二:采用比差法,发现 12 秒走了 360 米的隧道,速度为 30 米/秒,车身长为 $30\times8=$

240(米).

【例 11.2.4】 一列客车通过 250 米长的隧道用 25 秒,通过 210 米长的隧道用 23 秒,已知在客车的前方有一列行驶方向与它相同的货车,车身长为 320 米,速度为 17 米/秒,则列车与货车从相遇到离开所用的时间为( )秒.

A. 180 B. 190 C. 200 D. 210 E. 220

【答案】 B

【命题知识点】 错车超车问题.

【解题思路】 客车速度为 $\dfrac{250-210}{25-23}=\dfrac{40}{2}=20$(米/秒),客车车身长为 $25\times20-250=250$(米),超车时间为 $t=\dfrac{250+320}{20-17}=\dfrac{570}{3}=190$(秒).

3. 直线型相遇与追及问题

【例 11.2.5】 甲、乙两人分别从 A,B 两地同时出发相向匀速行走,t 小时后相遇于途中 C 点,此后甲又走了 6 小时到达 B 地,乙又走了 h 小时到达 A 地,则 t,h 的值均可求.( )

(1)从出发经 4 小时,甲、乙相遇;

(2)乙从 C 到 A 地走了 2 小时 40 分钟.

【答案】 D

【命题知识点】 相遇问题.

【解题思路】 如图 11.2.5 所示,在距离相等的情况下,甲、乙的速度之比等于甲、乙的时间之比的倒数:$\dfrac{V_{甲}}{V_{乙}}=\dfrac{h}{t}=\dfrac{t}{6}$.

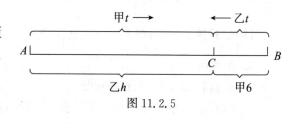

图 11.2.5

由条件(1)得,$t=4$,$h=\dfrac{t^2}{6}=\dfrac{8}{3}$,

由条件(2)得,$h=\dfrac{8}{3}$,$t=\sqrt{6h}=4$,只需知道其中一个便可知道另一个参数值.

【例 11.2.6】 A,B 两地相距 15 千米,甲在中午 12 时从 A 地出发,步行前往 B 地.20 分钟后,乙从 B 地出发骑车前往 A 地,到达 A 地后,乙停留 40 分钟后骑车从原路返回,结果甲、乙同时到达 B 地,若甲、乙均为匀速,且乙骑车比甲步行每小时快 10 千米,则两人同时到达 B 地的时间是( ).

A. 下午 2 时 B. 下午 2 时半 C. 下午 3 时

D. 下午 3 时半 E. 下午 4 时

【答案】 C

【命题知识点】 相遇问题(见图 11.2.6).

【解题思路】 设甲每小时走 x 千米,则乙每小时走 $x+10$ 千米,有

$$\dfrac{15}{x}-\dfrac{20}{60}=\dfrac{30}{x+10}+\dfrac{40}{60}\Rightarrow\dfrac{15}{x}=\dfrac{30}{10+x}+1\Rightarrow x=5.$$

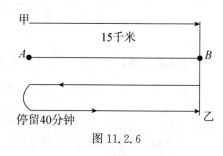

图 11.2.6

甲从 A 到 B 用 3 小时,故到达 B 的时间为下午 3 时.

【例 11.2.7】 从甲地到乙地,客车行驶需要 12 小时,货车行驶需要 15 小时,如果两车从甲地开到乙地,客车到乙地后立即返回,则与货车相遇时又经过了(   ).

A. 1 小时　　B. $1\dfrac{1}{3}$ 小时　　C. $1\dfrac{1}{2}$ 小时　　D. $1\dfrac{1}{4}$ 小时　　E. $1\dfrac{1}{5}$ 小时

【答案】 B

【命题知识点】 相遇问题.

【解题思路】 方法一:设客车速度为 $\dfrac{1}{12}$,货车速度为 $\dfrac{1}{15}$,当客车到达乙地时,货车走了全程的 $\dfrac{12}{15}=\dfrac{4}{5}$,还剩 $\dfrac{1}{5}$ 的路程. 两车相向行驶,相遇需要时间: $\dfrac{\frac{1}{5}}{\frac{1}{12}+\frac{1}{15}}=\dfrac{12}{9}=1\dfrac{1}{3}$(小时).

方法二:整体考虑,两车相遇时一共走了两段总路程,总用时为 $\dfrac{2}{\frac{1}{12}+\frac{1}{15}}=\dfrac{120}{9}=\dfrac{40}{3}$(小时),而客车折回行驶后与货车相遇用了 $\dfrac{40}{3}-12=\dfrac{4}{3}=1\dfrac{1}{3}$(小时).

4. 圆圈型相遇与追及问题

【例 11.2.8】 甲、乙两人同时从椭圆形跑道上的同一起点出发,沿着顺时针方向跑步,甲比乙快,可以确定甲的速度是乙的速度的 1.5 倍.(   )

(1)当甲第一次从背后追上乙时,乙跑了 2 圈;

(2)当甲第一次从背后追上乙后,甲立即转身沿着逆时针方向跑去,当两人再次相遇时,乙又跑了 0.4 圈.

【答案】 D

【命题知识点】 圆圈型相遇与追及问题.

【解题思路】 这是追及(或相遇、行程)问题.

条件(1),设圈长为 S,用时为 t,则 $\begin{cases} v_{甲}\,t=3S, \\ v_{乙}\,t=2S, \end{cases}$ 故 $\dfrac{v_{甲}}{v_{乙}}=\dfrac{3}{2}=1.5$,故条件(1)充分;

条件(2),从相遇之后到下次相遇,甲、乙的总行程为一圈,甲走了 $0.6S$,乙走了 $0.4S$,所以 $\dfrac{v_{甲}}{v_{乙}}=\dfrac{3}{2}=1.5$,故条件(2)充分.

【例 11.2.9】 甲、乙两人在 400 m 的跑道上参加长跑比赛,甲、乙同时出发. 甲跑 3 圈后第一次遇到乙,如果甲的平均速度比乙的平均速度快 3 m/s,则乙的平均速度为(   )m/s.

A. 5　　　B. 6　　　C. 7　　　D. 8　　　E. 9

【答案】 B

【命题知识点】 圆圈型相遇与追及问题.

【解题思路】 设乙的平均速度为 x m/s,则甲的平均速度为 $(x+3)$ m/s,根据所用时间相等,则有 $\dfrac{400\times 3}{x+3}=\dfrac{400\times 2}{x}\Rightarrow x=6$.

5. 流水行船问题

顺水速度＝船速＋水速，逆水速度＝船速－水速；

水速＝顺水速度－船速，船速＝顺水速度－水速；

水速＝船速－逆水速度，船速＝逆水速度＋水速；

船速＝(顺水速度＋逆水速度)÷2，水速＝(顺水速度－逆水速度)÷2.

【例 11.2.10】 一艘轮船顺流航行 120 千米,逆流航行 80 千米,共用时 16 小时;顺流航行 60 千米,逆流航行 120 千米,也用时 16 小时,则水流速度为(　　)千米/时.

A. 1.5　　　　B. 2　　　　C. 2.5　　　　D. 3　　　　E. 4

【答案】 C

【命题知识点】 流水问题.

【解题思路】 方法一:因为顺流航行 60 千米,逆流航行 120 千米也用 16 小时,所以顺流航行 120 千米,逆流航行 240 千米就要用 32 小时. 又因为顺流航行 120 千米,逆流航行 80 千米,共用 16 小时,所以逆流航行(240－80)千米要用(32－16)小时,所以逆流航行的速度为 $\frac{240-80}{32-16}=10$(千米/时). 又因为顺流航行 120 千米,逆流航行 80 千米,共用 16 小时,可算出顺流航行的速度为 15 千米/时,可得水流速度为 $\frac{15-10}{2}=2.5$(千米/时).

方法二:首先设轮船在静水中的速度为 v 千米/时,水流速度为 v' 千米/时,则轮船顺流航行的速度为 $(v+v')$ 千米/时,逆流航行的速度为 $(v-v')$ 千米/时.

由此,根据时间的等量关系可以列出方程组:$\begin{cases} \dfrac{120}{v+v'}+\dfrac{80}{v-v'}=16, \\ \dfrac{60}{v+v'}+\dfrac{120}{v-v'}=16. \end{cases}$

解得 $v+v'=15$,$v-v'=10$,故 $v=12.5$,$v'=2.5$,水流速度为 2.5 千米/时.

二、工程(放水)问题:根据工程量(放水量)＝1

总效率＝各效率的代数和,工作效率＝$\dfrac{\text{工作量}}{\text{工作时间}}$.

【应试对策】 遇到此类问题,通常将整个工程量(放水量)看成单位 1,然后根据题干条件按比例求解.

1. 效率问题

【例 11.2.11】 甲单独做 15 天可完成的某项工作,乙单独做 10 天就可完成,假设甲先做了 12 天后再由乙接下去做,乙要完成这项工作还需要(　　)天.

A. $\dfrac{1}{5}$　　　　B. $\dfrac{3}{4}$　　　　C. $\dfrac{4}{5}$　　　　D. 2　　　　E. 1

【答案】 D

【命题知识点】 工程问题.

【解题思路】 方法一:因为甲的效率为 $\dfrac{1}{15}$,乙的效率为 $\dfrac{1}{10}$,那么列式得 $\left(1-\dfrac{1}{15}\times12\right)\div$ $\dfrac{1}{10}=2$(天).

方法二:等量代换法.甲做 15 天的量就是乙做 10 天的量,则甲做 3 天的量就是乙做 2 天的量,当甲做了 12 天后,乙还需要 2 天即可完成.

【例 11.2.12】 甲、乙两工程队合作做某项工程,合作 4 天后完成工程的一半,剩下的工程由甲队单独做 8 天,乙队再接着单独做 2 天全部完成,则甲、乙两队单独完成此项工程所用时间比为( ).

A. 2∶1　　　　B. 1∶2　　　　C. 3∶2　　　　D. 2∶3　　　　E. 4∶3

【答案】 A

【命题知识点】 工程问题.

【解题思路】 方法一:设甲的工作效率为 x,乙的工作效率为 y,那么列式得

$$\begin{cases} 4(x+y)=\dfrac{1}{2}, \\ 8x+2y=\dfrac{1}{2} \end{cases} \Rightarrow \begin{cases} x=\dfrac{1}{24}, \\ y=\dfrac{1}{12} \end{cases} \Rightarrow x:y=1:2,$$

那么工作时间比就为 2∶1.

方法二:等量代换法结合纵向比较法.甲队干 4 天,乙队干 4 天共完成工程的 $\dfrac{1}{2}$,甲队干 8 天,乙队干 2 天也完成工程的 $\dfrac{1}{2}$,通过示意图(见图 11.2.7)进行对比,可得甲做 4 天的量就是乙做 2 天的量,所以甲、乙单独完成此项工程所用时间比为 2∶1.

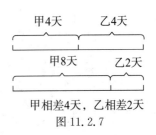

甲相差4天,乙相差2天

图 11.2.7

2. 给排水问题(牛吃草问题)

【例 11.2.13】 设有甲、乙、丙三个水管,甲管 5 分钟可注满水槽,乙管 30 分钟可注满水槽,丙管 15 分钟可把满槽水放完.若三管齐开,2 分钟后关上乙管,则当一个空水槽放满水时,甲管共开放了( ).

A. 4 分钟　　　B. 5 分钟　　　C. 6 分钟　　　D. 7 分钟　　　E. 8 分钟

【答案】 D

【命题知识点】 给排水问题.

【解题思路】 由题意得到甲、乙、丙的效率分别为 $\dfrac{1}{5}$,$\dfrac{1}{30}$ 和 $\dfrac{1}{15}$.

$$\dfrac{1-\left(\dfrac{1}{5}+\dfrac{1}{30}-\dfrac{1}{15}\right)\times 2}{\dfrac{1}{5}-\dfrac{1}{15}}+2=\dfrac{15-(6+1-2)}{3-1}+2=7\text{(分钟)}.$$

【例 11.2.14】 牧场上有一片青草,每天都生长得一样快.这片青草供给 10 头牛吃,可以吃 22 天,或者供给 16 头牛吃,可以吃 10 天.

(1)如果供给 15 头牛吃,可以吃几天?

(2)要在 5 天内吃完所有草,至少放几头牛?

(3)要保证草永远都吃不完,至多放几头牛?

【答案】 (1)可以吃 11 天;(2)至少放 27 头牛;(3)至多放 5 头牛

【命题知识点】 牛吃草问题.

【解题思路】　方法一:设一头牛一天吃 1 份草,则 10 头牛 22 天吃了 220 份草,16 头牛 10 天吃了 160 份草,即 12 天长出 60 份新草,1 天长出 5 份新草,原来牧场有 $220-22\times 5=110$(份)草.

(1)共 15 头牛,实际就只有 10 头牛在吃牧场上的原来的草,则需要 $\dfrac{110}{10}=11$(天)吃完;

(2)每天需要吃 $\dfrac{110}{5}=22$(份)牧场上原来的草,则需要 $22+5=27$(头)牛;

(3)至多放 5 头牛.

方法二:列方程组解应用题. 设每头牛每天的吃草量占原有草量的 x,牧场每天生长草的量占原有草量的 y,列式如下:

$$\begin{cases}(10x-y)\times 22=1,\\(16x-y)\times 10=1\end{cases}\Rightarrow\begin{cases}x=\dfrac{1}{110},\\y=\dfrac{1}{22}.\end{cases}$$

(1)$1\div\left(\dfrac{15}{110}-\dfrac{1}{22}\right)=11$;(2)$5\times\left(\dfrac{n}{110}-\dfrac{1}{22}\right)=1\Rightarrow n=27$;(3)$\dfrac{n}{110}\leqslant\dfrac{1}{22}\Rightarrow n\leqslant 5$.

【例 11.2.15】　一个水池,上部装有若干同样粗细的进水管,底部装有一个常开的排水管,当打开 4 个进水管时,需要 4 小时才能注满水池;当打开 3 个进水管时,需要 8 小时才能注满水池,现在需要在 2 小时内将水池注满,至少要打开进水管(　　).

A. 8 个　　　　　B. 7 个　　　　　C. 6 个　　　　　D. 5 个　　　　　E. 4 个

【答案】　C

【命题知识点】　给排水问题.

【解题思路】　设进水管的效率为 x,排水管的效率为 y,则列方程组得

$$\begin{cases}8(3x-y)=1,\\4(4x-y)=1\end{cases}\Rightarrow\begin{cases}x=\dfrac{1}{8},\\y=\dfrac{1}{4}.\end{cases}$$

设至少需要 n 个进水管才能满足要求,则 $\dfrac{n}{8}-\dfrac{1}{4}=\dfrac{1}{2}\Rightarrow n=6$.

【应试对策】　对工程问题往往可以使用等量代换法和纵向比较法等技巧. 当解决用两种不同方式完成同一个任务的问题的时候,可以使用纵向比较法.

第三节　其他问题

🎯 知识点归纳与例题讲解

一、容斥原理(画饼问题)

【应试对策】　(1)在计数时,必须注意无一重复,无一遗漏. 为了使重叠部分不被重复计算,人们研究出一种新的计数方法,这种方法的基本思想:先不考虑重叠的情况,把包含于某

内容中的所有对象的数目先计算出来,然后再把计数时重复计算的数目减去,使得计算的结果既无遗漏又无重复,这种计数的方法称为容斥原理.

(2)容斥原理1:如果被计数的事物有 A,B 两类,那么,A 类和 B 类元素的个数总和=属于 A 类元素的个数+属于 B 类元素的个数-既是 A 类又是 B 类的元素的个数,即

$$N(A\bigcup B)=N(A)+N(B)-N(A\bigcap B).$$

(3)容斥原理2:如果被计数的事物有 A,B,C 三类,那么,A 类、B 类和 C 类元素的个数总和=A 类元素的个数+B 类元素的个数+C 类元素的个数-既是 A 类又是 B 类的个数-既是 A 类又是 C 类的元素的个数-既是 B 类又是 C 类的元素的个数+既是 A 类又是 B 类而且是 C 类的元素的个数,即 $N(A\bigcup B\bigcup C)=N(A)+N(B)+N(C)-N(A\bigcap B)-N(A\bigcap C)-N(B\bigcap C)+N(A\bigcap B\bigcap C).$

【例 11.3.1】 下列表示图 11.3.1 中阴影部分的是( ).

A. $(A\bigcup C)\bigcap(B\bigcup C)$ B. $(A\bigcup B)\bigcap(A\bigcup C)$

C. $(A\bigcup B)\bigcap(B\bigcup C)$ D. $(A\bigcup B)\bigcap C$

E. 以上均不正确

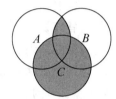

图 11.3.1

【答案】 A

【命题知识点】 容斥原理(集合问题).

【解题思路】 从选项下手逐一验证即可,其实本题选项 A 可以等价变形为 $(A\bigcap B)\bigcup C$,这样就显而易见了.

【例 11.3.2】 某单位有 90 人,其中有 65 人参加外语培训,72 人参加计算机培训,已知参加外语培训而没参加计算机培训的有 8 人,则参加计算机培训而没参加外语培训的人数为( ).

A. 5   B. 8   C. 10

D. 12   E. 15

【答案】 E

【命题知识点】 容斥原理.

【解题思路】 画文氏图,如图 11.3.2 所示,显然可得既参加外语培训又参加计算机培训的有 $65-8=57$(人),所以只参加计算机培训的有 $72-57=15$(人).

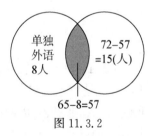

图 11.3.2

【例 11.3.3】 申请驾驶执照时,必须参加理论考试和路考,且两种考试均要通过.若在同一批学员中有 70% 的人通过了理论考试,80% 的人通过了路考,而最后领到驾驶执照的人有 60%.( )

(1)10% 的人两种考试都没有通过;(2)20% 的人仅通过了路考.

【答案】 D

【命题知识点】 容斥原理.

【解题思路】 设通过理论考试的学员为 A,通过路考的学员为 B,则 $P(A)=0.7$,$P(B)=0.8$.条件(1),$P(\overline{A}\bigcap\overline{B})=P(\overline{A+B})=0.1$,$P(A+B)=0.9=P(A)+P(B)-P(AB)\Rightarrow P(AB)=0.6$,条件(1)充分.

条件(2),如图 11.3.3 所示,故条件(2)也充分.

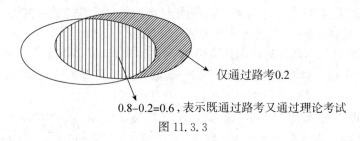

仅通过路考0.2

$0.8-0.2=0.6$，表示既通过路考又通过理论考试

图 11.3.3

【例 11.3.4】 某班有学生 46 人,在调查他们家中是否有电子琴和小提琴时发现,有电子琴的有 22 人,两种琴都没有的有 14 人,只有小提琴与两种琴都有的人数比为 5：3,则只有电子琴的有( )人.

A. 12　　　　B. 14　　　　C. 16　　　　D. 18　　　　E. 20

【答案】 C

【命题知识点】 容斥问题.

【解题思路】 如图 11.3.4 所示,可以求出只有小提琴的有 $46-22-14=10$(人),那么两种琴都有的有 6 人,所以只有电子琴的有 $22-6=16$(人).

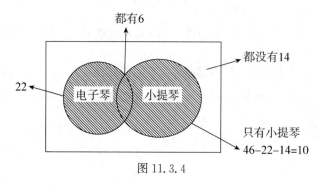

都有6

都没有14

22

电子琴　小提琴

只有小提琴

$46-22-14=10$

图 11.3.4

【例 11.3.5】 某专业有学生 50 人,现开设有甲、乙、丙三门选修课. 有 40 人选修甲课程,36 人选修乙课程,30 人选修丙课程,兼选甲、乙两门课程的有 28 人,兼选甲、丙两门课程的有 26 人,兼选乙、丙两门课程的有 24 人,甲、乙、丙三门课程均选的有 20 人,则三门课程均未选的有( )人.

A. 1　　　　B. 2　　　　C. 3　　　　D. 4　　　　E. 5

【答案】 B

【命题知识点】 容斥原理.

【解题思路】 由公式 $N(A \cup B \cup C) = N(A) + N(B) + N(C) - N(A \cap B) - N(B \cap C) - N(C \cap A) + N(A \cap B \cap C)$,可得 $N(A \cup B \cup C) = 48$,则 $N(\bar{A} \cap \bar{B} \cap \bar{C}) = 50 - 48 = 2$(人).

【例 11.3.6】 某公司的员工中,拥有本科毕业证、计算机等级证、汽车驾驶证的人数分别为 130,110,90. 又知只有一种证的人数为 140,三证齐全的人数为 30,则恰有双证的人数为( ).

A. 45　　　　B. 50　　　　C. 52　　　　D. 65　　　　E. 100

【答案】 B

【命题知识点】　容斥原理.

【解题思路】　如图 11.3.5 所示,三证齐全 30 人,既在 130 人中,又在 110 人中,同时含在 90 人中. 也就是这 30 人应被算 $30 \times 3 =$ 90 人次. 同样设恰有双证的人数为 x,则在计算中应算 $2x$ 人次,故

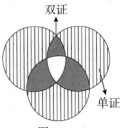

图 11.3.5

$$130 + 110 + 90 = 90 + 2x + 140 \Rightarrow x = 50.$$

二、不定方程问题

所谓不定方程,就是方程个数少于未知数的个数,但可以通过一些整数、非负数、不等式条件等限制求出方程的具体解. 这个就叫作求解不定方程.

【例 11.3.7】　小刚有一个姐姐和一个弟弟,姐姐今年 20 岁,小刚年龄的 2 倍与他的弟弟年龄的 3 倍之和是 79 岁,则小刚与他的弟弟的年龄之和是(　　).

A. 29　　　　　B. 30　　　　　C. 31　　　　　D. 32　　　　　E. 33

【答案】　D

【命题知识点】　不定方程问题.

【解题思路】　设小刚的年龄为 x 岁,他的弟弟的年龄为 y 岁,则有 $2x + 3y = 79$ 及 $20 > x > y$,$20 > \dfrac{79 - 3y}{2} > y$,得 $13 < y < 16$,所以 $x = 17, y = 15$. 年龄和为 32.

【例 11.3.8】　某农场有 300 名工人种 51 公顷地,分别种水稻、蔬菜、棉花. 种植这些农作物所需的工人和预计产值见表 11.3.1.

表 11.3.1

农作物	每公顷需要人数	每公顷预计产值/万元
水稻	4	4.5
蔬菜	8	9
棉花	5	7.5

若总产值 P 满足关系式 $360 \leqslant P \leqslant 370$,且所有的土地和工人均没有剩余,问这个农场怎样安排水稻、蔬菜、棉花的种植面积(种植面积均为整数)?

【答案】　农场安排水稻、蔬菜、棉花的种植面积分别为 15 公顷、20 公顷、16 公顷,或 18 公顷、21 公顷、12 公顷

【命题知识点】　不定方程问题.

【解题思路】　设水稻、蔬菜、棉花的种植面积分别为 x 公顷、y 公顷、z 公顷,则有

$$\begin{cases} x + y + z = 51, & ① \\ 4x + 8y + 5z = 300, & ② \\ 4.5x + 9y + 7.5z = P, & ③ \end{cases}$$

由①,②解得 $y = \dfrac{x}{3} + 15, z = -\dfrac{4x}{3} + 36$. 代入③得 $P = -2.5x + 405$. 因为 $360 \leqslant P \leqslant 370$,所以 $360 \leqslant -2.5x + 405 \leqslant 370, 14 \leqslant x \leqslant 18$. 因为 x, y, z 均为整数,所以 $x = 15, y = 20, z = 16$

或 $x=18, y=21, z=12$.

故农场安排水稻、蔬菜、棉花的种植面积分别为 15 公顷、20 公顷、16 公顷,或 18 公顷、21 公顷、12 公顷.

【例 11.3.9】 小李买了 3 本练习本,7 支笔,1 块橡皮,共用了 6.3 元,小张买了同样的练习本 4 本,同样的笔 12 支,共用了 8.4 元,如果买同样的练习本、笔、橡皮各 1 件需要( )元.

A. 2.1   B. 2.2   C. 2.3   D. 2.4   E. 2.5

【答案】 A

【命题知识点】 不定方程.

【解题思路】 设练习本的价格为 x 元/本,笔的价格为 y 元/支,橡皮的价格为 z 元/块,则

$$\begin{cases} 3x+7y+z=6.3, & ① \\ 4x+12y=8.4. & ② \end{cases}$$

①×2−②:$2x+2y+2z=4.2 \Rightarrow x+y+z=2.1$.

三、分段计费(函数)问题

【应试对策】 本类题目的特点是对于不同的范围,取值是不同的.解这类题目的关键是要先估算一下超越边界范围的取值,然后与所给的数值进行比对,根据比对的结果确定所对应的范围.

【例 11.3.10】 国家税务部门规定个人稿费的纳税办法如下:不超过 800 元的不纳税,超过 800 元而不超过 4 000 元的按超过 800 元部分的 14% 纳税,超过 4 000 元的按全稿酬的 11% 纳税.已知一人纳税 550 元,则此人的稿费为( )元.

A. 4 500   B. 4 800   C. 5 000

D. 5 400   E. 以上结论均不正确

【答案】 C

【命题知识点】 个人纳税问题.

【解题思路】 先预测,考察一下:$4\,000-800=3\,200,3\,200\times14\%=448$(元).因为 $550>448$,所以此人的稿费超过 4 000 元.设此人的稿费为 x 元,则 $11\% \cdot x=550$,故 $x=5\,000$(元).

【应试对策】 本题要注意的是超过 4 000 元的部分不再是分段计算,所以本题的关键点在于估计出稿费是否超过 4 000 元.

【例 11.3.11】 某自来水公司的水费计算方法如下:每户每月用水不超过 5 吨的,每吨收费 4 元,超过 5 吨的,每吨收取较高标准的费用.已知 9 月份张家的用水量比李家的用水量多 50%,张家和李家的水费分别是 90 元和 55 元,则用水量超过 5 吨的收费标准是( ).

A. 5 元/吨   B. 5.5 元/吨   C. 6 元/吨   D. 6.5 元/吨   E. 7 元/吨

【答案】 E

【命题知识点】 水电费问题.

【解题思路】 设李家用水 x 吨,则张家用水 $1.5x$ 吨,显然两家都超过了 5 吨,设超出费用为 u 元/吨,列方程如下:

$$\begin{cases} 4\times5+u\times(1.5x-5)=90, \\ 4\times5+u\times(x-5)=55. \end{cases}$$

两方程相减,得 $0.5xu=35$,再由 $(x-5)u=35$,可以解出 $u=7$.

【例 11.3.12】 2006 年 1 月 1 日起,某市全面推行农村合作医疗,报销率如表 11.3.2 所示,农民每年每人只拿出 10 元就可以享受合作医疗. 某人住院报销了 805 元,则花费了( )元.

表 11.3.2

住院费/元	报销率/%	新增列:有效值
不超过 3 000	15	$3\,000\times15\%=450$
3 000~4 000	25	$1\,000\times25\%=250$
4 000~5 000	30	$1\,000\times30\%=300$
5 000~10 000	35	$5\,000\times35\%=1\,750$
10 000~20 000	40	$10\,000\times40\%=4\,000$

A. 3 220   B. 4 183.33   C. 4 350
D. 4 500   E. 以上均不对

【答案】 C

【命题知识点】 表格型分段函数问题.

【解题思路】 计算出表格对应区间宽度的有效值,见表 11.3.2,在原表右侧增加一列,则简单估计可得,住院费在 4 000 元以上,列式得 $\dfrac{805-450-250}{30\%}+4\,000=4\,350$(元).

四、建立函数求最值

【应试对策】 找出自变量和应变量,建立适当的函数关系(以二次函数为主),从而求出最值(常利用均值定理),体现了数学建模的思想方法.

【例 11.3.13】 某商场销售一批名牌衬衫,平均每天售出 20 件,每件盈利 40 元. 为了扩大销售,增加盈利,商场采取降价措施,经调查发现,若每件衬衫降价 1 元,商场平均每天可多售出 2 件,要使商场平均每天盈利最多,则每件衬衫应降价( )元.

A. 11   B. 12   C. 13   D. 14   E. 15

【答案】 E

【命题知识点】 建立函数求最值.

【解题思路】 方法一:设每件衬衫应降价 x 元,那么商场每天多售出 $2x$ 件,再设商场每天盈利 y 元,则列出函数关系,得

$$y=(40-x)(20+2x)=-2(x-15)^2+1\,250,$$

所以当 $x=15$ 时盈利最多,共 1 250 元.

方法二:因为 $y=(40-x)(20+2x)=2(40-x)(10+x)$,利用均值定理: $ab\leqslant\left(\dfrac{a+b}{2}\right)^2$,则 $2(40-x)(10+x)\leqslant2\times\left(\dfrac{50}{2}\right)^2=1\,250$,而等号当且仅当 $40-x=10+x$,即 $x=15$ 时取到.

【应试对策】 解决此类最优化问题的关键是找到对应函数模型,之后只需求模型的最

值即可.

【例 11.3.14】 某司机以 50 万元购进一款新车,已知该车第一年的各类损耗费用合计为 1 万元,以后每年往上递增 1 万元,则该司机( )年后报废该汽车,才能使平均每年的费用最省.

A. 8   B. 9   C. 10   D. 11   E. 12

【答案】 C

【命题知识点】 函数最优化问题.

【解题思路】 设该车第 n 年后报废,则总费用为

$$y = 50 + (1 + 2 + 3 + \cdots + n) = 50 + \frac{n(n+1)}{2},$$

平均费用为 $\bar{y} = \dfrac{50 + \dfrac{n(n+1)}{2}}{n} = \dfrac{50}{n} + \dfrac{n}{2} + \dfrac{1}{2} \geqslant 2\sqrt{\dfrac{50}{n} \cdot \dfrac{n}{2}} + \dfrac{1}{2} = 10\dfrac{1}{2}$(最小值),当 $\dfrac{50}{n} = \dfrac{n}{2}$ 时等号成立,即 $n = 10$ 时最省.

五、线性规划(不等式优化)问题

【应试对策】 此类问题一般来源于高中数学题,通过建立二元不等式组,以及二元目标函数,在不等式组的约束下,去求目标函数的最值,常见的解决方案是图解法.

【例 11.3.15】 某居民小区决定投资 15 万元修建停车位,据测算,修建一个室内车位的费用为 5 000 元,修建一个室外车位的费用为 1 000 元,考虑到实际因素,计划室外车位的数量不少于室内车位的 2 倍,也不多于室内车位的 3 倍,这笔投资最多可建车位的数量为( ).

A. 78   B. 74   C. 72   D. 70   E. 66

【答案】 B

【命题知识点】 线性规划问题.

【解题思路】 数形结合法.

设室内车位的数量为 x,室外车位的数量为 y,钱数单位为千元,建立约束不等式为

$$\begin{cases} 5x + y \leqslant 150, \\ 3x \geqslant y \geqslant 2x. \end{cases}$$

作出可行域,如图 11.3.6 所示,即求目标函数 $z = x + y$ 的最大值,显然 $y = 3x$ 与 $5x + y = 150$ 的交点为关键点,可求出交点为 $\left(\dfrac{75}{4}, \dfrac{225}{4}\right)$,但交点并非整数,通过整数解验证可得,当 $\begin{cases} x = 19, \\ y = 55 \end{cases}$ 时,$x + y$ 取得最大值 74.

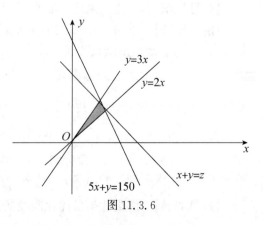

图 11.3.6

本章分层训练

1. 甲与乙的比是 $7:3$,丙与乙的比是 $2:5$,丙与丁的比是 $2:3$,则甲与丁的比是(   ).

A. $14:3$　　　B. $35:9$　　　C. $28:9$　　　D. $35:12$　　　E. 以上均不对

2. 商店换季大甩卖,原来买 2 件的钱现在可以买 5 件,则商品的价格下降了(   ).

A. 30%　　　B. 40%　　　C. 50%　　　D. 60%　　　E. 以上均不对

3. 某工厂生产的一批产品经质量检验,一等品和二等品的比是 $5:3$,二等品与三等品的比为 $4:1$,则该批产品的合格率(合格品包括一等品和二等品)为(   ).

A. 90%　　　B. 91.4%　　　C. 92.3%　　　D. 92.5%　　　E. 93.1%

4. 某商品单价下调 20% 后,再上调回原价,则上调百分比是(   ).

A. 15%　　　B. 20%　　　C. 25%　　　D. 30%　　　E. 以上均不对

5. 某电镀厂两次改进操作方法,使用锌量比原来节省 15%,则平均每次节约(   ).

A. 42.5%　　　　　　　　　B. 7.5%

C. $(1-\sqrt{0.85})\times100\%$　　　　　D. $(1+\sqrt{0.85})\times100\%$

E. 以上结论均不正确

6. 某工厂第二季度的产值比第一季度的产值增长了 $a\%$,第三季度的产值又比第二季度的产值增长了 $a\%$,则第三季度的产值比第一季度的产值增长了(   ).

A. $1+2a\%$　　　B. $2a\%$　　　C. $a\%$　　　D. $(2+a\%)a\%$

E. 以上都不正确

7. 某商店销售产品的时候,先按进价的 150% 标价,再按 8 折出售,此时每件仍可获利 120 元,则这种商品的进价为(   )元.

A. 500　　　B. 450　　　C. 600　　　D. 550

E. 以上都不正确

8. 随着计算机技术的迅猛发展,电脑价格不断降低,某品牌电脑按原售价降低 m 元后,又降价 20%,现售价为 n 元,那么该电脑的原售价为(   ).

A. $\left(\dfrac{4}{5}n+m\right)$元　　　　　　B. $\left(\dfrac{5}{4}n+m\right)$元

C. $(5m+n)$元　　　　　　D. $(5n+m)$元

E. 以上都不正确

9. 某班的学生去植树,全班人数的 $\dfrac{2}{3}$ 去挖树坑,余下人数的 $\dfrac{2}{3}$ 运树苗,最后余下的 4 名同学负责供应开水,则这个班共有学生(   ).

A. 18 人　　　B. 54 人　　　C. 36 人　　　D. 48 人　　　E. 30 人

10. 某公司的电子产品 1 月份按原定价的 80% 出售,能获利 20%,2 月份由于进价降低,按同样原定价的 75% 出售,却能获利 25%,那么 2 月份的进价是 1 月份的(   ).

A. 92%　　　B. 90%　　　C. 85%　　　D. 80%　　　E. 75%

11. 某公司有甲、乙企业,甲企业有员工 140 人,1995 年人均利润为 1.2 万元,1996 较 1995 年增加 10%;乙企业有员工 60 人,1995 年人均利润为 1.5 万元,1996 较 1995 年增加了 8%,则这个公司 1996 年的利润比 1995 年增加了(   ).

A. 9.302%　　　B. 10%　　　C. 15%　　　D. 12%　　　E. 13.2%

12. 某商场将某品牌西装的标价提高 $\frac{2}{3}$ 后,再以 7 折"优惠"售出,结果该西装每套能获利 800 元,已知该西装的进货成本价是每套 2 000 元,则该商场按"优惠价"售出比标价售出时(　　　).

A. 少赚 200 元　　　　　　　　B. 多赚 200 元

C. 少赚 400 元　　　　　　　　D. 多赚 400 元

E. 没多赚也没少赚

13. 孙经理用 24 000 元买进甲、乙股票若干,在甲股票升值 15%,乙股票下跌 10% 时全部抛出,他共赚 1 350 元,则孙经理购买甲股票的金额与购买乙股票的金额之比是(　　　).

A. 10∶7　　　B. 5∶3　　　C. 5∶6　　　D. 5∶7　　　E. 7∶10

14. 家中父亲的体重与儿子的体重比恰好等于母亲的体重与女儿的体重比,已知父亲的体重和儿子的体重之和为 125 千克,母亲的体重与女儿的体重之和为 100 千克,儿子比女儿重 10 千克,那么儿子的体重是(　　　)千克.

A. 40　　　B. 50　　　C. 55　　　D. 60　　　E. 65

15. 设个人所得税是工资加奖金总和的 30%,如果一个人的所得税为 6 810 元,奖金为 3 200 元,则他的工资为(　　　).

A. 12 000 元　　　B. 15 900 元　　　C. 19 500 元　　　D. 25 900 元　　　E. 62 000 元

16. 某工厂人员由技术人员、行政人员和工人组成,共有男职工 420 人,是女职工的 $1\frac{1}{3}$ 倍,其中行政人员占全体职工的 20%,技术人员比工人少 $\frac{1}{25}$,那么该工厂有工人(　　　).

A. 200 人　　　B. 250 人　　　C. 300 人　　　D. 350 人　　　E. 400 人

17. 某公司得到一笔款项 68 万元,用于下属三个厂的技术改造,结果甲、乙、丙按比例,分别拿到 36 万元,24 万元,8 万元.(　　　)

(1)甲、乙、丙三厂按照 $\frac{1}{2}$∶$\frac{1}{3}$∶$\frac{1}{9}$ 的比例分配款项;

(2)甲、乙、丙三厂按照 9∶6∶2 的比例分配款项.

18. 可以知道小王现在的月薪.(　　　)

(1)小王的月薪增加了 8%;

(2)小王的收入比增加前多了 500 元.

19. 1 千克鸡肉的价格高于 1 千克牛肉的价格.(　　　)

(1)一家超市出售袋装鸡肉与袋装牛肉,一袋鸡肉的价格比一袋牛肉的价格高 30%;

(2)一家超市出售袋装鸡肉与袋装牛肉,一袋鸡肉比一袋牛肉重 25%.

20. 王先生购买甲、乙两种股票若干股,其中买甲股票的股数比乙股票的股数多.(　　　)

(1)甲股票每股 8 元,乙股票每股 10 元;

(2)当甲股票上涨 10%,乙股票下跌 8% 时,王先生此时清仓可获利.

21. 一批货物共有 1 000 件,甲商店与乙商店分得的货物数为 7∶3.(　　　)

(1)货物总数的 60% 运到甲,其余全部运到乙后,乙退给甲 100 件;

(2)货物总数的 90% 运到甲,其余全部运到乙后,甲退给乙 200 件.

22. 质检人员对 A,B 两种产品进行数量相同的抽样检查后,如果 A 产品的合格率比 B

产品的合格率高出 5 个百分点,抽样的产品数可求出.(　　)

(1)抽出的产品中,A 产品中合格品有 48 个;

(2)抽出的产品中,B 产品中合格品有 45 个.

23. 公司有员工 50 人,技术考核的平均成绩为 81 分,按成绩将员工分为优秀和非优秀两类,可计算出非优秀员工的人数.(　　)

(1)优秀员工的平均成绩为 95 分;

(2)非优秀员工的平均成绩为 70 分.

24. 某项工程,若甲队单独做,会比乙队单独做多用 5 天完成,如果两队同时做,则需要 6 天完成工程的全部,则甲单独做一天可以完成总工程的(　　).

　　A. $\frac{1}{10}$　　　　B. $\frac{1}{20}$　　　　C. $\frac{1}{15}$　　　　D. $\frac{1}{12}$　　　　E. 以上均不对

25. 某工程队计划用若干小时挖一条长 11 千米的水渠,按原计划挖了 1.5 小时后,由于提高了效率,每小时比原计划多挖 1 千米,结果提前 1 小时,超额 1 千米完成了任务,则原计划每小时挖的千米数为(　　).

　　A. 1.5　　　　B. 2　　　　C. 2.5　　　　D. 3　　　　E. 1.2

26. 一个游泳池设有甲、乙、丙三个放水管,单独开放甲管,45 分钟可以放掉水池中的全部水,单独开放乙管,需要 60 分钟放掉水池中的全部水,单独开放丙管,则需 90 分钟放掉水池中的全部水.如果三管一起开放,放空水池需(　　).

　　A. 10 分钟　　B. 15 分钟　　C. 20 分钟　　D. 25 分钟　　E. 27 分钟

27. 甲、乙两架飞机同时从相距 1 755 千米的两个机场起飞匀速相向而行,经过 45 分钟后在途中到达相同的地点,如果甲的速度是乙的 $\frac{5}{4}$ 倍,那么两个飞机的速度差是每小时(　　)千米.

　　A. 250　　　　B. 260　　　　C. 270　　　　D. 280　　　　E. 285

28. 夜间 10 点,盗窃犯窃取一汽车后以每小时 120 千米的速度逃窜,45 分钟之后当地公安局接到报案,武警立即开车以 140 千米的时速追赶,则武警追到该盗窃犯时,恰为(　　).

　　A. 夜间 12 点半　　　　　　B. 凌晨 3 点 15 分

　　C. 凌晨 5 点　　　　　　　D. 夜间 12 点

　　E. 凌晨 2 点半

29. 某道路整修,若 7 天修完一半,则可以确定提前 3 天完工.(　　)

(1)7 天后的施工进度提高 70%;(2)7 天后的施工进度提高 75%.

30. 车间准备完成加工 1 000 个零件的工作,每小组应完成的定额数可以唯一确定.(　　)

(1)按定额平均分配给 6 个小组,则不能完成任务;

(2)将比定额多 2 个的加工任务平均分给 6 个小组,则可以超额完成任务.

31. 一辆汽车下坡时的速度为 35 km/h,汽车在甲、乙两地之间行驶,则甲、乙两地间上坡路与下坡路的总长为 122.5 km.(　　)

(1)汽车去时,在下坡路上行驶了 2 h;

(2)汽车回来时,在下坡路上行驶了 1.5 h.

32. A,B 两地相距 S 千米,甲、乙同时分别从 A,B 两地出发.甲每小时走的距离与乙每小时走的距离之比为 3:2.(　　)

(1)甲、乙相向而行,两人在途中相遇时,甲走的距离与乙走的距离之比是 3:2;

(2)甲、乙同向而行,甲追上乙时,乙走的距离是2S.

33. 甲、乙沿椭圆形的跑道跑步,且在同一条起跑线处同时出发,可以确定甲比乙跑得快.（　　）

(1)沿同一方向跑步,经过 10 分钟后甲从乙的背后追上乙;

(2)沿相反方向跑步,经过 2 分钟后,甲、乙在跑道上相遇.

34. 现有 5 分和 2 分的硬币共 100 枚,总币值为 4 元 1 角,则其中 5 分的硬币比 2 分的硬币多（　　）枚.

　　A. 20　　　　　B. 30　　　　　C. 40　　　　　D. 50　　　　　E. 35

35. 有 50 道选择题,答对一道得 2 分,答错或不答扣除 1 分,考生想要得到 80 分以上,他至少需做对（　　）道题.

　　A. 40　　　　　B. 42　　　　　C. 43　　　　　D. 44　　　　　E. 45

36. 今年父亲的年龄是儿子年龄的 10 倍,6 年后父亲的年龄是儿子年龄的 4 倍,那么 2 年前,父亲比儿子大（　　）岁.

　　A. 25　　　　　B. 26　　　　　C. 27　　　　　D. 28　　　　　E. 29

37. 今年王先生的年龄是他父亲年龄的一半,他父亲的年龄又是王先生儿子年龄的 15 倍,两年后他们三人的年龄之和恰好是 100 岁,那么王先生今年的岁数是（　　）.

　　A. 40　　　　　B. 50　　　　　C. 20　　　　　D. 30　　　　　E. 25

38. 某公司员工有 200 人,每人至少参加一项培训,参加数学、外语、会计培训的人数分别为 130、110、90,只参加数学和外语的有 35 人,只参加数学和会计的有 30 人,只参加外语和会计的有 25 人,则三个都参加的人数为（　　）.

　　A. 10　　　　　B. 13　　　　　C. 15　　　　　D. 20　　　　　E. 16

39. 若 1 只兔子可换 2 只鸡,2 只兔子可换 3 只鸭,5 只兔子可换 7 只鹅,某人用 20 只兔子换得鸡、鸭、鹅共 30 只,并且鸭和鹅至少各 8 只,则鸡和鸭的总和比鹅多（　　）只.

　　A. 1　　　　　B. 2　　　　　C. 3　　　　　D. 4　　　　　E. 5

40. 汽车公司有两家装配厂,生产甲、乙两种不同型号的汽车,已知 A 厂每小时可完成 1 辆甲型车和 2 辆乙型车;B 厂每小时可完成 3 辆甲型车和 1 辆乙型车,欲制造 40 辆甲型车和 20 辆乙型车,则这两家工厂各工作（　　）小时,才能使所费的总工作时数最少.

　　A. 4,12　　　　　B. 6,8　　　　　C. 5,11　　　　　D. 4,10　　　　　E. 6,10

41. 某租赁公司拥有汽车 100 辆,当每辆车的月租金为 3 000 元时,可全部租出,每辆车的月租金每增加 50 元时,未租出的车将会增加一辆,租出的车辆每辆每月需要维护费 150 元,未租出的车每辆每月需要维护费 50 元.

(1)当每辆车的月租金为 3 600 元时,能租出（　　）辆车;

　　A. 66　　　　　B. 68　　　　　C. 70　　　　　D. 78　　　　　E. 88

(2)当每辆车的月租金定为（　　）元时,租赁公司的月收益最大.

　　A. 3 050　　　　　B. 3 150　　　　　C. 3 650　　　　　D. 4 050　　　　　E. 4 250

🎯 分层训练答案

1.【答案】　B

【解析】　用统一比例的方法,先统一出甲：乙：丙＝35：15：6,得出甲：丙＝35：6,再统一出甲：丙：丁＝35：6：9,得出甲：丁＝35：9.

2.【答案】　D

【解析】　可以假设一共 10 元,即原价为 5 元,现价为 2 元,则下降了 $\frac{5-2}{5}=\frac{3}{5}=60\%$.

3.【答案】　B

【解析】　先统一比例,得一等品：二等品：三等品＝20：12：3,则合格率＝$\frac{32}{35}=$ 91.4％.

4.【答案】　C

【解析】　设单价为 100 元,下调后变为 80 元,则上调百分比为 $\frac{100-80}{80}=25\%$.

5.【答案】　C

【解析】　设每次节约百分比为 x,则 $(1-x)^2=1-15\%$,则 $x=(1-\sqrt{0.85})\times$ 100％.

6.【答案】　D

【解析】　$(1+a\%)(1+a\%)-1=1+2a\%+(a\%)^2-1=(2+a\%)a\%$.

7.【答案】　C

【解析】　设进价为 x 元,$x\cdot(150\%\times0.8-1)=120$,得 $x=600$.

8.【答案】　B

【解析】　设原价为 x 元,即 $(x-m)(1-20\%)=n$,$x=\frac{5}{4}n+m$.

9.【答案】　C

【解析】　挖树坑的占总人数的 $\frac{2}{3}$,运树苗的占总人数的 $\frac{1}{3}\times\frac{2}{3}=\frac{2}{9}$. 还剩余：$1-$ $\frac{2}{3}-\frac{2}{9}=\frac{1}{9}$. 那么总人数为 $\frac{4}{\frac{1}{9}}=36$(人).

10.【答案】　B

【解析】　一月份:原定价＝100,现价＝80,进价＝$\frac{80}{1+20\%}=\frac{400}{6}=\frac{200}{3}$；二月份:原定价＝100,现价＝75,进价＝$\frac{75}{1+25\%}=60$.

$\frac{2 \text{月份进价}}{1 \text{月份进价}}=0.9=90\%$. 选 B.

11.【答案】　A

【解析】　$\frac{1996 \text{年比} 1995 \text{年多增加的利润}}{1995 \text{年的总利润}}=\frac{140\times1.2\times10\%+60\times1.5\times8\%}{140\times1.2+60\times1.5}$,大致观察就可以发现结果必须在 8％～10％之间. 只能选 A.

12.【答案】　D

【解析】　设标价为 x 元,则 $\left(1+\frac{2}{3}\right)x\cdot0.7=2\,800$,计算出 $x=2\,400$,多赚了 $2\,800-2\,400=400$(元).

13.【答案】　B

277

【解析】 总的利润率为 $\dfrac{1\,350}{24\,000}=5.625\%$，利用交叉法，得

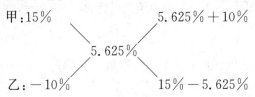

$$\dfrac{甲}{乙}=\dfrac{15.625\%}{9.375\%}=\dfrac{5}{3}.$$

14.【答案】 B

【解析】 方法一：列方程．设比例系数为 k，女儿重 x 千克，则儿子重 $(x+10)$ 千克，母亲重 kx 千克，父亲重 $k(10+x)$ 千克．

列方程，得 $10+x+k(10+x)=125,\; x+kx=100$，两式作除法，消去 k，可以算出 $x=40$，故儿子的体重是 50 千克．

方法二：$\dfrac{父}{儿}\xRightarrow{合比}\dfrac{母}{女}=\dfrac{父+儿}{儿}=\dfrac{母+女}{女}\Rightarrow\dfrac{125}{儿}=\dfrac{100}{女}\xRightarrow{更比}\dfrac{女}{儿}=\dfrac{100}{125}=\dfrac{4}{5}.$

因为儿子比女儿重 10 千克，那么儿子的体重是 50 千克，女儿的体重是 40 千克．

15.【答案】 C

【解析】 工资+奖金 $=\dfrac{6\,810}{30\%}=22\,700$（元），工资 $=22\,700-3\,200=19\,500$（元）．

16.【答案】 C

【解析】 女职工：$420\div\dfrac{4}{3}=315$（人），技术人员：工人 $=24:25$，那么工人有：

$$(315+420)\times(1-20\%)\times\dfrac{25}{49}=300\text{（人）}.$$

17.【答案】 D

【解析】 条件 (1)，$\dfrac{1}{2}:\dfrac{1}{3}:\dfrac{1}{9}=\dfrac{18}{2}:\dfrac{18}{3}:\dfrac{18}{9}=9:6:2$，即两个条件为等价条件，应选 D．

18.【答案】 C

【解析】 显然联合两个条件，可以求出小王现在的月薪为 $\dfrac{500}{8\%}+500=6\,750$（元）．

19.【答案】 C

【解析】 显然需要联合两个条件，可以假设一袋牛肉为 1 千克，则一袋鸡肉为 1.25 千克，一袋牛肉的售价为 10 元，则一袋鸡肉的售价为 13 元，牛肉每千克售 10 元，鸡肉每千克售 $\dfrac{13}{1.25}$ 元，后者显然大于前者，故联合两个条件充分．

20.【答案】 C

【解析】 显然联合两个条件，设甲、乙股票的股数分别为 x,y，列出不等式如下：$8x\cdot10\%>10y\cdot8\%\Rightarrow x>y$，显然充分．

21.【答案】 D

【解析】 条件(1),甲为 $600+100=700$(件),乙为 $400-100=300$(件);

条件(2),甲为 $900-200=700$(件),乙为 $100+200=300$(件),显然两个条件都充分.

22.**【答案】** C

【解析】 显然联合两个条件,由于本题题干的阐述中 A,B 两种产品总数相同,那么总数为 $\dfrac{48-45}{5\%}=60$(个).

23.**【答案】** C

【解析】 显然联合两个条件,设非优秀员工人数为 x,列式,得 $70x+95\times(50-x)=81\times50\Rightarrow x=28$.故充分.本题也可使用交叉法求解.

24.**【答案】** C

【解析】 设甲单独做 x 天可以完成任务,则乙单独做 $x-5$ 天完成任务,两队合作,$\dfrac{1}{x}+\dfrac{1}{x-5}=\dfrac{1}{6}$,解得 $x=15$.

25.**【答案】** B

【解析】 设原计划每小时挖 x 千米,则列方程为 $1.5x+(x+1)\left(\dfrac{11}{x}-1.5-1\right)=12$,解得 $x=2$.

26.**【答案】** C

【解析】 $\dfrac{1}{\dfrac{1}{45}+\dfrac{1}{60}+\dfrac{1}{90}}=20$(分钟).

27.**【答案】** B

【解析】 甲、乙两架飞机的速度和为 $\dfrac{1\,755}{\dfrac{3}{4}}=585\times4=2\,340$(千米/时),设乙的速度为 $4k$ 千米/时,甲的速度为 $5k$ 千米/时,$9k=2\,340$,则速度差为 $k=260$.

28.**【答案】** B

【解析】 此问题为追及问题,需要时间为 t 小时,则 $(140-120)t=120\times\dfrac{3}{4}$,则 $t=4.5$,那么最终时间为夜间 10 点 +4 小时 30 分钟 +45 分钟 =凌晨 3 点 15 分.

29.**【答案】** B

【解析】 条件(1),假设 7 天修了 7 份,一天修 1 份,提高后一天修 1.7 份,修完剩下的需要时间 $\dfrac{7}{1.7}$,不是整数,不充分.

条件(2),假设 7 天修了 7 份,一天修 1 份,提高后一天修 1.75 份,修完剩下的需要时间 $\dfrac{7}{1.75}=4$(天),正好提前了 3 天,充分.

30.**【答案】** E

【解析】 显然要联合两个条件考查.假设定额为 x,则 $6x<1\,000,6(x+2)>1\,000$,解出不等式为 $\dfrac{500}{3}-2<x<\dfrac{500}{3}$,则 $x=166$ 或者 165,不能唯一确定,所以选 E.

31. 【答案】 C

　　【解析】 联合两个条件考查,总路程为 $35 \times (2+1.5) = 122.5(\text{km})$,充分.

32. 【答案】 D

　　【解析】 条件(1),充分,因为时间相同时距离比就是速度比.条件(2),甲走了 $3S$, 乙走了 $2S$,还是满足题干.

33. 【答案】 A

　　【解析】 显然条件(1)充分;由条件(2)并不能看出速度快慢问题.

34. 【答案】 C

　　【解析】 这是鸡兔同笼问题.假设全是 5 分,则总共 5 元,现在少了 9 角,怎么少的呢? 2 分的换成了 5 分的,$90 \div 3 = 30$,故 30 枚 2 分,70 枚 5 分,多 40 枚.

35. 【答案】 D

　　【解析】 假设他答对 x 道,则 $2x - (50-x) > 80 \Rightarrow x > \dfrac{130}{3}$,故至少需做对 44 道. 选 D.

36. 【答案】 C

　　【解析】 设今年儿子为 x 岁,父亲为 $10x$ 岁,$10x+6 = 4(x+6)$,则 $x=3$,父亲为 30 岁,比儿子大 27 岁,永远都比儿子大 27 岁.

37. 【答案】 D

　　【解析】 设王先生的儿子今年 x 岁,王先生的父亲为 $15x$ 岁,王先生为 $7.5x$ 岁,则两年后总和 $x+2+15x+2+7.5x+2 = 100$,则 $x=4$,则王先生为 $4 \times 7.5 = 30(\text{岁})$.

38. 【答案】 D

　　【解析】 利用文氏图(画饼)公式:$n(A \cup B \cup C) = n(A) + n(B) + n(C) - n(AB) - n(BC) - n(CA) + n(ABC)$.

　　设 $n(ABC) = x$,即
$$200 = 130 + 110 + 90 - (35+x) - (30+x) - (25+x) + x,$$
$x = 20$.

39. 【答案】 B

　　【解析】 设每只兔子的价值为 m 元,则鸡为 $\dfrac{m}{2}$ 元,鸭为 $\dfrac{2}{3}m$ 元,鹅为 $\dfrac{5}{7}m$ 元,设鸡有 x 只,鸭有 y 只,鹅有 z 只,列式,得

$$\begin{cases} x \cdot \dfrac{m}{2} + \dfrac{2}{3}m \cdot y + \dfrac{5}{7}m \cdot z = 20m, \\ x+y+z = 30 \end{cases} \Rightarrow \begin{cases} \dfrac{x}{2} + \dfrac{2}{3}y + \dfrac{5}{7}z = 20, \\ x+y+z = 30 \end{cases} \Rightarrow$$

$$\begin{cases} 21x + 28y + 30z = 840, \\ 21x + 21y + 21z = 630 \end{cases} \Rightarrow 7y + 9z = 210.$$

　　凑出 $y=12, z=14, x=4, x+y-z=2$.

40. 【答案】 A

　　【解析】 设 A 厂生产 x 小时,B 厂生产 y 小时,z 为两厂的总工作时间,列出不等

式 $\begin{cases} x+3y\geqslant40, \\ 2x+y\geqslant20, \\ x,y\in\mathbf{N}, \end{cases}$ 求 $z=x+y$ 的最小值 $\Rightarrow$ 求出方程组 $\begin{cases} x+3y=40, \\ 2x+y=20 \end{cases}$ 的交点坐标 $x=4,y=$

12,此时 $z=x+y=16$ 为最小值.

41.【答案】 (1)E;(2)D

【解析】 (1)当租金为 3 600 元时,显然增加了 12 个 50 元,即有 12 辆车没有租出去,那么租出去的车数量为 $100-12=88$(辆).

(2)设每辆车的月租金增加 x 个 50 元时,公司月收益最大,月收益为 y 元,列出函数关系式:$y=(3\,000+50x)(100-x)-50x-150(100-x)$,整理得

$$y=-50x^2+2\,100x+285\,000,$$

对称轴为 $x=-\dfrac{2\,100}{2\times(-50)}=21.$

那么月租金每辆车为 $3\,000+50\times21=4\,050$(元)时,月收益最大.

本章小结

【知识体系】

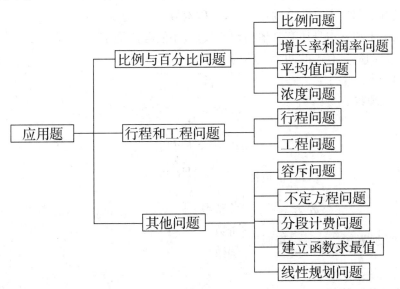

附录一 数学必备公式汇总

一、数的概念、性质和运算

1. 数的概念与性质

(1)数的概念.

自然数 **N**:0,1,2,…(**注意**:0 是自然数).

整数 **Z**:…,−2,−1,0,1,2,….

分数:将单位"1"平均分成若干份,表示其中的一份或几份的数叫作分数.

有理数 **Q**:可以表示 $\dfrac{p}{q}$ 形式的数称为有理数,其中 $p \in \mathbf{Z}, q \in \mathbf{N}^+$.

无理数:非有理数的实数称为无理数,即无限不循环小数.

实数 **R**:有理数与无理数的集合为实数;可与数轴上的点一一对应.

百分数:表示一个数是另一个数的百分之几的数叫作百分数,通常用"％"来表示.

整除:当整数 a 除以非零整数 b,商正好是整数而无余数时,则称 a 能被 b 整除或 b 能整除 a.

倍数、约数:当 a 能被 b 整除时,称 a 是 b 的倍数,b 是 a 的约数.

质数:只有 1 和它本身两个约数的数,又称素数. 最小的质数是 2.

合数:除了 1 和它本身还有其他约数的数,最小的合数是 4.

互质数:公约数只有 1 的两个数称为互质数.

(2)数的分类.

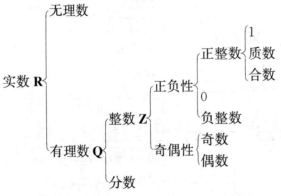

(3)整数的整除特征.

被 2 整除:若一个整数的末位是 0,2,4,6 或 8,则这个数能被 2 整除.

被 3 整除:若一个整数的各位数字之和能被 3 整除,则这个整数能被 3 整除.

被 4 整除:若一个整数的末尾两位数能被 4 整除,则这个整数能被 4 整除.

被 5 整除:若一个整数的末位是 0 或 5,则这个整数能被 5 整除.

被 6 整除:若一个整数能被 2 和 3 整除,则这个整数能被 6 整除.

被 8 整除:若一个整数的末尾三位数能被 8 整除,则这个整数能被 8 整除.

被 9 整除:若一个整数的各位数字之和能被 9 整除,则这个整数能被 9 整除.

被 11 整除:若一个整数的奇数位上的数字之和与偶数位上的数字之和的差能被 11 整除,则这个整数能被 11 整除.

2. 数的运算

(1)交换律:$a+b=b+a$;$a\times b=b\times a$.

(2)结合律:$(a+b)+c=a+(b+c)$;$(a\times b)\times c=a\times(b\times c)$.

(3)分配律:$(a+b)\times c=(a\times c)+(b\times c)$.

(4)乘方与开方(乘积与分式的方根、根式的乘方与简化):

$$a^x a^y=a^{x+y};\frac{a^x}{a^y}=a^{x-y};(ab)^x=a^x b^x;\left(\frac{a}{b}\right)^m=\frac{a^m}{b^m};(a^y)^x=a^{xy};a^{-m}=\frac{1}{a^m};$$

$$a^{\frac{n}{m}}=\sqrt[m]{a^n};(\sqrt[n]{a})^m=\sqrt[n]{a^m};\sqrt[np]{a^{mp}}=\sqrt[n]{a^m}\ (a>0).$$

注意:$a^0=1(a\neq 0)$.

(5)对数的运算性质:

$\log_{10}x=\lg x$(常用对数);$\log_e x=\ln x$(自然对数);

$$\log_a(M\cdot N)=\log_a M+\log_a N;\log_a \frac{M}{N}=\log_a M-\log_a N;\log_a M^k=k\log_a M;$$

$$\log_{a^k}M=\frac{1}{k}\log_a M;\log_{a^n}b^n=\log_a b;\log_{a^m}b^n=\frac{n}{m}\log_a b;\log_a b\cdot\log_b a=1;$$

$$\log_a b=\frac{\log_c b}{\log_c a}(a>0,a\neq 1;c>0,c\neq 1;b>0).$$

3. 绝对值

(1)非负性.

数 a 的绝对值,即$|a|$ 表示数 a 在数轴上所表示的点到原点的距离,任何实数 a 的绝对值非负.

绝对值运算:$\sqrt{a^2}=|a|$(a 为实数),$|a\cdot b|=|a|\cdot|b|$,$\left|\dfrac{a}{b}\right|=\dfrac{|a|}{|b|}$.

(2)三角不等式.

$$||a|-|b||\leqslant|a+b|\leqslant|a|+|b|.$$

左边等号成立的条件:$ab\leqslant 0$;右边等号成立的条件:$ab\geqslant 0$.

4. 平均值

(1)算术平均值.

设有 n 个数 $x_1,x_2,\cdots,x_n$,称 $\bar{x}=\dfrac{x_1+x_2+\cdots+x_n}{n}$ 为 $x_1,x_2,\cdots,x_n$ 的算术平均值.

(2)几何平均值.

设有 n 个正数 $x_1,x_2,\cdots,x_n$,称 $x^*=\sqrt[n]{x_1\cdot x_2\cdot\cdots\cdot x_n}$ 为 $x_1,x_2,\cdots,x_n$ 的几何平均值.

(3)均值不等式.

当 $x_1,x_2,\cdots,x_n$ 为 n 个正实数时,它们的算术平均值不小于它们的几何平均值,即

$\dfrac{x_1+x_2+\cdots+x_n}{n}\geqslant\sqrt[n]{x_1\cdot x_2\cdot\cdots\cdot x_n}$ $(x_i>0,i=1,\cdots,n)$,当且仅当 $x_1=x_2=\cdots=x_n$ 时,

等号成立.

注意此关系在求最值中的应用!

用上述不等式求函数最值时,必须注意以下三点,即"一正二定三相等":

一正——各项均为正.

二定——和或积为定值(有时需通过"凑配法"凑出定值来).和为定值时,积有最大值;积为定值时,和有最小值.

三相等——当且仅当各项相等时,取得上述最值;若各项不能都相等,则不能取得上述最值.

(4)方差与标准差.

①方差 s^2:各个数据与算术平均值之差的平方的算术平均值.

$$s^2 = \frac{1}{n}\sum_{i=1}^{n}(x_i - \bar{x})^2 (\bar{x}\text{为这组数据的算术平均值}).$$

②标准差 s:方差的算术平方根.

$$s = \sqrt{\frac{1}{n}\sum_{i=1}^{n}(x_i - \bar{x})^2}.$$

5. 比和比例

(1)相关概念.

原值为 a,则增长 $p\%$ 后,现值为 $a(1+p\%)$;下降 $p\%$ 后,现值为 $a(1-p\%)$.

注意:a 比 b 大 $p\%$:$a=(1+p\%)\cdot b$;a 是 b 的 $p\%$:$a=p\%\cdot b$.

(2)比的性质.

以下各个比的比例后项即分母均不能为零.

①交叉积定理:$\dfrac{a}{b}=\dfrac{c}{d}\Leftrightarrow ad=bc$.

②更比定理:$\dfrac{a}{b}=\dfrac{c}{d}\Leftrightarrow \dfrac{a}{c}=\dfrac{b}{d}$.

③合分比定理:$\dfrac{a}{b}=\dfrac{c}{d}\Leftrightarrow \dfrac{a+b}{a-b}=\dfrac{c+d}{c-d}$.

④等比定理:$\dfrac{a}{b}=\dfrac{c}{d}=\dfrac{e}{f}=\dfrac{a+c+e}{b+d+f}(b+d+f\neq 0)$.

⑤倒比定理:$\dfrac{1}{x}:\dfrac{1}{y}:\dfrac{1}{z}=a:b:c\Leftrightarrow x:y:z=\dfrac{1}{a}:\dfrac{1}{b}:\dfrac{1}{c}$.

⑥增减性:若 $b,d\in\mathbf{R}^+$,则 $\dfrac{a}{b}\geqslant\dfrac{c}{d}\Leftrightarrow\dfrac{a}{b}\geqslant\dfrac{a+c}{b+d}\geqslant\dfrac{c}{d}$.

二、整式和分式

1. 整式及其运算

(1)几个常用公式.

基本乘法:$(a+b)(c+d)=ac+ad+bc+bd$.

平方差公式:$a^2-b^2=(a+b)\cdot(a-b)$.

二项平方公式:$(a\pm b)^2=a^2\pm 2ab+b^2$.

三项平方公式：$(a+b+c)^2=a^2+b^2+c^2+2ab+2bc+2ac$.

立方和差公式：$a^3\pm b^3=(a\pm b)(a^2\mp ab+b^2)$.

二项立方公式：$(a\pm b)^3=a^3\pm 3a^2b+3ab^2\pm b^3$.

多次方差公式：$a^n-b^n=(a-b)(a^{n-1}+a^{n-2}b+a^{n-3}b^2+\cdots+b^{n-1})$.

平方和公式：$(a\pm b)^2+(b\pm c)^2+(c\pm a)^2=2(a^2+b^2+c^2\pm ab\pm bc\pm ac)$.

(2)多项式的因式分解.

把一个多项式表示成几个整式之积的形式,叫作多项式的因式分解. 在指定数集内进行因式分解时,通常要求最后结果中的每一个因式均不能在该数集内继续分解.

多项式因式分解的常用方法如下：

方法一：提取公因式法.

方法二：公式法(乘法公式从右到左,即为因式分解公式).

方法三：求根法. 若方程 $a_0x^n+a_1x^{n-1}+a_2x^{n-2}+\cdots+a_n=0$ 有 n 个根 $x_1,x_2,\cdots,x_n$,则多项式 $a_0x^n+a_1x^{n-1}+a_2x^{n-2}+\cdots+a_n=a_0(x-x_1)(x-x_2)(x-x_3)\cdots(x-x_n)$.

方法四：二次三项式的十字相乘法.

方法五：分组分解法.

方法六：待定系数法.

(3)余数定理和因式定理.

多项式 $F(x)=a_0x^n+a_1x^{n-1}+a_2x^{n-2}+\cdots+a_n$ 被 $(x-a)$ 除所得的余数一定是 $F(a)$. 因为 $F(x)=(x-a)g(x)+r$,令 $x=a$,必有 $F(a)=r$.

当且仅当 $F(a)=0$,即 $r=0$ 时,$F(x)$ 被 $(x-a)$ 整除,即多项式 $F(x)$ 含有因式 $(x-a)$.

2. 分式及其运算

(1)定义.

若 A,B 表示两个整式,且 $B\neq0$,B 中含有字母,则称 $\dfrac{A}{B}$ 是分式. 分子和分母没有正次数的公因式的分式,称为最简分式(或既约分式).

(2)基本性质.

分式的分子和分母同乘以(或除以)同一个不为零的式子,分式的值不变,即有 $\dfrac{A}{B}=\dfrac{mA}{mB}(m\neq0)$.

分式的基本性质主要应用在分式的通分和约分上.

(3)分式运算.

①加减运算：$\dfrac{a}{b}\pm\dfrac{c}{d}=\dfrac{ad\pm bc}{bd}$.

②乘除运算：$\dfrac{a}{b}\cdot\dfrac{c}{d}=\dfrac{ac}{bd}$,$\dfrac{a}{b}\div\dfrac{c}{d}=\dfrac{ad}{bc}$.

③乘方、开方：$\left(\dfrac{a}{b}\right)^k=\dfrac{a^k}{b^k}$,$\sqrt[k]{\dfrac{a}{b}}=\dfrac{\sqrt[k]{a}}{\sqrt[k]{b}}$.

④裂项运算：$\dfrac{1}{n(n+k)}=\dfrac{1}{k}\left(\dfrac{1}{n}-\dfrac{1}{n+k}\right)$.

三、方程、不等式与函数

1. 方程

(1)一元一次方程和二元一次方程组.

一元一次方程的形式是 $ax+b=0$,其中 $a\neq 0$,它的根为 $x=-\dfrac{b}{a}$.

二元一次方程组的形式是 $\begin{cases} a_1x+b_1y=c_1, \\ a_2x+b_2y=c_2. \end{cases}$ 如果 $a_1b_2-a_2b_1\neq 0$,则方程组有唯一解.

(2)一元二次方程.

一元二次方程的形式是 $ax^2+bx+c=0(a\neq 0)$.

①判别式:$\Delta=b^2-4ac$.

②求根公式:$x_1=\dfrac{-b+\sqrt{b^2-4ac}}{2a}$,$x_2=\dfrac{-b-\sqrt{b^2-4ac}}{2a}$.

③根与系数的关系:$x_1+x_2=-\dfrac{b}{a}$,$x_1\cdot x_2=\dfrac{c}{a}$.

利用韦达定理可以求出关于两个根的轮换对称式的数值:

$$\frac{1}{x_1}+\frac{1}{x_2}=\frac{x_1+x_2}{x_1x_2};\quad \frac{1}{x_1^2}+\frac{1}{x_2^2}=\frac{(x_1+x_2)^2-2x_1x_2}{(x_1x_2)^2};$$

$$\sqrt{\frac{x_1}{x_2}}+\sqrt{\frac{x_2}{x_1}}=\sqrt{\left(\sqrt{\frac{x_1}{x_2}}+\sqrt{\frac{x_2}{x_1}}\right)^2}=\sqrt{\frac{x_1}{x_2}+\frac{x_2}{x_1}+2}=\sqrt{\frac{x_1^2+x_2^2+2x_1x_2}{x_1x_2}}$$

$$=\sqrt{\frac{(x_1+x_2)^2}{x_1x_2}};$$

$$|x_1-x_2|=\sqrt{(x_1-x_2)^2}=\sqrt{(x_1+x_2)^2-4x_1x_2}=\frac{\sqrt{\Delta}}{|a|}.$$

④二次函数的图像:$y=ax^2+bx+c=a\left(x+\dfrac{b}{2a}\right)^2+\dfrac{4ac-b^2}{4a}$,其图像是以 $x=-\dfrac{b}{2a}$ 为对称轴,以 $\left(-\dfrac{b}{2a},\dfrac{4ac-b^2}{4a}\right)$ 为顶点的抛物线.

⑤图像与根的关系(见附表 1.1).

附表 1.1　图像与根的关系一览表

$\Delta=b^2-4ac$	$f(x)=ax^2+bx+c(a>0)$	$f(x)=0$ 的根	$f(x)>0$ 的解
$\Delta>0$		$x_1=\dfrac{-b-\sqrt{\Delta}}{2a}$,$x_2=\dfrac{-b+\sqrt{\Delta}}{2a}$	$x<x_1$ 或 $x>x_2$
$\Delta=0$		$x_1=x_2=-\dfrac{b}{2a}$	$x\neq-\dfrac{b}{2a}$
$\Delta<0$		无实数根	$x\in \mathbf{R}$

(3)简单的指数方程和对数方程.

简单的指数、对数方程都可以利用换元法化为代数方程来求解.

①指数函数:$y=a^x(a>0,a\neq 1)$(见附表 1.2).

附表 1.2 指数函数的图像与性质

图像		
定义域	**R**	
值域	$(0,+\infty)$	
过点	$(0,1)$	
单调性	定义域上单调递增	定义域上单调递减

②对数函数：$y=\log_a x\,(a>0,a\neq 1)$（见附表 1.3）.

附表 1.3 对数函数的图像与性质

图像		
定义域	$(0,+\infty)$	
值域	**R**	
过点	$(1,0)$	
单调性	定义域上单调递增	定义域上单调递减

2. 不等式

(1)不等式的基本性质及基本不等式.

①不等式的基本性质.

a. $a>b\Leftrightarrow a+c>b+c$.

b. 若 $c>0$，则 $a>b\Rightarrow ac>bc$；若 $c<0$，则 $a>b\Rightarrow ac<bc$.

c. $a>b,c>d\Rightarrow a+c>b+d$；$a>b,c>d\Rightarrow a-d>b-c$.

d. 若 a,b 同号，则 $a>b\Rightarrow\dfrac{1}{a}<\dfrac{1}{b}$.

e. 若 $a>0,b>0$，则 $a>b\Leftrightarrow a^n>b^n$，$a>b\Leftrightarrow\sqrt[n]{a}>\sqrt[n]{b}$.

②基本不等式.

整式形式：

a. $a^2+b^2\geq 2ab\,(a,b\in\mathbf{R})$.

b. $a^3+b^3+c^3\geq 3abc\,(a,b,c\in\mathbf{R}^+)$.

根式形式：

a. $\dfrac{a+b}{2}\geq\sqrt{ab}\,(a,b\in\mathbf{R}^+)$.

287

b. $\dfrac{a+b+c}{3} \geqslant \sqrt[3]{abc}\,(a,b,c \in \mathbf{R}^+)$.

分式形式：

a. $\dfrac{b}{a}+\dfrac{a}{b} \geqslant 2(a,b \in \mathbf{R}^+)$.

b. $\dfrac{b}{a}+\dfrac{c}{b}+\dfrac{a}{c} \geqslant 3(a,b,c \in \mathbf{R}^+)$.

倒数形式：

a. $a+\dfrac{1}{a} \geqslant 2(a \in \mathbf{R}^+)$.

b. $a+\dfrac{1}{a} \leqslant -2(a \in \mathbf{R}^-)$.

注意上述不等式成立的条件及在求最值时的应用.

（2）绝对值不等式.

①$|a+b| \leqslant |a|+|b|$（$ab \geqslant 0$ 时等号成立）.

②$|a+b| \geqslant \|a|-|b\|$（$ab \leqslant 0$ 时等号成立）.

③$|a-b| \leqslant |a|+|b|$（$ab \leqslant 0$ 时等号成立）.

④$|a-b| \geqslant \|a|-|b\|$（$ab \geqslant 0$ 时等号成立）.

⑤$-|a| \leqslant a \leqslant |a|\,(a \in \mathbf{R})$.

⑥若干个实数之和的绝对值不大于它们的绝对值之和，即 $|a_1+a_2+\cdots+a_n| \leqslant |a_1|+|a_2|+\cdots+|a_n|$（当它们同号时等号成立）.

⑦简单绝对值不等式的解法：
$$|f(x)|>a \Leftrightarrow f(x)>a \text{ 或 } f(x)<-a\,(a>0),$$
$$|f(x)|<a \Leftrightarrow -a<f(x)<a\,(a>0),$$
$$|f(x)|>|g(x)| \Leftrightarrow f^2(x)>g^2(x),$$
$$|f(x)|<|g(x)| \Leftrightarrow f^2(x)<g^2(x).$$

注意：若 $a<0$，$|f(x)|>a$ 的解即为 $f(x)$ 的定义域；若 $a<0$，$|f(x)|<a$ 无解.

（3）一元二次不等式.

①一元二次不等式的解.

记 $f(x)=ax^2+bx+c\,(a>0)$，$\Delta=b^2-4ac$；方程 $f(x)=0$ 若有两根，则记为 $\alpha \geqslant \beta$；

a. $\Delta<0$ 时，$f(x)>0$ 的解集为 $\{x \mid x \in \mathbf{R}\}$；$f(x)<0$ 的解集为 $\varnothing$；

b. $\Delta=0$ 时，$f(x)>0$ 的解集为 $\left\{x \mid x \neq -\dfrac{b}{2a}, x \in \mathbf{R}\right\}$；$f(x)<0$ 的解集为 $\varnothing$；

c. $\Delta>0$ 时，$f(x)>0$ 的解集为 $\{x \mid x>\alpha \text{ 或 } x<\beta\}$；$f(x)<0$ 的解集为 $\{x \mid \beta<x<\alpha\}$.

一元二次不等式的解，也可根据二次函数 $y=ax^2+bx+c$ 的图像求解.

②注意"对任意 x 都成立"或"恒成立"的含义：

$ax^2+bx+c>0$ 对任意 x 都成立，即 $a=b=0,c>0$ 或 $a>0,\Delta<0$；$ax^2+bx+c<0$ 对任意 x 都成立，即 $a=b=0,c<0$ 或 $a<0,\Delta<0$.

③要会根据不等式解集的特点来判断不等式系数的特点.

(4)分式不等式.

①$\dfrac{f(x)}{g(x)}\geqslant 0\Leftrightarrow\begin{cases}f(x)g(x)\geqslant 0,\\ g(x)\neq 0;\end{cases}$

②$\dfrac{f(x)}{g(x)}\leqslant 0\Leftrightarrow\begin{cases}f(x)g(x)\leqslant 0,\\ g(x)\neq 0.\end{cases}$

(5)根式不等式.

①$\sqrt{f(x)}>g(x)\Leftrightarrow\begin{cases}f(x)>g^2(x),\\ g(x)\geqslant 0\end{cases}$或$\begin{cases}f(x)\geqslant 0,\\ g(x)<0;\end{cases}$

②$\sqrt{f(x)}<g(x)\Leftrightarrow\begin{cases}0\leqslant f(x)<g^2(x),\\ g(x)\geqslant 0;\end{cases}$

③$\sqrt{f(x)}>\sqrt{g(x)}\Rightarrow\begin{cases}f(x)>g(x),\\ f(x)\geqslant 0,\\ g(x)\geqslant 0.\end{cases}$

四、数列

1. 数列的概念

(1)通项与通项公式.

数列是依某顺序排列成一列的数.

表示方法:$a_1,a_2,a_3,\cdots,a_{n-1},a_n,\cdots$或数列$\{a_n\}$.

通项:a_n;通项公式:$a_n=f(n)$.

(2)通项与前 n 项和之间的关系.

①已知通项 a_n,求前 n 项和:$S_n=a_1+a_2+\cdots+a_n$.

②已知前 n 项和 S_n,求通项:$a_n=\begin{cases}S_1, & n=1,\\ S_n-S_{n-1}, & n\geqslant 2.\end{cases}$

注意:用公式 $a_n=S_n-S_{n-1}$ 求得的仅是当 $n\geqslant 2$ 时的通项,不包含首项 a_1,用此公式获得 a_n 后,必须验证首项 a_1 是否符合该公式,如果符合,则可以合并,如果不符合,必须将首项单独列出.

2. 等差数列

(1)通项公式.

$a_n=a_1+(n-1)d=a_k+(n-k)d$.当公差 d 不为零时,可将其抽象成关于 n 的一次函数 $f(n)=dn+(a_1-d)$,其斜率为 d,在 y 轴上的截距为 a_1-d.

(2)等差中项.

a,b,c 成等差数列$\Leftrightarrow b-a=c-b\Leftrightarrow 2b=a+c$(称 b 为 a 和 c 的等差中项).

(3)前 n 项和公式.

$S_n=\dfrac{(a_1+a_n)n}{2}=na_1+\dfrac{n(n-1)}{2}d=\left(\dfrac{d}{2}\right)n^2+\left(a_1-\dfrac{d}{2}\right)n$,当公差 d 不为零时,可将其抽象成关于 n 的二次函数 $f(n)=\left(\dfrac{d}{2}\right)n^2+\left(a_1-\dfrac{d}{2}\right)n$.此式特点如下:

①常数项为零,过原点.

②开口方向由 d 决定.

③二次项系数为 $\dfrac{d}{2}$.

④对称轴 $x=\dfrac{1}{2}-\dfrac{a_1}{d}$(求最值).

⑤若 d 不为零,等差数列的前 n 项和为二次函数;若 d 等于零,则退化成一次函数.

注意:如果 S_n 是一个含有常数项的二次函数,则对应数列从第二项开始为等差数列.

(4)等差数列的性质.

①通项的脚标性质:当 $m+n=k+t$ 时,有 $a_m+a_n=a_k+a_t$.

注意:可以将此公式推广到多个,但要同时满足两个条件:等式左、右脚标之和相等;等式左、右的项数相同.

②前 n 项和 S_n 的性质:

a. 若 S_n 为等差数列前 n 项和,则 $S_n,S_{2n}-S_n,S_{3n}-S_{2n}$ 仍为等差数列,其公差为 n^2d.

b. 若等差数列 $\{a_n\}$ 和 $\{b_n\}$ 的前 n 项和分别为 S_n 和 T_n,则有 $\dfrac{a_k}{b_k}=\dfrac{S_{2k-1}}{T_{2k-1}}$.

分析: $\dfrac{a_k}{b_k}=\dfrac{2a_k}{2b_k}=\dfrac{a_1+a_{2k-1}}{b_1+b_{2k-1}}=\dfrac{\dfrac{a_1+a_{2k-1}}{2}(2k-1)}{\dfrac{b_1+b_{2k-1}}{2}(2k-1)}=\dfrac{S_{2k-1}}{T_{2k-1}}.$

3. 等比数列

(1)通项公式.

$a_n=a_1q^{n-1}=a_kq^{n-k}=\dfrac{a_1}{q}q^n.$ 可以将其抽象成一个指数函数,其中底数等于公比.

注意:等比数列的任意一个元素均不能为零!

(2)等比中项.

若 a,G,b 成等比数列,$G=\pm\sqrt{ab}$,称 G 为 a,b 的等比中项.

(3)前 n 项和公式.

$$S_n=\begin{cases}na_1, & q=1,\\ \dfrac{a_1(1-q^n)}{1-q}=\dfrac{a_1-a_1q^n}{1-q}=\dfrac{a_1}{1-q}-\dfrac{a_1}{1-q}q^n, & q\neq1.\end{cases}$$

(4)所有项和.

对于无穷递缩等比数列($|q|<1,q\neq0$),存在所有项和:$\lim\limits_{n\to\infty}S_n=\dfrac{a_1}{1-q}$.

(5)等比数列的性质.

①通项的脚标性质:当 $m+n=k+t$ 时,$a_m\cdot a_n=a_k\cdot a_t$.

注意:可以将此公式推广到多个,但要同时满足两个条件:等式左、右脚标之和相等;等式左、右的项数相同.

②前 n 项和 S_n 的性质:若 S_n 为等比数列前 n 项和,则 $S_n,S_{2n}-S_n,S_{3n}-S_{2n}$ 仍为等比数列,其公比为 q^n.

五、排列组合与概率初步

1. 两个原理

(1)加法原理.

若完成一件事可以分成若干类办法,则完成该事件的方法总数即为各类办法中方法数的和.

(2)乘法原理.

若完成一件事可以分成若干个步骤,则完成该事件的方法总数即为各个步骤中方法数的积.

2. 排列与组合

(1)排列与排列数.

①定义:从 n 个不同的元素中任取 $m(m \leqslant n)$ 个元素,按照一定的顺序排成一列,称为从 n 个元素中取出 m 个元素的一个排列. 所有这些排列的个数称为排列数,记为 A_n^m.(**注意**:有序用排列)

②排列数公式: $A_n^m = n(n-1)(n-2)\cdots(n-m+1) = \dfrac{n!}{(n-m)!}$.(**注意**:阶乘即为全排列 $m! = A_m^m$;规定 $0! = 1$)

(2)组合与组合数.

①定义:从 n 个不同的元素中任取 $m(m \leqslant n)$ 个元素组成一个组,称为从 n 个元素中取出 m 个元素的一个组合. 所有这些组合的个数称为组合数,记为 C_n^m.(**注意**:无序用组合)

②组合数公式: $C_n^m = \dfrac{A_n^m}{A_m^m} = \dfrac{n!}{m!(n-m)!}$.

③组合数与排列数的关系:从 n 个不同的元素中任取 $m(m \leqslant n)$ 个元素,将其按照一定的顺序排成一列,可以认为是从 n 个不同的元素中任取 $m(m \leqslant n)$ 个元素组成一个组之后再将此 m 个元素全排列: $A_n^m = C_n^m \cdot m!$(提示:先组合后排列)

3. 排列与组合的常用方法

(1)捆绑法.

将相邻的若干个体当作一个单位处理称为捆绑法.

(2)插空法.

将各不相邻的若干个体分别插入随意排列的其他个体的间隙或两侧称为插空法.

(3)隔板法.

将相同的东西(仅有数量区别而没有质的区别)以每个对象至少一个的分配方式分配给若干个对象,可以用隔板法. 隔板仅插入随意排列的其他个体的间隙处.

(4)除序法.

应该无序(仅为分组)或已经定序,人为加序需要除序. 人为加序的常见可能是运用乘法原理(常见于等量分组).

4. 概率初步

(1)一般事件的概率性质与计算.

$0 \leqslant P(A) \leqslant 1, P(\varnothing) = 0, P(\Omega) = 1, P(A \cup B) = P(A) + P(B) - P(A \cap B)$.

(2)特殊事件的概率性质与计算.

①等可能事件(古典概型)：$P(A) = \dfrac{A \text{ 的度量}}{\Omega \text{ 的度量}}$.

②互不相容事件：$P(A \cup B) = P(A) + P(B)$；$P(A \cap B) = 0$.

③对立事件：$P(A) + P(\bar{A}) = 1$.

(3)相互独立事件：$P(A \cap B) = P(A) P(B)$.

(4)独立重复试验(伯努利试验).

如果在一次试验中某事件发生的概率为 p，那么：

①在 n 次独立重复试验中这个事件恰好发生 k 次的概率为 $P_n(k) = C_n^k p^k (1-p)^{n-k}$ $(k = 0, 1, 2, \cdots, n)$.

②重复试验，直到第 k 次试验，这个事件才首次发生的概率为 $P_k = p \cdot (1-p)^{k-1}$ $(k = 1, 2, \cdots)$.

③重复试验，直到第 n 次试验，这个事件才发生 k 次的概率为 $P = C_{n-1}^{k-1} p^k (1-p)^{n-k}$ $(k = 1, 2, \cdots, n)$.

(5)条件概率.

若 $P(A) > 0$，$P(B|A) = \dfrac{P(AB)}{P(A)}$，$P(B|A)$ 表示在事件 A 发生的条件下事件 B 发生的概率.

5. 容斥原理

(1)二元容斥公式.

$$N(A+B) = N(A) + N(B) - N(AB).$$

(2)三元容斥公式.

$$N(A+B+C) = N(A) + N(B) + N(C) - N(AB) - N(AC) - N(BC) + N(ABC).$$

六、几何

1. 平面几何

(1)相交线和平行线.

①相交线的有关性质：对顶角相等；经过一点有且只有一条直线垂直于已知直线.

②平行线的有关性质：经过已知直线外一点，有且只有一条直线和已知直线平行；两条平行线被第三条直线所截，所得的同位角、内错角相等，同旁内角互补.

③平行线的判定方法：若两条直线同时平行于第三条直线，那么这两条直线也相互平行；两条直线被第三条直线所截，如果同位角相等(或内错角相等，或同旁内角互补)，那么这两条直线平行.

④有关"距离"：两点间的距离为连接两点的线段的长；点到直线的距离为该点到该直线的垂线段的长；两平行线间的距离处处相等.

⑤线段的中垂线：经过线段的中点并与该线段垂直的直线.

(2)三角形.

①三角形内角之和为 $180°$,三角形外角等于不相邻的两个内角之和.

②三角形面积公式: $S = \dfrac{1}{2}ah = \dfrac{1}{2}ab\sin C$,其中 h 是 a 边上的高.

③三角形三边关系:两边之和大于第三边,两边之差小于第三边.

④三角形中线的交点是重心,设 G 是某三角形的重心,点 A 为其一个顶点,点 D 为其对边中点,则有 $AG:GD = 2:1$.

⑤连接三角形两边中点的线段叫作三角形的中位线,三角形的中位线平行于第三边,并且等于它的一半.

⑥三角形角平分线的交点是内心,内心是其内切圆的圆心. 三角形三边中垂线的交点是外心,外心是其外接圆的圆心.

a. 若三角形的周长为 C,其内切圆半径为 r,则其面积 $S = \dfrac{1}{2}Cr$.

b. 若直角三角形的两条直角边长为 a,b,斜边长为 c,则其内切圆半径 $r = \dfrac{a+b-c}{2}$,外接圆半径 $R = \dfrac{c}{2}$.

⑦等边三角形的边长为 a,则其高 $h = \dfrac{\sqrt{3}}{2}a$. 内切圆半径 $r = \dfrac{\sqrt{3}}{6}a$,外接圆半径 $R = \dfrac{\sqrt{3}}{3}a$,面积 $S = \dfrac{\sqrt{3}}{4}a^2$.

⑧勾股定理:若直角三角形的两条直角边长为 a,b,斜边长为 c,则有 $c^2 = a^2 + b^2$.
常见勾股数组有:3,4,5;6,8,10;9,12,15;5,12,13.

⑨等腰直角三角形的三边之比为 $1:1:\sqrt{2}$.有个锐角为 $30°$ 的直角三角形的三边之比为 $1:\sqrt{3}:2$.

⑩相似三角形的判定:对应边成比例且夹角相等;两对应角相等;三边对应成比例.

(3)四边形.

①平行四边形.

若平行四边形的两条邻边长分别为 a 和 b,a 边上的高为 h,则其面积 $S = ah$,周长 $l = 2(a+b)$.

②矩形(正方形).

若矩形的两条邻边长分别为 a,b,则其面积 $S = ab$,周长 $l = 2(a+b)$,对角线长为 $\sqrt{a^2+b^2}$.

③对角线互相垂直的四边形(菱形).

若四边形的两条对角线互相垂直,且其长分别为 p,q,则其面积 $S = \dfrac{1}{2}pq$.

④梯形.

若梯形的上、下底分别为 a,b,高为 h,则其中位线 $m = \dfrac{1}{2}(a+b)$,面积 $S = \dfrac{h}{2}(a+b) = mh$.

(4)圆和扇形.

①若圆的半径为 R,则其直径 $D=2R$,周长 $C=2\pi R=\pi D$,面积 $S=\pi R^2$.

②若扇形 OAB 的圆心角的度数为 θ,则 $\overset{\frown}{AB}$ 的弧长 $l=\dfrac{\theta}{360°}C=\dfrac{\theta}{360°}\cdot 2\pi R$,其面积

$$S=\frac{1}{2}Rl=\frac{\theta}{360°}\pi R^2.$$

③圆是轴对称图形,对称轴是过圆心的任一直线,反映圆的轴对称性质的定理是"垂径"定理及其逆定理:

在"过圆心的直线""垂直于弦""平分弦""平分弦所对的弧"这四个条件中知道任意两个,就能知道其他两个.

④圆有旋转不变性,反映这条性质的是"弦、弧、弦心距、圆心角之间关系"的定理:

在同圆或等圆中,在"弦相等""弧(劣弧)相等""弦心距相等""圆心角相等"这四个条件中知道任意一个,就能知道其他三个.

(5)关于圆的切线.

①切线的判定:

a. 过半径的外端,并且垂直于这条半径的直线为该圆的切线.

b. 与圆心的距离等于半径的直线为该圆的切线.

②切线的性质:

a. 切线垂直于过切点的半径.

b. 经过切点并且垂直于切线的直线经过圆心;经过圆心并且垂直于切线的直线经过切点.

c. 圆外一点到圆的两条切线的长相等,这点和圆心的连线平分两条切线的夹角.

2. 简单空间几何

(1)长方体(正方体).

设长方体共顶点的三条棱长为 a,b,c,则

①长方体的全面积:$S=2(ab+ac+bc)$.

②长方体的体积:$V=abc=S_{底}h$.

③长方体的体对角线:$L=\sqrt{a^2+b^2+c^2}$.

④a,b,c 与 S,L 之间有如下关系:$(a+b+c)^2=S+L^2$.

长方体必有外接球,其外接球直径即为长方体的体对角线 $2R=L=\sqrt{a^2+b^2+c^2}$.

正方体还有内切球,其内切球直径即为正方体的棱长.

(2)圆柱体.

设圆柱体高为 h,底面半径为 r,则

①圆柱体的侧面积:$S=Ch=2\pi rh$.

②圆柱体的体积:$V=\pi r^2h$.

(3)球体.

设球的半径为 R,则

①球的表面积:$S=4\pi R^2$.

②球的体积:$V=\dfrac{4}{3}\pi R^3$.

3. 解析几何

(1)距离公式.

①点到点的距离:$P_1(x_1,y_1)$,$P_2(x_2,y_2)$,则 $|P_1P_2|=\sqrt{(x_1-x_2)^2+(y_1-y_2)^2}$.

②点到直线的距离:$P(x_0,y_0)$,$Ax+By+C=0$,则 $d=\dfrac{|Ax_0+By_0+C|}{\sqrt{A^2+B^2}}$.

③两条平行直线 $l_1:Ax+By+C_1=0$ 与 $l_2:Ax+By+C_2=0$ 之间的距离 $d=\dfrac{|C_1-C_2|}{\sqrt{A^2+B^2}}$.

(2)中点公式.

①若点 A 坐标为(x_1,y_1),点 B 坐标为(x_2,y_2),则 AB 线段中点坐标为$\left(\dfrac{x_1+x_2}{2},\dfrac{y_1+y_2}{2}\right)$.

②若△ABC 的三个顶点为$A(x_1,y_1)$,$B(x_2,y_2)$,$C(x_3,y_3)$,则△ABC 的重心 G 的坐标为$\left(\dfrac{x_1+x_2+x_3}{3},\dfrac{y_1+y_2+y_3}{3}\right)$.

(3)直线的表示(见附表1.4).

附表 1.4　直线的几种表示方式

名称	方程形式	适用范围
斜截式	$y=kx+b$	用于求斜率及在 y 轴上的截距(不含垂直于 x 轴的直线)
点斜式	$y-y_1=k(x-x_1)$	不含直线 $x=x_1$
两点式	$\dfrac{y-y_1}{x-x_1}=\dfrac{y_2-y_1}{x_2-x_1}$	用于求斜率[不含直线 $x=x_1(x_1\neq x_2)$ 和直线 $y=y_1(y_1\neq y_2)$]
截距式	$\dfrac{x}{a}+\dfrac{y}{b}=1$	不含垂直于坐标轴和过原点的直线
一般式	$Ax+By+C=0(A^2+B^2\neq0)$	用于求点到直线的距离、直线间关系等(平面直角坐标系内的直线都适用)

(4)直线的斜率.

①设 α 为直线的倾斜角(直线向上的方向与 x 轴正半轴所成的角),$\alpha\in[0,\pi)$,则直线的斜率 $k=\tan\alpha\left(\alpha\neq\dfrac{\pi}{2}\right)$.

②设直线上有两点 $P_1(x_1,y_1)$,$P_2(x_2,y_2)$,则直线的斜率 $k=\dfrac{y_2-y_1}{x_2-x_1}(x_1\neq x_2)$.

③直线 $Ax+By+C=0(B\neq0)$ 的斜率 $k=-\dfrac{A}{B}$.

(5)直线与直线的关系.

两条直线方程为 $l_1:A_1x+B_1y+C_1=0$ 或 $y=k_1x+b_1$;

$l_2:A_2x+B_2y+C_2=0$ 或 $y=k_2x+b_2$.

①两条直线相交.

其交点坐标为方程组 $\begin{cases} A_1x+B_1y+C_1=0, \\ A_2x+B_2y+C_2=0 \end{cases}$ 的唯一一组实数解.

②两条直线垂直.

a. $A_1A_2+B_1B_2=0$.

b. $k_1k_2=-1$.

③两条直线平行.

a. $A_1B_2-A_2B_1=0$ 且 $B_1C_2-B_2C_1\neq 0$. $\left(\text{不严格地可以表述为} \dfrac{A_1}{A_2}=\dfrac{B_1}{B_2}\neq \dfrac{C_1}{C_2}\right)$

b. $k_1=k_2$ 且 $b_1\neq b_2$.

④两条直线重合.

a. $A_1B_2-A_2B_1=0$ 且 $B_1C_2-B_2C_1=0$. $\left(\text{不严格地可以表述为} \dfrac{A_1}{A_2}=\dfrac{B_1}{B_2}=\dfrac{C_1}{C_2}\right)$

b. $k_1=k_2$ 且 $b_1=b_2$.

(6)关于点对称.

设对称中心点 M 的坐标为 (x_0,y_0).

①点 $P(x_p,y_p)$ 关于点 M 对称的坐标为 $(2x_0-x_p,2y_0-y_p)$.

②直线 $l:Ax+By+C=0$ 关于点 M 的对称直线为 $A(2x_0-x)+B(2y_0-y)+C=0$.

③曲线 $f(x,y)=0$ 关于点 M 的对称曲线为 $f[(2x_0-x),(2y_0-y)]=0$.

(7)关于直线对称.

设对称轴 l 的方程为 $A_0x+B_0y+C_0=0$.

①点 $P(x_p,y_p)$ 关于直线 l 的对称点的坐标 (x,y) 根据以下方程组解得:

$$\begin{cases} A_0\left(\dfrac{x_p+x}{2}\right)+B_0\left(\dfrac{y_p+y}{2}\right)+C_0=0, \\[2mm] \dfrac{y-y_p}{x-x_p}\cdot\left(-\dfrac{A_0}{B_0}\right)=-1. \end{cases}$$

②直线 $L:Ax+By+C=0$ 关于直线 l 的对称直线 L' 根据以下条件获得:

a. 直线 L 与对称轴 l 的交点也在直线 L' 上.

b. 直线 L 上的任意一点关于 l 的对称点在直线 L' 上.

③曲线 $f(x,y)=0$ 关于特殊直线对称的公式:

a. 关于直线 $x=x_0$ 对称的曲线为 $f[(2x_0-x),y]=0$.

b. 关于直线 $y=y_0$ 对称的曲线为 $f[x,(2y_0-y)]=0$.

c. 关于直线 $x+y=C$ 对称的曲线为 $f[(C-y),(C-x)]=0$.

d. 关于直线 $x-y=C$ 对称的曲线为 $f[(y+C),(x-C)]=0$.

(8)关于圆.

①圆的方程.

圆是平面上到定点(圆心)的距离等于定长(半径)的点的集合.

a. 标准方程: $(x-x_0)^2+(y-y_0)^2=R^2$,圆心坐标为 (x_0,y_0),半径为 R.

b. 一般方程: $x^2+y^2+Dx+Ey+F=0(D^2+E^2-4F>0)$,其圆心坐标为

$\left(-\dfrac{D}{2},-\dfrac{E}{2}\right)$,半径 $r=\dfrac{1}{2}\sqrt{D^2+E^2-4F}$.

若 $D^2+E^2-4F=0$,则该方程表示一点 $\left(-\dfrac{D}{2},-\dfrac{E}{2}\right)$;若 $D^2+E^2-4F<0$,则该方程不表示任何图形.

②点和圆的位置关系.

点 $P(x_0,y_0)$ 与圆的位置关系:

a. 圆方程为 $(x-a)^2+(y-b)^2=r^2$,则

$(x_0-a)^2+(y_0-b)^2<r^2\Leftrightarrow$ 点 P 在圆内;

$(x_0-a)^2+(y_0-b)^2=r^2\Leftrightarrow$ 点 P 在圆上;

$(x_0-a)^2+(y_0-b)^2>r^2\Leftrightarrow$ 点 P 在圆外.

b. 圆方程为 $x^2+y^2+Dx+Ey+F=0$,则

$x_0^2+y_0^2+Dx_0+Ey_0+F<0\Leftrightarrow$ 点 P 在圆内;

$x_0^2+y_0^2+Dx_0+Ey_0+F=0\Leftrightarrow$ 点 P 在圆上;

$x_0^2+y_0^2+Dx_0+Ey_0+F>0\Leftrightarrow$ 点 P 在圆外.

③直线与圆的位置关系.

直线 $Ax+By+C=0$ 与圆 $(x-a)^2+(y-b)^2=r^2$ 的位置关系如下:

a. 计算判断法:圆心到直线的距离 $d=\dfrac{|Aa+Bb+C|}{\sqrt{A^2+B^2}}$,$d>r\Leftrightarrow$ 相离;$d=r\Leftrightarrow$ 相切;$d<r\Leftrightarrow$ 相交.

b. 判别方法:联立直线和圆的方程,消去 x 或 y 可以得到一个一元二次方程.

$\Delta<0\Leftrightarrow$ 相离;$\Delta=0\Leftrightarrow$ 相切;$\Delta>0\Leftrightarrow$ 相交.

④圆与圆的位置关系.

设两圆圆心分别为 O_1,O_2,半径分别为 r_1,r_2,$O_1O_2=d$,则有如下关系(见附表 1.5).

附表 1.5　两圆的位置关系及其性质

两圆的位置关系	公切线条数		有关性质
	外	内	
外离$\Leftrightarrow d>r_1+r_2$	2	2	—
外切$\Leftrightarrow d=r_1+r_2$	2	1	两圆的连心线经过切点
相交$\Leftrightarrow |r_1-r_2|<d<r_1+r_2$	2	0	两圆的连心线垂直平分公共弦
内切$\Leftrightarrow d=|r_1-r_2|$	1	0	两圆的连心线经过切点
内含$\Leftrightarrow d<|r_1-r_2|$	0	0	—

⑤两圆的公共弦方程(若两圆相交).

$$(D_1-D_2)x+(E_1-E_2)y+(F_1-F_2)=0.$$

(9)恒过定点的直线或曲线.

若 $F(\lambda,x,y)=f_1(x,y)+\lambda f_2(x,y)$,且曲线 $f_1(x,y)=0$ 与 $f_2(x,y)=0$ 的交点为 (x_0,y_0),则曲线 $F(\lambda,x,y)=0(\lambda$ 为参数)恒过定点 (x_0,y_0).

附录二　2022 年全国硕士研究生招生考试管理类综合能力数学试题及参考答案

一、问题求解: 第 1~15 小题,每小题 3 分,共 45 分.下列每题给出的 A、B、C、D、E 五个选项中,只有一个选项是最符合试题要求的.请在答题卡上将所选项的字母涂黑.

1. 一项工程施工 3 天后,因故停工 2 天,之后工程队提高工作效率 20%,仍能按原计划完成工作,则原计划工期为(　　)天.

A. 9　　　　　B. 10　　　　　C. 12　　　　　D. 15　　　　　E. 18

2. 某商品的成本利润率为 12%,若其成本降低 20% 而售价不变,则利润率为(　　).

A. 32%　　　　B. 35%　　　　C. 40%　　　　D. 45%　　　　E. 48%

3. 若 x,y 为实数,则 $f(x,y)=x^2+4xy+5y^2-2y+2$ 的最小值为(　　).

A. 1　　　B. $\dfrac{1}{2}$　　　C. 2　　　D. $\dfrac{3}{2}$　　　E. 3

4. 如图 1 所示,$\triangle ABC$ 是等腰直角三角形,以 A 为圆心的圆弧交 AC 于 D,交 BC 于 E,交 AB 的延长线于 F.若曲边三角形 CDE 与曲边三角形 BEF 的面积相等,则 $\dfrac{AD}{AC}=$(　　).

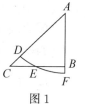

图 1

A. $\dfrac{\sqrt{3}}{2}$　　　B. $\dfrac{2}{\sqrt{5}}$　　　C. $\sqrt{\dfrac{3}{\pi}}$

D. $\dfrac{\sqrt{\pi}}{2}$　　　E. $\sqrt{\dfrac{2}{\pi}}$

5. 如图 2 所示,已知相邻的圆都相切,从这 6 个圆中随机取 2 个,则这 2 个圆不相切的概率为(　　).

A. $\dfrac{8}{15}$　　　B. $\dfrac{7}{15}$　　　C. $\dfrac{3}{5}$

D. $\dfrac{2}{5}$　　　E. $\dfrac{2}{3}$

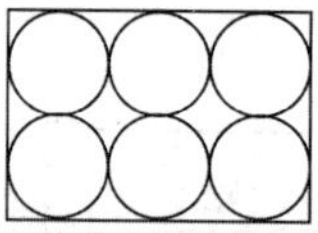

图 2

6. 如图 3 所示,在棱长为 2 的正方体中,A,B 是顶点,C,D 是所在棱的中点,则四边形 $ABCD$ 的面积为(　　).

A. $\dfrac{9}{2}$　　　B. $\dfrac{7}{2}$　　　C. $\dfrac{3\sqrt{2}}{2}$

D. $2\sqrt{5}$　　　E. $3\sqrt{2}$

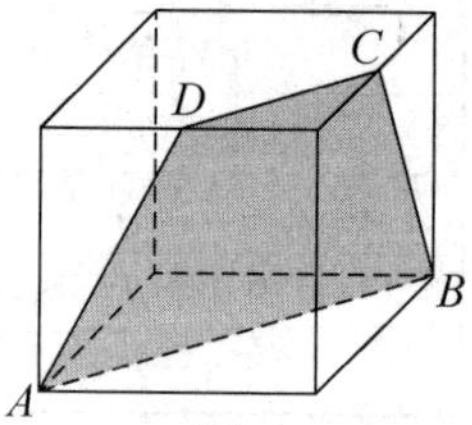

图 3

7. 桌面上放有 8 只杯子,将其中 3 只杯子翻转(杯口朝上与杯口朝下互换)作为一次操作.现有 8 只杯口朝上的杯子,经过 n 次操作后,杯口全部朝下,则 n 的最小值为(　　).

A. 3　　　　　B. 4　　　　　C. 5　　　　　D. 6　　　　　E. 8

8. 某公司有甲、乙、丙三个部门,若从甲部门调 26 人到丙部门,则丙部门人数是甲部门人数的 6 倍;若从乙部门调 5 人到丙部门,则丙部门人数与乙部门人数相等.则甲、乙两部门人数之差除以 5 的余数为(　　).

298

    A. 0   B. 1   C. 2   D. 3   E. 4

9. 在直角三角形 ABC 中，D 是斜边 AC 的中点，以 AD 为直径的圆交 AB 于 E，若 $\triangle ABC$ 的面积为 8，则 $\triangle AED$ 的面积为(　　).

    A. 1   B. 2   C. 3   D. 4   E. 6

10. 一个自然数的各位数字都是 105 的质因数，且每个质因数最多出现一次，则这样的自然数有(　　)个.

    A. 6   B. 9   C. 12   D. 15   E. 27

11. 购买 A 玩具和 B 玩具各一件需花费 1.4 元，购买 200 件 A 玩具和 150 件 B 玩具需花费 250 元，则 A 玩具的单价为(　　)元.

    A. 0.5   B. 0.6   C. 0.7   D. 0.8   E. 0.9

12. 甲、乙两支足球队进行比赛，比分为 4：2，且在比赛过程中乙队从来没有领先过，则不同的进球顺序有(　　)种.

    A. 6   B. 8   C. 9   D. 10   E. 12

13. 4 名男生和 2 名女生随机站成一排，则女生既不在两端也不相邻的概率为(　　).

    A. $\dfrac{1}{2}$ B. $\dfrac{5}{12}$ C. $\dfrac{3}{8}$ D. $\dfrac{1}{3}$ E. $\dfrac{1}{5}$

14. 已知 A，B 两地相距 208 km，甲、乙、丙三车的速度分别为 60 km/h，80 km/h，90 km/h. 甲、乙两车从 A 地出发去 B 地，丙车从 B 地出发去 A 地，三车同时出发，当丙车与甲、乙两车的距离相等时，用时(　　)分钟.

    A. 70   B. 75   C. 78   D. 80   E. 86

15. 如图 4 所示，用 4 种颜色对图中五块区域进行涂色，每块区域涂一种颜色，且相邻的两块区域颜色不同，则不同的涂色方法有(　　)种.

    A. 12   B. 24   C. 32

    D. 48   E. 96

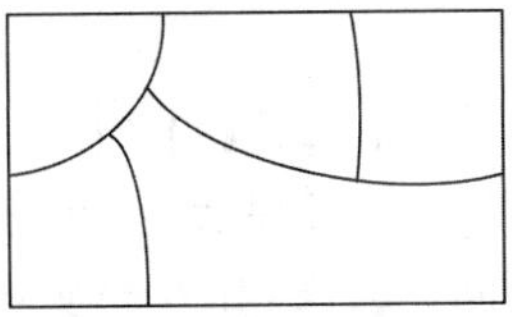

图 4

二、条件充分性判断：第 16～25 小题，每小题 3 分，共 30 分. 要求判断每题给出的条件(1)和条件(2)能否充分支持题干所陈述的结论. A、B、C、D、E 五个选项为判断结果，请选择一项符合试题要求的判断，在答题卡上将所选项的字母涂黑.

    A. 条件(1)充分，但条件(2)不充分.

    B. 条件(2)充分，但条件(1)不充分.

    C. 条件(1)和条件(2)单独都不充分，但条件(1)和条件(2)联合起来充分.

    D. 条件(1)充分，条件(2)也充分.

    E. 条件(1)和条件(2)单独都不充分，条件(1)和条件(2)联合起来也不充分.

16. 如图 5 所示，AD 与圆相切于点 D，AC 与圆相交于点 B，C，则能确定 $\triangle ABD$ 与 $\triangle BDC$ 的面积比. (　　)

(1)已知 $\dfrac{AD}{CD}$；(2)已知 $\dfrac{BD}{CD}$.

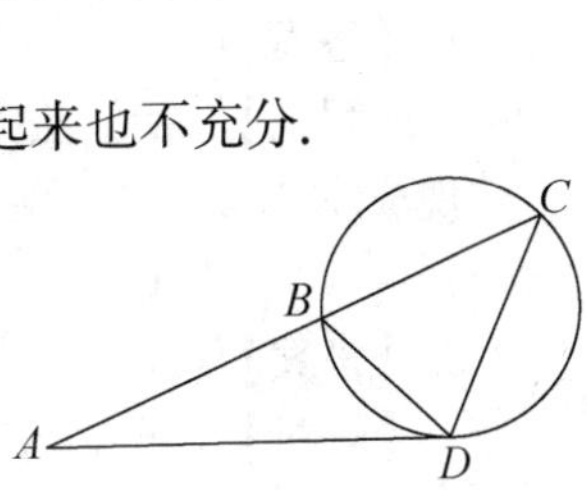

图 5

17. 设实数 x 满足 $|x-2|-|x-3|=a$，则能确定 x 的值. (　　)

(1)$0<a\leqslant\dfrac{1}{2}$；(2)$\dfrac{1}{2}<a\leqslant 1$.

18. 两个人数不等的班数学测验的平均分不相等，则能确定人数多的班. (　　)

(1)已知两个班的平均分;(2)已知两个班的总平均分.

19. 在 $\triangle ABC$ 中,D 为 BC 边上的点,BD,AB,BC 成等比数列,则 $\angle BAC = 90°$. (　　)

(1)$BD = DC$;(2)$AD \perp BC$.

20. 将 75 名学生分成 25 组,每组 3 人,则能确定女生的人数. (　　)

(1)已知全是男生的组数和全是女生的组数;

(2)只有 1 名男生的组数和只有 1 名女生的组数相等.

21. 某直角三角形的三边长 a,b,c 成等比数列,则能确定公比的值. (　　)

(1)a 是直角边长;(2)c 是斜边长.

22. 已知 x 为正实数,则能确定 $x - \dfrac{1}{x}$ 的值. (　　)

(1)已知 $\sqrt{x} + \dfrac{1}{\sqrt{x}}$ 的值;(2)已知 $x^2 - \dfrac{1}{x^2}$ 的值.

23. 已知 a,b 为实数,则能确定 $\dfrac{a}{b}$ 的值. (　　)

(1)a,b,$a+b$ 成等比数列;(2)$a(a+b) > 0$.

24. 已知正数列 $\{a_n\}$,则 $\{a_n\}$ 是等差数列. (　　)

(1)$a_{n+1}^2 - a_n^2 = 2n$,$n = 1,2,\cdots$;(2)$a_1 + a_3 = 2a_2$.

25. 设实数 a,b 满足 $|a-2b| \leqslant 1$,则 $|a| > |b|$. (　　)

(1)$|b| > 1$;(2)$|b| < 1$.

参考答案

1.【答案】 D

【解析】 方法一:反比法. 新效率:计划效率 $= 1.2:1 = 6:5$,则新时间:计划时间 $= 5:6$,相差一份,而对应的 1 份时间就是停工的 2 天. 则计划时间为 $12+3=15$(天). 选 D.

方法二:设原计划 x 天完成工作,则每天的工作效率为 $\dfrac{1}{x}$,由题设,$\dfrac{3}{x} + \dfrac{(x-5)\times 120\%}{x} = 1$,解得 $x=15$.

方法三:设原计划工作效率为 10,新工作效率为 12,比计划工作效率增加 2. 停工 2 天损失的工作总量为 20,因工作效率提高后仍能如期完成,即停工损失的工作量 $20 =$ 工作效率增加 $2 \times$ 工作时间. 因此 $20 \div 2 = 10$(天),则原计划的工作时间为 $10+3+2=15$(天).

2.【答案】 C

【解析】 特值法. 设原成本 100 元,利润 $100 \times 12\% = 12$(元),售价为 112 元.

现成本 $100 \times (1-20\%) = 80$(元),售价仍为 112 元. 则利润 $112 - 80 = 32$(元),利润率 $32 \div 80 = 40\%$. 选 C.

3.【答案】 A

【解析】 配方:$f(x,y) = x^2 + 4xy + 4y^2 + y^2 - 2y + 2 = (x+2y)^2 + (y-1)^2 + 1 \geqslant 1$,当 $x = -2$,$y = 1$ 时,有最小值 1. 选 A.

4.【答案】 E

【解析】 $S_{\triangle ABC} = \dfrac{1}{2} AB \times BC = \dfrac{1}{2} \times \dfrac{\sqrt{2}}{2} AC \times \dfrac{\sqrt{2}}{2} AC = \dfrac{1}{4} AC^2$,

$$S_{\triangle ABC} = S_{\text{扇形}ADF} \Rightarrow \frac{1}{4}AC^2 = \frac{45°}{360°}\pi AD^2 \Rightarrow \frac{AD^2}{AC^2} = \frac{2}{\pi} \Rightarrow \frac{AD}{AC} = \sqrt{\frac{2}{\pi}}.$$

选 E.

5.【答案】　A

【解析】　从 6 个圆中任取 2 个方法数为 $C_6^2 = 15$, 彼此都相切的共有 7 对, 则不相切的有 8 对. 则不相切的概率为 $\frac{8}{15}$. 选 A.

6.【答案】　A

【解析】　四边形 $ABCD$ 显然为梯形, 如图 6 所示, $CD =$

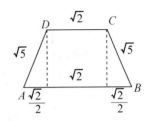

$\sqrt{2}$, $AB = 2\sqrt{2}$, $AD = BC = \sqrt{5}$, 高 $h = \sqrt{(\sqrt{5})^2 - \left(\frac{\sqrt{2}}{2}\right)^2} = \frac{3}{\sqrt{2}}$,

$$S_{\text{梯形}ABCD} = (\sqrt{2} + 2\sqrt{2}) \times \frac{3}{\sqrt{2}} \times \frac{1}{2} = 3\sqrt{2} \times \frac{3}{2\sqrt{2}} = \frac{9}{2}.$$

图 6

7.【答案】　B

【解析】　方法一: 设需要 x 次, y 个杯子重复翻转, 则 $3x = 8 + 2y$, 当 $x = 4$, $y = 2$ 时, 4 为最少次数.

方法二: 变化 3 次时, 不能实现;

翻转 4 次时, 8 上(3 个上翻转为 3 个下), 5 上 3 下(3 个上翻转为 3 个下), 2 上 6 下(1 个上翻转 1 个下, 2 个下翻转为 2 个上), 3 上 5 下(3 个上翻转为 3 个下), 此时 8 下, 可实现.

8.【答案】　C

【解析】　不定方程问题.

方法一: 设甲部门 x 人, 乙部门 y 人, 丙部门 z 人, 则

$$\begin{cases} (x - 26) \times 6 = z + 26, & ① \\ y - 5 = z + 5, & ② \end{cases}$$

①－②得

$$6x - y = 7 \times 26 - 10 \Rightarrow x - y = 172 - 5x.$$

题干的余数为 172 除以 5 的余数, 余 2. 选 C.

方法二: 设甲的人数为 A, 乙的人数为 B, 丙的人数为 C. 则有

$$6(A - 26) = C + 26 \qquad ①$$
$$B - 5 = C + 5. \qquad ②$$

①－②, 得 $6A - B = 172$, 则

$$A - B = 172 - 5A = 170 - 5A + 2 = 5(34 - A) + 2,$$

即 $A - B$ 除以 5 的余数为 2.

9.【答案】　B

【解析】　如图 7 所示, 因为 AD 是直径, 所以 $\angle AED = 90°$,

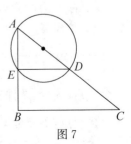

那么 $\triangle AED$ 相似 $\triangle ABC$, 相似比为 $\frac{AD}{AC} = \frac{1}{2}$, 所以 $\frac{S_{\triangle ADE}}{S_{\triangle ACB}} = \frac{1}{4}$, 而 $S_{\triangle ABC} = 8$, 所以 $S_{\triangle ADE} = 2$. 选 B.

10.【答案】　D

【解析】　方法一: $105 = 5 \times 21 = 5 \times 3 \times 7,$

图 7

$$N = C_3^1 + C_3^2 \times 2! + C_3^3 \times 3! = 3 + 6 + 6 = 15(个).$$

方法二:$105 = 3 \times 5 \times 7$,当这个自然数为一位数时,有 3 种可能;当这个自然数为二位数时,有 $C_3^2 A_2^1 = 6$(种)可能;当这个自然数为三位数时,有 $A_3^3 = 6$(种)可能.

合计:$3 + 6 + 6 = 15$.

11.【答案】 D

【解析】 设 A 玩具单价为 x 元,B 玩具单价为 y 元. 则 $\begin{cases} x + y = 1.4, \\ 200x + 150y = 250 \end{cases} \Rightarrow$ $\begin{cases} x = 0.8, \\ y = 0.6, \end{cases}$ 选 D.

12.【答案】 C

【解析】 方法一:枚举法.

甲甲甲甲乙乙,甲甲甲乙甲乙,甲甲乙甲甲乙,甲乙甲甲甲乙,甲甲甲乙乙甲,甲甲乙甲乙甲,甲乙甲甲乙甲,甲甲乙乙甲甲,甲乙甲乙甲甲,选 C.

方法二:题目给出乙队没领先过,则第一球必为甲队进. 则乙队进的 2 个球在后面的 5 个进球之内,则 $C_5^2 = 10$. 乙队进的两球不能同时是第 2 球和第 3 球(否则乙暂时领先,与题意不符合),则 $10 - 1 = 9$. 选 C.

13.【答案】 E

【解析】 方法一:排队问题. $P = \dfrac{C_3^2 \times 2! \times 4!}{6!} = \dfrac{3 \times 2}{6 \times 5} = \dfrac{1}{5}$,选 E.

方法二:设两个女生为甲、乙,且甲在乙的前面,六个位置的序号为 1~6 号,则甲、乙可选的位置为 $C_6^2 = 15$. 因甲、乙不能在 1 号及 6 号,且甲、乙不能相邻,则甲、乙选择的位置只有 2 号 + 4 号、2 号 + 5 号、3 号 + 5 号这三种情况. 则概率为 $\dfrac{3}{15} = \dfrac{1}{5}$. 选 E.

14.【答案】 C

【解析】 设 t 小时后,丙车与甲、乙两车的距离相等,则 $208 - (60 + 90) \cdot t = (80 + 90) \cdot t - 208 \Rightarrow 320t = 416 \Rightarrow t = 1.3$ 小时 $= 78$ 分钟. 选 C.

15.【答案】 E

【解析】 如图 8 所示,按①~⑤号区域顺序涂色,$N = 4 \times 3 \times 2 \times 2 \times 2 = 96$(种).

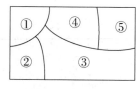

图 8

16.【答案】 B

【解析】 相似三角形. 因为 $\angle BDA = \angle C$,所以 $\triangle ABD \backsim$ $\triangle ADC$,故 $\dfrac{AB}{AD} = \dfrac{BD}{CD} = \dfrac{AD}{AC} \Rightarrow \dfrac{S_{\triangle ABD}}{S_{\triangle BDC}} = \dfrac{BD}{CD}$.

条件(2)为对应边之比,充分. 选 B.

17.【答案】 A

【解析】 方法一:条件(1),当 $0 < a \leqslant \dfrac{1}{2}$ 时,显然 $y = a$ 与 $y = |x-2| - |x-3|$ 只有一个交点,充分. 条件(2),当 $\dfrac{1}{2} < a \leqslant 1$ 时,显然当 $a = 1$ 时,$y = 1$ 与 $y = |x-2| - |x-3|$ 有无穷多交点,不充分.

方法二:$-|2-3| \leqslant |x-2| - |x-3| \leqslant |2-3|$,$-1 \leqslant |x-2| - |x-3| \leqslant 1$.

当 $|x-2|-|x-3|=\pm 1$ 时,有无穷多个解;当 $-1<|x-2|-|x-3|<1$ 时,有唯一的解. 比较两个条件,只有条件(1)充分. 选 A.

18.【答案】　C

【解析】　方法一:要想通过分数确定人数,条件(1)条件(2)单独都不充分,联合条件(1)和条件(2)通过交叉法即可计算出两个班的人数之比,则可以确定人数多的班. 选 C.

方法二:联合条件(1)和条件(2),设两班人数分别为 A,B,平均成绩分别为 M,N,总平均成绩为 Z,则有 $AM+BN=(A+B)Z\Rightarrow A(M-Z)=B(Z-N)\Rightarrow \dfrac{A}{B}=\dfrac{Z-N}{M-Z}.$

因为 M,N,Z 均是已知,则当 $\dfrac{Z-N}{M-Z}>1$ 时,A 大;当 $\dfrac{Z-N}{M-Z}<1$ 时,B 大,所以可确定人数多的班. 选 C.

19.【答案】　B

【解析】　射影定理. 因为 BD,AB,BC 成等比数列,所以 $AB^2=BD \cdot BC$,故 $\dfrac{BD}{AB}=\dfrac{AB}{BC}$,而又因为 $\angle B$ 为公共角,所以 $\triangle ABD$ 相似于 $\triangle CBA$. 由条件(2),$AD\perp BC$,可知 $\angle ADB=90°$,所以 $\angle BAC=90°$. 选 B.

20.【答案】　C

【解析】　显然两个条件单独都不充分.

联合条件(1)和条件(2),因为除了全男和全女以外,每组要么 1 男 2 女,要么 2 男 1 女,既然 1 男的组数与 1 女组数的相等,那么 1 女的组数和 2 女的组数都知道了,那么女生人数确定.

21.【答案】　D

【解析】　由条件(1)可知,a 是直角边长,c 必然是斜边长,所以其实条件(1)和条件(2)等价,具体计算如下:

$$\begin{cases} b^2=ac, \\ a^2+b^2=c^2 \end{cases} \Rightarrow a^2+ac=c^2 \Rightarrow \dfrac{c^2}{a^2}-\dfrac{c}{a}-1=0,$$

令 $\dfrac{c}{a}=t$,则 $t^2-t-1=0\Rightarrow t=\dfrac{1+\sqrt{5}}{2}$(负根舍去),即 $\dfrac{c}{a}=\dfrac{1+\sqrt{5}}{2}$,公比 $q=\sqrt{\dfrac{1+\sqrt{5}}{2}}$. 选 D.

22.【答案】　B

【解析】　条件(1),x 无法确定是大于 1 还是小于 1.

比如,$x=4$ 和 $x=\dfrac{1}{4}$,条件(1)都是 $\dfrac{5}{2}$,而题干 $x-\dfrac{1}{x}$ 的值却有两个结果,不充分.

条件(2),设 $x^2-\dfrac{1}{x^2}=m$,由于 x 是正数,则可以解出唯一确定的 x 值,故充分. 选 B.

23.【答案】　E

【解析】　方法一:条件(1),$b^2=a \cdot (a+b)\Rightarrow b^2=a^2+ab$,两边同除以 b^2,得 $\dfrac{a^2}{b^2}+\dfrac{a}{b}-1=0\Rightarrow \dfrac{a}{b}=\dfrac{-1\pm\sqrt{5}}{2}$,不确定 $\dfrac{a}{b}$ 的值.

条件(2)单独不充分.

联合条件(1)和条件(2),a 和 $a+b$ 同号,也无法得出 $\dfrac{a}{b}$ 的符号.选 E.

方法二:条件(2),$a(a+b)$ 的值是一个范围,可以有无数多个数值.a 与 b 的取值也有无数多个,故 $\dfrac{a}{b}$ 的值是无法确定的.

条件(1),$b^2=a(a+b)$,令 $\dfrac{a}{b}=k$,则 $a=bk$,$b^2=bk(bk+b)\Rightarrow 1=k^2+k\Rightarrow k=\dfrac{-1\pm\sqrt{5}}{2}$,$k$ 值不唯一,不充分.

联合条件(1)和(2),$a(a+b)=b^2>0$,仅仅知道 $b\neq 0$,但 k 值仍不唯一,也不充分.选 E.

24.【答案】　C

【解析】条件(1),
$$\begin{cases}a_2^2-a_1^2=2,\\ a_3^2-a_2^2=2\times 2,\\ \quad\vdots\\ a_n^2-a_{n-1}^2=2(n-1)\end{cases}\Rightarrow a_n^2=a_1^2+2(1+2+3+\cdots+n-1)\Rightarrow a_n^2=a_1^2+n^2-n,$$

不充分;

条件(2),a_1,a_2,a_3 成等差数列,也不充分;联合条件(1)和条件(2)后可得,
$$\begin{cases}a_{n+1}^2=a_n^2+2n,\\ a_2-a_1=a_3-a_2\end{cases}\Rightarrow\begin{cases}a_{n+1}^2=a_n^2+2n,\\ (a_2-a_1)(a_2+a_1)(a_3+a_2)=(a_3-a_2)(a_3+a_2)(a_2+a_1)\end{cases}$$
$$\Rightarrow(a_2^2-a_1^2)(a_3+a_2)=(a_3^2-a_2^2)(a_2+a_1)\Rightarrow 2(a_3+a_2)=4(a_2+a_1)\Rightarrow a_2=3a_1$$
$$\Rightarrow\begin{cases}a_2^2=a_1^2+2,\\ a_2=3a_1\end{cases}\Rightarrow a_1=\dfrac{1}{2},$$

代入 $a_n^2=a_1^2+n^2-n$ 中,得 $a_n^2=n^2-n+\dfrac{1}{4}=\left(n-\dfrac{1}{2}\right)^2\Rightarrow a_n=n-\dfrac{1}{2}$,充分.选 C.

25.【答案】　A

【解析】　方法一:条件(2),取 $b=0,a=0$,不充分.条件(1),分类讨论:
若 $b>0$,则 $b>1$,$-1\leqslant a-2b\leqslant 1\Rightarrow a-b\geqslant b-1>0\Rightarrow a>b>1\Rightarrow |a|>|b|$;
若 $b<0$,则 $b<-1$,$|a-2b|\leqslant 1\Rightarrow a-b\leqslant b+1\Rightarrow a-b<0\Rightarrow a<b<-1\Rightarrow |a|>|b|$.
故条件(1)充分.选 A.

方法二:条件(2),取 $a=0,b=0.5$ 时,满足题干,但此时 $|a|<|b|$,不充分.
条件(1),
$$|a-2b|\leqslant 1<|b|\Rightarrow |a-2b|<|b|\Rightarrow(a-2b)^2<b^2$$
$$\Rightarrow(a-2b)^2-b^2<0\Rightarrow(a-3b)(a-b)<0.$$

当 $b>0$ 时,$3b>a>b>0$,则 $|a|>|b|$;当 $b<0$ 时,$3b<a<b<0$,则 $|a|>|b|$.因此,充分.选 A.

方法三:利用三角不等式.由条件(1),可得 $\begin{cases}2|b|-|a|\leqslant |a-2b|,\\ |a-2b|\leqslant 1,\\ |b|>1\end{cases}\Rightarrow 2|b|-|a|<|b|\Rightarrow |a|>|b|$,充分,而条件(2)明显不充分.选 A.